W0258009

Energiepolitische Schriftenreihe

Herausgegeben vom Bundesministerium
für Handel, Gewerbe und Industrie in Wien

Band 6

Chancen für das Elektrofahrzeug?

Teil I: Batterien für elektrische Straßenfahrzeuge

Von

Univ.-Prof. Dr. Adolf Neckel
Institut für Physikalische Chemie
der Universität Wien

Univ.-Doz. Dipl.-Ing. Dr. Christoph Fabjan
Institut für Technische Elektrochemie
Technische Universität Wien

Teil II: Elektrizität für den Straßenverkehr?

Von

Dipl.-Ing. Dr. techn. Kurt Selden
Salzburg

Springer Science+Business Media, LLC

Redaktionelle Betreuung:
Dipl.-Ing. Dr. techn. KARL KELLNER
und Dipl.-Ing. JOHANN CHRISTIAN THALHAMMER
Bundesministerium für Handel, Gewerbe und Industrie
Sektion V, Abteilung 2
Schwarzenbergplatz 1
A-1015 Wien, Österreich

Mit 42 Abbildungen

CIP-Kurztitelaufnahme der Deutschen Bibliothek

Chancen fur das Elektrofahrzeug? –
Wien, New York Springer, 1980
  Enth Teil 1 Batterien fur elektrische
  Straßenfahrzeuge / von Adolf Neckel, Christoph
  Fabjan – Teil 2 Elektrizitat fur den Straßenverkehr? / Von Kurt Selden
  (Energiepolitische Schriftenreihe, Bd 6)
  ISBN 978-3-211-81600-4 (Wien, New York)

NE Neckel, Adolf Batterien fur elektrische
Straßenfahrzeuge, Selden, Kurt Elektrizitat fur
den Straßenverkehr?

ISBN 978-3-211-81600-4   ISBN 978-3-7091-3661-4 (eBook)
DOI 10.1007/978-3-7091-3661-4

GELEITWORT

Bereits im Energieplan, den das Bundesministerium für Handel, Gewerbe und Industrie im März 1975 veröffentlicht hat, wurde bei den Möglichkeiten für die Substitution von Energieträgern auf die Elektrotraktion hingewiesen. So heißt es dort im Punkt 18.2.3.3 u.a.:

„Im Straßenverkehr in Ballungszentren empfiehlt sich ein erweiterter Einsatz der Elektrotraktion, dem vorläufig durch das ungünstig hohe Leistungsgewicht der Batterien gewisse Grenzen, vor allem hinsichtlich der Reichweite der Fahrzeuge, gesetzt sind. Verbesserungen werden hier durch die Entwicklung der Zink-Chlorbatterien und später durch den Einsatz von Akkumulatoren mit nicht-wässrigen Elektrolyten erhofft. Nach dem derzeitigen Stand ist nicht anzunehmen, daß der Verbrennungsmotor in den Städten vollkommen substituiert werden kann. Lediglich ein Teil wird auf Elektrotraktion umgestellt werden können... . Die Auswirkungen eines erweiterten Einsatzes der Elektrotraktion auf den Ausbau der Erzeugungs- und insbesondere der Verteilungsanlagen für elektrische Energie sind noch eingehend zu prüfen."

Diese Feststellungen stützten sich vornehmlich auf die in Fachpublikationen enthaltenen Angaben über Stand und Aussichten der Batterieentwicklung.

Diese Angaben waren jedoch teilweise widersprüchlich und in vieler Hinsicht mangelhaft. So wurde es als ein Gebot empfunden, dem Mangel abzuhelfen und die Einschätzung der Chancen der Elektrotraktion auf eine sicherere Basis zu stellen. In dankenswerter Weise hat zunächst das Bundesministerium für Wissenschaft und Forschung durch die Einsetzung eines Projektteams „Elektrochemische Energiespeicherung" eine Bestandsaufnahme nationaler und internationaler Forschungen und Entwicklungen von elektrochemischen Energiespeichern durchgeführt, deren Ergebnisse von diesem Ressort im Jahr 1976 veröffentlicht wurden. Die Grundlagen der elektrochemischen Energiespeicherung konnten in dieser Veröffentlichung aber nur in globaler Weise gestreift werden.

Bei der sachgemäßen Einschätzung der künftigen Möglichkeiten, welche die elektrochemische Energiespeicherung der Energieversorgung zu bieten hat, kommt es aber gerade auf das eingehende Verständnis ihrer Grundlagen an. Denn die Lösbarkeit der anstehenden technischen Probleme kann nur mittels einer ins einzelne gehenden Kenntnis der physikalisch-chemischen Vorgänge beurteilt werden. Deshalb hat sich das Bundesministerium für Handel, Gewerbe und Industrie noch im Jahr 1976 entschlossen, Herrn Univ.-Professor Dr. Adolf NECKEL mit einer entsprechenden systemanalytischen Untersuchung zu beauftragen. Als Vorbild dafür diente dem Auftraggeber die diesbezügliche klassische Abhandlung „Die Aussichten der Wärmekraftmaschine" von Aurel STODOLA, die dieser seinem Buch über „Dampf- und Gasturbinen" (Springer-Verlag, Berlin, 5. Auflage 1922) als Anhang beigegeben hatte.

Die von den Autoren, Herrn Univ.-Prof. Dr. Adolf NECKEL im Verein mit Herrn Univ.-Doz. Dr. Christoph FABJAN, gewählte Vorgangsweise gestattet es, jene Informationslücken zu schließen, welche nicht nur den in die Öffentlichkeit dringenden Mitteilungen aus Forschungslaboratorien oder aus der Industrie anhaften, sondern die auch den in Fachorganen gelegentlich erscheinenden Übersichtartikeln unvermeidlich eigen sind. Das Urteil der Verfasser über die prinzipiell positiven Aussichten dafür, daß wesentlich bessere Batteriesysteme innerhalb eines absehbaren Zeitraumes entwickelt werden können, als sie derzeit für die Elektrotraktion verfügbar sind, ist allseitig, sowohl von der im Detail durchgeführten Analyse der chemisch-physikalischen Vorgänge als auch von der Prüfung der technologischen Möglichkeiten und der wirtschaftlichen Ausführbarkeit her wohlbegründet. Die Autoren haben sich auch dem vom Auftraggeber geäußerten Wunsch nicht verschlossen, die Darstellung der Sachverhalte mit Rücksicht auf die Aktualität, die das von ihnen behandelte Thema besitzt, so zu gestalten, daß auch ein nicht speziell Vorgebildeter den Ausführungen zu folgen vermag.

Es ist heute wohl unbestritten, daß einer Brechung des praktischen Monopols, das die flüssigen Kohlenwasserstoffe derzeit im Straßenverkehr besitzen, eine hervorragende energiepolitische Bedeutung zuzumessen ist. Eine weitgehende Umstellung des gegenwärtigen Verkehrssystems auf die Elektrotraktion wird aber erst dann möglich sein - und darin unterscheiden sich die heutigen Auffassungen von dem eingangs zitierten Ansatz, von dem im Energieplan 1975 ausgegangen wurde -, wenn der Aktionsradius der Fahrzeuge 200 - 300 km beträgt, so daß bei Vorhandensein eines geeigneten „Elektro"-Tankstellen-Netzes mit ihnen beliebige Distanzen überwunden werden können. Erst dann wird das Elektrofahrzeug einen echten und annähernd vollwertigen Ersatz für das mit Kohlenwasserstoffen angetriebene Straßenfahrzeug darstellen. In naher Zukunft wird nur mit Transport- und Individualfahrzeugen im Stadtverkehr ein bedeutender Anteil am Verkehrsaufkommen in Ballungsräumen bestritten werden können.

Diese Disposition liegt der Untersuchung zugrunde, die an Herrn Dipl.-Ing. Dr. techn. Kurt SELDEN, dem nun in Ruhestand befindlichen ehemaligen Geschäftsführer des Verbandes der Elektrizitätswerke Österreichs, vergeben wurde, die das Ziel hat, die im Energieplan 1975 angekündigte Auswirkung eines erweiterten Einsatzes der Elektrotraktion auf den Ausbau der Erzeugungs- und Verteilungsanlagen für elektrische Energie zu prüfen und deren Ergebnisse im zweiten Teil dieser Veröffentlichung enthalten sind. Die vorgegebene Disposition führt zwangsläufig zur Anordnung von Batteriewechselstationen im gesamten öffentlichen Straßennetz. Erst nach Abschluß der Untersuchung von Herrn Dipl.-Ing. Dr. Kurt SELDEN, welche gemäß den in anderen Ländern schon vorher angestellten Überlegungen berücksichtigt, daß für die Elektrotraktion im gesamten öffentlichen Straßennetz zwangsläufig Batteriewechsel- und -ladestationen anzuordnen wären, wird bekannt, daß den Gedanken der Errichtung derartiger „Elektro-Tankstellen" der heutige Vorstand des Instituts für Energiewirtschaft an der Technischen Universität Wien, Herr Univ.-Prof. Dipl.-Ing. Dr. techn. Leopold BAUER, bereits während des Zweiten Weltkriegs entwickelt hat. Auszugsweise sind seine Überlegungen in der Zeitschrift des NSBDT im VDI-Verlag vom 12. Februar 1942 unter dem Titel „Elektro-Tankstellen" veröffentlicht worden. Die ausführliche Studie, auf der diese Publikation beruht, ist während der Kriegswirren leider verlorengegangen.

Wenn Herr Dipl.Ing. Dr. Kurt SELDEN zu dem Ergebnis kommt, daß die Belieferung elektrisch getriebener Straßenfahrzeuge für die öffentliche Elektrizitätsversorgung weder technisch noch wirtschaftlich unlösbare Probleme stellt, so impliziert dies die Aufgabe, die entsprechende Planung zeitgerecht einzuleiten und für jene Vorkehrungen in überlegter Weise vorzusorgen, die beim Auftreten jener Elektrofahrzeuge, die eine ausreichende Mobilität gewährleisten könnten, dann in kürzester Frist geschaffen werden müßten, um den realen Verkehrsbedürfnissen in ausreichendem Maße zu entsprechen.

Dieser Beitrag, den die öffentliche Elektrizitätsversorgung zur Brechung des Monopols der Kohlenwasserstoffe im Bereich des Straßenverkehrs zu leisten hat, stellt jedoch nur eine Komponente in dem vielschichtigen und komplizierten Prozeß des Eindringens eines neuen Fahrzeugtyps in einen etablierten Markt dar, der von hochentwickelten, dauerhaften Produkten beherrscht wird, an die ein breites Publikum seit vielen Jahrzehnten gewöhnt ist. Dieses Eindringen kann daher nur dann in einem ansehnlichen Ausmaß erfolgen, wenn diesem Publikum annähernd die gleichen Vorteile geboten werden, die die ihm gewohnten Produkte bieten, d.h. auch die freie Mobilität im internationalen Straßenverkehr, was die internationale Abstimmung über wesentliche Komponenten, so etwa über die Dimensionen und die äußere Spannung der Wechselbatterien bereits zu einem Zeitpunkt erforderlich macht, bevor die neuen Fahrzeugtypen den Markt erreichen.

Mit anderen Worten: die Einführung der Elektrotraktion im Straßenverkehr in nennenswertem Ausmaß bildet eine Herausforderung an die internationale Solidarität. Sie erfordert die Überwindung kommerzieller wie nationaler Egoismen im Interesse der Durchsetzung eines der wichtigsten Ziele, das alle Staaten der Welt, insbesondere aber die Industrieländer objektiv verbindet, nämlich die Verringerung der Abhängigkeit von flüssigen Kohlenwasserstoffen.

Diese Veröffentlichung ist in dem Sinne zugleich auch als Beitrag zur Herbeiführung dieser unerläßlichen internationalen Kooperation gedacht, als durch die kritische Überprüfung der in ihr enthaltenen Argumente die Bereitschaft,

die praktische Arbeit an der Entwicklung wettbewerbsfähiger Elektrostraßen-
fahrzeuge auf die hiezu notwendige breite, staatenübergreifende Basis zu stellen, wirksam gefördert werden soll.

Wien, Dezember 1979   Dipl.-Ing. Dr. techn. Wilhelm FRANK
Sektionschef
Leiter der Sektion V
(Energie - Oberste Bergbehörde - Grundstoffe)
im Bundesministerium für Handel,
Gewerbe und Industrie

INHALTSVERZEICHNIS

TEIL II

BATTERIEN FÜR ELEKTRISCHE STRASSENFAHRZEUGE

Eine kritische Studie über die Einsatzmoglichkeiten elektrochemischer Energiespeichersysteme in elektrischen Fahrzeugen fur den urbanen und interurbanen Verkehr.

I. EINLEITUNG

1. Allgemeine Betrachtungen zur Elektrotraktion

Die vorliegende Studie setzt sich kritisch mit den Möglichkeiten und Aussichten eines zukünftigen Einsatzes elektrisch betriebener Fahrzeuge auseinander, in denen elektrochemische Speicherbatterien als Energiequelle dienen. Hierbei werden insbesondere die wissenschaftlichen Grundlagen der elektrochemischen Energiespeicherung und Energiedirektumwandlung sowie die erforderlichen technologischen Voraussetzungen behandelt. Es wird versucht, die vorhersehbaren Entwicklungen zu skizzieren und die Grenzen der praktisch erreichbaren Energie- und Leistungsdichten der Speicheraggregate abzuschätzen. Ferner werden Fragen der Konkurrenzfähigkeit gegenüber den Verbrennungskraftmaschinen und allgemeine Probleme von wirtschaftlicher Bedeutung (Anschaffungs- und Betriebskosten, Lebensdauer) angeschnitten. Schließlich sollen auch verschiedene Aspekte der Umstellung des Verkehrssystems beleuchtet werden.

Anfang dieses Jahrhunderts erlebte das Elektromobil eine kurze Blütezeit[1]. So war es das erste Straßenfahrzeug, das eine Geschwindigkeit von 100 km/h erreichte[2]. Dieser Entwicklung wurde durch die Leistungsfähigkeit des Verbrennungskraftmotors und wegen des Vorhandenseins von billigem Treibstoff für dessen Betrieb ein baldiges Ende bereitet. Seit Beginn der Sechzigerjahre werden weltweit ernsthafte Überlegungen angestellt, die sich mit den Möglichkeiten eines Einsatzes elektrischer Fahrzeuge in großem Maßstab befassen.

Für eine Umstellung des Massen- und Individualverkehrs von Verbrennungskraftmaschinen auf batteriebetriebene Antriebsaggregate sprechen die folgenden, als wesentlich erkannten Notwendigkeiten und Entwicklungen:
1. Die stark ansteigende Belastung der Umwelt durch Abgase, Abwärme und Lärm, die speziell in den großen Städten und industriellen Ballungsräumen zu einer für die Bevölkerung gefährlichen und unter bestimmten witterungs- und klimatisch bedingten Verhältnissen akut gesundheitsschädlichen Situation führt.

Der Einsatz von Elektrofahrzeugen in großem Maßstab, die praktisch abgasfrei und geräuschlos betrieben werden können, würde besonders in Zonen hoher Bevölkerungsdichte zu einer entscheidenden Verbesserung der Umweltverhältnisse führen. Auch das Problem der in Ballungszentren auftretenden, nicht nutzbaren Abwärme („degraded heat") der Oxidationsprozesse in Verbrennungskraftmotoren könnte bei konsequenter Umstellung auf die Elektrotraktion weitgehend gelöst werden.

Allerdings muß auch der Einwand in Betracht gezogen werden, daß durch die Einführung elektrischer Fahrzeuge im Massenverkehr die Umweltsituation global nicht wesentlich verbessert werden würde[3,4], da bei der Erzeugung der notwendigen Elektrizitätsmengen auf der Basis fossiler Brennstoffe die Quelle der schädlichen Emissionen zwar örtlich verlagert wird, aber insgesamt betrachtet die gleiche Belastung entsteht. Trotz der grundsätzlichen Berechtigung dieses Einwands muß jedoch auf folgende Gesichtspunkte hingewiesen werden:

a) Abgesehen von der Verbesserung der Umweltbedingungen in den städtischen Ballungsräumen, kann die Bildung von Schadstoffen in Großkraftwerken wesentlich besser kontrolliert und eine Reinigung der Abgase effektiver durchgeführt werden als beim einzelnen Kraftfahrzeug.

b) Die durch Verbrennungskraftmotoren verursachten Emissionen enthalten besonders bedenkliche Schadstoffe, wie Kohlenmonoxid, Stickoxide, Kohlenwasserstoffe und Bleiverbindungen. Die Situation wird insbesondere durch Verkehrsstauungen verschärft, da bei Durchschnittsgeschwindigkeiten von wenigen km/h der Treibstoffverbrauch bis zu 80 l/100 km ansteigen kann und somit auch die Schadstoffemission wesentlich verstärkt wird. Allerdings muß auch eingeräumt werden, daß sich im Falle der Erzeugung der für die Elektrofahrzeuge zusätzlich benötigten Mengen an elektrischer Energie aus nichtentschwefelten fossilen Brennstoffen die Umweltbelastung durch Schwefeldioxid, einem besonders unerwünschten Schadstoff, erhöhen würde.

2. Von grundsätzlicher Bedeutung ist die Begrenztheit der Vorräte an fossilen Brennstoffen, die im Laufe der nächsten Generationen, ohne daß eine zeitlich fixierte Vorhersage getroffen werden soll, zwangsläufig auch eine Abkehr von den herkömmlichen Verbrennungskraftmotoren und Zuwendung zu anderen Systemen der Energieumwandlung erfordern wird. Die Verwendung von elektrochemischen Speicherelementen in Fahrzeugen könnte den Verbrauch an fossilen Brennstoffen wesentlich reduzieren und dadurch Einsparungen an hochwertigen Rohstoffen für die Petrochemie ermöglichen.

Unabhängig von der Art der verwendeten Primärenergie würde die Einführung der Elektrotraktion im weltweiten Maßstab eine Schonung der Erdölreserven bewirken.

Bei Vorhandensein eines genügend großen Angebotes an Primärenergie nichtkonventionellen Ursprungs, z.B. aus Kernkraftwerken oder Solarkraftwerken, würde die Einführung der Elektrotraktion zu einer vollkommenen Unabhängigkeit des Straßenverkehrs von herkömmlichen Brennstoffen führen. Man kann annehmen, daß in diesem Falle ein bedeutender Teil der Sekundärenergie elektrische Energie sein wird, die mit hohem Wirkungsgrad in elektrischen Fahrzeugen genützt werden könnte.

Werden als Primärenergieträger fossile Brennstoffe (Erdölprodukte, Erdgas oder synthetischer Treibstoff aus der Kohlevergasung) verwendet, so ist die Umwandlung ihres chemischen Energieinhaltes in elektrische Energie auf elektrochemischem Wege, z.B. mittels Kraftwerken auf Brennstoffzellenbasis, mit höherem Nutzungsgrad als bei der mehrstufigen Umwandlung über die Wärme in mechanische und schließlich elektrische Energie als vorteilhaft zu werten.

Aus den einführenden Überlegungen geht auch zwingend die entscheidende Frage der Notwendigkeit einer Lösung des Problems der Beschaffung der Primärenergie hervor, auf die im Rahmen dieser Abhandlung jedoch nicht eingegangen werden soll.

Unter der Voraussetzung der erforderlichen Erschließung neuer Energiequellen und der Annahme, daß als Sekundärenergie vorwiegend elektrische Energie angeboten wird, stellen die nahezu ideal zu nennenden Anpassungsmöglichkeiten der elektrochemischen Speicheraggregate an das zukünftige Energieproduktions-, Verteilungs- und Verbrauchersystem weitere Gründe für die Einführung batteriebetriebener Fahrzeuge dar.

Wenn man die Anforderungen an die neuen Fahrzeuge ins Auge faßt, so ist man möglicherweise spontan geneigt, von den Maßstäben und Wertskalen auszugehen, die durch die Gewöhnung an die typischen Eigenschaften der benzin- oder dieselgetriebenen Straßenfahrzeuge der Gegenwart geprägt sind.

Man könnte daher als prinzipielle Zielsetzung einen möglichst gleichartigen Ersatz der Verbrennungskraftmaschine durch entsprechend hochentwickelte elektrische Antriebsaggregate anstreben. Es erscheint jedoch zweckmäßig, den grundsätzlich anderen Standpunkt einzunehmen, der die Tatsache berücksichtigt, daß die charakteristischen Unterschiede der beiden Konzeptionen es keineswegs wünschenswert erscheinen lassen, das elektrische „Automobil” als Kopie des Benzin- oder Dieselkraftwagens zu planen und zu konstruieren.

Man sollte vielmehr versuchen, das zu entwickelnde Elektrofahrzeug sowohl den Gegebenheiten der Batteriesysteme als auch den Anforderungen unserer zukünftigen Umwelt und dem Lebensraum anzupassen. Besonders während der Umstellungsperiode sollten die den spezifischen Eigenschaften des Elektrofahrzeuges entgegenkommenden Verhältnisse erfaßt und vorteilhafte Anwendungsbereiche genützt werden. Dabei wird in erster Linie an den Transport von Gütern, den Massen- und schließlich an den Individualverkehr in den großstädtischen Ballungsräumen zu denken sein.

Als Vorteile seien hier die dem System der elektrochemischen Energieumwandlung innewohnenden, bereits vorhin erwähnten charakteristischen Merkmale, wie Vermeidung von Abgasen, Abwärme und Lärmentwicklung genannt. Neben diesen attraktiven Eigenschaften stehen die einfache Bedienung und Wartung, die zu erwartende hohe Lebensdauer, die Sparsamkeit im Betrieb, die gute Raumausnützung, die leichte Auswechselbarkeit der Speicheraggregate, die Wendigkeit und die für den Stadtverkehr günstigen Beschleunigungseigenschaften von Elektrofahrzeugen im Vordergrund des Interesses.

Als hauptsächliche Nachteile - wobei dieser Begriff wieder stark von den gewohnten Eigenschaften der konventionellen Benzin-Kraftfahrzeuge bestimmt wird - werden zur Zeit die hohen Anschaffungskosten, die geringe Reichweite der Elektrofahrzeuge, das hohe Gewicht der Batterien, die unzureichende Höchstgeschwindigkeit und eine mangelnde Beschleunigung im Bereich der Spitzengeschwindigkeit empfunden.

Der gegenwärtige Stand der Entwicklung elektrischer Fahrzeuge beschränkt deren Einsatz daher auf Bereiche, in denen nur kurze Distanzen überbrückt werden müssen. Ideale Voraussetzungen für Elektrofahrzeuge sind im Stadtverkehr, der nur geringe Höchstgeschwindigkeiten und dauernden „stop-go"-Betrieb erfordert, gegeben. Besonders geeignet erscheint der Einsatz als Lieferwagen, Autobus, Taxi, Müllabfuhr usw., aber auch in einem weiter fortgeschrittenen Entwicklungsstadium als Zweitwagen für den Einkauf und für Zubringerdienste von den Randbezirken. Testserien in dieser Richtung brachten bereits mit den gegenwärtig verfügbaren Speicheraggregaten sehr gute Erfolge[5]. Hierbei zeigte sich, daß bereits beim Einsatz herkömmlicher Batterien bzw. ihrer verbesserten Versionen in Nutzfahrzeugen in einem den Kenndaten dieser Speichersysteme entsprechenden Anwendungsbereich auch die wesentliche Frage der Wirtschaftlichkeit einer akzeptablen Lösung zugeführt werden kann.

Während sich die Kostenfrage bei einer Massenerzeugung sicherlich in entscheidender Weise verbessern ließe, liegen die prinzipiellen Schwierigkeiten, die dem Einsatz des Elektrofahrzeuges in weitestem Sinne - also auch für den Interurbanverkehr über große Distanzen - im Wege stehen, ohne Zweifel in überwiegendem Maße auf dem Batteriesektor.

Die Verwendung von Speicherzellen, die auch für den Betrieb von Elektrofahrzeugen im Überlandverkehr geeignet sind, erfordert höhere Energie- und Leistungsdichten bei ausreichender Lebensdauer (Zyklenzahl = Zahl der Auf- und Entladungen). Die angestrebten Eigenschaften können nur zum Teil durch Verbesserungen bestehender Batterietypen, vor allem aber durch die Entwicklung neuartiger Speichersysteme zur technischen Reife erzielt werden. Die sich hier ergebenden Probleme betreffen Fragen der Grundlagenforschung und der Batterietechnologie.

Ferner bestehen bei der Entwicklung von Batteriesystemen, die den betriebstechnischen Erfordernissen in Kraftfahrzeugen Genüge leisten sollen, zahlreiche technologische und konstruktive Probleme, die den wirtschaftlichen und betriebsmäßigen Gegebenheiten entsprechend gelöst werden müssen.

Einen weiteren Faktor von Bedeutung stellen alle nicht unmittelbar die elektrochemische Speichereinheit betreffenden Einrichtungen und Komponenten, wie z.B. das Antriebssystem mit dem Elektromotor und die elektronischen Kontroll- und Steuereinrichtungen dar. Neuentwicklungen auf diesem Gebiet könnten die Verläßlichkeit, Lebensdauer, Fahreigenschaften und den Wirkungsgrad wie auch die wirtschaftlichen Aspekte des Elektromobils bedeutend verbessern.

Schließlich wird eine dem gegenwärtigen hochentwickelten Treibstoff-, Transport- und Verteilersystem (Tankstellenkette) entsprechende Organisation für die elektrochemischen Energiespeicher aufzubauen sein. Daher wird auch zur Wartung und Betreuung der neuen Elektrofahrzeuge für geschultes Personal gesorgt werden müssen. Die bisher nicht vorhandene Infrastruktur der elektrischen Energieversorgung für mobile Verbraucher ohne festen Netzanschluß stellt gegenwärtig noch einen starken Vorbehalt gegen die Anschaffung von Elektrofahrzeugen dar.

Zweifellos werden die entsprechenden Veränderungen innerhalb eines allmählichen Wandlungsprozesses erfolgen, der durch die äußeren Notwendigkeiten und durch ein allgemeines Umdenken innerhalb breiter Bevölkerungsschichten bestimmt sein wird.

Unter den mit den Entwicklungsfragen für batteriebetriebene Fahrzeuge befaßten Wissenschaftlern, Technikern, Managern und Kaufleuten überwiegt die Meinung, daß zwar die Frage des Zeitpunktes, zu dem ein endgültiger Durchbruch gelingen und es zu einem Masseneinsatz von Elektrofahrzeugen kommen wird, nicht genau beantwortet werden kann, daß aber die Entwicklung in diese Richtung nicht aufzuhalten ist.

Die angestrebten Ziele unterscheiden sich jedoch in den Vereinigten Staaten und im europäischen Raum in mancher Hinsicht. In den Vereinigten Staaten bestehen sowohl kurzfristige Programme zur Erreichung wesentlicher Fortschritte in der Technologie der herkömmlichen Speichersysteme als auch mittel- und langfristige Programme zur Entwicklung neuartiger Batteriesysteme mit hohen Energie- und Leistungsdichten. Daneben werden intensive Bestrebungen zur Errichtung stationärer elektrochemischer Großspeicheranlagen unternommen. Aggregate mit hohen Kapazitäten sollen zur Lösung des schwierigen Problems der Speicherung von temporär zur Verfügung stehender überschüssiger und deshalb relativ billiger elektrischer Energie beitragen. In den Perioden des Spitzenbedarfs sollen die elektrochemischen Speichersysteme den auftretenden Energiebedarf decken (Spitzenlast-Ausgleich). Dabei könnte eine aus ökonomischer Sicht vorteilhafte Kombination der Energieproduktion durch elektrische Kraftwerke mit der Energiespeicherung über den Betrieb eines Fahrzeugparks erreicht werden. Außerdem bildet die Möglichkeit einer

Anpassung der Elektrotraktion an die Wünsche und Zielvorstellungen der
Elektrizitätsgesellschaften einen zusätzlichen Anreiz für die Umstellung auf
Fahrzeuge, die mit elektrochemischen Speicheraggregaten bestückt sind. Hinsichtlich des bevorzugten Typs des elektrischen Personenfahrzeuges steht in
den USA ein größerer Wagen (4 - 6 Personen) mit einer Reichweite bis zu
300 km und einer Höchstgeschwindigkeit von mehr als 100 km/h im Vordergrund
des Interesses. Dieser soll dort zunächst als Zweitwagen in den oft sehr ausgedehnten, dicht besiedelten großräumigen Ballungszentren dienen, sollte aber
auch im interurbanen Verkehr eingesetzt werden können. Daneben kann in
letzter Zeit auch eine Zunahme des Interesses an dem baldigen Einsatz
batteriebetriebener Nutzfahrzeuge verzeichnet werden.

In Europa hingegen ist das zentrale Interesse zunächst auf die Einführung
von Transportfahrzeugen, Massenverkehrsmitteln und in zweiter Linie Kleinwagen mit geringerer Reichweite und Spitzengeschwindigkeit auf Basis der
gegenwärtig verfügbaren Batterien und deren verbesserten Versionen gerichtet.

Man hofft, daß durch den Umgang mit den neuen Fahrzeugen dem Gedanken der Elektrotraktion Eingang in das Bewußtsein breiterer Bevölkerungsschichten verschafft wird und daß auf diese Weise die Umstellung auf neue
Verkehrsstrukturen und neue Energieverteilungs- und Versorgungssysteme vor-
bereitet wird. Von bereits laufenden Testprogrammen werden wichtige Aufschlüsse über die Integrierbarkeit des elektrischen Fahrzeuges in das gegenwärtige öffentliche und individuelle Transportsystem, über die wesentliche
Frage der Wirtschaftlichkeit der Elektrotraktion im gegenwärtigen Stadium
und unter Berücksichtigung prognostizierter zukünftiger Entwicklungen erwartet. Schließlich werden Erkenntnisse über die notwendige Umstellung im Hinblick auf das erforderliche Versorgungs- und Verteilungssystem für elektrische
Energie gewonnen werden. Diese Bestrebungen werden mit besonderer Inten-
sität in Großbritannien, der BRD, Frankreich, den Niederlanden, Belgien und
Schweden verfolgt. (Außerhalb Europas werden außer in den USA insbesondere in Japan Aktivitäten auf diesem Gebiet entwickelt.)

Der gegenwärtige Entwicklungsstand der elektrochemischen Speichersysteme erfüllt allerdings noch nicht jene Voraussetzungen, die ein elektrisch
angetriebenes Kraftfahrzeug, das für den interurbanen Verkehr geeignet ist,
erfordert. Es besteht jedoch begründete Hoffnung, daß innerhalb eines
Langzeitprogramms von etwa 20 Jahren sowohl die herkömmlichen als auch
die in Entwicklung befindlichen Speichersysteme soweit verbessert sein werden, daß sie die erforderlichen Voraussetzungen erfüllen. In diesem Zusammenhang werden auch Hybridsysteme eine wesentliche Rolle spielen.

Die für den interurbanen Verkehr geeignete Version eines Elektrofahrzeuges wird gegenüber dem für den Verkehr in großstädtischen Ballungszentren
konzipierten Typen in einigen Punkten entscheidend zu modifizieren sein. Die
charakteristischen Unterschiede in den wesentlichen Anforderungen an die

Speichersysteme sind in Tabelle 1 zusammengestellt.

TABELLE 1

Allgemeine Anforderungen an Batterien für Fahrzeuge im Stadtverkehr (Transporter, Taxi, Kleinfahrzeuge usw.):

Energiedichte*	40 - 70 Wh/kg
Leistungsdichte	> 20 W/kg Dauer > 100 W/kg Spitze
Reichweite	80 - 120 km
Hochstgeschwindigkeit	bis 90 km/h
Mittlere Geschwindigkeit	50 - 60 km/h
Energienutzeffekt*	> 70%
Lebensdauer (Zyklenzahl)	> 1000 (3 - 10 Jahre)
Preis der Batterie pro kWh gespeicherter Energie	50 - 70 US $/kWh**

Allgemeine Anforderungen an Batterien für Fahrzeuge im Überlandverkehr (Personenwagen für 4 - 6 Personen)

Energiedichte*	120 - 200 Wh/kg
Leistungsdichte	50 - 80 W/kg Dauer 150 - 300 W/kg Spitze
Reichweite	200 - 300 km
Hochstgeschwindigkeit	100 - 120 km/h
Mittlere Geschwindigkeit	70 - 90 km/h > 90 erwunscht
Energienutzeffekt*	> 70%
Lebensdauer	> 1000 Zyklen, 10 Jahre, > 100 000 km
Preis der Batterie pro kWh gespeicherter Energie	70 - 90 US $/kWh**

Die Einführung der Elektrotraktion im großen Maßstab erfordert eine zufriedenstellende Lösung von drei grundsätzlichen, gegeneinander abgrenzbaren technischen Problemkreisen:

1. An erster Stelle, auch hinsichtlich des Gewichtes der zu erfüllenden Aufgaben, steht die Entwicklung entsprechender elektrochemischer Speichersysteme, welche die erforderlichen Betriebseigenschaften der Elektrofahrzeuge garantieren.

---

* Die angegebenen Werte für die Energiedichte und den Energienutzeffekt beziehen sich im allgemeinen auf eine 2- bis 5-stündige Entladung und eine 2- bis 8-stündige Ladung.

** In den Jahren 1977/78 geschatzte Werte[6].

2. Der zweite Problemkreis umfaßt alle Fragen, welche die „übrigen" Teile des Elektrofahrzeuges betreffen, wie Elektromotor, elektrische Steuerungs- und Kontrolleinrichtungen, Bremssysteme („Nutzbremsung"), Karosserie, äußere Gestaltung (Design), fahrdynamische Eigenschaften usw. Die attraktivste Lösung wird zweifellos jene sein, welche die natürlichen Gegebenheiten der elektrochemischen und elektrischen Anlagen am besten berücksichtigt. Keinesfalls wird eine Kopie eines Kraftfahrzeuges anzustreben sein, dessen Erscheinungsbild durch den Verbrennungskraftmotor und dessen Zusatzeinrichtungen, wie Kraftübertragungssystem, Kühlung, Tank usw. geprägt ist.

3. Errichtung einer neuen spezifischen Infrastruktur der Energieversorgung mit der Möglichkeit lokaler und zentraler Versorgung mit Speicherenergie (z.B. Lagerung der Batterien, Ladegeräte usw.).

Selbstverständlich müssen die auf den drei genannten Gebieten erarbeiteten Lösungsvorschläge wirtschaftlich tragbar sein, d.h. daß auch die Fragen der Anschaffungs- und Betriebskosten der Fahrzeuge, insbesondere während der vermutlich stufenweise erfolgenden Umstellung des Verkehrswesens auf die Elektrotraktion, in befriedigender Weise bewältigt werden müssen.

2. Grundsätzliche Überlegungen zur elektrochemischen Energieumwandlung und -speicherung

Die Erzeugung elektrischer Energie aus chemischer Energie - worunter man die beim Ablauf einer chemischen Reaktion (z.B. Verbrennung von Treibstoff in einem Otto- oder Dieselmotor oder Kohle in einem kalorischen Kraftwerk) freiwerdende Reaktionswärme versteht - erfolgt auf konventionellem Wege durch teilweise Überführung der entwickelten Wärme in mechanische Energie (Motor, Wärmekraftmaschine) und Umwandlung der mechanischen Energie in elektrische Energie (Generator).

Wärme kann nur in dem Maße in mechanische Energie übergeführt werden, als eine Temperaturdifferenz vorhanden ist. Wird eine Wärmemenge Q_1 von einer Temperatur T_1 auf eine tiefere Temperatur T_2 gebracht, so ist die bei dem Prozeß maximal zu gewinnende Arbeit ΔA durch

$$\Delta A = \frac{T_1 - T_2}{T_1} |Q_1|$$

gegeben.

Beim Ablauf chemischer Reaktionen werden aus Molekülen, Atomen bzw. Ionen (Ausgangsstoffe oder Reaktanden) andere Moleküle, Atome bzw. Ionen (Endstoffe oder Reaktionsprodukte) gebildet. Diese Prozesse, die durch die

Gesetze der Quantentheorie bestimmt sind, stellen ihrer Natur nach Vorgänge dar, die sich im Bereich der Elektronenhüllen der reagierenden Teilchen abspielen.

Neben der Lösung oder Knüpfung von chemischen Bindungen schließen chemische Reaktionen vielfach auch Elektronenübergänge zwischen den Reaktionspartnern ein. Der *chemische* Ablauf einer Reaktion ist dadurch gekennzeichnet, daß der Austausch der Elektronen direkt zwischen den Reaktionspartnern erfolgt und somit nach außenhin nicht in Erscheinung tritt. Wird bei *chemischer* Führung der Reaktion Energie freigesetzt, so kann diese nur als ungeordnete Bewegungsenergie der gebildeten Teilchen, d.h. als Wärme in Erscheinung treten.

Bei Verwendung geeigneter Vorrichtungen - auf die im folgenden noch eingegangen wird - gelingt es in vielen Fällen, die bei chemischen Reaktionen ablaufenden Elementarprozesse so in zwei „elektrochemische" Teilreaktionen zu zerlegen, daß die Elektronenaufnahme und -abgabe an räumlich getrennten Stellen erfolgt.

Die Orte der Ladungsübergänge sind durch ein ionenleitendes Medium (Elektrolyt) getrennt. Im Elektrolyten erfolgt der Massentransport, der infolge des bei elektrochemischen Reaktionen auftretenden Stoffumsatzes für den kontinuierlichen Ablauf des Gesamtvorganges erforderlich ist. Ferner müssen die Stellen der Elektronenabgabe und -aufnahme durch einen Elektronenleiter (Metall) verbunden werden, um den Reaktionsablauf aufrecht zu halten. Die durch den äußeren Leiterkreis fließenden Elektronen vermögen elektrische Arbeit zu leisten. In diesem Falle spricht man, zum Unterschied von einem *chemischen*, von einem *elektrochemischen* Vorgang. Der Vorteil der *elektrochemischen* Reaktionsführung besteht darin, daß ein Teil der beim Ablauf der Reaktion freiwerdenden Energie in Form von elektrischer Arbeit gewonnen werden kann. Die bei einer chemischen Reaktion umgesetzte Energie wird, wenn die Reaktion bei konstantem Druck und konstanter Temperatur abläuft, als „Reaktionsenthalpie" ΔH bezeichnet. Den maximal in Nutzarbeit überführbaren Anteil der Reaktionsenthalpie ΔH nennt man „freie Reaktionsenthalpie" ΔG. Die freie Reaktionsenthalpie ΔG kann in beliebige Arbeitsformen, so z.B. auch in elektrische Arbeit umgewandelt werden. (Die elektrische Arbeit ist durch das Produkt von Ladung und Spannung (Stromstärke $\times$ Zeit $\times$ Spannung) gegeben.)

Eine Vorrichtung, die es gestattet, die einer chemischen Reaktion innewohnende Fähigkeit zur Arbeitsleistung für die direkte Erzeugung elektrischer Energie auszunützen, ist eine galvanische (elektrochemische) Zelle. Eine derartige Anordnung besteht aus zwei elektronenleitenden Elektroden, zwischen denen sich ein ionenleitender Elektrolyt befindet. Das System, bestehend aus Elektrode und dem zugehörigen Elektrolyten bezeichnet man als „Halbzelle" oder auch als „Elektrode". Eine galvanische Zelle besteht aus zwei unmittelbar aneinandergrenzenden oder durch einen zusätzlichen Ionenleiter verbundenen Halbzellen, wobei die Elektrolyte in den beiden Halbzellen gleich oder voneinander verschieden sein können. Die elektrochemischen Teilreaktionen verlaufen an der Grenzfläche zwischen Elektrode und Elektrolyt. Die Elektrode, an der Elektronen aus dem äußeren Leiterkreis entnommen werden, bezeichnet man als Kathode, jene Elektrode, die Elektronen an den äußeren Leiterkreis abgibt, als Anode.

Das besprochene Prinzip sei am Beispiel der Verbrennung (Oxidation) von Wasserstoff (H_2) mit Sauerstoff (O_2) erläutert.

1. Chemische Reaktion (Verbrennung):

$$2H_2 + O_2 \rightarrow 2H_2O \ .$$

Gasförmiger Wasserstoff verbrennt nach dem Entzünden unter Verbrauch von Sauerstoff zu Wasser. Die Reaktionsenthalpie ΔH wird vollständig in Form von Wärme frei, ohne daß bei diesem Prozeß Arbeit geleistet werden würde.

2. Elektrochemische Umsetzung („kalte" Verbrennung):
Die angeführte Bruttoreaktion wird in eine
a) anodische Reaktion, d.h. Oxidation* (Elektronenabgabe) von Wasserstoff an einer inerten Elektrode

$$2H_2 \rightarrow 4H^+ + 4e^- \qquad \text{(schematisch)}$$

unter Bildung von Wasserstoffionen H^+ und Elektronen e^- und eine
b) kathodische Reaktion, d.h. Reduktion (Elektronenaufnahme) von Sauerstoff an einer inerten Elektrode

$$O_2 + 4H^+ + 4e^- \rightarrow 2H_2O \qquad \text{(schematisch)}$$

unter Verbrauch von Wasserstoffionen H^+ und Elektronen e^- aufgeteilt. Die beiden Elektroden befinden sich hierbei in einem Elektrolyten, z.B. einer verdünnten Schwefelsäurelösung.
Als Bruttovorgang (Summe der Teilreaktionen) tritt dabei wieder die Reaktion,

$$2H_2 + O_2 \rightarrow 2H_2O \ ,$$

d.h. die Bildung von Wasser, in Erscheinung.

---

* Oxidation bedeutet hier und im folgenden - der modernen chemischen Terminologie entsprechend - nicht Verbindung mit Sauerstoff sondern Abgabe von Elektronen. Entsprechend bedeutet Reduktion die Aufnahme von Elektronen.

Die während des Ablaufes der Reaktion an der Wasserstoffelektrode
(Anode) erzeugten Elektronen, die an der Sauerstoffelektrode (Kathode) wieder verbraucht werden, können bei ihrem Fluß durch einen äußeren Lastkreis
elektrische Arbeit leisten. Um die beim Ablauf dieses Prozesses maximal zu
gewinnende Arbeit ΔG zu erhalten, müßte die Reaktion jedoch unendlich
langsam (reversibel) ablaufen. Die bei reversiblem Ablauf der Reaktion zwischen
den Elektroden auftretende Potentialdifferenz (reversible Zellspannung RZS)
E läßt sich aus der freien Reaktionsenthalpie ΔG berechnen. Es gilt die Beziehung $\Delta G = -nFE$, wobei n die Zahl der umgesetzten Elektronen bei Ablauf einer Formeleinheit der Reaktionsgleichung, F die Faraday-Konstante
(F = 96 500 Coulomb) und E die reversible Zellspannung bedeuten. (E beträgt
für die vorliegende Reaktion 1,23 V, bei $25^{\circ}C$ und 1,013 bar.)

Die hier besprochene Anordnung entspricht einer Wasserstoff-Sauerstoff-
Brennstoff-Zelle (siehe Kap. III.4.1 und Abb. 27). Für die Stromerzeugung
können nur solche Reaktionen herangezogen werden, die in der betrachteten
Richtung freiwillig ablaufen. Vom thermodynamischen Standpunkt bedeutet
dies, daß die freie Reaktionsenthalpie ΔG negativ sein muß. Bei reversibler
Reaktionsführung wird hierbei die Differenz $(\Delta H - \Delta G)$ als Wärme umgesetzt.
$(\Delta H - \Delta G)$ ist für die Richtung des freiwilligen Ablaufes der Reaktionen meist
klein und negativ, d.h. die elektrochemische Zelle entwickelt Wärme. Wegen
des im Vergleich zu ΔH geringen Betrages spricht man von ,,kalter'' Verbrennung.

Ein prinzipieller Vorteil der direkten Umwandlung von chemischer Energie in elektrische Energie besteht vor allem darin, daß der ideale Wirkungsgrad,
d.h. das Verhältnis von maximal gewinnbarer Arbeit zur Reaktionsenthalpie
bei der direkten Umwandlung im allgemeinen beträchtlich größer ist als in dem
Fall, wo die Reaktionsenthalpie vollständig als Wärme frei wird und höchstens
der durch $(T_1 - T_2)/T_1$ bestimmte Bruchteil in Arbeit umgewandelt werden
kann.

Die Direktumwandlung von chemischer in elektrische Energie läßt sich
umkehren, indem man unter Anlegen einer bestimmten Mindestspannung
(Zersetzungsspannung) elektrischen Strom in umgekehrter Richtung durch die
galvanische Zelle hindurchschickt. In unserem Beispiel tritt dabei eine Elektrolyse des Wassers ein, wobei an der nun als Kathode wirkenden Wasserstoffelektrode entsprechend der Reaktionsgleichung

$$4H^+ + 4e^- \rightarrow 2H_2 \qquad \text{(schematisch)}$$

Wasserstoff und an der Sauerstoffelektrode (Anode) gemäß der Reaktionsgleichung

$$2H_2O \rightarrow O_2 + 4H^+ + 4e^- \qquad \text{(schematisch)}$$

Sauerstoff entwickelt werden.

Die Gesamtreaktion stellt die Zerlegung (Elektrolyse) von Wasser in Wasserstoff und Sauerstoff dar:

$$2H_2O \rightarrow 2H_2 + O_2 \ .$$

Die Zersetzungsspannung beträgt bei reversiblem Ablauf der betrachteten Reaktion 1,23 V. (Reversible Zersetzungsspannung und reversible Zellspannung sind zahlenmäßig gleich.)

Die Umkehrbarkeit der Vorgänge wird in elektrochemischen Zellen zur Speicherung elektrischer Energie ausgenützt. Man bezeichnet derartige Speichersysteme als Sekundärelemente oder Akkumulatoren.

Unter der Vielzahl der möglichen chemischen Reaktionen, die in eine kathodische und eine anodische Teilreaktion aufgeteilt werden können, erweisen sich jedoch nur wenige für den praktischen Einsatz in elektrochemischen Zellen als brauchbar.

Thermodynamische Voraussetzung für die Verwendbarkeit einer Reaktion für die Zwecke der elektrochemischen Energieumwandlung ist ein möglichst vollständiger Ablauf der Reaktion: d.h. eine möglichst große negative freie Reaktionsenthalpie ΔG. Unerwünschte Nebenreaktionen sollen hingegen positive freie Reaktionsenthalpie besitzen, d.h. vom thermodynamischen Standpunkt aus unmöglich sein. Für die Verwendung in elektrochemischen Speicherzellen ist eine weitgehend vollständige Umkehrbarkeit der stromliefernden Reaktion bei der nachfolgenden Wiederaufladung wesentlich. Für die Realisierbarkeit von Speicherzellen ist die Lage der Zersetzungsspannung des jeweiligen Elektrolyten gegenüber dem Wert der Zellspannung der maßgeblichen Zellreaktion von entscheidender Bedeutung. Ist die reversible Zellspannung größer als die Zersetzungsspannung des Elektrolyten, so kann eine Reaktion der elektrochemisch wirksamen Zellkomponenten mit dem Elektrolyten eintreten. In diesem Fall ist das aus Elektroden und Elektrolyten bestehende System nicht stabil und der Ablauf der gewünschten Reaktion kann gegenüber der Nebenreaktion von Zellkomponenten mit dem Elektrolyten nicht realisiert werden. Auch würde beim Ladevorgang beim Anlegen der für die Umkehrung der stromliefernden Reaktion benötigten Zellspannung der Elektrolyt zerlegt werden. Als Beispiel für diese Situation sei auf die thermodynamische Unmöglichkeit der Verwirklichung von elektrochemischen Speichersystemen mit wässrigen Elektrolyten hingewiesen, in denen sehr unedle Metalle, wie Natrium oder Kalzium, als Anodenmaterialien eingesetzt werden. Zellen mit solchen Elektrodenmaterialien wie z.B. das System Natrium-Fluor, wären jedoch besonders interessant, da sie hohe Zellspannungen (bis zu etwa 6 V) liefern könnten.

Bei prinzipieller thermodynamischer Eignung entscheiden
a) kinetische,

b) ökonomische

Faktoren über die praktische Einsatzmöglichkeit einer elektrochemischen Zelle als Speicherelement.

ad a) Wesentliche Kriterien für die Brauchbarkeit der einzelnen elektrochemischen Systeme liefert die Elektrodenkinetik. Voraussetzung für die praktische Verwendbarkeit eines Speicherelements ist eine möglichst hohe Geschwindigkeit des Ablaufes der Elektrodenvorgänge der erwünschten Zellreaktion, wodurch eine hohe Stromdichte (Stromstärke pro Einheit der Elektrodenoberfläche) erzielt wird. Die infolge kinetischer Hemmungen mit zunehmender Belastung, d.h. mit wachsender Stromdichte, auftretenden Überspannungen sollen klein sein oder müssen durch geeignete Maßnahmen herabgesetzt werden. Hohe Überspannungen erfordern beim Ladevorgang die Anwendung höherer Spannungen. Beim Entladevorgang verringern sie die Klemmenspannung U der galvanischen Zelle gegenüber der reversiblen Zellspannung E. Für die praktische Verwendbarkeit eines elektrochemischen Speichersystems ist neben der Energiedichte (gespeicherte Energie pro kg Batteriegewicht) auch die Leistungsdichte (entnommene Leistung pro kg Batteriegewicht) maßgebend. Die Leistung L ist durch das Produkt von Stromstärke I und Spannung U gegeben. (L = IU.) Aus dieser Beziehung erkennt man, daß kinetische Hemmungen (Überspannungen) die Leistung durch eine ungünstige Beeinflussung beider Faktoren (Stromstärke und Spannung) verringern. Hohe Überspannungen begrenzen aber nicht nur die Belastbarkeit und Leistungsdichte des Systems, sondern verursachen auch Energieverluste.

Die in vielen Fällen bestehenden hohen Reaktionshemmungen bedingen oft so geringe Geschwindigkeiten der Elektrodenreaktionen, daß das betreffende System für einen praktischen Einsatz nicht in Frage kommt. Ein typisches Beispiel ist die schon um die Jahrhundertwende versuchte elektrochemische Oxidation von Kohlenstoff (als Anodenmaterial) in einer Brennstoffzelle, die bisher an der mangelnden Reaktionsfähigkeit der eingesetzten Kohlenstoffmaterialien gescheitert ist, obwohl die Reaktion unter den angewandten Bedingungen thermodynamisch möglich ist.

Die in der Praxis eingeschlagenen Wege zur Steigerung der Reaktionsgeschwindigkeiten der Elektrodenreaktionen bestehen vor allem in dem Einsatz verschiedener Elektrokatalysatoren, in einer Erhöhung der Temperatur und durch geeignete Elektrodenkonstruktionen.

Kinetische Hemmungen können sich jedoch auch als nützlich erweisen; und zwar dann, wenn sie den Ablauf unerwünschter, thermodynamisch möglicher Reaktionen verhindern. So ermöglichen die hohen Überspannungen, die bei der Abscheidung von Wasserstoff an Blei und von Sauerstoff an Bleidioxid (PbO_2) auftreten, die Realisierung des Blei/Schwefelsäureakkumulators (vgl. Kap. III.1.1).

ad b) Auch bei Vorliegen günstiger thermodynamischer und kinetischer Voraussetzungen für den Ablauf der gewünschten Elektrodenvorgänge stellen ausreichende Lebensdauer und akzeptable Herstellungs- und Betriebskosten wesentliche Bedingungen für die praktische Verwendbarkeit eines Speichersystems dar.

Die Lebensdauer - worunter man die Zahl der Lade-Entlade-Zyklen versteht - kann durch unerwünschte Nebenreaktionen chemischer oder elektrochemischer Natur (Korrosion, Selbstentladung u. dgl.) oder durch unzureichende mechanische Beständigkeit (z.B. Abschlammen der aktiven Massen, Erosion bei Gasentwicklung) verringert werden. Besonders auf dem Gebiete der Hochtemperaturelemente stellt das Korrosionsproblem ein entscheidendes Hindernis für die praktische Verwirklichung dieser Systeme dar. Lösungen für die sich hier ergebenden Schwierigkeiten können nur durch unkonventionelle Entwicklungen auf dem Gebiete der Werkstoffkunde und der Werkstofftechnologie gefunden werden.

In enger Verknüpfung mit der Lebensdauer stehen Kostenfragen, die den praktischen Einsatz von Speicher- und Brennstoffzellen in entscheidender Weise mitbestimmen. Einen wichtigen Faktor stellen hierbei die Herstellungskosten dar, die wiederum von den Materialkosten (Verfügbarkeit und Herstellung der Ausgangsmaterialien in der erforderlichen Reinheit), von den Kosten für die Herstellung der betriebsfertigen Batterie und schließlich von den insgesamt erforderlichen Kosten für den Arbeitsaufwand bestimmt werden. Die Betriebskosten (Energiepreis, Wartung u. dgl.) dürften dagegen weniger stark ins Gewicht fallen.

Im Gegensatz zu den durch die chemischen und physikalischen Gesetzmäßigkeiten bedingten Grenzen stellen die wirtschaftlichen Bedingungen zeitabhängige Faktoren dar. Verbesserungen, Rationalisierungen und die Automatisierung von Produktionsverfahren lassen bei der Serienproduktion von Systemen, die das Entwicklungsstadium bisher noch nicht verlassen haben, Kostensenkungen um mehr als eine Zehnerpotenz erwarten. Ferner schafft die Tatsache, daß die nach konventionellen Methoden aus fossilen Brennstoffen hergestellte Energie in zunehmendem Maße knapper und relativ teurer wird, wirtschaftlich günstigere Aspekte für den Einsatz elektrochemischer Speichersysteme als Energiequellen für Straßenfahrzeuge.

Schließlich lassen auch die anwachsenden Probleme der Umweltbelastung, insbesondere in den großstädtischen Ballungsräumen, den Betrieb der außerordentlich umweltfreundlichen Elektrofahrzeuge vorteilhaft erscheinen.

II. DIE WISSENSCHAFTLICHEN GRUNDLAGEN

In den folgenden Abschnitten sollen die grundlegenden Beziehungen der Thermodynamik, der Elektrodenkinetik und des Massentransportes besprochen werden, die für ein Verständnis der Wirkungsweise galvanischer Zellen unentbehrlich sind.

1. Thermodynamik galvanischer Zellen[7-10]

Die stromliefernden oder stromverbrauchenden Prozesse in galvanischen Zellen sind chemische Reaktionen. Als Maß für die Triebkraft einer bei konstanter Temperatur T (isotherm) und konstantem Druck p (isobar) ablaufenden Reaktion dient die Änderung ΔG der freien Enthalpie, wobei ΔG für die Richtung des freiwilligen Ablaufes der Reaktion negativ ist. ΔG stellt die bei reversibler Reaktionsführung (d.h. bei einer bei währendem Gleichgewicht ablaufenden Reaktion) maximal erzielbare Nutzarbeit dar.

Für die in einer galvanischen Zelle reversibel ablaufende Bruttoreaktion

$$n_A A + n_B B + ... = n_C C + n_D D + ... \tag{1.1}$$

ist die freie Reaktionsenthalpie ΔG gegeben durch

$$\Delta G = n_C \mu_C + n_D \mu_D + ... - n_A \mu_A - n_B \mu_B - ... = \sum_i n_i \mu_i , \tag{1.2}$$

wobei das chemische Potential μ_i der Komponente i durch die Beziehung

$$\mu_i = \mu_i^0 + R T \ln a_i \tag{1.3}$$

dargestellt werden kann.

Für ΔG erhält man somit

$$\Delta G = \Delta H - T\Delta S = \sum_i n_i \mu_i^0 + \sum_i n_i R T \ln a_i = \Delta G^0 + \sum_i n_i R T \ln a_i , \tag{1.4}$$

wobei die Symbole folgende Bedeutung haben (bei isothermer und isobarer Führung der Reaktion):

ΔG: Freie Reaktionsenthalpie (Reaktionsarbeit, maximale Nutzarbeit),

ΔH: Reaktionsenthalpie (Reaktionswärme),

ΔS: Reaktionsentropie,

μ_i: Chemisches Potential der Komponente i,

μ_i^0: Chemisches Potential im Standardzustand; d.h. für den Zustand der Aktivität $a_i = 1$,

a_i: Aktivität* der Komponente i,

n_i: Stöchiometrischer Koeffizient. Für entstehende Stoffe (Reaktionsprodukte C, D ...) wird n_i positiv, für verschwindende Stoffe (Reaktanden A, B ...) wird n_i negativ gezählt.

ΔG^0: Freie Standardreaktionsenthalpie (Standardreaktionsarbeit).

*** Erläuterungen**

Man unterscheidet zwischen *idealen* und *realen* Mischphasen. Als *ideal* wird eine Mischung dann bezeichnet, wenn bei ihrer Bildung aus den reinen Komponenten keine energetischen Effekte auftreten und die Volumina sich additiv verhalten.

Für kondensierte (flüssige oder feste) Mischungen verwendet man als Konzentrationsmaß den Molenbruch x_i ($x_i = n_i/\Sigma_i\, n_i$; n_i = Zahl der Mole der Komponente i).

Das chemische Potential μ_i einer Komponente i in der Mischung ist in diesem Falle gegeben durch

$$\mu_i = \mu^0_{i(x)} + R\,T\,\ln x_i\,.$$

Das Standardpotential $\mu^0_{i(x)}$ bezieht sich somit auf die reine Komponente i ($x_i = 1$)

Um auch bei realen Mischphasen für das chemische Potential die Form der Gleichung für ideale Mischungen beibehalten zu können, führt man an Stelle des Molenbruchs eine Hilfsgröße a_i,

$$a_i = x_i\, f_i\,,$$

ein, die als Aktivität der Komponente i in der Mischung bezeichnet wird. Der Aktivitätskoeffizient f_i umfaßt alle Abweichungen realer Mischungen von den idealen Gesetzmäßigkeiten. Er ist definiert durch obige Gleichung und durch

$$\lim_{x_i \to 1} f_i = 1\,.$$

Für verdünnte Lösungen, in denen die „gelösten Stoffe" im Gegensatz zum „Lösungsmittel" in relativ kleinen Konzentrationen vorliegen, verwendet man als Konzentrationsmaß entweder Kilogrammmolaritäten m_i (Zahl der Mole des Stoffes i/1000 g Lösungsmittel; auch Molalität genannt) oder Litermolaritäten c_i (Zahl der Mole des Stoffes i/1000 ml Lösung, auch Molarität genannt). Entsprechend den verschiedenen Konzentrationsangaben wählt man als Standardzustände für die Normierung der Aktivitäten gelöster Stoffe diejenigen Lösungen, in denen $m_i = 1$ bzw. $c_i = 1$ ist, in denen aber der gelöste Stoff die gleichen Eigenschaften besitzt wie in einer „ideal verdünnten" (unendlich verdünnten) Lösung. In einer ideal verdünnten Lösung ist die Wechselwirkung der Moleküle oder Ionen der gelösten Stoffe untereinander vernachlässigbar klein. Für das chemische Potential μ_i eines gelösten Stoffes i ergibt sich in diesem Falle

$$\mu_i = \mu^0_{i(m)} + R\,T\,\ln a_{i(m)} = \mu^0_{i(m)} + R\,T\,\ln m_i\, f_{i(m)}$$

bzw.

$$\mu_i = \mu^0_{i(c)} + R\,T\,\ln a_{i(c)} = \mu^0_{i(c)} + R\,T\,\ln c_i\, f_{i(c)}\,,$$

$a_{i(m)}$ bzw. $a_{i(c)}$: Aktivität des Stoffes i im Konzentrationsmaß m_i bzw. c_i.
$f_{i(m)}$ bzw. $f_{i(c)}$: Aktivitätskoeffizient des Stoffes i im Konzentrationsmaß m_i bzw. c_i.
Definitionsgemäß gilt

$$\lim_{m_i \to 0} f_{i(m)} = 1 \qquad \text{bzw.} \qquad \lim_{c_i \to 0} f_{i(c)} = 1 .$$

Die Gesetzmaßigkeiten für ideales Verhalten erhalt man als Grenzgesetze, in denen die Aktivitätskoeffizienten den Wert 1 besitzen.

Wenn alle Produkte und Reaktanden in ihren Standardzuständen ($a_i = 1$) vorliegen, reduziert sich (1.4) zu

$$\Delta G^0 = \sum_i n_i \mu_i^0 = \Delta H^0 - T \Delta S^0 . \tag{1.5}$$

Nehmen an der chemischen Reaktion (1.1) Gase teil, und kann man Abweichungen vom idealen Gasgesetz vernachlässigen, so ist für das chemische Potential der gasförmigen Komponenten der Ausdruck

$$\mu_i = \mu_{i(p)}^0 + R T \ln p_i \tag{1.6}$$

zu verwenden, wobei p_i den Partialdruck der Komponente i bedeutet.

Die Gleichgewichtsbedingungen für eine isotherm und isobar ablaufende Reaktion lautet

$$\Delta G = \Delta G^0 + \sum_i n_i R T \ln [a_i] = 0 , \tag{1.7}$$

wobei $[a_i]$ die Gleichgewichtsaktivitäten bedeuten. Da ΔG^0 nur von Temperatur und Druck abhängt, ist

$$- \frac{\Delta G^0}{RT} = \sum \ln [a_i]^{n_i} = \ln K \tag{1.8}$$

eine ebenfalls nur von Temperatur und vom Druck abhängige Konstante. K wird als thermodynamische Gleichgewichtskonstante der Reaktion bezeichnet und ergibt sich auf Grund von (1.8) zu

$$K = \frac{[a_C]^{n_C} [a_D]^{n_D} \cdots}{[a_A]^{n_A} [a_B]^{n_B} \cdots} . \tag{1.9}$$

Gl. (1.4) kann daher geschrieben werden

$$\Delta G = - R T \ln K + R T \sum_i n_i \ln a_i . \tag{1.10}$$

Bei elektrochemischer Führung einer chemischen Reaktion muß diese stets in zwei Teilreaktionen (Brutto-Elektrodenreaktionen) aufgespalten werden, die an den beiden getrennten Elektroden ablaufen. In einer der beiden Teilreaktionen werden Elektronen aus der Elektrode (Kathode) aufgenommen, in der anderen werden Elektronen an die Elektrode (Anode) abgegeben.

Eine Elektrodenreaktion stellt in allgemeiner Form stets eine Oxidations-Reduktionsreaktion dar

$$\text{oxidierte Form} + ne^- = \text{reduzierte Form}, \tag{1.11a}$$

(wobei n die Zahl der umgesetzten Elektronen e^- bedeutet), auch wenn es sich um den Elektronenübergang zwischen einem Metall M und dem zugehörigen Metallion M^{z+} handelt

$$M^{z+} + ze^- = M. \tag{1.11b}$$

z: Ladungszahl.

Allgemein kann daher eine Kathodenreaktion formuliert werden als

$$Ox_1 + ne^- \rightarrow Red_1, \tag{1.12}$$

eine Anodenreaktion als

$$Red_2 \rightarrow Ox_2 + ne^-. \tag{1.13}$$

Die Summe der Teilreaktionen ergibt die Gesamtreaktion

$$Ox_1 + Red_2 \rightarrow Red_1 + Ox_2. \tag{1.14}$$

Bei chemischer Führung der Reaktion werden die Elektronen direkt zwischen den Reaktionspartnern ausgetauscht, während bei elektrochemischer Führung, die in der anodischen Teilreaktion an die Anode abgegebenen Elektronen über einen Leitungsdraht (äußere Last) zur Kathode geführt werden, wo sie in der kathodischen Teilreaktion verbraucht werden. Der von der Anode zur Kathode fließende Elektronenstrom kann zur Leistung elektrischer Arbeit herangezogen werden.

Bei freiwilligem Ablauf der Reaktion stellt sich zwischen Kathode und Anode eine elektrische Potentialdifferenz ein. Kompensiert man durch eine geeignete Gegenspannung die zwischen den Elektroden auftretende Spannung, so kann man erreichen, daß die chemische Reaktion und damit auch der Elektronenstrom zum Stillstand kommt. Die sich bei reversiblen Reaktionen bei Stromlosigkeit zwischen den Elektroden einstellende Spannung bezeichnet man als reversible Zellspannung RZS oder früher als elektromotorische Kraft

(EMK) E der galvanischen Zelle. Indem man die Gegenspannung um einen differentiellen Betrag erniedrigt oder erhöht, kann man erreichen, daß ein Stromfluß und damit die zugehörige Zellreaktion in der freiwillig verlaufenden Richtung oder in der Gegenrichtung stattfindet. Man hat es somit mit dem Grenzfall einer reversiblen Reaktion zu tun, die „unendlich langsam" bei während dem Gleichgewicht ablaufen kann. Da nach dem zweiten Hauptsatz der Thermodynamik die bei einem isothermen reversiblen Vorgang mit der Umgebung ausgetauschte Arbeit eine Zustandsfunktion und damit vom Wege unabhängig ist, muß die bei isothermem und isobarem Ablauf einer chemischen Reaktion umgesetzte reversible chemische Arbeit ΔG gleich der elektrischen Arbeit sein. (Beide Arbeitsformen sind äquivalent und vollständig ineinander umwandelbar.) Es gilt die Beziehung

$$\Delta G = -n F E . \tag{1.15}$$

Die Vorzeichenfestsetzung in (1.15) bedeutet, daß für freiwillig ablaufende Reaktionen (Stromlieferung, Batterie), für die ΔG negativ ist, die reversible Zellspannung E positiv gezählt wird. Für erzwungene Prozesse (Stromverbrauch, Elektrolyse) ist ΔG positiv und E negativ.

Berücksichtigt man, daß die Temperaturabhängigkeit der freien Reaktionsenthalpie bei konstantem Druck durch

$$\left(\frac{\partial \Delta G}{\partial T}\right)_p = -\Delta S \tag{1.16}$$

gegeben ist, so erhält man aus (1.4) die Gibbs-Helmholtz-Gleichung in der Form

$$\Delta G = \Delta H - T \Delta S = \Delta H + T \left(\frac{\partial \Delta G}{\partial T}\right)_p . \tag{1.17}$$

Aus (1.17) ergibt sich unter Berücksichtigung von (1.15) eine Beziehung zwischen der Reaktionsenthalpie ΔH und der reversiblen Zellspannung E der galvanischen Zelle

$$\Delta H = \Delta G + T \Delta S = -n F \left(E - T \left(\frac{\partial E}{\partial T}\right)_p\right) . \tag{1.18}$$

Von der Reaktionsenthalpie ΔH kann bei freiwilligem Ablauf der Reaktion (Entladung eines Akkumulators) maximal der dem Idealfall bei reversibler Reaktionsführung entsprechende Anteil ΔG in nutzbare elektrische Arbeit überführt werden. Umgekehrt muß bei Ablauf der Reaktion in erzwungener Richtung (Ladung des Akkumulators) mindestens der Anteil ΔG in Form elektrischer Energie aufgebracht werden. Das Glied $T \Delta S$ stellt die bei reversibler Reaktionsführung mit der Umgebung ausgetauschte Wärmemenge dar. Im

Gegensatz hierzu wird bei chemischer (d.h. irreversibler) Führung der Reaktion (bei der diese ohne Arbeitsleistung abläuft) die den Reaktanden innewohnende „chemische Energie" in Form der Reaktionswärme ΔH frei.

Die Reaktionsentropien für Reaktionen zwischen kondensierten (festen, flüssigen) Reaktionspartnern sind meist klein, so daß mit Ausnahme des Gebietes hoher Temperaturen ΔG und ΔH von vergleichbarer Größe sind. Bei Gasreaktionen hängt ΔS in hohem Maße von der bei der Reaktion auftretenden Volumenänderung ΔV sowie von der Änderung der Bewegungsfreiheitsgrade der an der Reaktion beteiligten Teilchen ab.

Für die Berechnung der Arbeits- und Energiebilanz technischer Prozesse bedient man sich häufig des Konzeptes der „Exergie", worunter man den durch reversible Prozesse unbeschränkt in jede andere Energieform umwandelbaren Anteil einer bestimmten Energie versteht. Da elektrische Energie vollständig in jede andere Energieform umwandelbar ist, stellt sie reine Exergie dar. Die chemische Exergie eines Substanzgemisches ist definiert als die freie Reaktionsenthalpie ΔG der Reaktion der Komponenten des Gemisches bei der Überführung in das chemische Gleichgewicht mit der Umgebung bei Umgebungstemperatur. Zur Festlegung der chemischen Exergie bedarf es einer geeigneten Definition der „Umgebung".

1.1 Der ideale elektrochemische Wirkungsgrad

Der prinzipielle Vorteil der elektrochemischen Umwandlung von chemischer in elektrische Energie beruht, wie bereits 1894 von W. Oswald klar erkannt worden ist, auf der Umgehung des verlustreichen Schrittes der Umwandlung von thermischer in mechanische Energie.

Durch Betrachtung eines reversibel geführten Kreisprozesses (Carnot-Prozeß) kann gezeigt werden, daß bei Entnahme einer Wärmeenergie Q_1 aus einem Wärmebehälter bei der höheren Temperatur T_1 und Abgabe einer Wärmeenergie Q_2 bei einer tieferen Temperatur T_2 an einen Wärmebehälter maximal die Arbeit

$$\Delta A = \frac{T_1 - T_2}{T_1}\, |Q_1|$$

auf Kosten des Wärmeinhaltes des Thermostaten bei der höheren Temperatur T_1 gewonnen werden kann. Hierbei ist die Summe der umgesetzten reduzierten Wärmen gleich Null ($Q_1/T_1 + Q_2/T_2 = 0$ bzw. $\oint_{rev} dQ/T = 0$). Der Carnotfaktor

$$N_{therm} = \frac{\Delta A}{|Q_1|} = \frac{T_1 - T_2}{T_1}$$

begrenzt somit in entscheidender Weise den Wirkungsgrad von Wärmekraftmaschinen.

Der thermodynamische oder ideale Wirkungsgrad N_{id} einer galvanischen Zelle ist durch das Verhältnis der maximal zu gewinnenden Arbeit ΔG bei (freiwilligem) Ablauf der elektrochemischen Reaktion zur Reaktionsenthalpie ΔH definiert:

$$N_{id} = \frac{\Delta G}{\Delta H} = \frac{\Delta G}{\Delta G + T\,\Delta S} = \frac{E}{E - T\left(\frac{\partial E}{\partial T}\right)_p} . \qquad (1.19)$$

Da für freiwillig ablaufende (stromliefernde) Reaktionen ΔG negativ ist, bestimmt das Vorzeichen der Reaktionsentropie ΔS die Größe des idealen Wirkungsgrades N_{id} in folgender Weise:

a) Ist ΔS negativ, dann ist N_{id} kleiner als 100%. Bei isothermem und reversiblem Ablauf der stromliefernden Reaktion wird die Wärmemenge $T\,\Delta S$ vom System abgegeben. (Wäre der Wärmeübergang von der galvanischen Zelle zur Umgebung gehemmt, so würde sich die Zelle erwärmen.) Ein Beispiel für diesen Fall ist die Reaktion

$$H_2 + \tfrac{1}{2} O_2 \rightarrow H_2O \qquad \text{(vgl. Tab. 2)}$$

in einer Wasserstoff-Sauerstoff-Brennstoffzelle.

b) Ist ΔS positiv, dann ist N_{id} größer als 100%. Bei isothermem und reversiblem Ablauf der stromliefernden Reaktion wird die Wärmemenge $T\,\Delta S$ aus der Umgebung aufgenommen. (Wäre der Wärmeübergang von der Umgebung in die galvanische Zelle gehemmt, so würde sich die Zelle abkühlen.) Ein Beispiel für diesen Fall ist die Reaktion

$$C + \tfrac{1}{2} O_2 \rightarrow CO \qquad \text{(vgl. Tab. 2)} .$$

Wie aus Tabelle 2 hervorgeht, in der neben den Werten für ΔG^0 und ΔH^0 die idealen Wirkungsgrade N_{id} für einige Reaktionen angegeben sind, weisen wegen der Kleinheit von $|T\,\Delta S|$, im Vergleich zu $|\Delta H|$, die idealen Wirkungsgrade Werte um 1 auf. Theoretisch sind, wie gesagt, auch Wirkungsgrade über 1 möglich, was die Attraktivität der elektrochemischen Energieumwandlung weiter erhöht.

TABELLE 2: Thermodynamische Daten und ideale Wirkungsgrade einiger Bruttoreaktionen für Brennstoffzellen

Zellreaktion	Temp.^{0}C	$-\Delta H^0$ [kJ·mol^{-1}]	ΔS^0 [J·mol^{-1}·K^{-1}]	$-\Delta G^0$ [kJ·mol^{-1}]	E^0 [V]	dE^0/dT [mV·K^{-1}]	$N_{1d} = (\frac{\Delta G^0}{\Delta H^0})$
$H_2 + \frac{1}{2}O_2 \rightarrow H_2O(fl.)$	25	285,8	-162,4	237,4	1,23	-0,84	0,83
	100	283,3	-155	220,37	1,17	-0,80	0,78
$H_2 + \frac{1}{2}O_2 \rightarrow H_2O(g.)$	25	241,8	- 44,4	228,58	1,18	-0,23	0,945
	100	242,58	- 46,6	225,16	1,17	-0,24	0,93
	500	246,18	- 55,1	203,53	1,05	-0,28	0,83
$C + \frac{1}{2}O_2 \rightarrow CO$	25	110,5	+ 89,1	137,08	0,71	+0,46	1,24
	500	110,8	+ 89,9	180,3	0,93	+0,46	1,63
$C + O_2 \rightarrow CO_2$	25	393,5	+ 2,87	394,35	1,02	+0,007	1,00
$CO + \frac{1}{2}O_2 \rightarrow CO_2$	25	283,0	- 86,2	257,3	1,33	-0,44	0,91
$CH_4 + 2O_2 \rightarrow CO_2 + 2H_2O(g.)$	75	802,4	- 6,0	800,6	1,04	-0,007	1,00
	100	801,7	- 3,9	800,2	1,04	-0,005	1,00
	500	800,3	- 1,7	798,9	1,03	-0,002	1,00
$CH_3OH(fl.) + \frac{2}{3}O_2 \rightarrow CO_2 + 2H_2O(fl.)$	25	726,26	- 76,5	703,7	1,21	-0,13	0,95
$NH_3 + 1\frac{1}{2}O_2 \rightarrow N_2 + 3H_2O(fl.)$	25	765,02	-291	678,24	1,17	-0,50	0,89

TABELLE 3: Standardpotentiale ϵ_r^0 der Elektrodenreaktionen wichtiger kathodischer und anodischer Materialien in wässrigen Elektrolyten (298 K)

Kathodische Reaktionen:	ϵ_r^0 [V]
$PbO_2 + HSO_4^- + 3H^+ + 2e^- \rightarrow PbSO_4 + 2H_2O$	+1,627
$PbO_2 + 4H^+ + 2e^- \rightarrow Pb^{++} + 2H_2O$	+1,46
$\beta\text{-}NiOOH + H_2O + e^- \rightarrow Ni(OH)_2 + OH^-$	+0,49
$Ag_2O_2 + H_2O + 2e^- \rightarrow Ag_2O + 2OH^-$	+0,57
$Ag_2O + H_2O + 2e^- \rightarrow 2Ag + 2OH^-$	+0,345
$MnO_2 + H_2O + 2e^- \rightarrow MnOOH + OH^-$	+0,27
$O_2 + 4H^+ + 4e^- \rightarrow 2H_2O$ (sauer)	+1,23
$O_2 + 2H_2O + 4e^- \rightarrow 4OH^-$ (alkalisch)	+0,401
$F_2 + 2e^- \rightarrow 2F^-$	+2,87
$Cl_2 + 2e^- \rightarrow 2Cl^-$	+1,359
$Br_2 + 2e^- \rightarrow 2Br^-$	+1,065

Anodische Reaktionen:	ϵ_r^0 [V]
$Li \rightarrow Li^+ + e^-$	-3,045
$Na \rightarrow Na^+ + e^-$	-2,714
$Mg + 2OH^- \rightarrow Mg(OH)_2 + 2e^-$	-2,69
$Al + 3OH^- \rightarrow Al(OH)_3 + 3e^-$ (alkalisch)	-2,30
$Al \rightarrow Al^{3+} + 3e^-$ (sauer)	-1,66
$Fe + 2OH^- \rightarrow Fe(OH)_2 + 2e^-$	-0,877
$Zn + 2OH^- \rightarrow Zn(OH)_2 + 2e^-$	-1,245
$Cd + 2OH^- \rightarrow Cd(OH)_2 + 2e^-$	-0,809
$Pb \rightarrow Pb^{2+} + 2e^-$	-0,126
$Pb + HSO_4^- \rightarrow PbSO_4 + H^+ + 2e^-$	-0,303
$H_2 + 2OH^- \rightarrow 2H_2O + 2e^-$ (alkalisch)	-0,828
$H_2 \rightarrow 2H^+ + 2e^-$ (sauer) NWE	0
$2NH_3 + 6OH^- \rightarrow N_2 + 6H_2O + 6e^-$	-0,77
$N_2H_4 + 4OH^- \rightarrow N_2 + 4H_2O + 4e^-$	-1,16
$CH_4 + 2H_2O \rightarrow CO_2 + 8H^+ + 8e^-$	+0,17
$CH_3OH + H_2O \rightarrow CO_2 + 6H^+ + 6e^-$	+0,02
$CO + 4OH^- \rightarrow CO_3^{2-} + 2H_2O + 2e^-$ (alkalisch)	-1,22
$CO + H_2O \rightarrow CO_2 + 2H^+ + 2e^-$ (sauer)	-0,10

1.2 Konzentrationsabhängigkeit der reversiblen Zellspannung

Die Konzentrationsabhängigkeit der reversiblen Zellspannung (RZS) ergibt sich aus der Konzentrationsabhängigkeit von ΔG. Einsetzen von (1.15) in (1.4) führt zu

$$E = - \frac{\Delta G^0}{nF} - \frac{RT}{nF} \sum_i \ln a_i^{n_i} = E^0 - \frac{RT}{nF} \sum_i \ln a_i^{n_i} \,. \qquad (1.20)$$

Die reversible Standardzellspannung E^0 der Zelle hängt nur von Druck und Temperatur ab und kann, wie aus (1.20) hervorgeht, aus thermodynamischen Daten oder Gleichgewichtskonstanten ermittelt werden.

1.3 Temperatur- und Druckabhängigkeit der reversiblen Zellspannung

Aus der Temperatur- bzw. Druckabhängigkeit der freien Reaktionsenthalpie ΔG in Verbindung mit (1.15) ergibt sich

$$\left(\frac{\partial E}{\partial T}\right)_p = \frac{1}{nF} \Delta S \,, \qquad (1.21)$$

$$\left(\frac{\partial E}{\partial p}\right)_T = - \frac{1}{nF} \Delta V \,. \qquad (1.22)$$

1.4 Das reversible Elektrodenpotential

Ebenso wie die in einer galvanischen Zelle ablaufende Gesamtreaktion können auch die an den Einzelelektroden (Halbzellen) ablaufenden Brutto-Elektrodenreaktionen thermodynamisch behandelt werden. Man gelangt auf diese Weise zu den Elektrodenpotentialen (Differenz der inneren elektrischen Potentiale von Elektrode und Elektrolyt). Da diese jedoch der Messung nicht zugänglich sind, definiert man Bezugselektrodenpotentiale, indem man das Potential der zu untersuchenden „Halbzelle" gegenüber einer Bezugselektrode (Normal-Wasserstoffelektrode NWE, Kalomelektrode u.a.) mißt. Bei dieser als „reversibles Elektrodenpotential" oder „Gleichgewichtspotential" der Elektrode bezeichneten Größe handelt es sich um die RZS einer galvanischen Zelle, bestehend aus der zu untersuchenden Halbzelle und der Bezugselektrode.

Man unterscheidet verschiedene Typen von Elektroden. Eine **einfache Elektrode** oder **Elektrode erster Art** ist dadurch charakterisiert, daß es nur eine Art von übergangsfähigen Ladungsträgern (Elektronen oder Ionen) gibt. Sie wird beispielsweise verwirklicht durch ein Metall M, das in eine Lösung seiner Ionen M^{z+} taucht. Das reversible Elektrodenpotential einer einfachen Elektrode ist gegeben durch

$$\epsilon_r = \epsilon_r^0 + \frac{RT}{z_i F} \ln a_i - \frac{RT}{z_i F} \ln p^{1/\nu} \qquad \text{(Nernst'sche Gleichung)} \qquad (1.23)$$

ϵ_r: reversibles Elektrodenpotential,

ϵ_r^0:   Standard*- oder Normalpotential der Elektrode (hängt von der Wahl der Bezugselektrode ab),

z_i: Wertigkeit des potentialbestimmenden Ions (z_i wird für Kationen positiv, für Anionen negativ gezählt),

a_i: Aktivität des potentialbestimmenden Ions,

p: Partialdruck eines eventuell an der Elektrodenreaktion beteiligten Gases,

ν :   Zahl der Ionen, die ein Gasmolekül zu bilden vermag.

Im Falle einer Legierungselektrode mit Metallionen als übergangsfähige Ladungsträger ist in (1.23) noch die Aktivität a_M des Metalls M in der Legierung in Form des Gliedes $- \frac{RT}{z_i F} \ln a_M$ zu berücksichtigen.

Eine einfache **Redox-Elektrode** ist eine aus einem unangreifbaren Metall (Platin, Gold) bestehende Elektrode, die in eine Lösung taucht, welche die oxidierte und reduzierte Form eines Ions enthält.

Das reversible Elektrodenpotential einer einfachen Redox-Elektrode mit einem Kation, das in zwei Wertigkeitszuständen vorliegt

$$M^{n+} + (n-m)e^- = M^{m+} \tag{1.24}$$

ist

$$\epsilon_r = \epsilon^0_{M^{n+}/M^{m+}} + \frac{RT}{(n-m)F} \ln \frac{a_M^{n+}}{a_M^{m+}} . \tag{1.25}$$

Häufig sind an Redoxvorgängen noch zusätzlich H_3O^+- bzw. OH^--Ionen und Moleküle beteiligt.

Als Regel gilt, daß unter dem Logarithmus im Zähler die Aktivität der oxidierten Form und die Aktivitäten aller Stoffe, die in der Reaktionsgleichung auf der Seite der oxidierten Form stehen, im Nenner die Aktivität der reduzierten Form und die Aktivitäten aller Stoffe, die in der Reaktionsgleichung auf der Seite der reduzierten Form stehen, auftreten. Auch Gaselektroden können als Redoxelektroden aufgefaßt werden, wenn man die Löslichkeit des Gases im Elektrolyten (z.B. O_2 oder H_2 etwa 10^{-3} m in wässrigen Elektrolyten) in Betracht zieht. **Elektroden zweiter Art** sind Metallelektroden, die in Kontakt mit einer schwerlöslichen Verbindung des Metalls stehen, wobei sich die potentialbestimmenden Ionen des Elektrolyten im Gleichgewicht mit der

---

* Es sei darauf hingewiesen, daß der Begriff „Standardzustand" in der Literatur in verschiedener Bedeutung verwendet wird. In der vorliegenden Studie bedeutet Standardzustand bei Gasen den Zustand idealen Verhaltens bei Normdruck (1,013 bar) und beliebiger Temperatur; bei festen, flüssigen oder gelosten Stoffen den Zustand mit der Aktivität $a_i = 1$ bei beliebiger Temperatur und beliebigem Gesamtdruck. ϵ_r^0 ist daher temperatur- und druckabhangig, jedoch nicht konzentrationsabhängig. In der Literatur wird häufig der Standardzustand auf eine ausgewählte Temperatur (25^0C) bezogen.

schwerlöslichen Verbindung befinden.

Als Beispiel sei die Blei/Bleisulfat-Elektrode genannt, die durch das System $Pb/[PbSO_4]$, SO_4^{--} gebildet wird.

Das reversible Elektrodenpotential dieser Elektrode ist durch

$$\epsilon_r = \epsilon^0_{Pb/Pb^{++}} + \frac{RT}{2F} \ln a_{Pb^{++}} = \epsilon^0_{Pb/Pb^{++}} + \frac{RT}{2F} \ln K_L - \frac{RT}{2F} \ln a_{SO_4^{--}} =$$

$$= \epsilon^0_{Pb/PbSO_4} - \frac{RT}{2F} \ln a_{SO_4^{--}} \qquad (1.26)$$

gegeben, wobei K_L die thermodynamische Löslichkeitskonstante ($K_L = a_{Pb^{++}} \cdot a_{SO_4^{--}}$) bedeutet.

Die RZS einer galvanischen Zelle erhält man aus den reversiblen Elektrodenpotentialen der Kathode $\epsilon_{r,K}$ und Anode $\epsilon_{r,A}$ nach

$$E = \epsilon_{r,K} - \epsilon_{r,A} \cdot \qquad (1.27)$$

Treten in der galvanischen Zelle weitere Phasengrenzen (wie z.B. bei Verwendung eines Stromschlüssels*) auf, dann müssen die entsprechenden Diffusionspotentiale ϵ_{Diff} auf der rechten Seite von (1.27) berücksichtigt werden.

Bei den bisherigen Betrachtungen war stets angenommen worden, daß die Elektrodenpotentiale und damit die Zellspannung bei Stromlosigkeit den reversiblen Gleichgewichtswerten entsprechen. In der Praxis können aber die bei Stromlosigkeit gemessenen, sogenannten Ruhepotentiale, durchaus von den reversiblen Gleichgewichtspotentialen abweichen. Dies kann durch den Ablauf eines unerwünschten, von der betrachteten Reaktion abweichenden Vorganges oder durch zwei oder mehrere ablaufende Reaktionen verursacht werden. In letzterem Falle liegt eine sogenannte „Mischelektrode" vor.

1.5 Thermodynamische Stabilität der Elektrodenmaterialien

Von grundlegender Bedeutung für die praktische Verwendbarkeit der aktiven Elektrodenmaterialien ist deren thermodynamische Stabilität gegenüber den verwendeten Elektrolyten unter den jeweiligen Arbeitsbedingungen. Hierbei spielen die auftretenden Elektrodenpotentiale wie auch der pH-Wert (negativer dekadischer Logarithmus der Wasserstoffionenaktivität) des Elektrolyten eine entscheidende Rolle. Thermodynamische Daten geben Aufschluß, in welchen Bereichen prinzipiell die Möglichkeit für das Auftreten von Immunität, Korrosion oder Passivität besteht. Liegt das Potential einer Metallelektrode bei positiveren Werten als dem thermodynamischen Gleichgewichts-

---

* Als Stromschlüssel bezeichnet man eine zwischen zwei Halbzellen geschaltete Elektrolytlosung, zumeist KCl-Losung („KCl-Brücke"), welche die Aufgabe besitzt, das in dem System auftretende Diffusionspotential zu verringern.

potential entspricht, so kann Korrosion infolge anodischer Oxidation und Auflösung erfolgen. Ist das Potential der Metallelektrode negativer als das reversible Gleichgewichtspotential, so ist Immunität gegeben; d.h. das Elektroden-
substrat bleibt in diesem Bereich gegenüber dem Elektrolyten stabil. Passivität
wird durch die elektrochemische oder chemische Bildung von Deckschichten
hervorgerufen, die das darunterliegende Material vor weiterem Angriff schützen.

Zur Erfassung der verschiedenen Bereiche dienen die von M. Pourbaix[11]
eingeführten Potential-pH-Diagramme, in denen für vorgegebene Werte von
Temperatur und Druck das (auf die Normalwasserstoffelektrode bezogene)
reversible Potential des betreffenden Elektrodensystems als Funktion des pH-
Wertes der wässrigen Lösung dargestellt ist. Ein solches Diagramm gibt die
thermodynamischen Stabilitätsgrenzen eines Metalls gegenüber seinen Ionen,
den Ionen des Wassers und den Reaktionsprodukten des Metalls (Hydroxiden,
Oxiden usw.) in Abhängigkeit von der Wasserstoffionen-bzw. Hydroxidionen-
konzentration der Lösung an. Abb. 1 zeigt als Beispiel das vereinfachte
Pourbaix-Diagramm für das System Eisen-Wasser bei 25^{0}C, aus dem sich die
thermodynamischen Stabilitätsgrenzen von Eisen bei Berücksichtigung der Anwesenheit der möglichen Reaktionsprodukte $Fe(OH)_2$ und $Fe(OH)_3$ und der
Ionen Fe^{2+}, Fe^{3+} und $HFeO_2^-$ ablesen lassen.

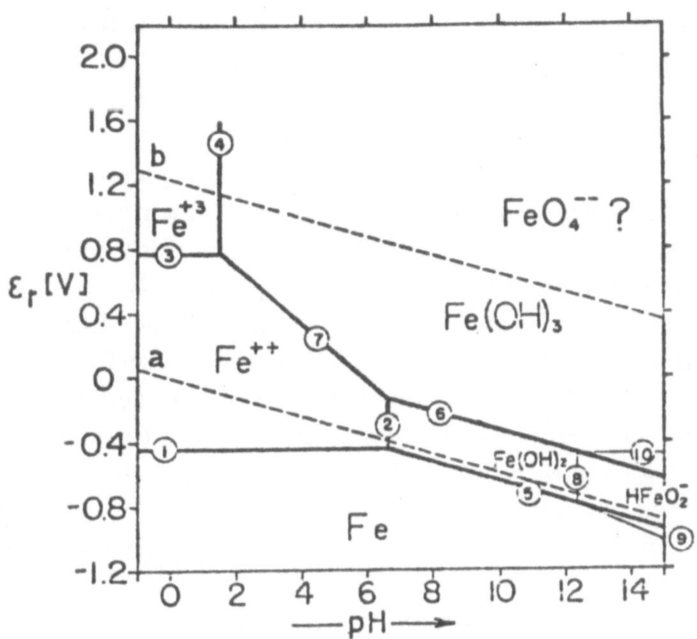

Abb. 1: Vereinfachtes Pourbaix-Diagramm für das System Eisen-Wasser bei 25^{0}C

Strichliert eingezeichnet sind ferner die für den Partialdruck p = 1,013 bar berechneten Gleichgewichtspotentiale der Wasserstoffelektrode (a) und der Sauerstoffelektrode (b), die linear vom pH-Wert abhängen (59 mV/pH-Einheit). Unterhalb der Linie a tritt Wasserstoffentwicklung, oberhalb der Linie b Sauerstoffentwicklung auf. Das Gebiet zwischen den Linien a und b stellt den Stabilitätsbereich von Wasser dar.

Entlang der ausgezogenen Linien stehen jeweils die beiden in den aneinandergrenzenden Feldern stabilen Formen miteinander im Gleichgewicht, wobei für das vorliegende Diagramm die Aktivität der Ionen Fe^{2+}, Fe^{3+} und $HFeO_2^-$ gleich Eins gewählt wurde. Die Grenzlinie 3 zwischen dem Fe^{3+}- und dem Fe^{2+}-Feld beschreibt den Verlauf des reversiblen Elektrodenpotentials des Redox-Systems Fe^{3+}/Fe^{2+} für das Verhältnis der Aktivitäten $a_{Fe^{3+}}/a_{Fe^{2+}} = 1$. Sie ist ebenso wie die Grenzlinie 1, welche das Fe/Fe^{2+}-Gleichgewicht wiedergibt, horizontal, da die entsprechenden Elektrodenpotentiale vom pH-Wert unabhängig sind. Die Linien 4, 7, 6 und 10 beschreiben die Gleichgewichte von $Fe(OH)_3$ mit Fe^{3+}-Ionen, bzw. Fe^{2+}-Ionen, bzw. $Fe(OH)_2$, bzw. $HFeO_2^-$-Ionen. Entlang der Linie 5 stehen $Fe(OH)_2$ und Fe (entsprechend der Reaktion $Fe(OH)_2 + 2H^+ + 2e^- = Fe + 2H_2O$) im Gleichgewicht, während die Linien 9, 8 und 10 den Stabilitätsbereich des Ions $HFeO_2^-$ gegenüber Fe, bzw. $Fe(OH)_2$, bzw. $Fe(OH)_3$ abgrenzen. Die Gleichgewichte mit dem Ion FeO_4^{--} sind noch zu wenig erforscht und daher nicht angegeben.

Das durch die Linien 1, 5 und 9 begrenzte Gebiet gibt den Bereich (Immunitätsbereich) an, in dem Eisen bei den vorgegebenen Bedingungen stabil ist. Die Zustandsfelder der Ionen Fe^{2+}, Fe^{3+} und $HFeO_2^-$ stellen die Gebiete der Eisenkorrosion dar, während in den übrigen Bereichen Eisen passiviert wird.

Stark unedle Metalle wie Natrium oder Aluminium, deren Normalpotential negativer als jenes der Wasserstoffelektrode ist, können bei Verwendung von wässrigen Elektrolyten kaum als Speichermassen in Batterien eingesetzt werden, da rasche Selbstentladung*, d.h. Auflösung unter Wasserstoffentwicklung eintritt und außerdem keine Wiederabscheidung aus der Lösung (Ladung des Elements) erreicht werden kann. Ein Übergang zu wasserfreien (aprotischen) oder schmelzflüssigen Elektrolyten wird sich in solchen Fällen als notwendig erweisen. Als Beispiel seien ferner Probleme an der Sauerstoffelektrode erwähnt, an der die stark positiven Gleichgewichtspotentiale des Oxidationsmittels Sauerstoff die brauchbaren Elektrodensubstrate auf wenige Edelmetalle, ihre Legierungen und auf beständige Verbindungen von ausreichender elektronischer Leitfähigkeit beschränken.

Während auf Grund von thermodynamischen Daten zwar hinsichtlich der

---

* Eine Ausnahme bildet Lithium in stark alkalischen Lösungen, wegen des Auftretens eines passivierenden Hydroxidfilms.

zu erwartenden Zellspannung, deren Abhängigkeit von der Konzentration, der Temperatur und dem Partialdruck wie auch über die Stabilität der Elektroden-materialien, über deren Brauchbarkeit und Einsatzmöglichkeiten wichtige Vor-aussagen getroffen werden können, geben thermodynamische Daten keine Auskunft über die entscheidende Frage, mit welcher Geschwindigkeit die ge-wünschten elektrochemischen Prozesse, die möglichen Korrosionsreaktionen oder die Auflösung von Passivschichten ablaufen.

Beispielsweise verdankt der Blei/Schwefelsäureakkumulator seine prakti-sche Realisierung der hohen kinetischen Hemmung der Wasserstoffentwicklung an der Bleikathode und der Sauerstoffentwicklung an der PbO_2-Anode. Da die Standard-RZS einer Wasserstoff-Sauerstoff-Zelle unabhängig vom pH-Wert 1,23 V beträgt, sollte bei der Ladung bei Klemmenspannungen oberhalb 1,23 V an der Kathode Wasserstoff, an der Anode Sauerstoff entwickelt wer-den; tatsächlich scheidet sich aber Blei ab, bzw. es bildet sich PbO_2.

An diesem Beispiel zeigt sich bereits die naturgesetzliche Begrenztheit der thermodynamischen Aussagen, die stets den Gleichgewichtszustand der betrachteten Systeme betreffen. Über die tatsächliche, praktische Verwendbar-keit eines elektrochemischen Systems zur Energieumwandlung oder -speiche-rung entscheidet die Geschwindigkeit der in Frage stehenden Reaktionen, d.h. die Elektrodenkinetik. Die Thermodynamik erlaubt keine Aussagen über das Verhalten eines elektrochemischen Systems bei Stromfluß.

Da der durch die thermodynamischen Zustandsgrößen beschriebene Gleich-gewichtszustand durch die Tatsache charakterisiert wird, daß Hin- und Rück-reaktion mit gleicher Geschwindigkeit ablaufen, gestattet diese dynamische Anschauung einen zwanglosen Übergang zur kinetischen Betrachtungsweise von Elektrodenvorgängen.

2. Kinetik von Elektrodenreaktionen[7,8,12-17,339]

Das entscheidende Kriterium für die Brauchbarkeit eines elektrochemi-schen Systems für die Energieumwandlung ist die ausreichende Geschwindig-keit des Ablaufes der betreffenden Elektrodenreaktionen.

Da es sich hierbei um ein kinetisches Problem handelt, sind auf Grund rein thermodynamischer Daten über diese Fragen keine Aussagen möglich. Die Problematik des gegenwärtig noch in vielen Fällen nicht ausreichenden Ent-wicklungsstandes der Systeme zur Energieumwandlung und -speicherung hat seine Ursachen vielfach in dem derzeit noch mangelhaften Verständnis der Teilschritte, die beim Ablauf der elektrochemischen Reaktionen auftreten.

Im Vordergrund des Interesses stehen die Faktoren, welche die Geschwin-digkeit des Ladungsaustausches (Durchtrittsreaktion) an der Phasengrenze

Elektrode/Elektrolyt beeinflussen.

Von Bedeutung sind ferner alle Prozesse, die zu einer Veränderung der Konzentrationen der potentialbestimmenden Teilchen an der Elektrodenoberfläche bei Stromfluß führen. Hierher gehören vor allem die Transportvorgänge von und zu den Elektroden.

Ebenso ist die Erfassung von Hemmungen der dem Ladungsaustausch vor- oder nachgelagerten chemischen Reaktionen, wie sie im Verlauf von komplizierten Bruttoreaktionen, die aus mehreren Teilreaktionen zusammengesetzt sind, auftreten können, von Wichtigkeit.

Auch der Einbau der an der Elektrodenoberfläche abgeschiedenen Metallatome in das Kristallgitter oder der Austritt der Ionen aus dem Gitter bei der anodischen Auflösung kann behindert sein.

Alle genannten Hemmungserscheinungen führen zu Energieverlusten, so daß das Potential ϵ einer stromdurchflossenen Elektrode von dem reversiblen Elektrodenpotential abweicht. Die Differenz zwischen dem bei Stromfluß gemessenen Elektrodenpotential und dem reversiblen Elektrodenpotential bezeichnet man als „Überspannung"* η

$$\eta = \epsilon - \epsilon_r \,. \tag{2.1}$$

Ist die Elektrodenreaktion einer als Kathode wirkenden Elektrode gehemmt, so können die von einer äußeren Stromquelle angebotenen Elektronen nicht genügend rasch verbraucht werden. Die Zahl der Elektronen auf der Elektrode steigt über den beim reversiblen Gleichgewicht sich einstellenden Wert an. Das Potential einer kathodisch belasteten Elektrode wird daher negativer als das reversible Elektrodenpotential sein. Die kathodische Überspannung η_K ist negativ

$$\eta_K < 0 \,.$$

Verläuft hingegen die Elektrodenreaktion einer als Anode wirkenden Elektrode langsam und werden die Elektronen rascher abgesaugt als sie von der Elektrodenreaktion nachgeliefert werden, so wird die Zahl der Elektronen auf der Elektrode geringer sein als im Falle des reversiblen Gleichgewichtes. Das Potential einer anodisch belasteten Elektrode wird positiver als das reversible Elektrodenpotential sein. Die anodische Überspannung η_A ist positiv

$$\eta_A > 0 \,.$$

---

* Im Falle, daß das bei Stromlosigkeit gemessene Potential (Ruhepotential) ϵ_R von dem reversiblen Elektrodenpotential ϵ_r verschieden ist, nennt man die Differenz zwischen dem Potential ϵ der stromdurchflossenen Elektrode und dem Ruhepotential ϵ_R „Polarisation"

Jede der oben genannten Hemmungserscheinungen entspricht einer Überspannungsart. Man unterscheidet daher im wesentlichen folgende Überspannungen:

1. Durchtrittsüberspannung η_D (Ladungsdurchtritt gehemmt)
2. Konzentrationsüberspannung (Hemmungen, die zu einer Abweichung der Konzentrationen der potentialbestimmenden Teilchen an der Elektrodenoberfläche vom reversiblen Gleichgewichtswert führen)
   a) Diffusionsüberspannung η_C (Transport durch Diffusion oder konvektive Diffusion gehemmt)
   b) Reaktionsüberspannung η_R (Auftreten von vor- oder nachgelagerten, langsam verlaufenden chemischen Reaktionen)
3. Kristallisationsüberspannung η_{Kr} (Einbau der abgeschiedenen Atome in das Kristallgitter gehemmt).

Die einzelnen Überspannungsarten hängen in charakteristischer Weise von der Stromdichte i ab. Im allgemeinen nehmen die Überspannungen mit steigender Stromdichte zu.

Die sich an einer Elektrode einstellende Überspannung η kann näherungsweise als die Summe der einzelnen Arten der Überspannungen angesehen werden:

$$\eta = \eta_D + \eta_C + \eta_R + \eta_{Kr} . \tag{2.2}$$

Streng genommen muß jedoch die gegenseitige Beeinflussung der Überspannungsarten berücksichtigt werden.

Bezeichnet man die Summe der kathodischen Überspannungen mit η_K und die Summe der anodischen Überspannungen mit η_A und berücksichtigt man ferner den Ohm'schen Spannungsabfall IR_i im Elektrolyten (einschließlich der Widerstandspolarisation), so erhält man für die Zellspannung U einer Zelle ohne Diffusionspotential bei Stromfluß:

$$U = (\epsilon_{r,K} + \eta_K) - (\epsilon_{r,A} + \eta_A) - IR_i = (\epsilon_{r,K} - \epsilon_{r,A}) - |\eta_K| - \eta_A - IR_i , \tag{2.3}$$

I: Stromstärke,
R_i: Innerer Widerstand des Elektrolyten.

Gleichung (2.3) zeigt die Ursachen für die Verringerung der Zellspannung U bei Stromfluß gegenüber dem Gleichgewichtswert E auf. Da sowohl die Absolutwerte der Überspannungen als auch der Ohm'sche Spannungsabfall mit der Stromstärke I zunehmen, sinkt die Zellspannung U mit ansteigendem Stromfluß entsprechend einer zunehmenden Irreversibilität des Reaktionsablaufes.

Aufgabe der Kinetik ist die Aufklärung der Mechanismen und die quantitative Erfassung der Geschwindigkeitsgesetze der Elektrodenreaktionen. Um wirksame und gezielte Maßnahmen zur Beseitigung der Reaktionshemmungen setzen und dadurch die Leistungsfähigkeit der Batteriesysteme steigern zu können, ist vor allem die Ermittlung des geschwindigkeitsbestimmenden

Schrittes des Gesamtprozesses von besonderer Bedeutung.

Mit Ausnahme der Transportvorgänge (Diffusion und Konvektion) laufen die besprochenen Elektrodenvorgänge vorwiegend im Bereich der Phasengrenzschicht, der sogenannten elektrochemischen Doppelschicht zwischen Elektrode und Elektrolyt ab.

2.1 Die elektrochemische Doppelschicht

Die eigentliche elektrochemische Reaktion, der Ladungsaustausch, erfolgt in der Phasengrenzschicht, die sich zwischen Elektrode und Elektrolyt ausbildet.

Das heute im allgemeinen verwendete Modell der elektrochemischen Doppelschicht geht auf Helmholtz, Gouy, Chapman, Stern u.a. zurück[12]. Aus Gründen der Elektroneutralität muß die auf der Elektrode befindliche Überschußladung durch eine gleich große Ladung entgegengesetzten Vorzeichens auf der Elektrolytseite kompensiert werden. Wegen der guten Leitfähigkeit eines Metalles können sich in seinem Innern keine Raumladungen ausbilden*. Die Überschußladung ist daher an der Elektrodenoberfläche konzentriert. Die Verteilung der Ladungen in der der Elektrode unmittelbar benachbarten Elektrolytschicht bestimmt den Potentialverlauf in der elektrochemischen Doppelschicht und damit auch in entscheidender Weise die Geschwindigkeit des Ladungsdurchtrittes.

Betrachten wir als Beispiel eine negativ geladene Elektrode und einen aus einem polaren Lösungsmittel (Wasser), Kationen, Anionen und eventuell Neutralmolekülen bestehenden Elektrolyten. Sind nur elektrostatische Kräfte wirksam, so wird man an der Elektrodenoberfläche eine Schicht von Lösungsmittelmolekülen finden, die wegen ihres Dipolmomentes weitgehend orientiert sind. (Der vom negativen zum positiven Ladungsschwerpunkt weisende Pfeil charakterisiert die Orientierung des Dipolmoments des Lösungsmittels. Wegen der Wärmebewegung der Moleküle tritt keine vollkommen einheitliche Orientierung auf.) Daran schließt sich eine Schicht solvatisierter (hydratisierter) Kationen an, wie dies Abb. 2 zeigt. (Die im Elektrolyten vorhandenen Ionen sind wegen der zwischen den Ionen und den Lösungsmittelmolekülen bestehenden Wechselwirkungskräfte von einer Hülle weitgehend orientierter Lösungsmittelmoleküle umgeben (Solvathülle bzw. Hydrathülle im Falle von Wasser als Lösungsmittel).) Eine Ebene durch die Mittelpunkte der solvatisierten Kationen nennt man „äußere Helmholtzebene" (ä.H.E.). Die durch die Elektrodenoberfläche und die äußere Helmholtzebene gebildete elektrochemische Doppelschicht wird als „starre Doppelschicht" oder „Helmholtz-Schicht" bezeichnet. Anzahl und Orientierung der an der Elektrodenoberfläche physikalisch adsor-

---

* Im Gegensatz hierzu erfolgt in einer Halbleiterelektrode wegen der geringeren Ladungsträgerkonzentration der Potentialabfall weitgehend im Innern der Elektrode.

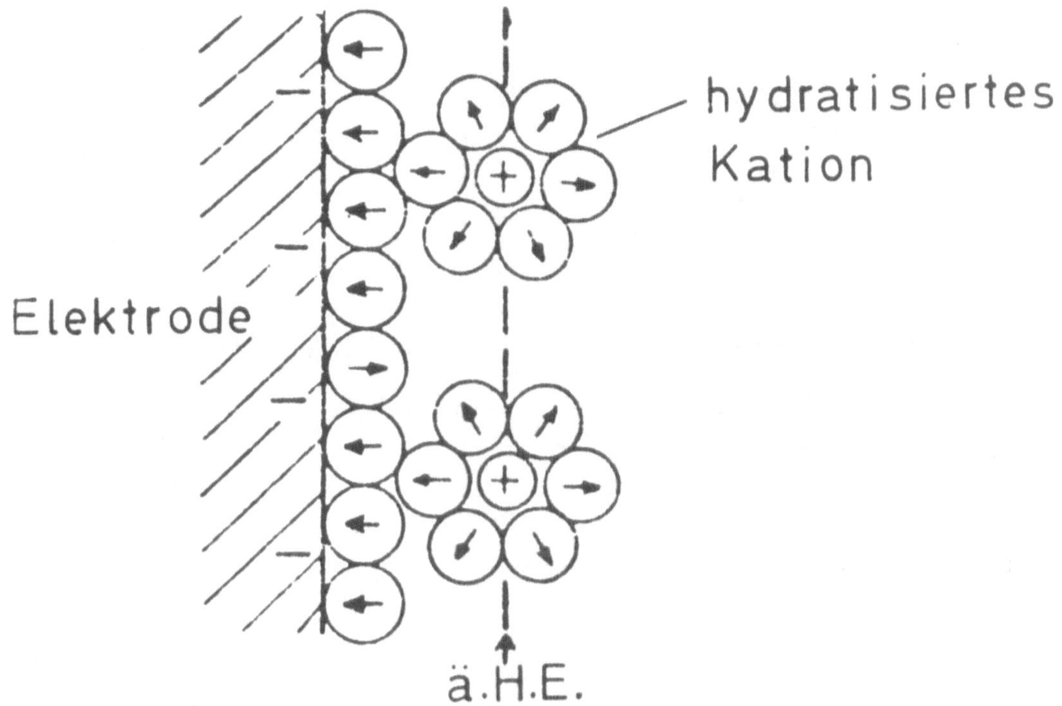

Abb. 2: Starre Doppelschicht ohne chemisorbierte Spezies. (Der in die andere Richtung
weisende Dipol soll die Moglichkeit thermischer Fluktuationen andeuten, die eine
vollständig einheitliche Ausrichtung verhindern.)

bierten Lösungsmittelmoleküle hängt stark vom Ladungszustand der Elektrode
ab. Bringt man eine positive Überschußladung auf die Elektrode, so werden
sich die adsorbierten Dipolmoleküle umlagern, die Kationen ins Lösungsinnere
abwandern und solvatisierte Anionen an die Dipolschicht angelagert werden.
Befinden sich in der Lösung neutrale Moleküle oder Ionen, die spezifisch adsorbiert (chemisorbiert) werden können, so werden sich diese an die Elektrodenoberfläche anlagern. Da die Chemisorption in gewissen Potentialbereichen
vom Ladungszustand weitgehend unabhängig ist, können auf einer negativ geladenen Elektrode auch Anionen chemisorbiert werden (vgl. Abb. 3). Eine
Ebene durch die Mittelpunkte der chemisorbierten Spezies nennt man „innere
Helmholtzebene" (i.H.E.).

An die Helmholtz-Schicht schließt sich elektrolytseitig die „diffuse
Schicht" an, die den Bereich von der äußeren Helmholtzebene bis zu jenem
Abstand von der Elektrode umfaßt, ab dem das Potential praktisch konstant
ist. In ihr sind die Überschußladungen in diffuser Verteilung (Raumladungs-
wolke) vorhanden. Bei Elektrolyten mit hoher Ionenkonzentration fällt die
Konzentration der Überschußladungen gegen das Lösungsinnere rasch ab.

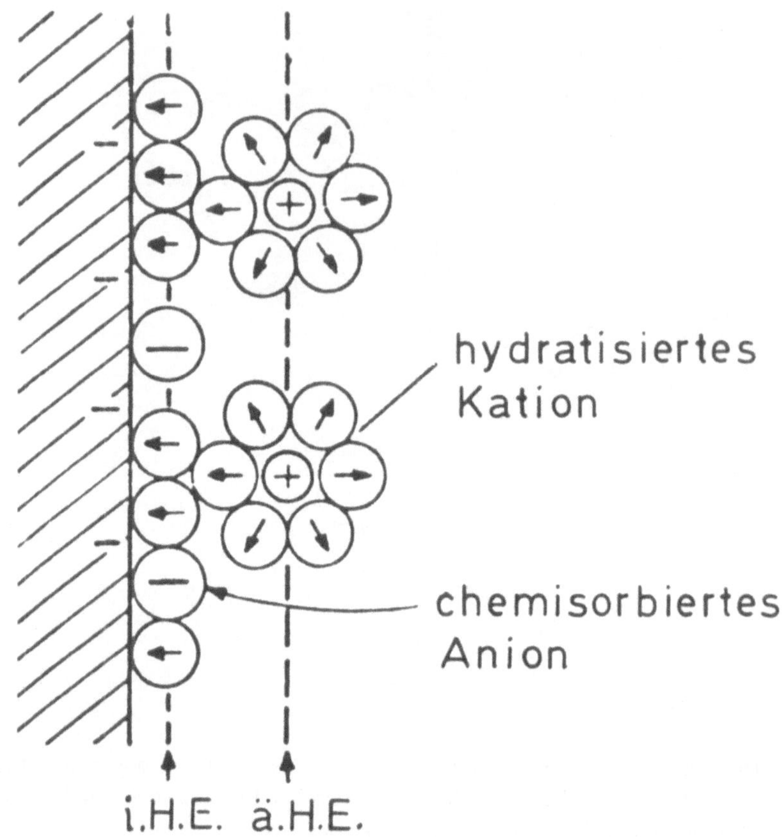

Abb. 3: Starre Doppelschicht mit chemisorbierten Spezies

Die räumliche Verteilung der Überschußladungen bestimmt auch den Verlauf des Potentials in der elektrochemischen Doppelschicht, wie dies als Beispiel Abb. 4 zeigt.

Die Anordnung der Ladungen in dem starren Anteil der Doppelschicht bei Abwesenheit chemisorbierter Teilchen wirkt wie ein ebener Plattenkondensator. Der Potentialverlauf zwischen Elektrode und ä.H.E. ist daher auch weitgehend linear. Jenseits der ä.H.E. in der diffusen Doppelschicht fallen Überschußladungsdichte und Potential exponentiell mit der Entfernung von der ä.H.E. ab. Der Abfall erfolgt umso rascher, je höher die Elektrolytkonzentration und je tiefer die Temperatur ist.

Der gesamte Potentialabfall in der elektrochemischen Doppelschicht erfolgt über einen Abstand von wenigen Å (Größenordnung 5 Å). Beachtet man, daß die Potentialdifferenz zwischen Elektrode und Elektrolyt (Elektrodenpotential) wenige mV bis etwa 2 V betragen kann, so ergeben sich Feldstärken bis zu 10^{10} V/m. Diese enorm hohen Feldstärken, die zum augenblicklichen

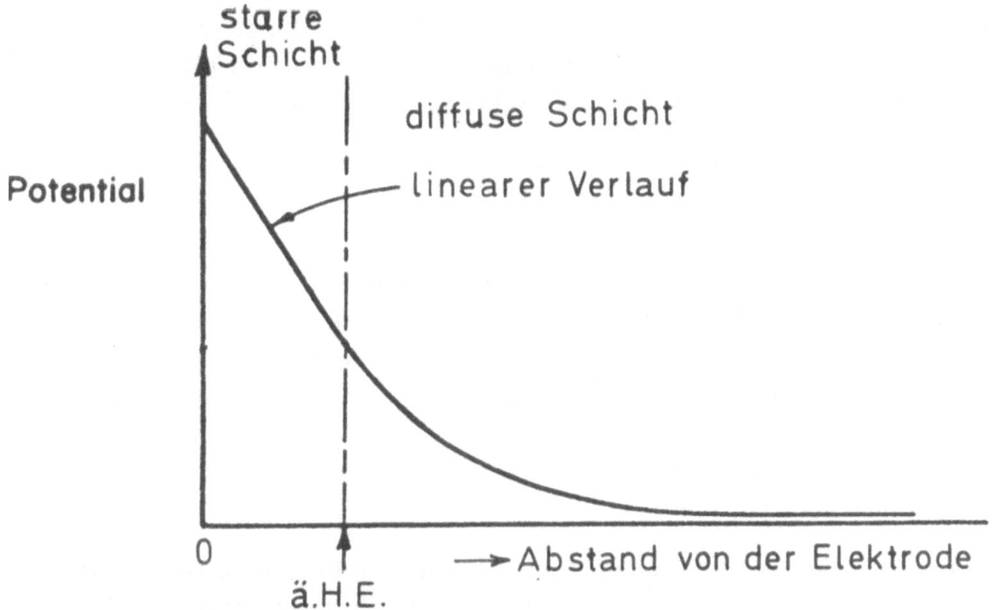

Abb. 4: Potentialverlauf in der elektrochemischen Doppelschicht, starrer und diffuser Anteil

Zusammenbruch jedes makroskopischen Dielektrikums führen würden, lassen erkennen, wie außerordentlich groß die auf die Ladungsträger wirkenden Kräfte sind. Sie stellen die unmittelbare Ursache für den Ladungsdurchtritt in einer bestimmten Richtung dar.

Bei dem Elektronenübergang zwischen Elektrode und einem Reaktanden kann sich dieser entweder in der i.H.E. oder in der ä.H.E. befinden. Im ersten Fall handelt es sich im allgemeinen um die Reaktion eines chemisorbierten Teilchens. Da elektrochemische Reaktionen überwiegend heterogenen Charakter besitzen, spielt die Adsorption an der Elektrode vielfach eine entscheidende Rolle (Beispiele: H_2-, O_2-Elektrode). Im anderen Fall dringt das Ion nur bis zur ä.H.E. vor und bleibt vollständig solvatisiert. Das Elektron geht durch die Lösungsmittelschicht auf das Ion über und umgekehrt, wie z.B. im Falle einer Redox-Elektrode. Auch der Austausch von Metallionen zwischen Elektrode und Elektrolyt bei der Metallabscheidung und -auflösung wie auch die anodische Bildung von Oxid- oder Hydroxidschichten spielen sich in der Helmholtz-Schicht ab.

Die Anordnung der Ladungen in der elektrochemischen Doppelschicht bestimmt die Doppelschichtkapazität, deren Untersuchung wesentliche Aufschlüsse über die Struktur und den Aufbau der Phasengrenzfläche zwischen Elektrode und Elektrolyt liefert.

Wegen der in der Phasengrenzzone auftretenden hohen Feldstärken ist die Dielektrizitätskonstante nicht mehr konstant, wodurch auch die Kapazität potentialabhängig wird. Man definiert daher neben der integralen auch eine differentielle Kapazität. Entsprechend dem Aufbau der Doppelschicht aus starrer und diffuser Schicht erhält man auch zwei Beiträge zur differentiellen Gesamtkapazität C, die sich so wie in Reihe geschaltete Kondensatoren verhalten:

$$\frac{1}{C} = \frac{1}{C_s} + \frac{1}{C_d} , \qquad (2.4)$$

C_s: differentielle Kapazität der starren Doppelschicht,
C_d: differentielle Kapazität der diffusen Doppelschicht.

Auch an der Phasengrenzfläche zwischen Elektrode und einem festen bzw. schmelzflüssigen Elektrolyten treten charakteristische Doppelschichtstrukturen auf.

2.2 Durchtrittsüberspannung

Die eigentliche elektrochemische Reaktion besteht in dem Durchtritt von Ladungsträgern (Elektronen oder Metallionen) durch die Phasengrenze Elektrode/Elektrolyt (Durchtrittsreaktion). Als wesentliches Kriterium für die Unterscheidung einer elektrochemischen von einer chemischen Reaktion kann die weitgehende Abhängigkeit der Geschwindigkeit der elektrochemischen Reaktion vom Elektrodenpotential gelten. Dabei wird eine kathodische Elektrodenreaktion (z.B. die kathodische Abscheidung von Metallionen) durch Negativierung des Potentials beschleunigt, während eine Verschiebung des Elektrodenpotentials in positive Richtung hemmend auf kathodische Vorgänge wirkt, die Geschwindigkeit anodischer Vorgänge aber erhöht.

Der Ladungsdurchtritt durch die Phasengrenze findet prinzipiell stets in beiden Richtungen statt, entsprechend einer anodischen (i_+) und einer kathodischen (i_-) Teilstromdichte*. Im reversiblen Gleichgewicht laufen anodische und kathodische Durchtrittsreaktion mit gleicher Geschwindigkeit ab. Beide Teilströme besitzen den gleichen Absolutwert, verlaufen aber in entgegengesetzter Richtung:

$$i_+ = |i_-| = i_0 . \qquad (2.5)$$

Trotz des Fehlens eines äußeren Stromflusses erfolgt ein Ladungsaustausch, wobei der fließende innere Strom, der einer direkten Messung nicht unmittelbar zugänglich ist, als Austauschstrom bezeichnet wird. Die „Austauschstromdichte" (ATSD) i_0 stellt eine wichtige kinetische Größe dar und ist ein direktes Maß für die katalytische Aktivität des betreffenden Elektroden-

---

* Wir bedienen uns hier der üblichen Konvention, wonach die anodische Teilstromdichte i_+ positiv, die kathodische Teilstromdichte i_- negativ gezahlt wird.

substrates. Da die Elektrodenreaktionen mit endlicher Geschwindigkeit ablaufen, verläßt das System bei Auftreten eines äußeren Stromflusses den Gleichgewichtszustand. Dies bedeutet aus elektrochemischer Sicht, daß das Elektrodenpotential vom reversiblen Wert abweichen muß. Die Differenz zum Gleichgewichtswert bzw. Ruhepotential wird, wie bereits erwähnt, Überspannung bzw. Polarisation genannt. Ihre Höhe ist ein Maß für die Hemmungen (Energiebarrieren), die beim Reaktionsablauf in der betrachteten Richtung überwunden werden müssen.

Die Überwindung der Energiebarrieren bedingt den Verlust eines Teiles der auf Grund der thermodynamischen Aussagen nutzbaren Energie ΔG.

Läuft die Durchtrittsreaktion mit der (auf die Oberflächeneinheit der Elektrode bezogenen) Geschwindigkeit v ab, so entspricht ihr eine Durchtrittsstromdichte i

$$i = n F v, \qquad (2.6)$$

wobei n die Anzahl der ausgetauschten Elektronen bedeutet. Auch bei Stromfluß setzt sich die Durchtrittsreaktion aus zwei gegenläufigen Teilreaktionen zusammen, von denen allerdings eine überwiegt. Als einfaches Beispiel wollen wir den Durchtritt von Metallionen durch die Grenzfläche Elektrode/Elektrolyt betrachten; d.h. die Reaktion

$$M = M^{z+} + z\, e^-. \qquad (2.7)$$

Die Reaktionsgeschwindigkeit v ist durch

$$v = k_{ox}\, c_M - k_{red}\, c_{M^{z+}} \qquad (2.8)$$

gegeben, wobei c_M die (konstante) Konzentration der Metallatome im Kristallgitter und $c_{M^{z+}}$ die Konzentration der solvatisierten Metallionen in der ä.H.E. bedeutet. (Da die Durchtrittsreaktion den Charakter einer heterogenen Reaktion besitzt, bezieht man die Konzentrationen auf die Oberflächeneinheit.) Die Geschwindigkeitskonstanten k_{ox} und k_{red} werden im folgenden erklärt.

Weisen Elektrode und Elektrolyt das gleiche elektrische Potential (Differenz der inneren elektrischen Potentiale $\varphi_{Elektrode} - \varphi_{Elektrolyt} = \Delta\varphi = 0$) auf, so liegt eine heterogene *chemische* Reaktion vor. Im Sinne der Stoßtheorie müssen die Reaktionspartner eine bestimmte Mindestenergie, Aktivierungsenergie $E^{(a)}$ genannt*, besitzen, damit der Reaktionsschritt ablaufen kann. Die Anzahl der Teilchen, deren Energie diesen Mindestbetrag besitzt oder überschreitet, ist nach dem Boltzmann'schen Verteilungsgesetz proportional zu

---

* Die Aktivierungsenergie ist auf N_L (Loschmidtzahl) Teilchen bezogen.

$\exp(-E^{(a)}/RT)$. Beim Ablauf der anodischen bzw. kathodischen Teilreaktion sind im Falle von $\Delta\varphi = 0$ (heterogene chemische Reaktion) die Aktivierungsenergien $E_{ox}^{(a)}$ bzw. $E_{red}^{(a)}$ zu überwinden (Abb. 5).

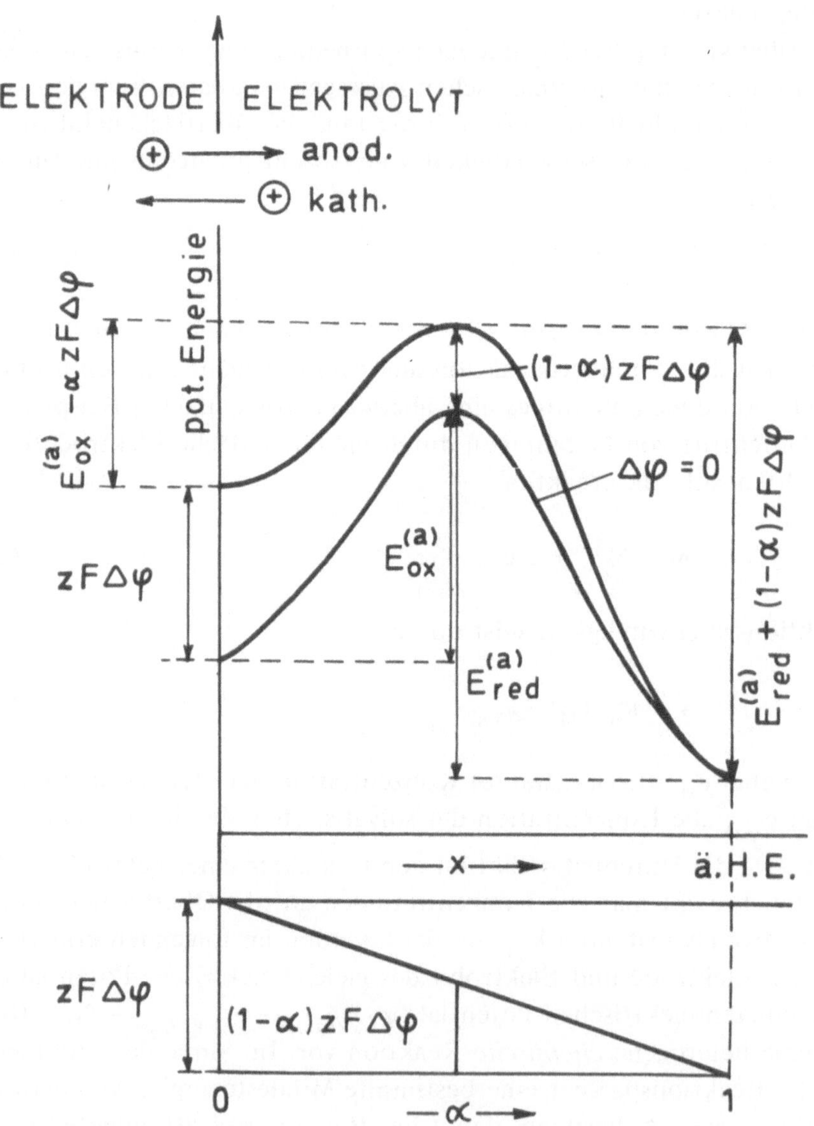

Abb. 5: Energieverlauf über die starre Doppelschicht, bei Fehlen einer elektrischen Potentialdifferenz zwischen Elektrode und Elektrolyt ($\Delta\varphi = 0$) und bei verschiedenen Potentialen an der Elektrode und im Elektrolyten

Für die chemischen Geschwindigkeitskonstanten k_{ox} und k_{red} kann man daher ansetzen:

$$k_{ox} = k'_{ox} \exp(-E^{(a)}_{ox}/RT) , \qquad (2.9a)$$

$$k_{red} = k'_{red} \exp(-E^{(a)}_{red}/RT) . \qquad (2.9b)$$

Interpretiert man (2.9a) und (2.9b) im Sinne der Stoßtheorie, dann entsprechen die Größen k'_{ox} und k'_{red} den Stoßzahlen. Die Gleichungen (2.9a) und (2.9b) bringen dann zum Ausdruck, daß nicht jeder Stoß, sondern nur der mit $\exp(-E^{(a)}/RT)$ gewogene Anteil der Stöße zu einer erfolgreichen Reaktion führt. In Abb. 5 stellt die mit $\Delta\varphi = 0$ bezeichnete Kurve den Verlauf der potentiellen Energie bei Abwesenheit einer Potentialdifferenz zwischen Elektrode und Elektrolyt dar.

Erhöht man das Potential der Elektrode um den Betrag $\Delta\varphi$ gegenüber dem Potential im Elektrolyten (welches gleichgesetzt wird dem Potential in der ä.H.E., das bedeutet, daß der Potentialabfall in der diffusen Doppelschicht als vernachlässigbar klein angesehen wird), so muß beim Übergang eines Mols Ionen M^{z+} von der ä.H.E. auf die Elektrode die elektrische Arbeit $zF\Delta\varphi$ geleistet werden, während beim Übergang eines Mols Ionen M^{z+} von der Elektrode in die ä.H.E. die elektrische Arbeit $zF\Delta\varphi$ gewonnen wird.

Man wählt nun den Abstand zwischen Elektrode und ä.H.E. als Einheit und mißt die Lage x in der Helmholtz'schen Doppelschicht in dieser Einheit. Die Lage des Maximums der potentiellen Energiekurve ist dann durch $x = \alpha$ gegeben. Man bezeichnet α als Durchtrittsfaktor. Der Verlauf des elektrischen Potentials in der Helmholtz'schen Doppelschicht kann näherungsweise als linear angesehen werden (vgl. Kap. II.2.1).

Im Falle einer elektrochemischen Reaktion überlagert sich die zu leistende elektrische Arbeit der chemischen potentiellen Energiekurve, so daß der in Abb. 5 dargestellte Kurvenverlauf resultiert. Aus dieser Darstellung erkennt man, daß sich für die anodische Teilreaktion die Aktivierungsenergie um den Betrag $\alpha zF\Delta\varphi$ gegenüber dem heterogenen chemischen Fall erniedrigt, während sich für die kathodische Teilreaktion die Aktivierungsenergie um den Betrag $(1-\alpha)zF\Delta\varphi$ erhöht. Die Aktivierungsenergie für den anodischen Vorgang beträgt daher nun $\{E^{(a)}_{ox} - \alpha zF\Delta\varphi\}$, für den kathodischen Vorgang $\{E^{(a)}_{red} + (1-\alpha)zF\Delta\varphi\}$. Diese Überlegung zeigt, daß durch eine Verschiebung des Potentials einer Elektrode zu positiveren Werten die anodische Teilreaktion wegen der verringerten Aktivierungsenergie rascher ablaufen wird, die kathodische Teilreaktion wegen der Erhöhung der Aktivierungsenergie jedoch verlangsamt wird.

Für die Stromdichte i erhält man mit (2.6), (2.8) und (2.9a) und (2.9b) unter Berücksichtigung der veränderten Aktivierungsenergien:

$$i = n\,F\,c_M\,k'_{ox}\,\exp\left[-(E^{(a)}_{ox} - \alpha z F \Delta\varphi)/RT\right]$$

$$- n\,F\,c_{M^{z+}}\,k'_{red}\,\exp\left[-(E^{(a)}_{red} + (1-\alpha)z F \Delta\varphi)/RT\right]. \tag{2.10}$$

Da die zwischen Elektrode und Elektrolyten liegende Spannung (Galvanispannung) $\Delta\varphi$ experimentell nicht zugänglich ist, wählt man als Bezugspunkt die Potentialdifferenz $\Delta\varphi_{rev}$ des Gleichgewichtszustandes, für den die Absolutwerte bei beiden Teilströmen ($i_+ = |i_-| \equiv i_0$) gleich sind

$$i_0 = n\,F\,c_M\,k'_{ox}\,\exp\left[-(E^{(a)}_{ox} - \alpha z F \Delta\varphi_{rev})/RT\right] =$$

$$= n\,F\,c_{M^{z+}}\,k'_{red}\,\exp\left[-(E^{(a)}_{red} + (1-\alpha)z F \Delta\varphi_{rev})/RT\right]. \tag{2.11}$$

Dividiert man (2.10) durch (2.11), so erhält man wegen $\Delta\varphi - \Delta\varphi_{rev} = \epsilon - \epsilon_{rev} = \eta_D$, die Butler-Volmer-Gleichung

$$i = i_0\left[\exp\frac{\alpha z F}{RT}\,\eta_D - \exp\frac{-(1-\alpha)z F}{RT}\,\eta_D\right], \tag{2.12}$$

die den Zusammenhang zwischen Stromdichte i und Durchtrittsüberspannung η_D wiedergibt.

Eine vollkommen analoge Betrachtung kann auch für eine einfache Redoxreaktion Red = Ox + ze⁻ (einfacher Elektronenaustausch an einer inerten Elektrode), bei der Elektronen die übergangsfähigen Ladungsträger darstellen, durchgeführt werden. Auch in diesem Falle erhält man eine Beziehung der Form (2.10), wobei allerdings an Stelle der Konzentrationen c_M und $c_{M^{z+}}$ die Konzentrationen c_{red} und c_{ox} der reduzierten und oxidierten Form in der ä.H.E. auftreten.

Es ist wichtig zu beachten, daß die Butler-Volmer-Gleichung in der Form (2.12) nur dann gültig ist, wenn die Konzentrationen von oxidierter und reduzierter Spezies unabhängig von der Stromdichte i sind. Dies bedeutet, daß die Transportreaktionen wesentlich rascher als die Durchtrittsreaktion ablaufen müssen, eine Voraussetzung, die in der Praxis vielfach nicht erfüllt ist.

Ferner wird der Einfluß des diffusen Anteils der Doppelschicht auf die Reaktionsgeschwindigkeit vernachlässigt. Diese Vorgangsweise ist insofern gerechtfertigt, als in galvanischen Speicherelementen relativ konzentrierte Elektrolytlösungen eingesetzt werden, bei denen der Potentialabfall in dem diffusen Anteil der Doppelschicht verschwindend gering ist.

Die Form der Durchtrittsstrom-Spannungskurve wird im wesentlichen von den beiden Größen α und i_0 bestimmt. Der Durchtrittsfaktor α ist eine zentrale Größe in der Theorie der Elektrodenreaktionen. Im Sinne der angegebenen Ableitung stellt er den Bruchteil der elektrischen Potentialdifferenz zwischen Elektrode und Elektrolyt dar, der für die Reaktionsgeschwindigkeit maßgebend ist. Die angestellten Überlegungen zeigen, daß er den Anteil der elektrischen Energie $zF\eta_D$ angibt, der für die Herabsetzung bzw. Erhöhung der Aktivierungsenergien gegenüber dem Gleichgewichtszustand verwendet wird, damit die Elektrodenreaktion mit einer bestimmten Geschwindigkeit in der betrachteten Richtung abläuft.

Abb. 6 zeigt die Stromdichte-Spannungskurve für reine Durchtrittsreaktion, berechnet mit $\alpha = 0{,}5$. Grundsätzlich setzt sich die Durchtrittsstromdichte-Spannungskurve aus der anodischen und kathodischen Teilstromdichte-Spannungskurve zusammen, deren Addition die experimentell meßbare Gesamtstromdichte-Spannungskurve liefert.

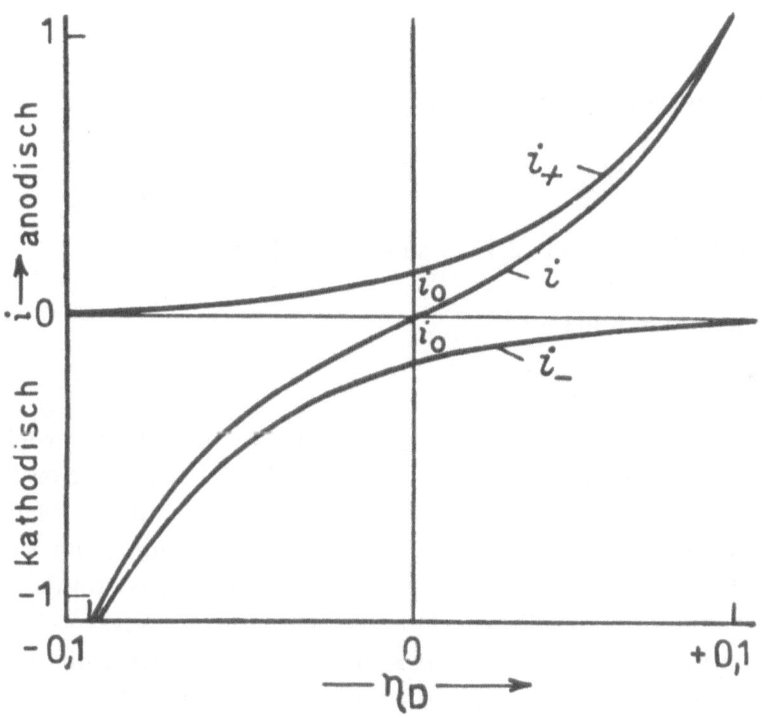

Abb. 6: Stationäre Durchtrittsstromdichte-Spannungskurve für $\alpha = 0{,}5$

Bei hinreichend kleinen Überspannungen η_D kann man die e-Potenzen in (2.12) in eine Reihe entwickeln, und die Entwicklung nach dem 2. Gliede abbrechen. Dies führt zu folgender linearen Beziehung zwischen i und η_D

$$i = i_0 \, \frac{zF}{RT} \, \eta_D \, . \tag{2.13}$$

Der Anstieg der Stromdichte-Spannungskurve beim Gleichgewichtspotential (η_D = 0) ergibt den „Durchtrittswiderstand" R_D

$$R_D = \frac{RT}{zF} \frac{1}{i_0} \, , \tag{2.14}$$

der ein Maß für die Hemmung des elektrochemischen Schrittes darstellt und zur Bestimmung von i_0 herangezogen werden kann.

Im Gebiet hoher Überspannungen ($|\eta_D| > RT/zF$), in dem die Rückreaktion gegenüber der in der betrachteten Richtung ablaufenden Reaktion nur mehr einen kleinen Beitrag liefert, kann man die Teilstromdichte der Rückreaktion in (2.12) vernachlässigen.

Nach Logarithmieren erhält man:
Anodische Überspannung:

$$\eta_D = \frac{-RT}{\alpha zF} \ln i_0 + \frac{RT}{\alpha zF} \ln i \, . \tag{2.15a}$$

Kathodische Überspannung:

$$\eta_D = \frac{RT}{(1-\alpha)zF} \ln i_0 - \frac{RT}{(1-\alpha)zF} \ln [i] \, . \tag{2.15b}$$

Die Gleichungen (2.15a) und (2.15b) sind in der Form

$$\eta_D = a + b \log [i] \tag{2.16}$$

als Tafelbeziehung bekannt.

Dieser Zusammenhang wird zur experimentellen Bestimmung wichtiger kinetischer Parameter (Austauschstromdichte i_0, Durchtrittsfaktor α) herangezogen. Der Verlauf der Tafelgeraden erlaubt Rückschlüsse auf den Mechanismus der Bruttoreaktion und auf die geschwindigkeitsbestimmenden Vorgänge. Insbesondere lassen sich aus der Abhängigkeit des Durchtrittsstromes von den Konzentrationen der an dem Prozeß beteiligten Spezies die elektrochemischen Reaktionsordnungen bestimmen, deren Kenntnis für die Aufklärung komplizierter, mehrstufiger Elektrodenreaktionen von wesentlicher Bedeutung ist.

Treten im Verlauf der Elektrodenreaktion mehrere, voneinander verschiedene Durchtrittsreaktionen auf, wie beispielsweise der aufeinanderfolgende Austausch zweier Elektronen, so gelten modifizierte, aber grundsätzlich analoge, aus entsprechenden kinetischen Überlegungen abgeleitete Beziehungen. Für jeden betrachteten Ladungsdurchtritt gelten die charakteristischen, spezifischen kinetischen Parameter (i_0, α), aus deren Zusammenhang auf die geschwindigkeitsbestimmenden Vorgänge und den Reaktionsmechanismus geschlossen werden kann.

Die komplexe Situation an der Phasengrenze Elektrode/Elektrolyt (Aufbau der Doppelschicht, Potentialverteilung, Vorhandensein verschiedener adsorbierter Spezies, Zwischenprodukte usw.) hat bis zum gegenwärtigen Zeitpunkt eine einheitliche und allgemein gültige Theorie des Ladungsüberganges auf quantenmechanischer Basis nicht zugelassen. Für den einfachsten Fall des Durchtrittes eines Elektrons, bei Vorliegen eines Redox-Systems (vgl. II.1.4), läßt sich der Ladungsaustausch als strahlungsloser adiabatischer Tunnelprozeß verstehen, der nur dann ablaufen kann, wenn die Energiezustände in der Elektrode und im elektrolytseitig vorhandenen Reaktionspartner einander exakt gleich sind.

2.2.1 Quantenmechanische Behandlung des Ladungsdurchtrittes[18,19]

Im einfachsten Fall des Elektronenaustausches zwischen einer Elektrode und einem Redox-System läßt sich der Ladungsübergang als ein strahlungsloser Tunnellierungsvorgang verstehen. (Das Elektron durchdringt die Potentialbarriere zwischen Elektrode und ä.H.E., vgl. Abb. 5, auf Grund des Tunneleffektes.) Der Elektronenübergang erfolgt hierbei so rasch, daß die Solvathülle unverändert bleibt (Franck-Condon-Prinzip). Voraussetzung für einen strahlungslosen Übergang ist, daß die Energien der Zustände, zwischen denen der Elektronenübergang stattfindet, d.h. die Energie des Elektrons in der Elektrode und im elektrolytseitigen Reaktionspartner gleich sind. Die Zahl der Elektronenübergänge in der Zeiteinheit ist neben einer Durchgangswahrscheinlichkeit K(E) durch die Zahl der einander energetisch entsprechenden, besetzten und unbesetzten Quantenzustände zu beiden Seiten der Phasengrenze bestimmt. Derartige Übergänge können bei verschiedenen Energien parallel erfolgen. Die energetische Verteilung der Elektronen in der Elektrode in der Nähe des Ferminiveaus wird durch die Fermi-Statistik bestimmt*.

Da die Solvatstrukturen der Redoxionen im großen Ausmaß durch die thermischen Fluktuationen geändert werden, ergibt sich auch eine Verteilung W(E) des Energieniveaus der Elektronen der Redoxionen im Elektrolyten.

Im einfachsten Fall ist die Verteilungsfunktion W(E) der Elektronenniveaus in einem Redoxteilchen durch

$$W(E) = (4\pi E_R kT)^{-1/2} \exp\left[-\frac{(E - {}^0E)^2}{4\,E_R\,kT}\right] \qquad (2.17)$$

gegeben ist, wobei ^0E die Energie des Maximums der Verteilungskurve darstellt. Die Form der Verteilungskurve wird wesentlich durch die Reorganisationsenergie E_R bestimmt, worunter man die Energieänderung versteht, die bei der Umordnung der Solvathülle durch die Änderung des Ladungszustandes des Redoxteilchens auftritt (k: Boltzmann-Konstante). Entsprechend den angestellten Überlegungen wird die Stromdichte proportional den Wahrscheinlichkeiten sein, in der einen Phase ein besetztes und in der anderen Phase ein unbesetztes Niveau gleicher Energie anzutreffen, wobei noch zu berücksichtigen ist, daß die Energieniveaus über einen weiten Bereich verteilt sind, so daß über alle korrespondierenden Energiezustände zu integrieren ist.

Man erhält für die anodische Teilstromdichte i_+:

$$i_+ = B\,c_{red} \int\limits_{-\infty}^{+\infty} K(E)\,D_{leer}(E)\,W_{red}(E)\,dE \,, \qquad (2.18)$$

für die kathodische Teilstromdichte $|i_-|$:

$$|i_-| = B\,c_{ox} \int\limits_{-\infty}^{+\infty} K(E)\,D_{bes}(E)\,W_{ox}(E)\,dE \,. \qquad (2.19)$$

In diesen Ausdrücken bedeuten:

B: Proportionalitätskonstante,

D_{leer}, D_{bes}: Verteilungsfunktionen der leeren bzw. besetzten Energieniveaus in der Elektrode,

W_{ox}: Verteilungsfunktion der unbesetzten Niveaus in der oxidierten Spezies,

---

* Beim absoluten Nullpunkt der Temperatur (T = 0 K) sind in einem Metall alle Energiezustände der Elektronen unterhalb einer Grenzenergie, die als Ferminiveau bezeichnet wird, besetzt, während alle darüberliegenden Zustände leer sind. Mit zunehmender Temperatur (T > 0 K) tritt eine „Abrundung" der Energieverteilung der Elektronen auf. Zustände oberhalb des Ferminiveaus werden auf Kosten von Zuständen unterhalb des Ferminiveaus aufgefüllt. Das Ferminiveau entspricht dann jener Energie, bei der die Hälfte der verfügbaren Zustände besetzt sind. Das Ferminiveau ist schwach temperaturabhängig. Bei 300 K weicht es kaum von seiner Lage beim absoluten Nullpunkt ab.

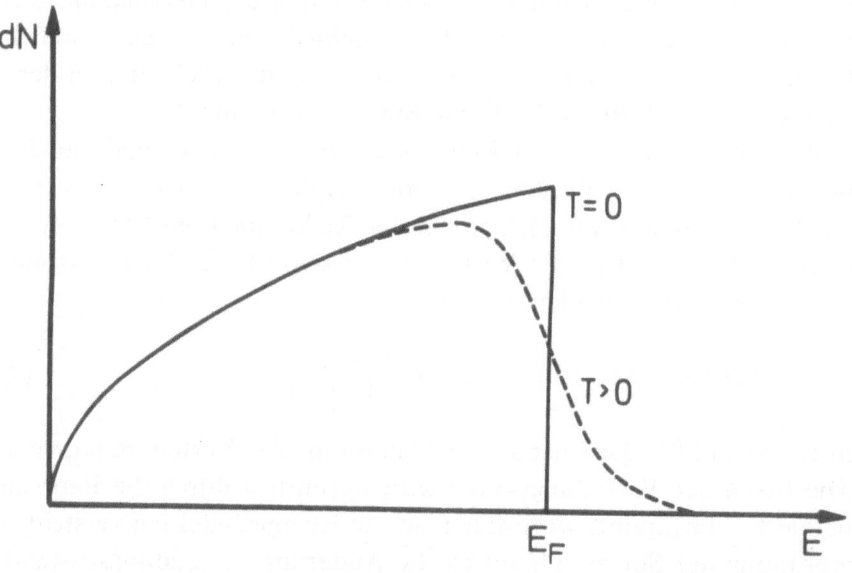

Die Abbildung zeigt die Fermi-Verteilung der Elektronen in einem Metall. Die Ordinate gibt die Zahl der Elektronen dN im Einheitsintervall der Energie an, die Abszisse die Elektronenenergie E. Ausgezogene Kurve: Temperatur T = 0 K; gestrichelte Kurve: Temperatur T > 0 K (schematisch), E_F gibt die Lage des Ferminiveaus für T = 0 K an.

W_{red}: Verteilungsfunktion der besetzten Niveaus in der reduzierten Spezies,

c_{red}, c_{ox}: Konzentrationen der reduzierten und oxidierten Formen in der ä.H.E.

Im reversiblen Gleichgewicht erfolgt der Elektronenaustausch hauptsächlich in der Nähe des Ferminiveaus mit gleicher Geschwindigkeit in beiden Richtungen ($|i_+| = |i_-| = i_0$).

Legt man ein vom reversiblen verschiedenes Potential an die Elektrode, so verschieben sich alle Energieniveaus in der Elektrode. Dadurch ändert sich aber die Zahl der einander energetisch entsprechenden Niveaus auf der Elektroden- und Elektrolytseite. Während für einen Übergang die Zahl der einander entsprechenden Energiezustände erhöht wird, wird sie für den in entgegengesetzter Richtung erfolgenden Übergang vermindert. Dadurch wird eine Teilstromdichte vergrößert und die andere verringert, so daß ein Nettostrom fließt.

Die mathematische Durchführung der skizzierten Vorstellungen führt zu einer der Butler-Volmer-Gleichung (2.12) entsprechenden Beziehung.

Die Aktivierungsenergie in dem Ausdruck für die Austauschstromdichte i_0 (der Term im Exponenten von Gl. (2.11) bezogen auf 1 Teilchen) ist durch die Reorganisationsenergie E_R bestimmt. Die Aktivierungsenergie beträgt näherungsweise ein Viertel der Reorganisationsenergie.

In ähnlicher Weise kann auch die Theorie für den Fall entwickelt werden, daß in der elektrochemischen Reaktion Bindungen gelöst oder geknüpft werden.

2.3 Diffusionsüberspannung

Der An- und Abtransport von Reaktanden und Reaktionsprodukten zu und von den Elektroden stellt bei der Durchführung technischer elektrochemischer Prozesse einen entscheidenden Faktor dar. Der Massentransport erfolgt durch Konvektion - bevorzugt im Innern des Elektrolyten -, durch Diffusion - überwiegend in der unmittelbaren Umgebung der Elektrodenoberfläche - und durch Überführung (Migration) - Wanderung von geladenen Teilchen im elektrischen Feld. Die Überführung läßt sich durch Zusatz hoher Konzentrationen an Ionen, die am Elektrodenprozeß nicht teilnehmen (Leitsalz), unterdrücken. In Zellen mit wässrigen Elektrolyten ist infolge der hohen Ionenkonzentrationen der Anteil der Migration am Stofftransport vielfach gering. Die Überführung stellt jedoch in Festelektrolyten und Salzschmelzen einen für den Massen- und Ladungstransport wesentlichen Faktor dar.

Bei ausreichender Konvektion (Rührung, Umwälzung des Elektrolyten, Einblasen von Gas oder Bewegung der Elektroden) entstehen stationäre (zeitunabhängige) Transportverhältnisse. Der Stofftransport im Bereich des Elektrolytfilms, der unmittelbar an die Elektrodenoberfläche grenzt, erfolgt aber überwiegend durch Diffusion.

Ist der An- oder Abtransport der an einer Elektrodenreaktion teilnehmen-

den Spezies geschwindigkeitsbestimmend, so wird es zu einer Konzentrations-
änderung an der Elektrodenoberfläche gegenüber dem Innern des Elektrolyten
und somit zum Auftreten von Konzentrationsgradienten kommen.

Unter der Voraussetzung, daß die Durchtrittsreaktion ungehemmt und
rasch erfolgt, wird sich an der Elektrode das der Aktivität $a_j^{(s)}$ (Konzentration
$c_j^{(s)}$) der potentialbestimmenden Teilchen j an der Elektrodenoberfläche entsprechende reversible Potential $\epsilon_j^{(s)}$ einstellen:

$$\epsilon_j^{(s)} = \epsilon_j^0 + \frac{RT}{z_j F} \ln a_j^{(s)} = \epsilon_j^0 + \frac{RT}{z_j F} \ln c_j^{(s)} f_j^{(s)} . \tag{2.20}$$

Bei Stromlosigkeit wäre aber das Elektrodenpotential $\epsilon_{j,r}$ durch die Aktivität a_j (Konzentration c_j) der Teilchen im Innern des Elektrolyten bestimmt,
da in diesem Falle zwischen Elektrodenoberfläche und Innern des Elektrolyten kein Konzentrationsunterschied besteht:

$$\epsilon_{j,r} = \epsilon_j^0 + \frac{RT}{z_j F} \ln a_j = \epsilon_j^0 + \frac{RT}{z_j F} \ln c_j f_j . \tag{2.21}$$

Die Abweichung des bei Stromfluß gegenüber dem bei Stromlosigkeit gemessenen Elektrodenpotentials wird als Diffusionsüberspannung η_D bezeichnet:

$$\eta_D = \epsilon_j^{(s)} - \epsilon_{j,r} = \frac{RT}{z_j F} \ln \frac{c_j^{(s)} f_j^{(s)}}{c_j f_j} . \tag{2.22}$$

Bei hohen Konzentrationen an Leitsalz sind die Ionenkonzentrationen an der
Oberfläche der Elektrode und im Innern des Elektrolyten praktisch gleich. Da
die Aktivitätskoeffizienten im wesentlichen von der gesamten ionalen Konzentration abhängen, kann das Verhältnis der Aktivitätskoeffizienten $f_j^{(s)}/f_j$ gleich
Eins gesetzt werden.

Betrachten wir den Fall einer an der Elektrode verbrauchten Spezies
(z.B. kathodische Metallabscheidung).

Die durch die Diffusion der Teilchen j bedingte Stromdichte ist auf
Grund des 1. Fick'schen Gesetzes und unter der Annahme eines linearen Kon-
zentrationsgefälles (vgl. Abb. 7) durch

$$|i| = z_j F \frac{1}{q} \frac{dn_j}{dt} = z_j F D \frac{c_j - c_j^{(s)}}{\delta_N} \tag{2.23}$$

gegeben, wobei hier bedeuten:

q: Oberfläche der Elektrode,
n_j: Mole der Teilchenart j,
t: Zeit
D: Diffusionskoeffizient,
δ_N: Diffusionsschichtdicke,

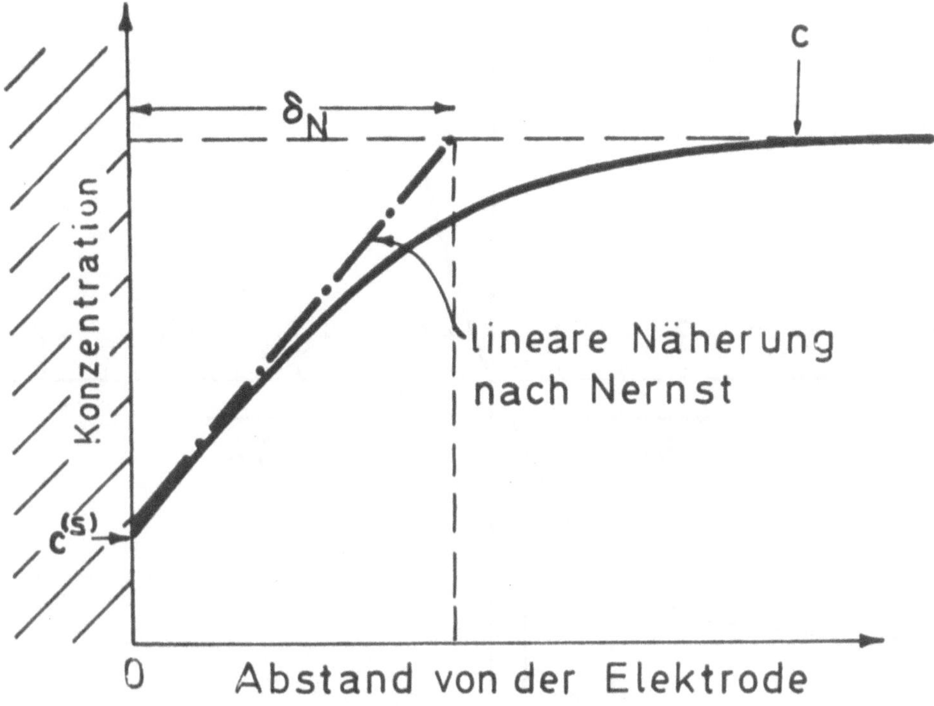

Abb. 7: Konzentrationsverlauf in der Nernst'schen Diffusionsschicht für stationäre Diffusion

Eliminiert man aus den Ausdrücken für die Überspannung (2.22) und für die Stromdichte (2.23) die Konzentration an der Elektrodenoberfläche, so gelangt man zur Stromdichte-Spannungskurve für die Diffusionsüberspannung:

$$|i| = \frac{z_j \, F \, D \, c_j}{\delta_N} \, [1 - \exp(\frac{z_j F}{RT} \, \eta_D)] \, . \tag{2.24}$$

Bei kathodischen Überspannungen ($\eta_D < 0$) nimmt die Stromdichte zunächst zu, um bei hohen Überspannungen eine Grenzstromdichte i_{gr},

$$|i_{gr}| = \frac{z_j \, F \, D \, c_j}{\delta_N} \, , \tag{2.25}$$

zu erreichen, bei der jedes an der Elektrode ankommende Ion sofort entladen wird und die Oberflächenkonzentration $c_j^{(s)} = 0$ wird. Durch Einsetzen von (2.25) in Gleichung (2.24) und Umformen erhält man die allgemeine Beziehung (vgl. Abb. 8)

$$\eta_D = \frac{RT}{zF} \, \ln \, [\frac{i_{gr} - i}{i_{gr}}] \, . \tag{2.26}$$

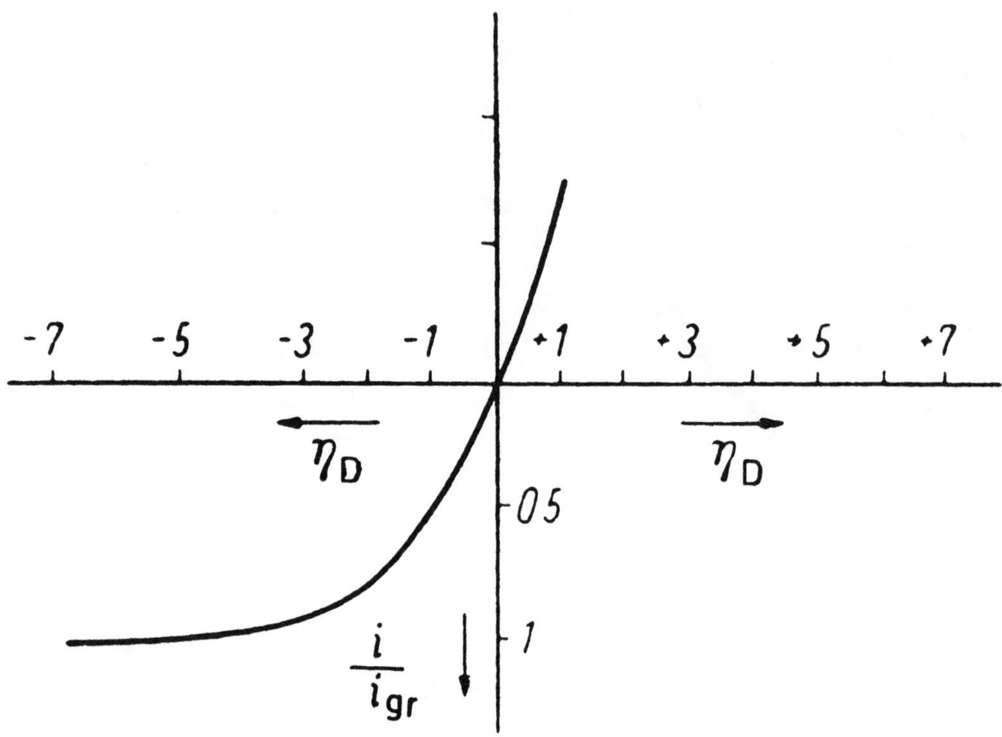

Abb. 8: Stationare Diffusionsstrom-Spannungskurve

Berücksichtigt man zusätzlich zur Diffusion den Antransport durch Überführung, so wird die Grenzstromdichte entsprechend erhöht. Man erhält für
diesen Fall den Ausdruck

$$|i_{gr}| = \frac{z_j F D c_j}{(1-t_j)\delta_N} , \qquad (2.27)$$

wobei t_j die Überführungszahl des an der Elektrode umgesetzten Ions bedeutet. (t_j gibt den Bruchteil an, zu dem das an der Elektrode umgesetzte Ion an
dem Stromtransport durch Überführung teilnimmt.)

Im Falle des Abtransportes eines an der Elektrode entstandenen Ions
(z.B. Metallauflösung) durch Diffusion erhält man wegen des umgekehrten
Vorzeichens des Konzentrationsgradienten für die Diffusionsstromdichte i

$$i = \frac{z_j F D c_j}{\delta_N} \left[\exp\left(\frac{z_j F}{RT} \eta_D\right) - 1\right]. \qquad (2.28)$$

Die Stromdichte nimmt mit der Überspannung η_D zu, ohne jedoch einen
Diffusionsgrenzstrom zu erreichen. In diesem Fall wird die Stromdichte durch
andere Faktoren begrenzt. Überschreitet beispielsweise die Konzentration einer
an der Elektrode gebildeten Spezies ihr Löslichkeitsprodukt im Elektrolyten,

so kommt es zur Ausfällung und eventuell zur Bildung nichtleitender passivierender Schichten.

Innerhalb der Diffusionsschicht, die eine Dicke δ_N von etwa 10^{-2} bis 10^{-3} cm aufweist, erfolgt der Transport bei unterdrückter Überführung nur durch Diffusion. Die Dicke dieser Schicht hängt von der Stärke der Konvektion, der Viskosität der Lösung, dem Diffusionskoeffizienten der betrachteten Spezies und der Geometrie der Elektrode ab. Die ursprüngliche Konzeption der Nernst'schen Diffusionsschicht wird den tatsächlichen hydrodynamischen Gegebenheiten nicht vollkommen gerecht und ergibt nur ein qualitativ richtiges Bild. Der grundlegende Zusammenhang entsprechend den Gleichungen (2.25) und (2.23) gibt jedoch zwei wesentliche Tatsachen richtig wieder: Erstens die Proportionalität des Diffusionsgrenzstromes zur Konzentration der betrachteten Spezies im Innern des Elektrolyten und zweitens die umgekehrt proportionale Abhängigkeit des Stromes von der Diffusionsschichtdicke. Der Weg zur Erhöhung der maximal erreichbaren Stromdichten bei elektrochemischen Prozessen besteht daher in Maßnahmen zur Verringerung von δ_N. Dies kann durch Intensivierung der Konvektion erreicht werden. (Die Erhöhung der Arbeitstemperatur bewirkt eine Zunahme des Diffusionskoeffizienten D, eine Abnahme der Viskosität und damit ebenfalls eine Verkleinerung von δ_N.)

Der Massentransport in einem System mit bewegten Elektrolyten ist durch die sogenannte konvektive Diffusion gegeben. Ausgehend von der allgemeinen Differentialgleichung

$$\frac{\partial c}{\partial t} = D \left[\frac{\partial^2 c}{\partial x^2} + \frac{\partial^2 c}{\partial y^2} + \frac{\partial^2 c}{\partial z^2} \right] - \left[U_x \frac{\partial c}{\partial x} + V_y \frac{\partial c}{\partial y} + W_z \frac{\partial c}{\partial z} \right], \qquad (2.29)$$

(Für den stationären Fall gilt $\frac{\partial c}{\partial t} = 0$.)

c = Konzentration der betrachteten Spezies,
t = Zeit
D = Diffusionskoeffizient,
x,y,z = Ortskoordinaten,
U_x, V_y, W_z = Geschwindigkeitskomponenten in den Richtungen x,y,z,

die sowohl die Diffusion als auch die Konvektion erfaßt, können für bestimmte definierte hydrodynamische Bedingungen (z.B. rotierende Elektroden) unter Verwendung der zugehörigen hydrodynamischen Differentialgleichungen und der Rand- und Anfangsbedingungen bei laminarer Strömung Lösungen des Problems ermittelt werden[20].

In ruhender Lösung bildet sich keine zeitunabhängige konstante Diffusionsschicht aus; sie wächst gemäß $\delta_N = \sqrt{\pi D t}$ in den Elektrolyten hinein, der Grenzstrom nimmt mit der Zeit ab und geht schließlich für $t \rightarrow \infty$ gegen Null.

Ein vollständig unbewegter Elektrolyt kann wegen des Auftretens natürlicher Konvektion nur unter besonderen Bedingungen beobachtet werden. Bei der Auflösung von Reaktanden sinkt die an der Elektrode entstehende Lösung höherer Dichte ab, während die bei der Abscheidung gebildete Lösung geringerer Dichte aufsteigt. Solche Erscheinungen führen zur Bildung von Elektrolytschichten unterschiedlicher Dichte und zu ungleichmäßiger Verteilung und daher zu Formänderungen der Elektrode; diese sind äußerst unerwünscht und werden besonders bei Lösungselektroden (z.B. Zinkelektrode) beobachtet.

Einen besonderen Fall stellt die sogenannte sphärische Diffusion dar, d.h. die Diffusion an eine sphärisch gekrümmte Oberfläche, wobei die Grenzstromdichte $|i_{gr}|$ für $t \to \infty$ durch

$$|i_{gr}| = \frac{zFDc}{r} \qquad (2.30)$$

gegeben ist. Vorausgesetzt wird dabei, daß der Krümmungsradius r der Oberfläche wesentlich kleiner als δ_N, die Diffusionsschichtdicke bei linearer Diffusion, ist. Dadurch wird in ruhenden oder mäßig bewegten Lösungen der Transport an die Spitzen und Kanten im Vergleich zur übrigen Elektrodenoberfläche bevorzugt erfolgen und daher ein ausgeprägtes Kristallwachstum in bestimmter Richtung (Dendritenbildung) fördern. In einem derartigen Fall geht der Grenzstrom für $t \to \infty$ nicht gegen Null, sondern nimmt einen konstanten Wert an (2.30).

Die in Speicher- oder Brennstoffzellen eingesetzten Elektroden weisen zumeist eine poröse Struktur auf. Dies ist eine wesentliche Voraussetzung für die Erzielung der erforderlichen Belastbarkeiten, da durch das Vorhandensein der Poren die elektrochemisch wirksame gegenüber der geometrischen Oberfläche um ein Vielfaches erhöht wird. Dabei kann jedoch in vielen Fällen die Diffusion in den Poren der aktiven Massen die Reaktionsgeschwindigkeit begrenzen. So können z.B. bei Blei/Schwefelsäure-Akkumulatoren Diffusionshemmungen bei der Hochstromentladung als begrenzender Vorgang auftreten. Außerdem kann die Bildung von Bleisulfatschichten den Diffusionswiderstand erhöhen.

Zu einer Gas-Diffusionsüberspannung kann es bei porösen Gaselektroden kommen, wenn Gase bei der elektrochemischen Reaktion verbraucht oder gebildet werden, so daß ihr Partialdruck an der Elektrodenoberfläche von dem außerhalb des Porensystems herrschenden Partialdruck abweicht. Diese Art der Überspannung kann beispielsweise in Luft-Sauerstoff-Elektroden beobachtet werden, wenn der Partialdruck von Sauerstoff im Bereich der Reaktionszone in den Poren der Elektrode durch den Reaktionsablauf verringert und dadurch eine Anreicherung von Stickstoff hervorgerufen wird. Der elektrochemisch wirksame Sauerstoff muß daher zunächst durch Inertgaspolster hindurchdiffundieren, um an die reaktiven Zentren der Elektrodenoberfläche zu gelangen.

Die theoretische Behandlung der Diffusionsprozesse in porösen Systemen ist kompliziert, eine quantitative Erfassung wurde an Hand verschiedener Modelle versucht[8,21-24].

Diese konnten aber die reale Situation bisher nicht in befriedigender Weise erfassen. Eine ausführlichere Beschreibung der Vorgänge in porösen Elektroden erfolgt in Kapitel IV.

Die in diesem Abschnitt gegebene kurze Behandlung der Faktoren, welche die Transportvorgänge maßgeblich beeinflussen, zeigt jedoch, daß ausreichende Konvektion und kurze Diffusionswege die allgemeinen Voraussetzungen für die Erzielung hoher Stromdichten darstellen.

2.4 Reaktionsüberspannung

Die Reaktionsüberspannung ist ihrer Natur nach eine Konzentrationsüberspannung, die stets dann auftritt, wenn eine der potentialbestimmenden Durchtrittsreaktion vor- oder nachgelagerte chemische Reaktion geschwindigkeitsbestimmend wird. Der langsame Ablauf vor- oder nachgelagerter chemischer Reaktionen bewirkt, daß die sich bei Stromfluß an der Elektrodenoberfläche einstellenden Konzentrationen nicht mehr den Gleichgewichtskonzentrationen entsprechen. Das Elektrodenpotential, das durch die Konzentrationen an oxidierter und reduzierter Spezies an der Elektrodenoberfläche bestimmt ist, weicht vom reversiblen (bei Stromlosigkeit gemessenen) Gleichgewichtswert ab. Die Hemmung infolge der vor- oder nachgelagerten chemischen Reaktionen führt zu einer Reaktionsüberspannung η_R. Charakteristisch für die Reaktionsüberspannung ist das Auftreten eines stationären, von der Konvektion (Rührgeschwindigkeit) unabhängigen Grenzstromes.

Der vor- oder nachgelagerte chemische Teilschritt kann homogen oder heterogen ablaufen.

2.4.1 Reaktionsüberspannung bei homogenen Reaktionen

Ein typisches Beispiel für eine in homogener Phase ablaufende vorgelagerte chemische Reaktion stellt die Dissoziation einer schwachen Säure HA bei der kathodischen Entwicklung von Wasserstoff dar. Der Bruttoelektrodenprozeß läuft in folgenden Teilschritten ab:

1. Die im Elektrolyten gelöste undissoziierte Säure HA gelangt durch Diffusion oder Konvektion in die sogenannte „Reaktionsschicht" RS. Als RS wird die unmittelbar an die Elektrode grenzende Schicht in der Lösung bezeichnet, deren Dicke durch die Bedingung bestimmt ist, daß in ihr gerade soviel elektroaktive Spezies gebildet wie durch den Elektrodenprozeß verbraucht wird:

$$\text{HA(gelöst)}_{\text{Elektrolytinnere}} \rightarrow \text{HA(gelöst)}_{\text{RS}}.$$

2. Die Säuremoleküle dissoziieren in der Reaktionsschicht in Wasserstoffionen

und Anionen. (Dieser Schritt stellt die vorgelagerte chemische Reaktion dar.)

$$HA \rightarrow H^+ + A^- .$$

3. Die an die Oberfläche der Elektrode gelangenden Wasserstoffionen werden entladen.

Die Geschwindigkeit des Ablaufs des elektrochemischen Teilschrittes kann durch ein entsprechend negatives Elektrodenpotential erhöht werden. Mit zunehmendem Verbrauch an Wasserstoffionen (zunehmender Stromdichte) wird deren Nachlieferung geschwindigkeitsbestimmend und der Ablauf der Gesamtreaktion ist durch die Geschwindigkeit der gehemmten Dissoziation der schwachen Säure bestimmt.

Weitere Beispiele für geschwindigkeitsbestimmende homogene chemische Reaktionen sind:

a) Abstreifen der Solvathülle (Dehydratisierung).

Als Beispiel sei hier die elektrochemische Reduktion von Formaldehyd (CH_2O) zu Methanol CH_3OH genannt. In Lösung liegt Formaldehyd vorwiegend in einer elektroinaktiven, hydratisierten Form ($CH_2(OH)_2$) vor. Der elektrochemischen Reaktion vorgelagert ist das Gleichgewicht

$$CH_2(OH)_2 \rightleftarrows CH_2O + H_2O .$$

Das an der Elektrode verbrauchte CH_2O wird durch Diffusion und durch die chemische Reaktion aus der hydratisierten Form nachgeliefert. Der Ablauf des chemischen Teilschrittes wird mit zunehmender Stromdichte schließlich geschwindigkeitsbestimmend. Das Erreichen eines Grenzstromes bedeutet, daß die Konzentration an CH_2O an der Elektrodenoberfläche auf Null abgesunken ist und jedes gebildete CH_2O-Molekül sofort reduziert wird.

b) Abgabe von Liganden bei der Abscheidung von Metallionen.

Bei der Abscheidung von Metallionen aus komplexbildenden Medien kann die Abdissoziation von Liganden den geschwindigkeitsbestimmenden Schritt bilden.

2.4.2 Reaktionsüberspannung bei heterogenen Reaktionen

Die vor- oder nachgelagerten chemischen Reaktionen können auch zwischen adsorbierten Reaktionspartnern ablaufen. Auch in diesem Falle beobachtet man das Auftreten eines Reaktionsgrenzstromes, der jedoch von der Beschaffenheit der Elektrodenoberfläche abhängig ist. Auf diese Weise kann unterschieden werden, ob es sich um eine homogene oder eine heterogene Reaktion handelt.

In den meisten Fällen heterogener Reaktionen handelt es sich um dissoziative Chemisorption von Molekülen. Das bekannteste Beispiel einer solchen

Reaktionshemmung stellt die langsame Spaltung des H_2-Moleküls an der Elektrodenoberfläche bzw. der Rekombinationsschritt der Wasserstoffatome

$$2H_{ad} \rightarrow H_{2,ad} \qquad \text{(Tafelreaktion)}$$

dar (vgl. Kap. II.3.1).

2.5 Kristallisationsüberspannung

Der Einbau der Metallatome in das Kristallgitter bei der Abscheidung von Metallionen an festen Elektroden kann einer speziellen Reaktionshemmung unterliegen. Die Metallatome befinden sich nach dem Durchtritt durch die elektrochemische Doppelschicht auf der Elektrodenoberfläche in einem adsorbierten Zustand. Man bezeichnet die adsorbierten Atome als „ad-Atome". Umgekehrt bildet bei der Metallauflösung der Zustand der ad-Atome den letzten Schritt vor der Durchtrittsreaktion. Eine Hemmung des Einbaues der ad-Atome in das Kristallgitter ruft die Kristallisationsüberspannung η_{Kr} hervor. Ein ad-Atom kann auf der Elektrodenoberfläche verschiedene Lagen besetzen (vgl. Abb. 9).

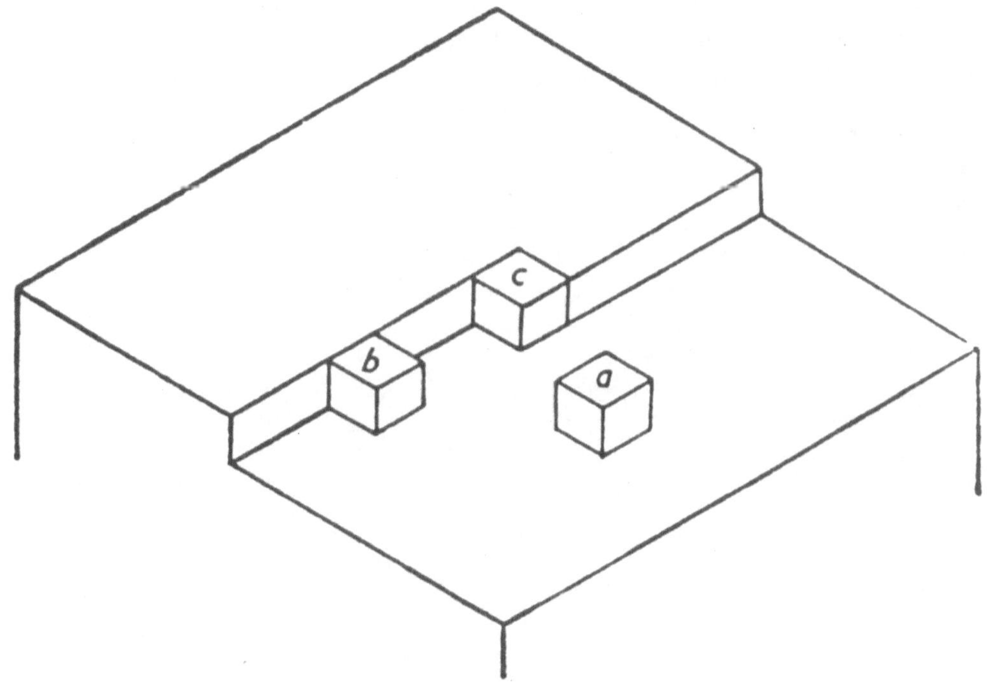

Abb. 9: Mögliche Lagen des ad-Atoms bei der Elektrokristallisation

- 54 -

In einer Halbkristallage (Wachstumsstelle) (c) besitzt es die größte Zahl direkter Nachbarn und ist besonders fest gebunden. Es kann sich aber auch an einer Kristallkante (Stufenlage b) oder als einzelnes ad-Atom auf einer Netzebene des Kristalls (Lage a) befinden.

Die Abscheidung der Metallionen kann auf folgenden Wegen stattfinden:
1. Das Metallion geht aus seiner Lage in der ä.H.E. direkt auf seinen endgültigen Gitterplatz über.
2. Das ad-Atom gelangt erst nach Oberflächendiffusion an seine endgültige Kristallage.
3. Das Kristallwachstum erfolgt nur an zweidimensionalen Keimen.

Erfolgt der Durchtritt durch die elektrochemische Doppelschicht direkt auf eine Halbkristallage, so tritt keine Kristallisationsüberspannung sondern lediglich Durchtrittsüberspannung auf. Kristallisationsüberspannung ist zu erwarten, wenn der Durchtritt zu den Lagen b und c erfolgt und die Oberflächendiffusion gehemmt ist.

In der Mehrzahl der untersuchten Fälle erfolgt das Kristallwachstum an Halbkristallagen, Stufen oder Versetzungen, weil hier energetisch günstige Bedingungen vorliegen.

Erst im Jahre 1949 erkannte man[25,26], daß Schraubenversetzungen eine entscheidende Rolle bei der Kristallisation spielen. (Ein einfaches Modell einer Schraubenversetzung erhält man durch Einschneiden eines idealen Kristalls und gegenseitiges Verschieben der beiden Teile gegeneinander, so daß am Kristallrand beide Teile um eine Atomlage gegeneinander versetzt sind (Abb. 10).)

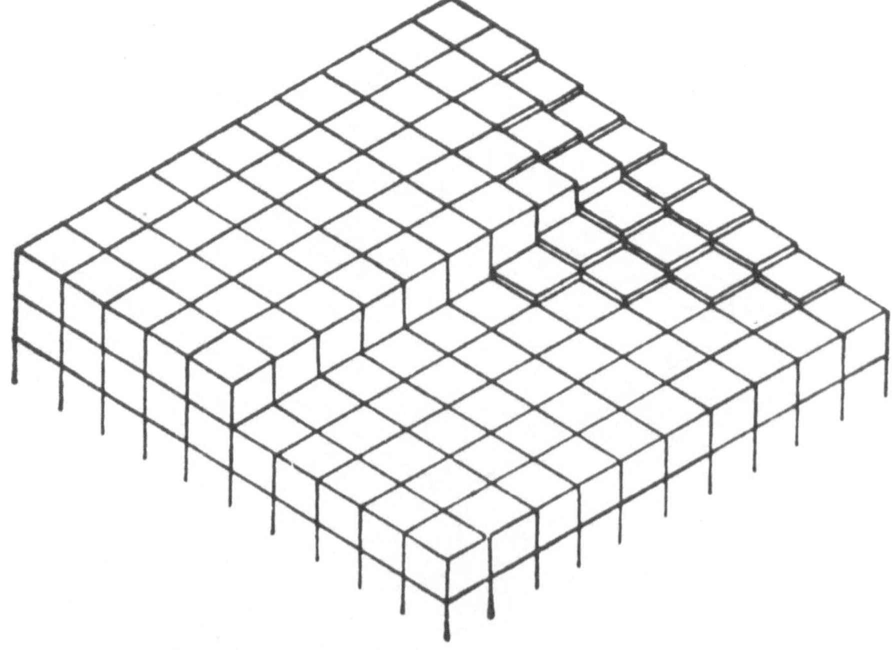

Abb. 10: Modell einer Schraubenversetzung

Eine in einer Kristallfläche endende Schraubenversetzung führt zu einer sich selbst erhaltenden Wachstumsstufe, so daß ein Wachstum ohne zweidimensionale Keimbildung möglich wird. Bei Anlagerung von ad-Atomen an die Wachstumsstufe (Abb. 11,A) schreitet diese fort, wobei sich seitlich eine neue Wachstumsstufe ausbildet (Abb. 11,B). An dem weiteren Wachstum nimmt auch diese Stufe teil, wobei es zur Ausbildung einer dritten Stufe kommt (Abb. 11,C). Bei Fortsetzung dieses Mechanismus nimmt die Wachstumsfront schließlich die Form einer polygonisierten Spirale an, wie dies Abb. 11,D zeigt[27].

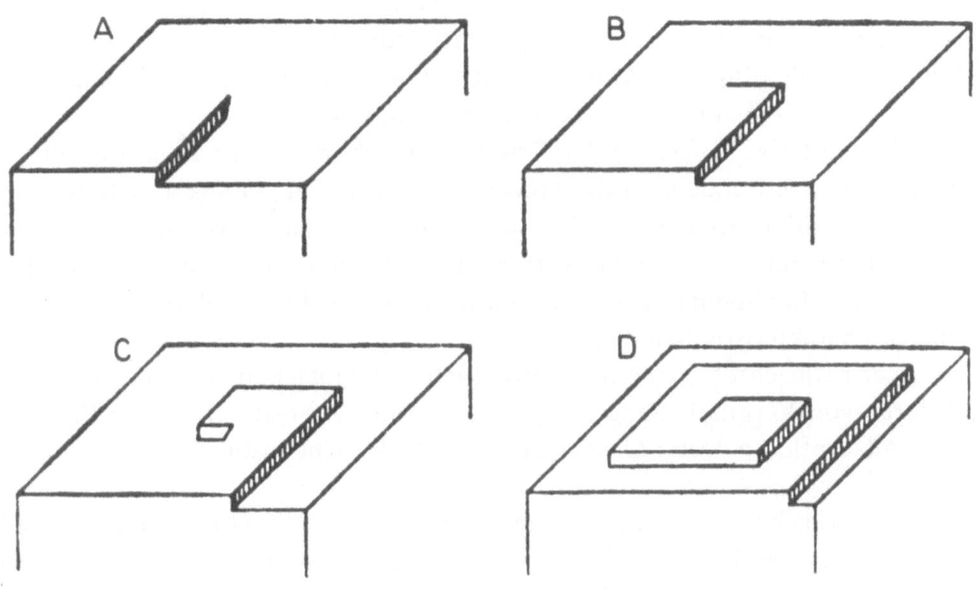

Abb. 11: Modell des Spiralwachstums an einer Schraubenversetzung nach Kaischew und Budewsky[27]

Aus konzentrierten Elektrolytlösungen erfolgt die Abscheidung der Metallionen vorwiegend auf direktem Wege (Fall 1), während mit Verringerung der Elektrolytkonzentration die Oberflächendiffusion zunimmt (Fall 2).

Die zweidimensionale Keimbildung stellt einen Spezialfall dar. Sie ist an sehr glatten Kristallflächen oder bei stark behindertem Gittereinbau wesentlich. Bei geringer Überspannung fließt solang kein Strom, bis sie einen Wert erreicht, der die Ausbildung eines Flächenkeims ermöglicht. Dieser kann nun auch bei verminderter Überspannung weiter wachsen. Hat sich eine geschlossene Netzebene gebildet, so muß das Potential erneut erhöht werden, damit es zur Ausbildung eines neuen Flächenkeims kommt.

Die Abscheidung von Ionen erfolgt vorwiegend an Stellen hoher elektrischer Feldstärke, wie sie an Kanten oder Spitzen in der Elektrodenoberfläche auftreten. Das Spitzenwachstum wird durch große Konzentrationsgradienten, wie sie bei der Hemmung des Antransportes der Ionen entstehen, begünstigt. Dieser Effekt kann zur Ausbildung von Dendriten - nadelähnliche Gebilde, die von der Elektrode in die Lösung wachsen - führen. Die Dendritenbildung ist bei der Ladung von Speicherelementen ein höchst unerwünschtes Phänomen. Die verschiedenen Maßnahmen zur Unterdrückung der Dendritenbildung werden an entsprechender Stelle (vgl. Kap. III.1.3) diskutiert.

Ähnliche Reaktionsschritte wie bei der Metallabscheidung, nur in umgekehrter Reihenfolge, wird man auch bei der anodischen Metallauflösung erwarten, wobei allerdings die Zentren stärksten Wachstums nicht unbedingt mit jenen stärkster Auflösung übereinstimmen müssen.

Die quantitative Erfassung der Kristallisationshemmungen ist mit großen Schwierigkeiten verbunden, da die Prozesse an einer sich ständig ändernden Oberfläche ablaufen. In vielen Fällen sind Durchtritts- und Kristallisationsüberspannung kaum voneinander zu trennen. In beiden Fällen zeigen Abschnitte der Stromdichte-Spannungskurven den durch die Tafel-Gleichung (2.16) gegebenen charakteristischen Verlauf.

Ferner beobachtet man eine empfindliche Abhängigkeit der Überspannung von Spuren von Verunreinigungen organischer oder anorganischer Natur und von der Adsorption gelöster Gase, insbesondere der Chemisorption von Sauerstoff.

Die noch lückenhafte Kenntnis der komplizierten Vorgänge bei der Metallabscheidung und -auflösung bildet auch die wesentlichen Ursachen dafür, daß die Probleme des Dendritenwachstums und der Formänderung von Elektroden beim Lade-Entladezyklus bisher noch nicht in befriedigender Weise gelöst werden konnten.

2.6 Widerstandspolarisation und Ohm'scher Spannungsabfall

Im Gegensatz zu den bisher besprochenen kinetischen Hemmungen beruht die Widerstandspolarisation auf dem Ohm'schen Widerstand in Diffusionsschichten oder Deckschichten.

Wie bei der Behandlung der Diffusionsüberspannung besprochen, tritt bei der kathodischen Abscheidung eines Metallions innerhalb der Diffusionsschicht an der Elektrode ein Konzentrationsgefälle auf. Bei Abwesenheit von Leitsalz muß auf Grund der Elektroneutralitätsbedingung auch die Konzentration der Gegenionen zur Elektrode abfallen. Die Abnahme der Salzkonzentration führt zu einer Erhöhung des Elektrolytwiderstandes.

An der Oberfläche von Metallen kann es zur Entstehung von unlöslichen Produkten (z.B. Oxiden, Hydroxiden, Bleisulfat usw.) kommen. Die auf diese Weise gebildeten Deckschichten verursachen einen Ohm'schen Spannungsabfall an der Elektrode. Auch dieser Effekt wird zur Widerstandspolarisation gezählt. Der Ohm'sche Widerstand der entstehenden Deckschichten und deren Eigenschaften, wie z.B. die Wachstumsgeschwindigkeit, hängen in entscheidendem Maße von dem vorherrschenden Leitungsmechanismus in der Deckschicht ab. Je nachdem, ob die Deckschicht praktisch nichtleitend, vorwiegend ionenleitend oder elektronenleitend ist, sind große Unterschiede in deren Auswirkung auf die Widerstandspolarisation zu erwarten.

Das Auftreten geschlossener Deckschichten kann zur „Passivität" führen, worunter man eine weitgehende Verhinderung der anodischen Auflösung versteht. Der Eintritt der Passivierung kann besonders deutlich an Hand einer Stromdichte-Spannungskurve beobachtet werden. Bei Erhöhung der Überspannung sinkt bei einem kritischen Potential η_F (Flade-Potential) die Stromdichte auf einen kleinen Reststrom ab (Abb. 12).

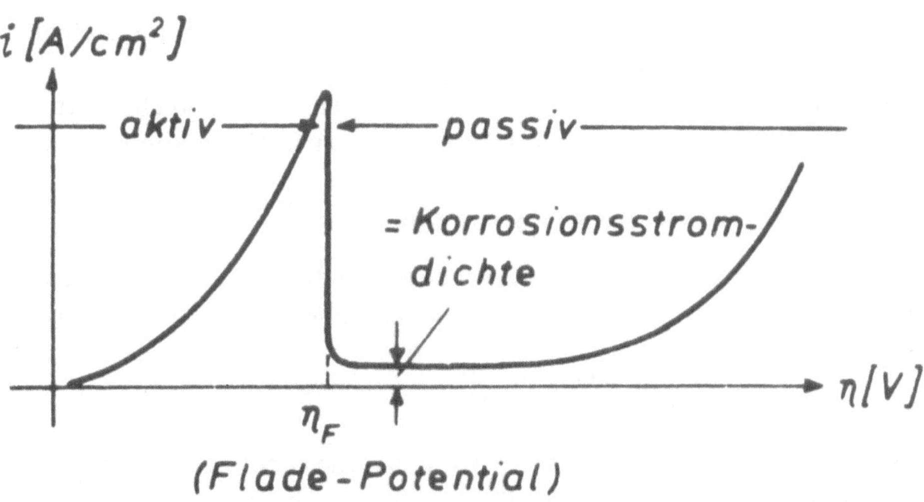

Abb. 12: Stromdichte-Potentialkurve bei Auftreten von Passivierung eines Metalles

Die Widerstandspolarisation selbst hat keinen Einfluß auf die Geschwindigkeit der Elektrodenreaktion. Sie ändert sich entsprechend dem Ohm'schen Gesetz linear mit der Stromstärke I:

$$\eta_W = IR_{Schicht} \cdot$$

Maßnahmen zur Herabsetzung der Widerstandspolarisation beinhalten die Einhaltung einer hohen Elektrolytkonzentration und den Zusatz elektrochemisch inaktiver Leitsalze (Trägerelektrolyte), die Vermeidung zu hoher Lade- bzw. Entladestromdichten sowie kritischer Potentialbereiche, innerhalb derer Deckschichtenbildung auftreten kann.

Der Ohm'sche Spannungsabfall wird durch den inneren Widerstand des Elektrolyten, der aktiven Massen und der Stromableitungen hervorgerufen. Er kann zum Teil durch die Anordnung und die innere Struktur der Elektroden beeinflußt werden. Ein geringer Elektrodenabstand, eine hohe, wirksame Oberfläche, gute Kontakt- und Haftfähigkeit der Batteriekomponenten verringern den Ohm'schen Spannungsabfall $\eta_\Omega = R_i I$ (R_i: innerer Widerstand).

Im Bereich hoher Stromdichten ($>$ einige hundert mA/cm^2) begrenzt der Ohm'sche Spannungsabfall den Energienutzeffekt. Obwohl die Widerstandspolarisation und der Ohm'sche Spannungsabfall durch eine einfache Beziehung beschrieben werden, ist ihre exakte Erfassung, insbesondere in porösen Systemen, mit großen Schwierigkeiten verbunden.

Als eindrucksvolles Beispiel für die entscheidende Bedeutung eines geringen inneren Widerstandes als Voraussetzung für den praktischen Einsatz von Speicherzellen seien die Hochenergiebatterien erwähnt, in denen aprotische (wasserstoffionenfreie) organische Elektrolyte mit elektrischen Leitfähigkeiten, die um ein bis zwei Zehnerpotenzen geringer als die in wässrigen Systemen sind, eingesetzt werden müssen. Der große Ohm'sche Widerstand in derartigen Zellen erlaubt die Entnahme nur geringer Leistungen, so daß solche Batteriesysteme als Energiequelle für Elektrofahrzeuge kaum in Frage kommen.

2.7 Der Wirkungsgrad elektrochemischer Zellen

Wie bereits bei der thermodynamischen Behandlung der galvanischen Zelle dargelegt wurde, ist der *ideale elektrochemische Wirkungsgrad* N_{id} durch

$$N_{id} = \frac{\Delta G}{\Delta H} = \frac{-n\,F\,E}{\Delta H} \tag{2.31}$$

gegeben. Die reversible Zellspannung E kann aus thermodynamischen Daten berechnet werden, soferne die Zellreaktion eindeutig bekannt ist.

Der Wirkungsgrad der Zelle wird bei Stromlieferung wegen der auftretenden Ohm'schen Spannungsabfälle und der Überspannungen verringert. Wie sich aus Gl. (2.3) ergibt, hängt die Zellspannung (Klemmenspannung) U bei Stromfluß mit der RZS der Zelle über die Beziehung

$$U = E - |\eta_K| - \eta_A - \Sigma IR_i \qquad (2.32)$$

zusammen, wobei $|\eta_K|$ die Summe der kathodischen, η_A die Summe der anodischen Überspannungen und ΣIR_i die Summe aller Ohm'schen Spannungsabfälle (Elektrolyt, Separatoren, Stromableitungen, Stützgerüst usw.) bedeuten. Die Verringerung des idealen Wirkungsgrades bei Stromfluß wird durch den *Spannungs-* oder *effektiven Wirkungsgrad* N_{eff} erfaßt, der durch die Beziehung

$$N_{eff} = \frac{U}{E} \qquad (2.33)$$

definiert ist.

Die unvollständige Ausnützung der Reaktionspartner bzw. aktiven Massen, das Auftreten unerwünschter chemischer Reaktionen sowie elektrochemischer Nebenreaktionen verursachen eine weitere Verminderung von N_{id} und werden durch den *Faraday-* oder *Umsatzwirkungsgrad* berücksichtigt:

$$N_F = \frac{I \cdot t \ (= \text{gelieferte Coulomb})}{(\text{Gesamtzahl der eingesetzten Formeleinheiten*}) \cdot nF} \ . \qquad (2.34)$$

Schließlich wird durch den Energieaufwand für Zusatzanlagen (Regeleinrichtungen, Pumpanlagen, Kühlsystem usw.) beim Betrieb des vollständigen Aggregates ein bestimmter *Betriebswirkungsgrad* N_B zu berücksichtigen sein.

Das Produkt aller in Betracht gezogenen Wirkungsgrade stellt den Gesamtwirkungsgrad N_{ges} dar:

$$N_{ges} = N_{id} \ N_{eff} \ N_F \ N_B \ . \qquad (2.35)$$

Der Nutzeffekt von Speicherzellen wird im hohen Maße von ihrem Lade-Entladeverhalten bestimmt. Unter dem *Ladenutzeffekt* (Ah-Wirkungsgrad) N_L versteht man das Verhältnis von abgegebener zu aufgenommener Ladungsmenge

$$N_L = \frac{t_E \ I_E}{t_L \ I_L} \ , \qquad (2.36)$$

t_L bzw. t_E bedeuten die Lade- bzw. Entladezeit bei konstanter Lade- (I_L) bzw. Entladestromstärke (I_E).

Hierbei ist zu beachten, daß die vom Akkumulator abgegebene Strommenge (Kapazität) mit zunehmender Belastung sinkt. Die komplexen Zusam-

---

* Unter Formeleinheit wird die Gesamtzahl der im stochiometrischen Verhältnis eingesetzten Molmassen der Reaktanden, entsprechend der Reaktionsgleichung ($n_A A + n_B B + ... =$) verstanden.

menhänge können durch eine einfache, von W. Peukert[28] empirisch ermittelte Formel wiedergegeben werden, welche die Entladezeit t_E mit der Stromstärke I verknüpft

$$I^n \, t_E = C \, . \tag{2.37}$$

n und C sind Konstanten, die von dem jeweiligen Batterietyp abhängen und empirisch zu ermitteln sind. (Im Falle des Blei/Schwefelsäureakkumulators liegt n im Bereich von 1,1 - 1,5.)

Der Ladenutzeffekt eines brauchbaren Akkumulators soll nahe bei 100% liegen.

Von besonderer Bedeutung ist der *Energienutzeffekt* (Wh-Wirkungsgrad) N_E, der durch das Verhältnis von abgegebener Energie zu dem beim Wiederaufladen benötigten Betrag definiert ist:

$$N_E = \frac{\int_0^{t_E} I_E \, U_E \, dt}{\int_0^{t_L} I_L \, U_L \, dt} \, . \tag{2.38}$$

Für hochentwickelte Speicherbatterien sollte N_E höher als 70% sein. Die Ursachen für die Verminderung gegenüber dem Idealwert von 100% sind im allgemeinen nicht nur im Auftreten von Überspannungen und Stromwärme, sondern auch im Ablauf chemischer Reaktionen oder elektrochemischer Nebenreaktionen zu suchen. Sowohl Lade- als auch Energienutzeffekt können durch die Aufnahme von Lade-Entladekurven bei konstanter Stromstärke ermittelt werden.

2.8 Irreversible Wärmeeffekte

Beim Ablauf der stromliefernden Reaktion wird die reversible Wärmemenge $T \, \Delta S$ umgesetzt. Da für die meisten Reaktionen die Entropieänderung ΔS negativ ist, wird die Wärmemenge $T \, \Delta S$ an die Umgebung abgegeben. Wenn beim Umsatz einer Formeleinheit nF Coulomb Ladung geliefert werden, so ist die reversible Wärmeproduktion in der Zeiteinheit durch $(T \, \Delta S/nF) \cdot I$ gegeben.

Neben diesem reversiblen Wärmeeffekt treten auch irreversible Wärmeeffekte auf. Die Irreversibilität des Reaktionsablaufes bedingt das Auftreten von Überspannungen. Wenn die Summe aller an der Kathode und an der Anode wirkenden Überspannungen mit $\Sigma \, |\eta|$ bezeichnet wird, so ist die irreversible Wärmeproduktion in der Zeiteinheit durch $I \cdot \Sigma \, |\eta|$ gegeben. Einen weiteren irreversiblen Beitrag liefert die Stromwärme $I^2 \cdot \Sigma \, R_i$, wobei $\Sigma \, R_i$ die Summe aller inneren Widerstände der Anordnung darstellt. Die irreversiblen Beiträge überwiegen in den meisten Fällen den Anteil der reversiblen Wärmeproduktion*.

Die in galvanischen Zellen entwickelte Wärme muß durch Kühlung abgeführt werden, wenn die Zelle bei konstanter Temperatur arbeiten soll. In manchen Fällen ist jedoch eine Temperaturerhöhung erwünscht, da sie zu einem rascheren Ablauf der Elektrodenreaktionen führt (Herabsetzung der Überspannungen). Auch die Abnahme des Ohm'schen Widerstandes des Elektrolyten mit der Temperatur wirkt sich günstig aus.

In Hochtemperaturbatterien stellt die Wärmeproduktion einen wichtigen Faktor dar, da auf diese Weise die notwendige Arbeitstemperatur zum Teil ohne Zufuhr äußerer Wärme aufrecht erhalten werden kann (selbstregulierende Effekte).

3. Elektrokatalyse [1a,1b,30-32]

Die Aufgabe eines Elektrokatalysators besteht in erster Linie in der Beschleunigung des Ablaufes der Durchtrittsreaktion sowie in der Erhöhung der Geschwindigkeit eventuell auftretender, gehemmter vor- oder nachgelagerter chemischer Reaktionen. Das eingesetzte Elektrodenmaterial kann hierbei selbst die katalytische Aktivität besitzen oder die Elektrode kann katalytisch wirkende Zusätze enthalten.

Von besonderer Bedeutung für die katalytischen Vorgänge ist die Adsorption von Reaktionspartnern oder Zwischenprodukten.

Als Maß für die Aktivität eines Elektrokatalysators wird die Austauschstromdichte i_0 herangezogen, die aus den Tafelgeraden oder aus dem Anstieg der Durchtrittsstrom-Spannungskurve für $\eta_D \to 0$ ermittelt werden kann. Für Vergleichszwecke wird auch vielfach die erzielbare Durchtrittsstromdichte bei einem vorgegebenen konstanten Elektrodenpotential angegeben.

Ähnlich wie bei der heterogenen chemischen Katalyse ist man bestrebt, Zusammenhänge zwischen katalytischer Wirksamkeit und den elektronischen Zuständen sowie der Struktur der Oberfläche eines Festkörpers aufzufinden.

Um Vorhersagen über die katalytischen Eigenschaften verschiedener Elektrodenmaterialien zu ermöglichen und damit die Suche nach geeigneten Elektrokatalysatoren zu erleichtern und nach rationalen Gesichtspunkten zu orientieren, wurde vielfach versucht, zwischen der Austauschstromdichte i_0 und verschiedenen physikalischen Größen Korrelationen aufzustellen. Die bevorzugt herangezogenen Größen sind thermochemischer Natur (Adsorptions- und Sublimationswärmen). Ferner werden auch Daten, die durch die elektronische Struktur bestimmt sind, wie z.B. die Elektronenaustrittsarbeit oder die Bindungsenergien von Zwischenprodukten, verwendet (Abb. 13).

---

* In einer Knallgasbrennstoffzelle entstehen etwa 75% der gesamten Verlustwärme an der Sauerstoffelektrode, während durch die Wasserstoffelektrode etwa 15% und durch den Elektrolyten 10% verursacht werden[29].

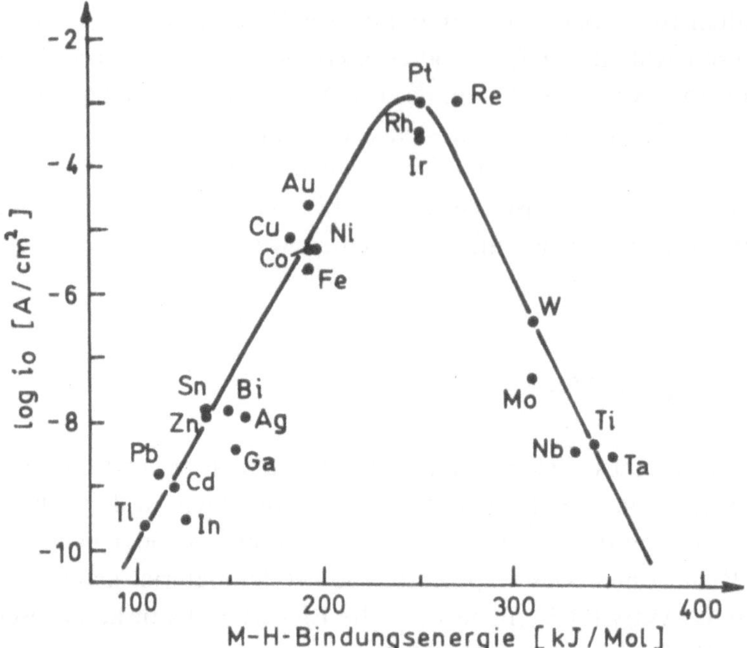

Abb. 13: Zusammenhang der Austauschstromdichten i_0 an der Wasserstoffelektrode und der Metall-Wasserstoff M-H-Bindungsenergie. Metalle mit sehr hoher und sehr niedriger M-H-Bindungsenergie weisen die niedrigsten Austauschstromdichten auf, wahrend die Übergangsmetalle mit mittlerer M-H-Bindungsenergie die hochste katalytısche Aktivitat (i_0) aufweisen. Nach Heitbaum et al.[33].

Eine einheitliche und umfassende Theorie der Elektrokatalyse auf quantenmechanischer Basis steht noch aus, doch sollen die folgenden Überlegungen, die auf H. Gerischer[18] zurückgehen, eine Vorstellung davon geben, in welcher Weise Modellbetrachtungen brauchbare Kriterien für die gezielte Entwicklung von Elektrokatalysatoren für technisch bedeutsame Elektrodenprozesse liefern.

Für den einfachen Fall einer Redox-Reaktion mit schwacher Wechselwirkung der Reaktionspartner mit der Elektrode ist die Aktivierungsenergie und somit auch die Austauschstromdichte durch die Reorganisationsenergie bestimmt. Die Aktivierungsenergie beträgt - wie bereits erwähnt (vgl. Abschnitt 2.2.1) - näherungsweise ein Viertel der Reorganisationsenergie E_R ($E_R \cong$ $\cong$ 0,8 - 1,6 eV (1,3 - 2,6·10^{-19} J)). Ein derartiger Elektronenaustausch kann katalytisch nicht mehr wesentlich beschleunigt werden. Die Geschwindigkeit der Durchtrittsreaktion ist in diesem Falle weitgehend von der Natur des Elektrodenmaterials und dessen elektronischen Eigenschaften unabhängig.

Im Falle einer starken Wechselwirkung (Chemisorption) eines oder beider an der Redox-Reaktion teilnehmenden Partner mit der Elektrode wird die Situation in grundsätzlicher Weise modifiziert. Der Einfluß der Reorganisationsenergie tritt nun gegenüber dem der Chemisorption wesentlich zurück, außerdem werden in der i.H.E. die starken elektrostatischen Kräfte auf adsorbierte Spezies - insbesondere, wenn sie eine Überschußladung tragen oder ein Dipolmoment besitzen,- wirksam und komplizieren die Verhältnisse zusätzlich. Im Falle einer einfachen Redox-Reaktion bewirkt die Adsorption im allgemeinen keine Erhöhung der Reaktionsgeschwindigkeit in der Nähe des Gleichgewichtspotentials. Wird die Desorption von Reaktionsprodukten geschwindigkeitsbestimmend, so kann der Ablauf der Elektrodenreaktion sogar wesentlich verlangsamt werden.

Liegen jedoch wie in mehrstufigen Elektrodenprozessen verschiedene aufeinanderfolgende Elektronenübertragungsschritte vor, wobei die gebildeten Zwischenprodukte in starke Wechselwirkung mit der Elektrode treten, so kann die Geschwindigkeit der Bruttoreaktion in weitgehendem Maße katalytisch beeinflußt werden.

Die Verbindung einer thermodynamischen und quantenmechanisch-energetischen Betrachtungsweise liefert folgendes Bild:

Das Normalpotential der Bruttoreaktion stellt prinzipiell nur einen Mittelwert* der Normalpotentiale dar, die für die einzelnen Redoxschritte charakteristisch sind. Unterscheiden sich diese wesentlich (z.B. um mehr als 1 Volt) von der Lage des reversiblen Potentials der Bruttoreaktion, so bedeutet dies, daß Zwischenprodukte von hoher Energie gebildet werden müssen, damit die Reaktion ablaufen kann. Bei starker Adsorption der Zwischenprodukte kann die Lage der Energieniveaus gegenüber dem nichtadsorbierten Zustand derart

---

* Läuft eine Bruttoreaktion

$$A + (m + n)e^- = C$$

mit dem Normalpotential $\epsilon^0_{A/C}$ in zwei Teilschritten

$$A + me^- = B$$
$$B + ne^- = C$$

mit den Normalpotentialen $\epsilon^0_{A/B}$ und $\epsilon^0_{B/C}$ ab, so ergibt sich aus der Additivität der freien Reaktionsenthalpien

$$\Delta G^0_{A/C} = \Delta G^0_{A/B} + \Delta G^0_{B/C}$$

mit Hilfe der Gleichung $\Delta G^0 = - nF\epsilon^0$ (vgl. auch Gl. 1.15) die Beziehung

$$\epsilon^0_{A/C} = \frac{m\epsilon^0_{A/B} + n\epsilon^0_{B/C}}{(m + n)},$$

die unter dem Namen „Satz von Luther" bekannt ist.

verändert werden, daß die Zwischenprodukte mit bedeutend geringerem Energieaufwand entstehen können, so daß die Bruttoelektrodenreaktion rascher abläuft. In der dargelegten Betrachtungsweise bedeutet dies, daß die für die Einzelschritte charakteristischen Normalpotentiale der Zwischenprodukte im adsorbierten Zustand dem Redox-Potential der Bruttoelektrodenreaktion näher kommen (siehe Abb. 14).

Derartige Überlegungen zeigen die entscheidende Rolle der Adsorption für die katalytische Beschleunigung mehrstufiger Elektrodenreaktionen. Sie erlauben eine grobe Abschätzung jener Bereiche, innerhalb derer die optimalen Adsorptionsenergien der Zwischenprodukte für den betrachteten Prozeß liegen sollen, damit die Elektrodenreaktion mit ausreichender Geschwindigkeit abläuft. (Zu hohe Bindungsfestigkeiten der Zwischenprodukte bewirken erneut eine Herabsetzung der Reaktionsgeschwindigkeit.)

Die dargelegte Betrachtungsweise soll an Hand des Beispiels der kathodischen Wasserstoffabscheidung erläutert werden. Es sei angenommen, daß die Bruttoelektrodenreaktion nach dem Volmer-Heyrovsky Mechanismus abläuft, der in Kapitel 3.1 für die anodische Wasserstoffoxidation besprochen wird.

Die Gesamtreaktion

$$2H^+_{sol} + 2e^- = H_{2,sol*} \, , \qquad \epsilon^0_{2H^+/H_2} = 0{,}0 \text{ V} \, , \qquad (3.1)$$

läuft in folgenden Teilschritten ab:

$$H^+_{sol} + e^- = H_{sol} \, , \qquad \epsilon^0_{H^+/H} = + 2{,}1 \text{ V **} \, , \qquad (3.2)$$

$$H_{sol} + H^+_{sol} + e^- = H_{2,sol} \, , \qquad \epsilon^0_{H+H^+/H_2} = - 2{,}1 \text{ V **} \, , \qquad (3.3)$$

wobei die angegebenen Normalpotentiale sich auf den nichtadsorbierten Zustand des Wasserstoffatoms beziehen. Ohne Adsorption der Wasserstoffatome liegen die Normalpotentiale der Einzelschritte weit auseinander. Die Entladung der hydratisierten Protonen würde eine hohe Überspannung erfordern. Werden jedoch die Wasserstoffatome an der Elektrodenoberfläche adsorbiert, so bedingt die freie Enthalpie der Adsorption ein Zusammenrücken der Normalpotentiale der Einzelschritte. Mit negativer werdender freier Adsorptionsenthalpie ($\Delta G^0_{H_{sol} \rightarrow H_{ad}}$) für das H-Atom nimmt die freie Enthalpie der Entladung der Wasserstoffionen ab (Abb. 14). Der erste Teilschritt ($H^+_{sol} + e^- \rightarrow H_{ad}$) bleibt jedoch geschwindigkeitsbestimmend, solange seine freie Reaktionsenthalpie nicht negativer ist als jene des zweiten Reaktionsschrittes ($H^+_{sol} + H_{ad} \rightarrow \rightarrow H_{2,sol}$). Bei $|\Delta G^0_{H_{sol} \rightarrow H_{ad}}| = \frac{1}{2} |\Delta G^0_{2H \rightarrow H_2}|$ tritt eine Umkehr der Verhältnisse auf. Bei weiterer Negativierung von $\Delta G^0_{H_{sol} \rightarrow H_{ad}}$ verläuft die Bildung der ad-

---

* sol: in gelöstem Zustand.

** Die hier verwendete Energieskala führt zu einer Umkehrung der sonst üblichen Vorzeichen.

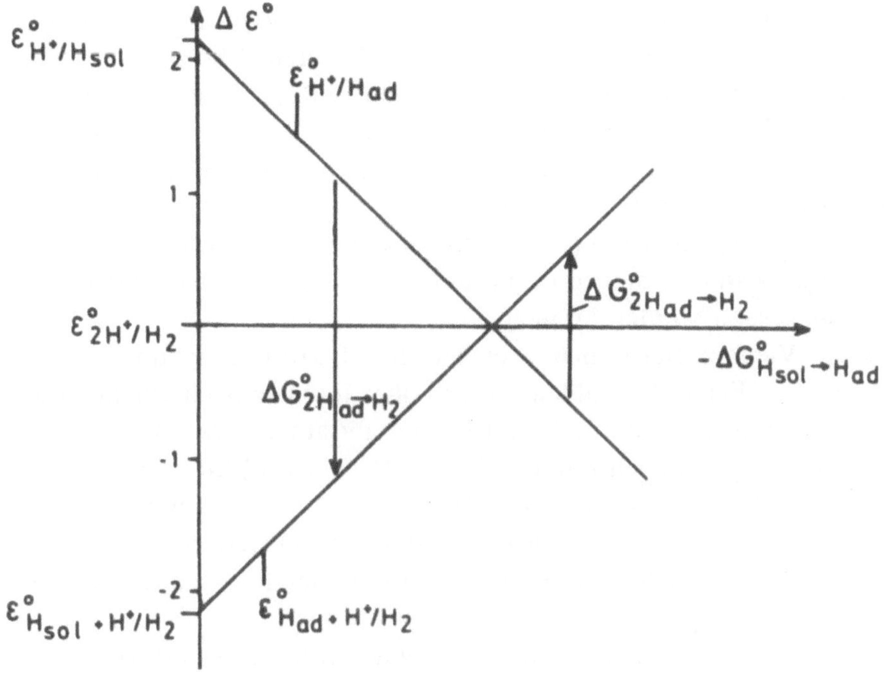

Abb. 14: Abhangigkeit der Lage der Standard Redox-Potentiale der Teilreaktionen (3.2)
und (3.3) der Wasserstoffelektrode von der freien Adsorptionsenthalpie
$- \Delta G^0_{H_{sol} \rightarrow H_{ad}}$

sorbierten H-Atome rasch, die dem zweiten Teilschritt entsprechende Desorp-
tionsreaktion wird jedoch zunehmend verlangsamt. Auf diese Weise kann die
beim Auftragen des Logarithmus der Austauschstromdichte i_0 gegen die Ad-
sorptionswärme des Wasserstoffes an verschiedenen Metallen erhaltene
„volcano"-Kurve (Kurve von vulkanartiger Form, vgl. Abb. 13) erklärt werden.
Eine exakte Behandlung der Kinetik der Reaktion erfordert allerdings die Verwendung der Geschwindigkeitsgleichungen sowie die Berücksichtigung des Re-
kombinationsschrittes ($2H_{ad} \rightarrow H_2$).

Die Betrachtungen führen zu der allgemeinen Schlußfolgerung, daß die
höchsten Reaktionsgeschwindigkeiten und damit die besten katalytischen
Eigenschaften von jenen Elektrodenmaterialien zu erwarten sind, für welche
die Normalpotentiale der einzelnen Elektronendurchtrittsschritte möglichst
mit dem Normalpotential der Bruttoreaktion zusammenfallen.

Analoge Überlegungen können auch für andere Elektrodenreaktionen, wie
beispielsweise die kathodische Sauerstoffreduktion, angestellt werden.

Ein für den praktischen Einsatz in Frage kommender Katalysator muß
einer Reihe von Forderungen genügen:
1. Ausreichende katalytische Aktivität.
2. Selektivität für die betrachtete Elektrodenreaktion. (Die Selektivität kann
   durch die Wahl eines geeigneten Elektrodenpotentials erhöht werden.)

3. Beständigkeit gegenüber dem verwendeten Elektrolyten. Im Falle eines
   Elektrokatalysators ergeben sich spezifische Probleme. So muß der Katalysator im betreffenden Potentialbereich stabil sein. (Z.B. stabil gegen oxida-
   tiven Angriff bei der anodischen Sauerstoffabscheidung.) Die thermodynamische Stabilität des Katalysators kann auf Grund des entsprechenden
   Pourbaix-Diagrammes beurteilt werden.
4. Vergiftungsfestigkeit. Die katalytische Aktivität soll in möglichst geringem
   Maße durch Katalysatorgifte beeinflußt werden, damit ungereinigte Reaktanden eingesetzt werden können.
5. Billigkeit. Vielfach findet man geeignete Katalysatoren nur unter den teuren
   Edelmetallen. Für viele Probleme wird daher intensiv nach einem Ersatz der
   Edelmetallkatalysatoren durch billigere Katalysatoren gesucht.

Von besonderer Bedeutung ist die Oberflächenstruktur des Katalysators,
wobei eine möglichst hohe, wirksame Oberfläche angestrebt wird. Die Porenstruktur soll nicht nur zu einer ausreichend großen Oberfläche führen, sondern
auch den genügend raschen An- und Abtransport der Reaktanden und Produkte ermöglichen.

Zu beachten sind ferner chemische Veränderungen der Oberfläche mancher Elektrodenmaterialien in bestimmten Potentialbereichen. So tritt beispielsweise an der Sauerstoffelektrode bei Verwendung von Platin als Elektrodenmaterial bei Potentialen $> 0{,}9$ V (gemessen gegen die Wasserstoffelektrode im
gleichen Elektrolyten) die Bildung von Oberflächenoxiden auf, wodurch sowohl die Reaktionsgeschwindigkeit als auch der Mechanismus der Sauerstoffreduktion beeinflußt werden.

Wird ein schlecht leitender Katalysator in höherer Belegungsdichte eingesetzt oder besteht die gesamte Elektrode aus katalytisch aktivem Material, so
muß für genügende elektronische Leitfähigkeit gesorgt werden. Dies kann
durch Aufbringen des Katalysators in dünner Schicht auf ein elektronenleiten-
des Trägermaterial oder durch Zumischung von leitendem Material geschehen.

Die gleichzeitige Erfüllung aller Anforderungen ist sicher nicht realisierbar.
In jedem einzelnen Fall wird nach einem optimalen Kompromiß zwischen
Aktivität, Lebensdauer und Kosten zu suchen sein. Für die Erreichung dieses
Ziels wird die Optimierung der Herstellungsmethoden, die Berücksichtigung
der Wirkung elektronischer und struktureller Faktoren, sowie deren Beeinflussung durch Zusätze (Promotoren), die Verwendung von Mischkatalysatoren
und Legierungen in Betracht zu ziehen sein. Durch die Verwendung von Legierungen kann in manchen Fällen eine höhere Stabilität gegenüber dem Elektrolyten erreicht werden.

Die wesentlichen ungelösten Probleme der Elektrokatalyse in elektrochemischen Systemen zur Energieerzeugung und -speicherung liegen auf dem
Sektor der Brennstoffzellen, wobei insbesondere die kathodische Reduktion
von Sauerstoff, teilweise auch noch die anodische Wasserstoffoxidation und die

Umsetzung von organischen Brennstoffen wie Alkoholen, Kohlenwasserstoffen usw. Schwerpunkte des Interesses darstellen. Ferner verursacht bei Zwitterbatterien (Metall-Luft-Batterien) die hohe Polarisation an der Sauerstoffelektrode eine wesentliche Verringerung des Energienutzeffektes und der Leistungsdichte. Auch für diese Reaktionen werden aktivere Katalysatoren gesucht.

Anschließend sollen als Beispiele der Elektrokatalyse die anodische Wasserstoffoxidation sowie die Reaktionen an der Sauerstoffelektrode besprochen werden.

3.1 Mechanismus der anodischen Wasserstoffoxidation[1b,8,16,34]

Betrachtet wird die anodische Oxidation des H_2-Moleküls. Die Bruttoreaktionen sind in saurer Lösung:

$$H_2 + 2H_2O \rightarrow 2H_3^+O + 2e^-, \tag{3.4}$$

in alkalischer Lösung:

$$H_2 + 2OH^- \rightarrow 2H_2O + 2e^-. \tag{3.5}$$

Die Elektrodenreaktion kann nach zwei verschiedenen Reaktionsmechanismen ablaufen, wobei der tatsächlich eingeschlagene Weg von den Arbeitsbedingungen und weitgehend von der Natur des Elektrokatalysators abhängt.
a) Tafel-Volmer Mechanismus:

$$H_{2,gas} \rightarrow H_{2,sol} \tag{3.6a}$$

$$H_{2,sol} \rightarrow H_{2,ad} \tag{3.6b}$$

$$H_{2,ad} \rightarrow 2H_{ad} \qquad \text{(Tafel-Reaktion)} \tag{3.6c}$$

saure Lösung:

$$2H_{ad} + 2H_2O \rightarrow 2H_3O^+ + 2e^- \quad \text{(Volmer-Reaktion)} \tag{3.7}$$

alkalische Lösung:

$$2H_{ad} + 2OH^- \rightarrow 2H_2O + 2e^- \quad \text{(Volmer-Reaktion)} \tag{3.8}$$

b) Heyrovsky-Volmer Mechanismus:
An Stelle der Tafelreaktion läuft die Heyrovsky-Reaktion ab:

saure Lösung:

$$H_{2,ad} + H_2O \rightarrow H_{ad} + H_3^+O + e^- \qquad \text{(Heyrovsky-Reaktion) (3.9)}$$

$$H_{ad} + H_2O \rightarrow H_3^+O + e^- \qquad \text{(Volmer-Reaktion)} \qquad (3.10)$$

alkalische Lösung:

$$H_{2,ad} + OH^- \rightarrow H_{ad} + H_2O + e^- \qquad \text{(Heyrovsky-Reaktion) (3.11)}$$

$$H_{ad} + OH^- \rightarrow H_2O + e^- \qquad \text{(Volmer-Reaktion)} \qquad (3.12)$$

Wesentliches Unterscheidungsmerkmal ist die Tatsache, daß im Falle a) nur eine Durchtrittsreaktion auftritt, die für einen Formelumsatz zweimal abläuft, während der unter b) dargestellte Mechanismus durch zwei aufeinanderfolgende, voneinander verschiedene Durchtrittsreaktionen charakterisiert ist.

Der Heyrovsky-Volmer Mechanismus tritt besonders in der kathodischen Reaktionsrichtung bevorzugt an Metallen auf, die hohe M-H-Bindungsenergien besitzen. Im anodischen Fall kann neben dem Ladungsaustausch auch speziell die Tafelreaktion gehemmt sein. Charakteristisch für die H_2-Oxidation an aktiven Elektroden ist auch die Begrenzung der erzielbaren Belastung durch Diffusionsgrenzströme. Als Katalysatoren für die anodische Wasserstoffoxidation haben sich bisher besonders Übergangsmetalle der VIII. Gruppe, wie Platin, Palladium und Nickel, bewährt.

Während Nickel, das besonders in Form von Raney-Nickel* die Herstellung hochbelastbarer Elektroden erlaubt, nur in alkalischem Milieu beständig ist, werden die Edelmetalle auch unter den stärker korrosiven Bedingungen saurer Elektrolyte angewendet. Ihre Nachteile liegen in den hohen Anschaffungskosten, der begrenzten Verfügbarkeit und der Anfälligkeit gegen Vergiftung durch im Brennstoff oder Elektrolyten enthaltene Verunreinigungen (CO, H_2S usw.).

Steigerungen der Aktivität lassen sich insbesondere durch Einsatz von Mischkatalysatoren erzielen, z.B. durch Zusätze wie Molybdän, Titan und Eisen zu Raney-Nickel[1a,31].

Ferner zeigen Nickeldiborid (NiB_2), verschiedene Carbide und Phosphide von Übergangsmetallen ausreichende Beständigkeit, hohe katalytische Aktivität und Unempfindlichkeit gegen Verunreinigungen wie Kohlenmonoxid und schwefelhältige Substanzen. Insbesondere die Entdeckung der katalytischen

---

* Raney-Nickel stellt eine besondere Form von Nickel mit großer spezifischer Oberfläche dar, das durch selektives Herauslosen von Aluminium in alkalischem Medium aus einer Nickel-Aluminium-Legierung hergestellt wird. (Bei diesem Prozeß entsteht Aluminat und Wasserstoff.)

Wirksamkeit von Wolframcarbid (WC) für die H_2-Oxidation in sauren Elektrolyten bedeutete eine interessante Neuentwicklung[35].

Am Beispiel von Raney-Nickel-Elektroden soll gezeigt werden, wie durch Optimierung der Herstellungsmethoden das Problem der Pyrophorie* überwunden und gleichzeitig eine Erhöhung der katalytischen Wirksamkeit erzielt werden konnte. Aus Abb. 15 erkennt man, daß eine Vorpolarisierung (Kurve b) und eine thermische Nachbehandlung (Kurve c) die katalytischen Eigenschaften von Raney-Nickel erhöht, so daß bei gleichem Elektrodenpotential ein größerer Strom fließt.

Die Möglichkeit, extrem belastbare, großflächige Anoden (einige 100 mA/cm^2) herzustellen, besteht durch Einführung „gestützter" Elektroden[1c] (vgl. Abschnitt IV.2).

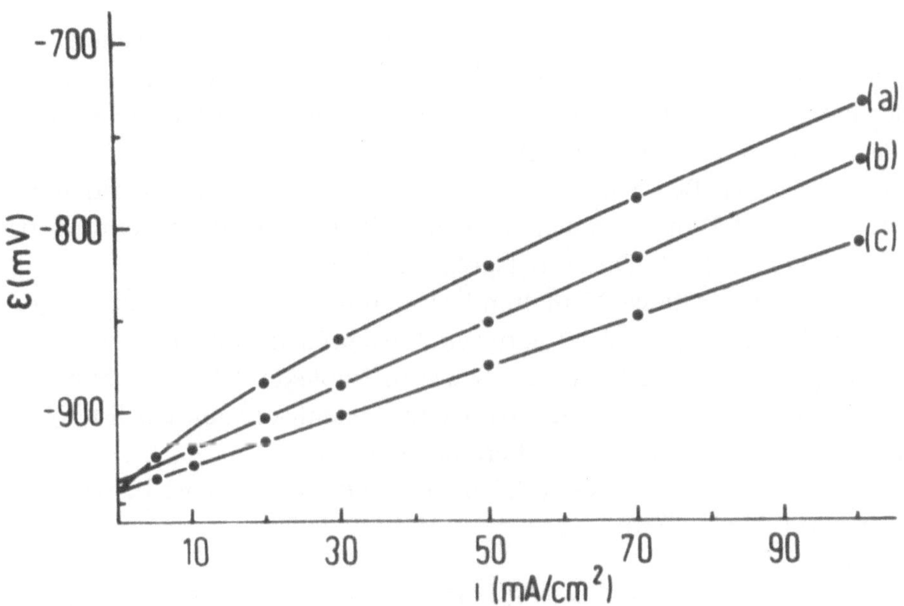

Abb. 15: Anodische Stromspannungskurven an „gestützten" Wasserstoffelektroden, 23^0 C, 6m KOH, o,4 bar H_2-Druck, ϵ gemessen gegen die Hg/HgO-Bezugselektrode
a) normales Raney-Nickel
b) bei + 300 mV anodisch vorpolarisiertes (nichtpyrophores) und
c) bei 300^0 C in H_2-Atmosphäre getempertes Raney-Nickel. Nach v. Sturm[1c].

---

* Unter Pyrophorie versteht man die spontane, unter Umstanden explosionsartig verlaufende Oxidation mancher fein verteilter aktiver Stoffe bei Kontakt mit Luftsauerstoff. Im Falle von Raney-Nickel reagiert primar der beim Herstellungsprozeß entstehende, in atomarer Form chemisorbierte Wasserstoff. Durch anodische Vorbehandlung (Vorpolarisierung) oder chemische Oxidation kann der Wasserstoff umgesetzt und damit die pyrophoren Eigenschaften von Raney-Nickel beseitigt werden.

3.2 Mechanismus der Elektrodenreaktionen an der Sauerstoffelektrode

3.2.1 Die kathodische Sauerstoffreduktion[1d,8,16,32,34,36-38]

Die Sauerstoffelektrode stellt wegen ihrer umfassenden Bedeutung in verschiedenen Bereichen der Elektrochemie und wegen der bei niedrigen Arbeitstemperaturen charakteristisch hohen Reaktionshemmungen ein wichtiges Thema der Elektrokatalyse dar. Die Bruttoreaktionen sind in saurer Lösung:

$$O_2 + 4H^+ + 4e^- \rightleftarrows 2H_2O, \qquad \epsilon^0 = +1,23 \text{ V}, \qquad (3.13)$$

in alkalischer Lösung:

$$O_2 + 2H_2O + 4e^- \rightleftarrows 4OH^-, \qquad \epsilon^0 = +0,40 \text{ V}. \qquad (3.14)$$

Für die hohe Irreversibilität dieses Elektrodensystems ist die Tatsache kennzeichnend, daß die anodische Sauerstoffentwicklung keineswegs eine Umkehrung der kathodischen O_2-Reduktion darstellt, sondern meistens einem prinzipiell verschiedenen Mechanismus gehorcht.

Unter normalen Bedingungen weichen die Ruhepotentiale bereits um mindestens 100 - 200 mV von den reversiblen Werten ab. Bei Stromfluß tritt zusätzlich in hohem Maße Durchtrittspolarisation auf.

Die Ursachen für dieses Verhalten liegen in der hohen Bindungsfestigkeit des O_2-Moleküls und den äußerst geringen Austauschstromdichten von etwa 10^{-9} A/cm². Im Normalfall wird das Sauerstoffmolekül daher nur ohne vorangehende Spaltung in die Atome (dissoziative Chemisorption am Katalysator) in einem Zwei-Elektronenschritt zu Peroxid reduziert.

Die Sauerstoffelektrode kann daher in erster Linie als eine Peroxidelektrode aufgefaßt werden[39]:

$$O_2 + H_2O + 2e^- \rightarrow HO_2^- + OH^-, \qquad \epsilon^0 = -0,075 \text{ V}, \qquad (3.15)$$

$$O_2 + 2H^+ + 2e^- \rightarrow H_2O_2, \qquad \epsilon^0 = +0,68 \text{ V}. \qquad (3.16)$$

Der Reaktionsweg über das energiereiche (instabile) Zwischenprodukt Peroxid verursacht bedeutende Energieverluste. In peroxidischer Form ist jedoch die O-O-Bindung leichter am Katalysator zu spalten und der entstehende Sauerstoff kann wieder in den Elektrodenprozeß zurückgeführt und somit eine Annäherung an die ideale 4-Elektronenreduktion erreicht werden:

$$H_2O_2 + Me \rightarrow Me\text{-}O + H_2O, \qquad (3.17)$$

$$Me\text{-}O + 2H^+ + 2e^- \rightarrow Me + H_2O \qquad (3.18)$$

bzw. $$MeO \rightarrow Me + \frac{1}{2}O_2 \,.\qquad\qquad(3.19)$$

Die direkte Folgereaktion des Peroxids zu Wasser bzw. OH^--Ionen stellt dagegen einen sehr stark gehemmten Vorgang dar:

$$HO_2^- + H_2O + 2e^- \rightarrow 3OH^-, \qquad \epsilon^0 = +\,0{,}88\ V\,, \qquad (3.20)$$

$$H_2O_2 + 2H^+ + 2e^- \rightarrow 2H_2O\,, \qquad \epsilon^0 = +\,1{,}77\ V\,. \qquad (3.21)$$

Ein Katalysator für die Sauerstoffelektrode hat daher folgende Funktionen zu erfüllen:

1. Die Chemisorption des molekularen Sauerstoffes zu beschleunigen und zu verstärken (dissoziative Chemisorption wird nur in verschwindendem Maße beobachtet).
2. Verminderung der Reaktionshemmung bei der eigentlichen Durchtrittsreaktion.
3. Zersetzung des primär entstandenen Peroxids. (Chemischer, heterogenkatalytischer Vorgang.)

Der Mechanismus der kathodischen O_2-Reduktion wird nach gegenwärtiger Auffassung am besten durch folgende Schemata charakterisiert[38]:

a) in alkalischer Lösung:

$$O_2 + e^- \rightarrow O_2^- \qquad \text{(Hyperoxidion)} \qquad\qquad (3.22)$$

$$O_2^- + H_2O \rightarrow HO_2 + OH^- \qquad\qquad (3.23)$$

$$HO_2 + e^- \rightarrow HO_2^-\,, \qquad\qquad (3.24)$$

b) in saurer Lösung:

$$O_2 + H^+ + e^- \rightarrow HO_2 \qquad\qquad (3.25)$$

$$HO_2 + e^- \rightarrow HO_2^- \quad \text{bzw.} \quad HO_2 + H^+ + e^- \rightarrow H_2O_2 \qquad (3.26)$$

$$HO_2^- + H^+ \rightarrow H_2O_2\,. \qquad\qquad (3.27)$$

Die jeweils erste der beiden voneinander verschiedenen Durchtrittsreaktionen (3.22 bzw. 3.25) stellt dabei den geschwindigkeitsbestimmenden Schritt dar.

Die Reaktionsfolge bei idealem reversiblen Verlauf setzt die vorgelagerte chemische Reaktion der Spaltung des Sauerstoffmoleküls in die Atome $O_2 \rightarrow 2O$ voraus. Ihr Ablauf konnte im Bereich niedriger Temperatur bisher an keinem der bekannten Katalysatoren mit merklicher Geschwindigkeit beobachtet werden. Die Reaktion soll über kurze Zeiträume an besonders vorbehandeltem, mit einer geschlossenen Schicht von chemisorbierten O-Atomen

bedecktem Platin (Pt-O) realisiert werden können:
a) in alkalischer Lösung:

$$O_{ad} + H_2O + e^- \rightarrow OH_{ad} + OH^- \qquad (3.28)$$

$$OH_{ad} + e^- \rightarrow OH^-, \qquad (3.29)$$

b) in saurer Lösung:

$$O_{ad} + H^+ + e^- \rightarrow OH_{ad} \qquad (3.30)$$

$$OH_{ad} + H^+ + e^- \rightarrow H_2O. \qquad (3.31)$$

Derartige Hypothesen über den Reaktionsmechanismus an der theoretischen O_2-Elektrode setzen das Auftreten sehr reaktionsfähiger, instabiler radikalischer Zwischenstufen voraus. Insgesamt gesehen, fehlt aber eine einheitliche Theorie und befriedigende Kenntnis dieser wichtigen Elektrodenreaktion, deren Mechanismus überdies in hohem Maße von der Natur des Elektrodenmaterials abhängt (hohe Substratspezifität).

Die Anwendung hoher Temperaturen ($> 300^\circ$C) beseitigt an der O_2-Elektrode das Problem der mangelnden Reaktionsgeschwindigkeit.

An Katalysatoren für Sauerstoffelektroden in elektrochemischen Energieumwandlern wird die zusätzliche Forderung der Korrosionsbeständigkeit im Gebiet stark positiver Elektrodenpotentiale gestellt. Diese Voraussetzung hat die Zahl der in Frage kommenden Substanzen stark eingeschränkt. In sauren Elektrolyten kommen hauptsächlich Edelmetalle wie Pt, Pd, Ru, Rh, deren Legierungen oder Edelmetalle mit Zusätzen (z.B. Pb) zum Einsatz.

Neuere Entwicklungen führten zur Erprobung von Metallphthalocyaninen und verwandten Substanzen auf organischer Basis[40]. Ferner sollten mit Edelmetallen dotierte Wolframbronzen und verschiedene Stoffe auf Hartmetallbasis wie Carbide, Nitride, Boride usw. Anreiz für weitere Forschungen auf diesem Sektor der Elektrokatalyse bieten.

In alkalischem Medium steht infolge der Stabilität verschiedener Katalysatoren oxidischer Natur bzw. wegen der Ausbildung schützender sauerstoffhältiger Deckschichten eine reichere Auswahl an Materialien zur Verfügung. Neben den Edelmetallen und deren Legierungen haben sich Silber und die nach verschiedenen Methoden hergestellten Formen von Kohlenstoff (z.B. Graphit, Aktivkohle, Pyrokohlenstoff, Glaskohlenstoff) als Katalysatoren und Kohlenstoff als ein in besonderem Maße geeignetes (leitendes, billiges, beständiges und aktives) Trägermaterial für Katalysatoren bewährt.

Ferner besitzen oxidische Katalysatoren, Mischoxide und Verbindungen mit Spinellstruktur besondere Bedeutung zur Beschleunigung der kathodischen

Elektrodenreaktionen. (Als Beispiel sei der von Kordesch eingeführte $CoO.Al_2O_3$-Spinell erwähnt[41].)

Eine Rolle spielen ferner Oxide der Elemente Fe, Ni, Co, Mn, Ru, Ce, V usw. und Spinelle auf Basis von Al_2O_3, Fe_2O_3, Ni_2O_3 und Mn_2O_3 usw.[17]

Bisher ist es nur im alkalischen (und phosphorsauren) Bereich gelungen, hochbelastbare Sauerstoffelektroden mit einigermaßen zufriedenstellender Lebensdauer herzustellen. Eine durchschnittliche Verminderung der Elektrodenpolarisation um 100 mV würde bereits eine entscheidende Verbesserung der Energiebilanz und insbesondere der Leistungswerte von energieerzeugenden und speichernden Elementen mit O_2-Kathode darstellen.

3.2.2 Die anodische Sauerstoffentwicklung[8,16,32,36]

Diese Elektrodenreaktion ist insofern für Speicherbatterien mit wässrigen Elektrolyten von großer Bedeutung, als gegen Ende des Ladeprozesses an der Anode Sauerstoffentwicklung einsetzt. Voraussetzung für die praktische Verwertung und Funktionsfähigkeit solcher Systeme sind daher hohe Reaktionshemmungen der Sauerstoffabscheidung, um primär den vollständigen Umsatz der aktiven Masse ohne Auftreten dieser störenden Nebenreaktion durchführen zu können. (Beispiel Blei/Schwefelsäure-Akkumulator, siehe Abschnitt III.1.1.) Im Falle der Metall/Luft-Batterien wird jedoch eine möglichst hohe Reversibilität der Elektrodenreaktionen des Sauerstoffes an den umkehrbar belastbaren O_2-Luftelektroden verlangt, um günstige Energienutzeffekte zu erzielen und den korrosiven Angriff auf Katalysator und Trägermaterial weitgehend zu reduzieren.

Im allgemeinen verläuft die Reaktion mit noch höherer Überspannung als bei der kathodischen Reduktion des Sauerstoffes, wobei, wie erwähnt, auch ein abweichender Reaktionsweg eingeschlagen wird. So stellt den eigentlichen elektrochemischen Schritt mit hoher Wahrscheinlichkeit die Oxidation des Wassermoleküls nach

$$H_2O \rightarrow OH_{ad} + H^+ + e^- \tag{3.32}$$

in saurem bzw. des Hydroxidions

$$OH^- \rightarrow OH_{ad} + e^- \tag{3.33}$$

in alkalischem Milieu dar. Der Prozeß führt anschließend

$$OH_{ad} \rightarrow O_{ad} + H^+ + e^- \quad oder \quad 2OH_{ad} \rightarrow H_2O + O_{ad}, \tag{3.34}$$

$$2O_{ad} \rightarrow O_2 \qquad\qquad 2O_{ad} \rightarrow O_2 \tag{3.35}$$

und analog für alkalische Elektrolyte

$$OH_{ad} + OH^- \rightarrow H_2O + O_{ad} + e^- \tag{3.36}$$

$$2O_{ad} \rightarrow O_2 \tag{3.37}$$

über Sauerstoffatome (Radikale) zur Bildung des Moleküls. In keinem Fall wird die Entstehung von Peroxid beobachtet. Die insgesamt sehr komplizierten Vorgänge werden jedoch bisher in noch geringerem Maße verstanden als der Mechanismus der Sauerstoffreduktion.

Die dabei auftretenden Schwierigkeiten hängen mit der Tatsache zusammen, daß in dem betreffenden, sehr stark positiven Potentialbereich, bei der die anodische Sauerstoffentwicklung mit ausreichender Geschwindigkeit abläuft, die Oberfläche fast aller beständigen Elektrodensubstrate (z.B. Ausnahme: Graphit) mit Oxidschichten bedeckt ist. Inwieweit die Oxidbelegungen unmittelbar am Reaktionsgeschehen beteiligt sind, ist heute noch eine umstrittene Frage.

Aus dem Gesagten geht hervor, daß infolge der extrem korrodierenden Bedingungen nur wenige Materialien eingesetzt werden können. So bleiben in sauren Elektrolyten die beständigen Substrate im wesentlichen auf Edelmetalle und deren Legierungen (Platin, Iridium, Rhodium, Gold usw.) beschränkt, während im alkalischen Milieu hauptsächlich Nickel, Eisen, Kobalt, deren Legierungen bzw. deren Oxide eingesetzt werden können. In jüngster Zeit konnten mit Katalysatoren des Spinelltyps ($NiCo_2O_4$) und des Perovskittyps ($Sr_{0,5}La_{0,5}CoO_3$) besondere Erfolge erzielt werden. Auch Graphit stellt innerhalb bestimmter Grenzen einen günstigen Elektrokatalysator dar[42].

Die Probleme der Katalyse der anodischen Sauerstoffentwicklung sind aber nach wie vor nicht vollständig gelöst, der Übergang zu unkonventionellen Denkweisen für die Entwicklung wirksamer neuer Materialien (z.B. verschiedene Hartstoffe, Oxide, Nitride, Carbide, Silizide) erscheint erfolgversprechend.

III. SPEICHERSYSTEME

Die elektrochemischen Systeme zur Erzeugung und Speicherung elektrischer Energie werden eingeteilt in:

1. Primärelemente (Primärzellen)
   In Primärelementen erfolgt nur eine einzige Entladung. Nach Erschöpfung der Kapazität ist das Element verbraucht. Die für die Stromlieferung maßgebende Gesamtzellreaktion ist nicht oder nur in ungenügendem Maße umkehrbar.

2. Sekundärelemente (Sekundärzellen, Akkumulatoren)
   Die Gesamtzellreaktion in einem Sekundärelement ist umkehrbar. Das Element kann nach erfolgter Entladung (Stromlieferung) durch Verwendung einer äußeren Stromquelle und Stromfluß in umgekehrter Richtung (Elektrolyse) wieder in den ursprünglichen (geladenen) Zustand überführt werden. Die Zahl der Lade-Entladezyklen gibt die Lebensdauer und die Gesamtspeicherkapazität des Systems an (vgl. Abb. 16).

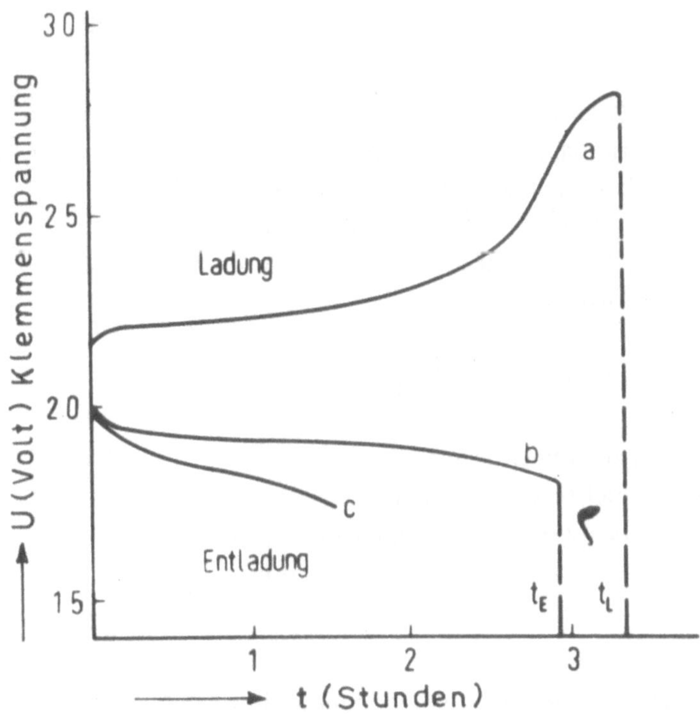

Abb. 16: Darstellung von Lade-Entladekurven bei verschiedenen (konstanten) Stromstärken (am Beispiel des Blei/Schwefelsäure-Akkumulators). Nach v. Sturm[43].

    a Ladung mit i_1, t_L = Ladedauer
    b Entladung mit i_1, t_E = Entladedauer
    c Entladung mit $i_2 > i_1$

3. Brennstoffzellen

Brennstoffzellen stellen offene Systeme dar und sind durch die kontinuierliche Zufuhr von Brennstoff an die Anode und Oxidationsmittel an die Kathode charakterisiert. (In speziellen Fällen können in Brennstoffzellen die Reaktanden durch Elektrolyse wieder rückgewonnen werden. Derartige Zellen können dann als modifizierte Sekundärzellen aufgefaßt werden.)

4. Zwitterbatterien (Metall-Luft-Batterien)

Zwitterbatterien sind grundsätzlich den Sekundärelementen zuzuordnen, da sie wiederaufladbar sind. Ihre Besonderheit beruht auf der Tatsache, daß als Anode die Elektrode eines herkömmlichen Akkumulators (z.B. Fe- oder Zn-Elektrode) dient, während als Kathode die Elektrode eines Brennstoffelementes (meist Sauerstoff- oder Luftsauerstoff-Elektrode) zum Einsatz kommt.

Auch die analoge Kombination einer Wasserstoffelektrode mit einer β-NiO(OH)-Elektrode (Ni/H_2-Akkumulator) ist zu den Sekundärzellen zu rechnen.

Begriffsbestimmungen

	SI- Einheit	Gesetzliche Einheit
Speicherkapazität (Ladungsdichte):	C/kg	Ah/kg

Unter der Speicherkapazität versteht man die in der Masseneinheit enthaltene Ladungsmenge. Werden beim elektrochemischen Umsatz eines Mols Substanz n Elektronen ausgetauscht, so ergibt sich die Speicherkapazität dieses Stoffes zu

$$\frac{nF}{M} \ [C/kg] \qquad \text{bzw.} \qquad \frac{nF}{3{,}6 \cdot 10^3 \, M} \ [Ah/kg] \ .$$

Energiedichte (spezifische Energie):	J/kg	kWh/kg

Unter der Energiedichte versteht man den auf die Masseneinheit bezogenen elektrochemischen Energieinhalt. In der Batterietechnik verwendet man als Einheit Wh/kg.

Theoretische Energiedichte:
Die theoretische Energiedichte elektrochemischer Energiespeicher wird auf die Summe der relativen Molmassen ΣM_i der im stöchiometrischen Verhältnis eingesetzten Reaktionspartner (bzw. Reaktionsprodukte) bezogen. Werden bei einem Formelumsatz der

SI-   Gesetzliche
Einheit   Einheit

elektrochemischen Reaktionsgleichung n Elektronen
ausgetauscht und ist E die RZS, so erhält man die
theoretische Energiedichte nach

$$\frac{nFE}{\sum_i M_i}\ [\text{J/kg}] \qquad \text{bzw.} \qquad \frac{nFE}{3{,}6\cdot 10^3\ \sum_i M_i}\ [\text{Wh/kg}]\,.$$

Vielfach wird für die Ermittlung der theoretischen
Energiedichte an Stelle der RZS die Arbeitsspannung
des Speicherelementes herangezogen. Die praktische
Energiedichte wird auf das Gesamtgewicht der
Batterie bezogen und stellt das Verhältnis von gespeicherter elektrischer Energie zu dem Batteriegewicht dar. Die gespeicherte elektrische Energie
erhält man als das Produkt von gespeicherter Ladung
und der Klemmenspannung U. Die praktische Energiedichte stellt - im Gegensatz zur theoretischen Energiedichte - die wesentliche, für den Einsatz eines Speichersystems maßgebende Größe dar.

Volumenbezogene Energiedichte: J/l   kWh/l
Elektrochemischer Energieinhalt pro Volumeneinheit.

Leistungsdichte (Spezifische Leistung):   W/kg   VA/kg
Unter der Leistungsdichte versteht man die auf die
Masseneinheit der Batterie bezogene Leistung
$[V \times A]$, die von dem Speichersystem abgegeben
wird.

Volumenbezogene Leistungsdichte: W/l   VA/l
In der Batterietechnik verwendet man als Einheit
W/l.

Erklärung der verwendeten Symbole:
C: Coulomb
V: Volt
A: Ampere
Ah: Amperestunden
J: Joule
Wh: Wattstunden
kg: Kilogramm
l: Liter

n: Zahl der ausgetauschten Elektronen

F: Faradaykonstante (F = 96500 C)

M: Relative Molmasse in kg

ΣM_i:Summe der relativen Molmassen der Reaktanden (bzw. Reaktionsprodukte) der elektrochemischen Reaktionsgleichung in kg.

Um eine einheitliche Bezeichnung für die in der Batterietechnik gebräuch-
lichen Begriffe einzuhalten, wird folgende Nomenklatur vorgeschlagen:

(Einzel-) Zelle oder Element: kleinste oder Grundeinheit zur Energiespeicherung bzw. -erzeugung (mindestens 2 Elektroden verschiedener Polarität
und ein Elektrolyt).

Zellengruppe (-satz, -block oder Modul): Einheit mehrerer, elektrisch in Reihe
geschalteter Zellen.

Batterie: Vereinigung mehrerer Zellgruppen (sowohl Parallel- als auch Serienschaltung) zur funktionsfähigen Betriebseinheit.

Aggregat: besteht aus einer oder mehreren Batterien mit den notwendigen
Zusatzeinrichtungen (Wärmetauscher, Kontroll-, Steuer- und Regelgeräte
usw.).

Anlage: Dieser Begriff bezieht sich mehr auf stationäre Aggregate und schließt
weitere zugehörige Einrichtungen, z.B. Vorratsbehälter für Brennstoffe
und Oxidationsmittel, Elektrolytvorrat, elektrische Zusatzgeräte wie
Stromwandler usw.) ein.

1. Konventionelle und neue Speichersysteme im Niedertemperaturbereich

Aussichtsreiche Typen von Speicherelementen für den Einsatz in elektrischen Fahrzeugen in einem kurz- bis mittelfristigen Programm sind folgende
Speichersysteme: Blei/Schwefelsäure-, Nickel/Eisen- und Nickel/Zink-Akkumu-
lator. Daneben werden in diesem Abschnitt auch modifizierte Systeme, wie
der Blei-Lösungsakkumulator, der Nickel/Kadmium- und der Nickel/Kobalt-
Akkumulator kurz besprochen.

1.1 Der Blei/Schwefelsäure-Akkumulator[44-51]

Das Blei/Schwefelsäuresystem weist eine mehr als hundertjährige Geschichte auf (G. Planté 1860) und stellt das bisher meistverbreitete und erfolg-
reichste Speicherelement dar. Es soll wegen seiner hervorragenden Bedeutung
und der bereits vielfältig erprobten Anwendung als Energie-Speichersystem für
elektrische Fahrzeuge eine ausführliche Darstellung erfahren. Außerdem beanspruchen viele der für das Verhalten des Blei/Schwefelsäure-Akkumulators
relevanten Faktoren Allgemeingültigkeit für Batterietypen, die bei Raumtemperatur und mit wässrigen Elektrolyten arbeiten.

TABELLE 4: Speicherkapazitäten verschiedener anodischer und kathodischer Materialien

Material	Zahl der ausgetauschten Elektronen (siehe S.76)	Speicherkapazität [Ah/kg]	Volumenbezogene Speicherkapazität [Ah/l]
Anodische Materialien			
Li	1	3862	2062
$Na(s)$	1	1166	1138
$Na(l,300^0 C)$	1	1166	1028
Mg	2	2205	3840
Al	3	2980	8052
Fe	2	960	7546
Zn	2	820	5850
Cd	2	477	4120
Pb	2	259	2940
$H_2(g;0^0 C;1atm)$	2	26592	2,39
$H_2(l;-252,8^0 C)$	2	26592	1861
$NH_3(g;0^0 C;1atm)$	3	4721	3,64
$NH_3(l;-35^0 C)$	3	4721	3230
$NH_2 NH_2(l;20^0 C)$	4	3345	3372
$CH_4(g;0^0 C;1atm)$	8	13367	9,58
$CH_4(l;-161,5^0 C)$	8	13367	5500
$CH_3 OH(l;20^0 C)$	6	5019	3970
$CO(g;0^0 C)$	2	1913	2,39
Kathodische Materialien			
PbO_2	2	224	2100
β-$NiO(OH)$	1	292	1215
$S(s)$	2	1672	3340
$S(l;302,5^0 C)$	2	1672	2837
FeS_2	2	446	2230
FeS_2	4	892	4460
FeS	2	610	2940
$Ag_2 O_2$	2	216	1610
$Ag_2 O_2$	4	433	3220
$Ag_2 O$	2	231	1650
MnO_2	1	308	1550
$O_2(g;0^0 C;1atm)$	4	3350	4,78
$O_2(l;-184,97^0 C)$	4	3350	3800
$H_2 O_2(l;0^0 C)$	2	1576	2307
$Cl_2(g;0^0 C;1atm)$	2	756	2,42
$Cl_2(l;-34^0 C)$	2	756	1185
$Cl_2 .6H_2 O$	2	299	386
$Br_2(l;0^0 C)$	2	335	1070

g = gasformig
l = flüssig
s = fest

- 80 -

Die in der elektrochemischen Zelle ablaufende Gesamtreaktion für den
Entlade- und Ladevorgang wird durch die Bruttogleichung

$$PbO_2 + Pb + 2H_2SO_4 \underset{L}{\overset{E}{\rightleftarrows}} 2PbSO_4 + 2H_2O \qquad (1.1)$$

beschrieben.

Die Elektrodenreaktionen sind:
Positiver Pol:

$$PbO_2 + HSO_4^- + 3H^+ + 2e^- \underset{L}{\overset{E}{\rightleftarrows}} PbSO_4 + 2H_2O$$

$$\epsilon_r^0 = + 1,627 \text{ Volt} \qquad (1.2)$$

Negativer Pol:

$$Pb + HSO_4^- \underset{L}{\overset{E}{\rightleftarrows}} PbSO_4 + H^+ + 2e^-$$

$$\epsilon_r^0 = - 0,303 \text{ Volt}. \qquad (1.3)$$

Die RZS hängt von der Säurekonzentration ab und ist durch die Beziehung

$$E = E_0 + \frac{RT}{F} \ln \frac{a_{H^+} \, a_{HSO_4^-}}{a_{H_2O}}, \qquad (1.4)$$

$E_0(25^0C) = 1,93$ V, gegeben.

Abb. 17 zeigt die Zunahme der RZS mit dem Schwefelsäuregehalt (Säuredichte ρ). In der Abbildung ist ferner die spezifische Leitfähigkeit κ als Funktion der Säuredichte angegeben.

Die komplizierten Einzelschritte beim Ablauf der Elektrodenreaktionen konnten bis heute noch nicht vollständig aufgeklärt werden; eine nähere Behandlung der bestehenden Auffassungen unterbleibt im Rahmen der vorliegenden Darstellung. Während der Entladung wird am positiven Pol (Kathode) Bleidioxid reduziert und Bleisulfat gebildet, an der Anode (negativer Pol) entsteht bei der Oxidation der aktiven Bleimasse ebenfalls Bleisulfat, ferner wird bei der Reaktion Schwefelsäure verbraucht, die Dichte des Elektrolyten sinkt daher von 1,27 g/cm³ (36,2%) auf etwa 1,10 g/cm³ (14%). Eine weitere Verringerung der Säuredichte führt zu einem starken Abfall der elektrischen Leitfähigkeit (vgl. Abb. 17). Die Ruhespannung liegt über 2,1 Volt, als Arbeitsspannung gilt ein Wert von 2 Volt. In Abhängigkeit von den Betriebsbedingungen werden heute Energienutzeffekte von ungefähr 70% erreicht, die Lebensdauer beträgt im allgemeinen 700 bis mehr als 1000 Zyklen.

Die besonders wichtige Größe der theoretischen Energiedichte (bezogen auf aktive Massen plus H_2SO_4 bei 2 Volt) beträgt 167 Wh/kg*. Das Optimum

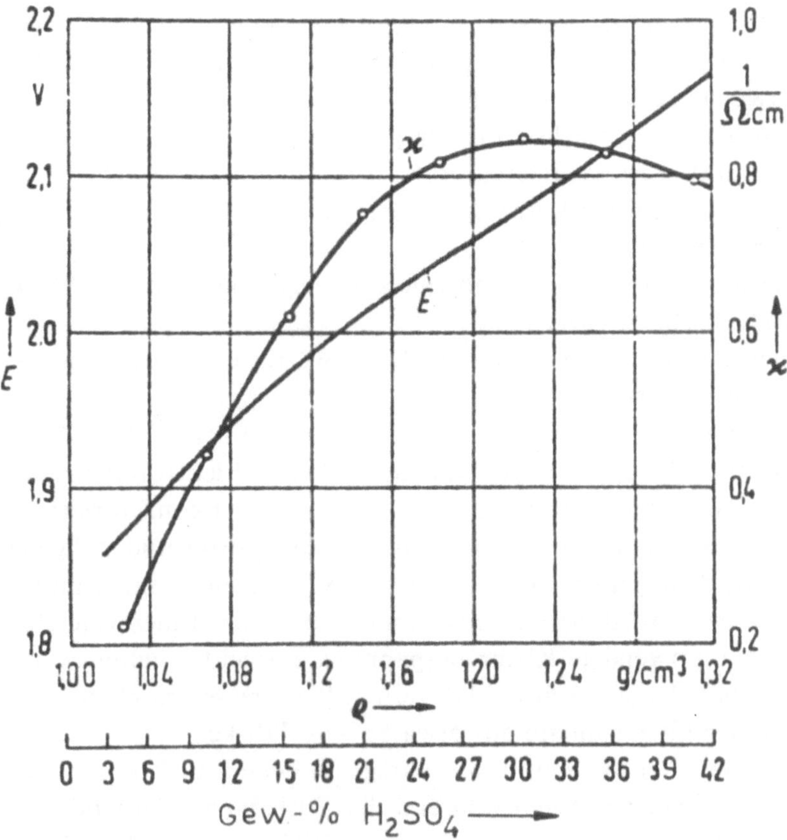

Abb. 17: Gleichgewichtszellspannung E und spezifische Leitfähigkeit κ in Abhängigkeit von der Schwefelsäurekonzentration bzw. der Säuredichte ρ. Nach Niklas und Berndt[52].

---

* Die theoretische Energiedichte berechnet man auf Grund der Formel

$$\frac{nFE}{3{,}6 \cdot 10^3 \; \sum\limits_{1} M_1} \; \text{Wh/kg}\,.$$

Wie aus den Gleichungen (1.2) und (1.3) zu ersehen ist, beträgt die Zahl der pro Formelumsatz (Gl. 1.1) ausgetauschten Elektronen Zwei (n = 2). Die Summe der relativen Molmassen der Reaktanden in der Reaktionsgleichung (1.1) ist

$$\sum\limits_{1} M_1 = M_{PbO_2} + M_{Pb} + 2M_{H_2SO_4} = 0{,}6426 \; \text{kg}\,.$$

Verwendet man für E die Arbeitsspannung von 2,0 V, so erhält man für die theoretische Energiedichte den Wert 167 Wh/kg.

der praktisch erzielbaren Werte liegt heute nur geringfügig über 30 Wh/kg.
Bei starker Belastung, d.h. rascher Entladung und hoher entnommener Leistung
(Leistungsdichten von 50 - 90 W/kg) sinkt die Energiedichte bis auf etwa
10 Wh/kg ab. Dieser Entwicklungsstand entspricht nicht den für die Elektrotraktion notwendigen Voraussetzungen.

Es sollen nun die Ursachen für den großen Unterschied zwischen theoretischen und praktischen Kenndaten erörtert und die physikalischen und elektrochemischen Grenzen für Verbesserungsmöglichkeiten des Blei/Schwefelsäure-
Akkumulators abgeschätzt werden.

Die Angabe einer speicherbaren Energiemenge von rund 167 Wh/kg stellt
eine rein theoretische Grenze dar.

Ursachen für die Unerreichbarkeit dieses Wertes der Energiedichte im
praktischen Betrieb sind:

a) Die notwendige Verdünnung der Schwefelsäure auf etwa 39,7 - 36,2 Gew%
   (Dichte 1,30 - 1,27 g/cm^3), um eine ausreichende Elektrolytleitfähigkeit
   und Lebensdauer des Systems zu gewährleisten. Hochkonzentrierte Schwefelsäure würde zu einem Angriff auf aktive Massen, Gitter und Zellgehäuse
   führen. Außerdem muß Säure im Überschuß vorhanden sein, damit auch
   gegen Ende der Entladung ein entsprechend niedriger Innenwiderstand der
   Zelle und die notwendige Klemmenspannung aufrecht erhalten werden. Diese
   Faktoren (überschüssige Schwefelsäure und Wasser) verursachen eine Verminderung der Energiedichte auf etwa 85 - 90 Wh/kg.

b) Die Ausnutzung der aktiven Masse beträgt an beiden Elektroden bestenfalls
   50 - 60%. Dies hängt mit den während der Entladung ablaufenden elektrochemischen Reaktionen zusammen, die zur Bildung von unlöslichem, nichtleitenden Bleisulfat führen. Sobald wirksame Zonen der Elektrodenoberfläche auf diese Weise abgedeckt worden sind und der Kontakt zwischen
   aktivem Material und dem Elektrolyten oder der Stromableitung unterbrochen wurde, kommt der Entladungsprozeß an der betreffenden Stelle zum
   Stillstand. Ferner spielen Faktoren wie Schichtdicke, Verteilung und die
   Struktur der porösen aktiven Masse für den Grad ihrer Ausnutzung (d.h. der
   Kapazität des Elementes) eine beträchtliche Rolle. Für die positive Masse
   (PbO_2) erhält man für die Speicherkapazität Werte von 110 - 140 Ah/kg
   gegenüber einem theoretischen Wert von 224 Ah/kg. Dies entspricht einem
   Ausnutzungsgrad von 50 bis 63%. Für die negative Masse erhält man 110
   bis 160 Ah/kg gegenüber einem theoretischen Wert von 258 Ah/kg, entsprechend einem Ausnutzungsgrad von 43 bis 62%[52]. Schließlich beeinflußt
   die Höhe der Belastung (Entlade-Ladestromstärke) den Grad der Ausnutzung.
   Die Energiedichte vermindert sich daher aus diesen Gründen um weitere
   15 - 20 Wh/kg.

c) Der gewichtsmäßige Ballast der Massenträger bzw. Stromableiter bewirkt
   eine weitere Abnahme der Energiedichte um mehr als 20 Wh/kg.

d) Das Gewicht der übrigen Batteriebestandteile (Gehäuse, Pole, Polbrücken, Separatoren usw.) führt zu einer Reduzierung der Energiedichte um etwa 5 - 10 Wh/kg.

e) Die entsprechend der Entlade- und Ladestromstärke auftretende Elektroden-polarisation infolge der Reaktions- und Diffusionshemmungen sowie der Ohm'sche Widerstand begrenzen als weitere entscheidende Faktoren den Energieinhalt der Batterie. Endwert: 30 - 10 Wh/kg in Abhängigkeit von den jeweiligen Betriebsbedingungen[52,53]. Die erreichbaren Leistungsdichten liegen bei den heutigen Blei/Schwefelsäure-Akkumulatoren bei etwa 40 - 80 W/kg (Dauerleistungen um 20 W/kg). Allerdings ist - wie aus Abb. 31 ersichtlich - eine erhöhte Leistungsentnahme mit einer, gegenüber anderen Speicher-systemen beträchtlichen Abnahme der Energiedichte verbunden.

1.1.1 Maßnahmen zur Verbesserung der Kenndaten

Bei der Durchführung von Maßnahmen zur Verbesserung der realisierbaren Energiedichte muß die Tatsache berücksichtigt werden, daß die maßgebenden Faktoren Energie- und Leistungsdichte, Lebensdauer (Zyklenzahl), Betriebsbe-dingungen und Herstellungskosten miteinander funktionell verknüpft sind. Alle zur Anwendung kommenden Methoden sollen auf die Optimierung hinsicht-lich einer wirtschaftlichen Lösung für Traktionszwecke zielen. So erscheint beispielsweise eine maximale Erhöhung der Lebensdauer nur dann sinnvoll, wenn dadurch gleichzeitig ein kostenmäßig günstiger Betrieb möglich ist; im anderen Falle ist ein kürzerfristiger Austausch der kompletten Batterie gegen ein neues Aggregat vorteilhafter.

Der Elektrolyt: Von der Seite des Elektrolyten besteht nur ein sehr enger Spielraum zur Verbesserung der Leistungs- und Energiekenndaten. Eine Erhö-hung der Elektrolytkonzentration bewirkt eine bessere Ausnützung der aktiven Masse, Abschwächung des Verdünnungseffektes in den Poren, aber gleichzeitig eine Verringerung der Lebensdauer und gleichfalls eine Abnahme der Leitfähig-keit. Die Bestrebungen gehen daher eher in Richtung einer Verminderung des gesamten notwendigen Elektrolytvolumens durch Verbesserung der Elektroden-struktur, der Zellanordnung und der Ausführung wartungsarmer und gasdichter Zellen.

Elektrolytverluste treten insbesondere infolge der gegen Ende des Ladungs-vorganges einsetzenden Wasserelektrolyse auf, wobei die Gasentwicklung aller-dings den wünschenswerten Nebeneffekt der Rührung (Elektrolytbewegung) hervorruft, der das Absinken der an den Elektroden entstehenden Schwefel-säure höherer Konzentration zum Boden der Zellen verhindert. Eine innere Elektrolytzirkulation erleichtert neben dem günstigen Konzentrationsausgleich in den Poren der aktiven Masse auch die Abfuhr überschüssiger Wärme.

Zusätze von Phosphorsäure sollen die Wasserstoffentwicklung an der nega-tiven Elektrode verringern und die Lebensdauer der Batterie erhöhen[54], da Phosphorsäure auch eine Stabilisierung der positiven Masse bewirkt.

Die Ergänzung der Wasserverluste stellt einen der wichtigsten Arbeitsvorgänge bei der Wartung von Blei/Schwefelsäure-Batterien dar. Die Lösung dieses für vielzellige Aggregate aufwendigen Problems wird durch Einführung automatischer oder halbautomatischer Systeme der Wasserzufuhr (Schwimmer, Luftschleuse-Ventil) oder durch gasdichte Ausführungen (sealed cells) mit weitgehender Wartungsfreiheit angestrebt. Eine Möglichkeit zur Verminderung der Wasserverluste stellt ferner die katalytische Verbrennung der Ladegase Wasserstoff und Sauerstoff zu Wasser in einer Rekombinationsvorrichtung dar. Der im Rekombinationsstopfen kondensierende Wasserdampf fließt in die Zelle zurück. Eine vollkommene Lösung des Problems ist auf diesem Wege allerdings nicht zu erreichen, da beim Ladevorgang im allgemeinen Wasserstoff und Sauerstoff nicht im stöchiometrischen Verhältnis gebildet werden.

Die Elektroden: Die Aussichten zur Verbesserung des Nutzungsgrades der aktiven Massen bei gleichzeitiger Erhöhung der Entladegeschwindigkeit erscheinen ebenfalls begrenzt. Ins Gewicht fallende Steigerungen können nur durch wesentliche Verringerung der Belegungsdicke* erzielt werden; dies muß allerdings mit einem vermehrten Gewichtsanteil an Träger- und Leitermaterial erkauft werden, so daß das Resultat dieser Maßnahmen keinen ins Gewicht fallenden Fortschritt erbringt.

Die für Traktionszwecke eingesetzten Elektrodentypen stellen meist Röhrchen- (Panzer-) oder Gitterplatten dar, wobei erstere bevorzugt für die positive Elektrode verwendet werden. Allgemein gilt, daß der Einsatz von Gitterplatten zu höheren Energiedichten, aber geringerer Lebensdauer führt, während Batterien mit Röhrchenplatten höhere Zyklenzahlen erreichen, die Werte für die Energiedichte aber niedrig bleiben.

Wesentliche Probleme verursacht die **negative Platte**: Sie zeichnet in erster Linie für das Absinken der Energiedichte verantwortlich, das bei rascher Entladung, d.h. der Entnahme hoher Leistungen, als gravierender Nachteil der Blei/Schwefelsäure-Zelle auftritt. Die Ursache liegt in der raschen Passivierung bzw. Desaktivierung der aktiven Masse infolge der Ausbildung von Bleisulfatschichten (Kapazitäts- und Energieverlust). Auch die irreversible Sulfatisierung, worunter man die durch Alterungsprozesse bedingte Bildung von grobkristallinem, träge reagierendem Bleisulfat versteht, das sich wesentlich schwieriger reduzieren bzw. oxidieren läßt, betrifft hauptsächlich die negative Platte.

Verbesserungen dieser Mängel können durch Fortschritte der Technologie bei der Herstellung der aktiven Masse hinsichtlich der Struktur der Elektrode erwartet werden: Erhöhung der Haftfähigkeit der Teilchen untereinander und am Masseträger bzw. dem Stromableiter, Erzielung gleichmäßiger Verteilung der Poren und ausreichender Porosität für leichten Elektrolytzutritt und rasche Diffusion der Reaktionsprodukte unter Erhaltung der erforderlichen elektroni-

---

* Schichtdicke der aktiven Masse auf dem Tragermaterial.

schen Leitfähigkeit. Dabei spielen Zusätze (Additives, Expander) und eine
möglichst gleichförmige Massenbelegung eine wichtige Rolle.

Ferner stellt die Korrosion (Selbstentladung) insbesondere dann ein Problem dar, wenn unedle Legierungsbestandteile (z.B. Antimon) aus der positiven Platte in Lösung gehen und nach Abscheidung an der negativen Elektrode
die Wasserstoffüberspannung an der Bleielektrode herabsetzen (Verminderung
der Lebensdauer). Ferner steigt bei gleichbleibender Ladeendspannung (häufig
etwa 2,45 V) der Überladestrom mit zunehmendem Antimongehalt stark an,
da ein wachsender Stromanteil für die Wasserzersetzung verbraucht wird. Dadurch sinken Lade- und Energienutzeffekt der Batterie.

Die **positive Platte** bedingt folgende Probleme: Den wesentlichen, die
Lebensdauer begrenzenden Faktor bildet die anodische Korrosion des Träger-
materials unter Masseverlusten ("shedding") und die Ausbildung von Kurzschlüssen bei rascher Ladung.

Der korrosive Angriff kann durch Einsatz von Legierungen (z.B. Hartblei),
die Antimon (5 - 12%), Zinn usw. enthalten, zurückgedrängt werden. In letzter Zeit wird insbesondere in den USA versucht, Antimon durch Kalzium oder
andere Erdalkalimetalle zu ersetzen[51,55]. Ein Ersatz von Antimon durch
Kalzium bringt besonders nach amerikanischer Ansicht eine Verbesserung des
Verhaltens, doch hat sich in Europa der Zusatz von Kalzium infolge der
Schwierigkeiten bei der Herstellung der gewünschten Legierungen und der noch
zu geringen Zahl erreichter Zyklen nicht entscheidend durchgesetzt. Man geht
vielmehr dazu über, eine Kompromißlösung durch den Einsatz von Blei-Anti-
mon-Legierungen mit geringem Antimongehalt zu suchen. Eine vollständige
Eliminierung von Antimon bedingt eine drastische Senkung der erreichten
Zyklenzahlen. So sinkt die Lebensdauer bei einer Verminderung des Antimon-
gehaltes von 6% auf 1,5% von etwa 1500 Lade-Entladezyklen auf 600 - 800
Zyklen und wird bei vollständiger Eliminierung von Antimon aus der Gitter-
legierung auf einen Wert von 300 Zyklen verringert.

Eine weitergehende Ausnutzung der aktiven Masse sollte durch analoge
Maßnahmen wie bei der Bleielektrode erreicht werden.

Begrenzend auf die realisierbare Energiedichte wirken ferner - in Abhängigkeit von den Betriebsbedingungen - der Gesamtwiderstand, der langsame
Konzentrationsausgleich der Säure in den Poren der aktiven Massen (Diffusion)
und die Elektrodenpolarisation (kinetische Hemmungen). Es soll aber darauf
hingewiesen werden, daß der eigentliche Ladungsdurchtritt an den Elektroden
im allgemeinen mit ausreichender Geschwindigkeit erfolgt.

Ein weitgehendes Verständnis der Gesamtheit der elektrochemischen und
physikalischen Vorgänge und die Verwertung dieser Kenntnisse für die Erzeugung von Elektroden optimaler Struktur vorausgesetzt, erscheint eine Steigerung der Ausnutzung bis zu 20% des bisher nicht reagierenden Anteils der
aktiven Masse denkbar. Eine Erhöhung der Lebensdauer wird durch den Einsatz

aktiver Massen mit Faserstruktur erwartet.

Erst in letzter Zeit eröffnen moderne Untersuchungsmethoden wie Bestimmung der spezifischen Oberfläche (BET-Methode), Messung der Doppelschichtkapazität, Röntgenfeinstrukturanalyse, Röntgenfluoreszenz, Autoradiographie, Photoelektronen- und Augerspektroskopie usw. die Möglichkeit zur wissenschaftlichen Erfassung der Vorgänge während der Ladung und Entladung und bilden damit die Grundlage für weitere Fortschritte.

Effiziente Maßnahmen zur Steigerung der Energiedichte konzentrieren sich insbesondere auf die Verminderung des Anteiles der Masseträger, Stromableitungen usw., auf die Verbesserung der porösen Separatoren und auf die Herabsetzung des Gewichtes der Zellbehälter bzw. des äußeren Zubehörs.

Eine wirksame Methode zur Verminderung des Totgewichtes von Batteriekomponenten betrifft die Reduktion des Anteiles an Trägermaterial, der Stromableitungen und Polverbindungen unter gleichzeitiger Verminderung des Ohm'schen Widerstandes der stromführenden Teile. Dabei kann entweder die Dimensionierung des Stütz- oder Trägergerüstes modifiziert werden oder Blei durch andere Materialien ersetzt werden (z.B. können Graphitstrukturen oder poröse Filze bzw. Gewebe zur Aufnahme der aktiven Massen dienen)[56]. In dieser Richtung sind noch einige Fortschritte zu erwarten. Der Ersatz herkömmlicher Trägergerüste durch verbleite Materialien von geringem spezifischem Gewicht, wie z.B. Titan oder Aluminium, ist wegen verschiedener auftretender Schwierigkeiten noch nicht endgültig gelungen. Eine weitere konstruktive Maßnahme betrifft die Einführung bipolarer* Elektroden[57].

Durch Verbesserung der **Separatoren** wird eine weitere Gewichtsverminderung und Senkung des Innenwiderstandes der Zellen erreicht. Sie sollen bei minimaler Behinderung des Stromtransportes die Ausbildung von Kurzschlüssen durch Partikel der aktiven Masse verhindern, die besonders bei hoher Ladegeschwindigkeit infolge ungleichmäßiger Abscheidung auftreten können (Dendritenwachstum, Abfallen von Teilchen in den Elektrolyten, Schlammbildung). Als Materialien für Separatoren werden hauptsächlich mikroporöse Hartgummi- oder Kunststoffmembranen (Polyäthylen usw.) und Glasfibermaterialien eingesetzt.

Wesentliche Fortschritte wurden bereits bei der Rationalisierung der Batteriegesamtkonzeption und der Reduzierung und Vereinfachung der Behälter erzielt. So wurden leichte, dünnwandige Kunststoffgehäuse (Thermoplaste) entwickelt, das Gewicht und die Zahl der Anschlußstellen der Aggregate herabgesetzt. Gleichzeitig wurde der äußere Widerstand der stromführenden Bauteile vermindert. Geeignete Zell- und Batterieanordnung (Baukasten oder Modulsystem), d.h. kompakte Bauweise, verringern den erforderlichen Raumbedarf (Verbesserung der volumenbezogenen Energiedichte).

* Als bipolar bezeichnet man eine Elektrode, deren eine Seite als Kathode und deren andere Seite als Anode wirkt.

Von großer Bedeutung ist auch der Wärmehaushalt der Blei/Schwefel-
säure-Batterie. Bei einer vier- bis fünfstündigen Entladung tritt nur eine relativ
geringe Verlustwärme auf, die durch Überspannungen und Joule'sche Wärme
hervorgerufen wird. Der Anteil an reversibler Wärme (T ΔS) ist in diesem Falle
positiv, das bedeutet, daß ein Teil der irreversibel produzierten Wärme kompensiert wird.

Die thermodynamischen Daten für die Reaktion (1.1) (T = 298 K) sind
in Tabelle 5 zusammengestellt[51]:

TABELLE 5

Reaktionsgleichung

$$Pb + PbO_2 + 2HSO_4^- + 2H^+ \rightarrow 2PbSO_4 + 2H_2O$$

Reaktionsenthalpie	$\Delta H =$	$- 360$ kJ
Freie Reaktionsenthalpie	$\Delta G =$	$- 372$ kJ
Reaktionsentropie	$\Delta S =$	$39,5$ J/K
Reversible Reaktionswärme	$T \Delta S =$	$11,8$ kJ
Temperaturkoeffizient	$\frac{\partial E}{\partial T} = \frac{\Delta S}{nF} =$	$0,20$ mV/K

Der Anteil an reversibler Wärme (T ΔS) ist jedoch klein, so daß auch bei
der Entladung üblicherweise eine Erwärmung der Zelle auftritt.

Eine wesentlich höhere Wärmeentwicklung muß während des Ladevorganges in Kauf genommen werden; diese übertrifft (z.B. bei Vergleich einer
achtstündigen Ladung mit einer ebenso langen Entladung) die bei der Entladung freigesetzte Wärmemenge um mehr als eine Größenordnung. Die stärkste
Wärmeentwicklung ist hierbei während der Aufnahme der Hauptmenge an
Speicherenergie, nämlich während der Ladung mit konstanter Stromstärke, zu
beobachten. Ein wesentlicher Anteil der Wärme entsteht aber auch in der
Endphase der Aufladung, wenn infolge der einsetzenden Wasserelektrolyse die
Elektrodenpolarisation beträchtlich ansteigt (Ladeendspannung).

In der Praxis ergeben sich daher insbesondere bei rasch aufeinander folgenden Lade-Entladezyklen und bei der Kurzzeitladung (Hochstromladung)
von Traktionsbatterien Probleme bei der Beherrschung des Wärmehaushaltes.
Durch Rillen in den Gefäßwänden (Vergrößerung der Oberfläche) kann die
Kühlung der Batterie erleichtert werden. In speziellen Fällen kann eine Ausrüstung mit einer Kühlanlage (z.B. Wasserkühlung) notwendig werden. Aber
auch im Falle häufig auftretender Leistungsspitzen (d.h. bei Hochstromentladung) muß für eine ausreichende Wärmeabfuhr gesorgt werden.

Die Gewichtsverteilung einer modernen Traktionsbatterie in fortgeschritte-
nem Entwicklungsstadium wäre, in Prozenten des Gesamtgewichtes ausgedrückt,
folgendermaßen anzusetzen[58]:

Energiedichte	Aktive Masse	Inertes Material	Behalter
	reagierend		
45 - 50 Wh/kg	30 - 32%	41 - 42%	4 - 5%
	nicht reagierend		
	22 - 24%		

Eine weitere Rationalisierung des Betriebes, d.h. Erhöhung des Nutzeffektes und der Lebensdauer, kann durch Modifizierung des Ladevorganges[59,60], z.B. durch einen dreistufigen Ladeprozeß, erreicht werden:

1. Laden mit konstanter Stromstärke,
2. Laden bei konstanter Spannung,
3. Nach- bzw. Ausgleichsladung.

Eine Anpassung des Ladevorganges an den Ladezustand der Batterie bringt folgende Vorteile mit sich:

1. Verbesserung des Lade- bzw. Energienutzeffektes,
2. Erhöhung der Lebensdauer infolge verminderter Korrosion an der positiven Elektrode,
3. Verminderung des Wartungsaufwandes (geringes Gasen der Zelle).
4. Einhaltung niedriger Zelltemperatur.

Günstig auf die Lebensdauer des Akkumulators wirken sich häufige Zwischenladungen auch während kurzer Standzeiten aus, durch welche die starken Beanspruchungen bei Tiefentladungen vermieden werden können.

Die volumenbezogene Energiedichte (Wh/l) besitzt als Kenngröße zwar nicht die entscheidende Bedeutung wie die Energiedichte (Wh/kg), ist jedoch für die Konzeption und den Raumbedarf des Fahrzeuges ein wichtiger Faktor.

Eine hohe Energiedichte und kompakte Bauweise der Batterie bringt auch eine Verminderung des erforderlichen Volumens mit sich.

Die heute erzielbaren Werte liegen zwischen 70 und 100 Wh/l.

1.1.2 Abschätzung der erreichbaren Kenndaten

Eine exakte Angabe erscheint bei Berücksichtigung aller gegebenen Möglichkeiten - vom gegenwärtigen Entwicklungsstand aus extrapoliert - mit beträchtlichen Unsicherheiten verbunden. Die unten angegebenen Werte stellen die maximal erzielbaren Verbesserungen - auch im Hinblick auf die aktuellen Zielvorstellungen - im Verein mit tragbaren wirtschaftlichen Voraussetzungen in Rechnung.

Die verlangte Lebensdauer ist ein entscheidendes Kriterium für die erreichbaren Grenzwerte. Sie hängt in starkem Maße von der Entladegeschwindigkeit und Entladetiefe, d.h. vom Verhältnis der umgesetzten zur maximal umsetzbaren aktiven Masse, ab. (Für Traktionsbatterien wird die häufige Tiefentladung von 70 - 80% eine notwendige Voraussetzung sein.) Ferner hat, wie beschrieben, die Art der Aufladung einen beträchtlichen Einfluß auf die Batterieeigenschaften. Eine Temperaturerhöhung von durchschnittlich etwa 10 - 15°C bedingt eine Abnahme der Lebensdauer um ungefähr ein Drittel, die Frage der Kühlung des Aggregates ist daher ebenfalls zu berücksichtigen.

Nach optimaler Verwirklichung der besprochenen Maßnahmen läßt sich eine Zyklenzahl von 750 - 1000 bei einer oberen Grenze der Energiedichte von etwa 50 Wh/kg bei einer Dauerleistung von 25 W/kg und einer Spitze zwischen 100 und 150 W/kg prognostizieren. Der Energienutzeffekt dürfte Maximalwerte zwischen 65 und 80% erreichen.

Die Blei/Schwefelsäure-Batterie erfüllt daher als Speichersystem für elektrische Fahrzeuge in einem fortgeschrittenen Entwicklungszustand (hohe Geschwindigkeit, große Reichweite) die erforderlichen Voraussetzungen nicht. Sie hat jedoch für Fahrzeuge im innerstädtischen Verkehr, insbesondere für Transporter, sehr gute Chancen. Aussichtsreiche Aspekte bieten sich für den Blei/Schwefelsäure-Akkumulator auch beim Einsatz in Hybridsystemen in Kombination mit Brennstoffzellen, Metall/Luft-Batterien usw. Dabei übernimmt die Blei/Schwefelsäure-Batterie die Deckung der auftretenden Leistungsspitzen (siehe Kap. III.4).

Der gegenwärtige, auf Grund der 100 Jahre alten Technologie des Blei/Schwefelsäure-Akkumulators bestehende, hohe Entwicklungsstand verschafft diesem System jedoch gegenüber den Konkurrenten jüngeren Datums einen nicht zu unterschätzenden Vorteil.

1.1.3 Der Blei-Lösungsakkumulator[45,61,62]

Eine Verschiebung der Grenzen der physikalisch-chemisch möglichen Energiedichten nach oben kann nur durch grundlegende neue Erkenntnisse erwartet werden. Dabei stellt die Entwicklung eines Lösungsakkumulators mit im Elektrolyten gelöstem Bleisalz eine denkbare und unkonventionelle Variante dar. Als Elektrolyt kommt z.B. HBF_4 (Tetrafluorborwasserstoffsäure) in Frage. Die Zellreaktion läuft entsprechend der Bruttogleichung

$$Pb + PbO_2 + 4HBF_4 \underset{L}{\overset{E}{\rightleftarrows}} 2Pb(BF_4)_2 + 2H_2O \qquad (1.5)$$

ab.

Die Zellspannung mit 1,5 V und die theoretische Energiedichte von 107 Wh/kg liegen niedriger als die Werte für das Blei/Schwefelsäuresystem. Die hohe Belastbarkeit und die weitgehende Ausnutzbarkeit der aktiven Massen lassen in der Praxis aber Werte für die Energiedichte erwarten, die doppelt so hoch (bis zu 60 Wh/kg) liegen wie die der konventionellen Blei/Schwefelsäure-Batterien.

Während beim Blei/Schwefelsäuresystem die Entladekapazität durch die Menge an elektrochemisch umsetzbarer aktiver Masse in den Elektroden gegeben ist, wird sie im Falle des Blei-Lösungsakkumulators durch die Konzentration der Bleiionen in der Lösung begrenzt.

Beim Betrieb des Elementes ergeben sich verschiedene Schwierigkeiten, die einen Abfall der Speicherkapazität und eine Herabsetzung der Zyklenzahlen bedingen. Eine unerwünschte Nebenreaktion stellt die anodische Sauerstoffentwicklung ($H_2O \rightarrow \frac{1}{2} O_2 + 2H^+ + 2e^-$) dar, die zu einer einseitigen Ansammlung von Blei auf der negativen Platte im Verlauf der Zyklisierung führt. Das zusätzlich abgeschiedene Blei kann reaktiviert werden, wenn man den gebildeten Sauerstoff wiederum kathodisch (nach $\frac{1}{2} O_2 + 2H^+ + 2e^- \rightarrow H_2O$ oder $Pb + \frac{1}{2} O_2 + 2H^+ \rightarrow Pb^{++} + H_2O$) auflöst.

Ein weiterer Effekt, der zu einer Akkumulation von Blei an der Elektrode führt, tritt durch die Abschlammung von PbO_2 auf. Eine Unterdrückung dieser Störungen kann durch eine Zwangskonvektion des Elektrolyten erreicht werden. Im Falle der Abschlammung von PbO_2 wird dieses hierbei mit dem Restblei in Berührung gebracht, wobei sich die beiden Restmassen nach Gl. (1.5) wieder auflösen. Eine weitere Verminderung der Speicherkapazität wird durch ein zu Ende der Entladung gebildetes, nicht mehr weiter reduzierbares Bleioxid PbO_x ($x = 1{,}4 - 1{,}9$) bewirkt, das bei der anschließenden Ladung wieder in PbO_2 zurückgeführt wird. Außerdem stellt die Hydrolyse des Fluoroborates unter Bildung von Flußsäure ein gewisses Problem dar. Trotz dieser Schwierigkeiten werden die Hindernisse, die der technischen Realisierbarkeit dieses Batterietypes heute noch im Wege stehen, nicht als unüberwindbar angesehen.

1.2 Der Nickel/Eisen-Akkumulator[63-67]

Dieses System wurde am Anfang dieses Jahrhunderts von Edison in die Batterietechnik eingeführt. Es zeichnete sich im Vergleich zum Bleiakkumulator durch besondere Robustheit und höhere Lebensdauer aus.

Der Reaktionsablauf in der elektrochemischen Zelle läßt sich durch folgendes Schema darstellen:

$$Fe + 2\beta\text{-NiO(OH)} + 2H_2O \underset{L}{\overset{E}{\rightleftarrows}} Fe(OH)_2 + 2Ni(OH)_2 \qquad (1.6)$$

Die Eisenelektrode stellt den negativen Pol (Anode) dar und wird während der Entladung in $Fe(OH)_2$ umgewandelt, die Nickeloxidelektrode (β-NiO(OH)*) bildet den positiven Pol (Kathode), während der Entladung entsteht zweiwertiges Nickel in Form von $Ni(OH)_2$.

Die Elektrodenbruttoreaktionen sind:

---

* β-NiO(OH) ist eine kristallographische Modifikation von NiO(OH).

$$\overset{E}{\text{Fe} + 2\text{OH}^- \underset{L}{\rightleftarrows} \text{Fe(OH)}_2 + 2e^-}, \qquad (1.7)$$

$$\overset{E}{2\beta\text{-NiO(OH)} + 2\text{H}_2\text{O} + 2e^- \underset{L}{\rightleftarrows} 2\text{Ni(OH)}_2 + 2\text{OH}^-}. \qquad (1.8)$$

Die bei der Entladung und Ladung tatsächlich ablaufenden Vorgänge sind weitaus komplizierter als in diesem vereinfachten Brutto-Schema dargestellt wird. Die Kinetik und der Mechanismus des Reaktionsgeschehens sind insbesondere an der Nickel-Oxid- bzw. Hydroxidelektrode noch nicht vollständig geklärt.

Angaben über die Zellspannung des Systems variieren von 1,37 - 1,60 Volt. Als Elektrolyt wird etwa 30%-ige KOH eingesetzt. Die Ruhespannung ist praktisch nicht von der Elektrolytkonzentration abhängig und ändert sich während der Entladung wenig. Als Arbeitsspannung wird ein Wert von ungefähr 1,2 Volt angenommen.

Attraktiv für die Elektrotraktion erscheint besonders die theoretische Energiedichte dieses Elementtyps von 267 Wh/kg. Verwirklicht werden konnten bisher allerdings nur Werte von 30 - 50 Wh/kg. Die Leistungsdichte beträgt etwa 20 W/kg (Spitzenwerte $>$ 100 W/kg). Es konnten bis zu 3000 Zyklen erreicht werden (1500 beim Traktionsbetrieb), so daß eine ausreichende Lebensdauer gegeben ist.

Der Energienutzeffekt (etwa 50%, wobei die Angaben variieren) genügt den Anforderungen noch nicht. Auch für dieses System gelten analoge, in Zusammenhang mit dem Blei/Schwefelsäure-Akkumulator besprochene Ursachen für die Abweichung der praktisch erreichbaren Energiedichten vom theoretischen Wert.

1.2.1 Möglichkeiten zur Verbesserung des Entwicklungsstandes des Nickel/ Eisen-Systems

Aus elektrochemischer Sicht stellt die **Eisenelektrode** den entwicklungsbedürftigsten Teil des Systems dar. Trotz intensiver Forschung ist es bis heute noch nicht gelungen, die Vorgänge an der Eisenelektrode eindeutig aufzuklären. Vielfach wird angenommen, daß die anodische Auflösung von Eisen über die Zwischenstufe des Bihypoferritions $HFeO_2^-$ führt[68,69]. Bei positiveren Potentialen wird $HFeO_2^-$ zu FeO_2^- oxidiert, das mit $HFeO_2^-$ unter Bildung von Magnetit (Fe_3O_4) reagiert.

Die Umsetzung der $HFeO_2^-$-Ionen mit Wasser führt zur Bildung von $Fe(OH)_2$, einem voluminösen Produkt, welches nichtleitend ist und das in kurzer Zeit die Poren, welche für die Ionenleitfähigkeit und für die Diffusion der OH^--Ionen notwendig sind, verstopft. Dadurch wird die weitere anodische Oxidation des Eisens verhindert und der Entladevorgang kommt an den inneren Elektrodenteilen zum Stillstand. Dieser Effekt bewirkt insbesondere bei rascher Entladung (hoher Stromdichte) eine geringe Ausnutzung der aktiven Eisenmasse. Die theoretische Speicherkapazität von 0,96 Ah/g Fe wird bis jetzt wegen der Passivierung der Eisenteilchen nur bis maximal einem Viertel bis einem Drittel erreicht. Beim Ladevorgang hingegen dürfte ein hoher Anteil der aktiven Masse zu Eisen reduziert werden, so daß die geringe Ladekapazität und der geringe Ladenutzeffekt ausschließlich auf die mangelnde Umsetzung während der Entladung zurückzuführen sind. Das während der Entladung entstehende $Fe(OH)_2$ nimmt ein wesentlich größeres Volumen ein als Fe. Es kann bis zum Vierfachen des ursprünglichen Wertes anwachsen[70]. Die Volumsverringerung bei der nachfolgenden Ladung kann zu einem Verlust des mechanischen Kontaktes der Teilchen führen.

Ein weiterer Nachteil der Eisenelektrode ist das Auftreten von Wasserstoffentwicklung beim Ladevorgang. Das reversible Potential der $Fe/Fe(OH_2)$-Elektrode (– 0,877 V NWE) liegt nahe jenem der Wasserstoffelektrode in diesem alkalischen Elektrolyten (– 0,84 V NWE). Da außerdem Wasserstoff an Eisen mit nur geringer Überspannung abgeschieden wird, kommt es im Potentialbereich der Reduktion $Fe(OH)_2 \rightarrow Fe$ zur Entwicklung von Wasserstoff[71]. Dieser Effekt bewirkt eine Verschlechterung des Ladenutzeffektes und verhindert die Konstruktion gasdichter Zellen. Ebenso neigt die aktive Eisenmasse im geladenen Zustand zur Selbstentladung unter Wasserstoffentwicklung ($Fe + 2H_2O \rightarrow Fe(OH)_2 + H_2$).

Die Eisenelektrode erweist sich gegenüber stark alkalischen Lösungen als nicht vollständig stabil, sondern geht, vermutlich in Form von Anionen (Ferrat-, Hypobiferritionen), in geringem Maße in Lösung. Während des Ladevorganges können diese Eisenionen in Form von Eisenoxiden bzw. Oxidhydraten an der β-NiO(OH)-Anode abgeschieden werden. Dies macht sich insofern störend bemerkbar, als die Überspannung von Sauerstoff mit zunehmender Zyklenzahl (d.h. mit zunehmendem Gehalt eisenhältiger Verbindungen in der β-NiO(OH)-Elektrode) herabgesetzt wird und der Energienutzeffekt durch die zunehmende Sauerstoffentwicklung verschlechtert wird. Ferner sinkt die Speicherkapazität der positiven Platte und die Verlustwärme steigt an[6].

Als Gegenmaßnahme hat man versucht, die Wanderung der Eisenanionen an die β-NiO(OH)-Elektrode durch den Einsatz von porösen Separatoren, an denen diese Ionen adsorbiert werden, zu unterdrücken.

Unbefriedigend ist auch das Tieftemperaturverhalten der Eisenelektrode[72]. Dieser Faktor spielt aber für Traktionszwecke nur eine untergeordnete Rolle, da der Fahrzeugbetrieb praktisch das Auskühlen auf tiefe Temperaturen nicht zuläßt und die Wärmekapazität des Aggregates hoch ist.

Die Möglichkeiten zur Verbesserung der Leistungsfähigkeit der Eisenelektrode liegen in überwiegendem Maße in der Entwicklung einer vorteilhaften Elektrodenstruktur. Wegen der Bildung von nichtleitendem voluminösen $Fe(OH)_2$ während des Entladevorganges muß für ausreichende elektronische

Leitfähigkeit durch Zusatz geeigneter Füllmassen (z.B. Ruß, Graphit) gesorgt werden. Eine aufgelockerte poröse Elektrodenstruktur gewährleistet ausreichenden Zutritt von Elektrolyt zu der aktiven Masse. Ferner darf die Haftfähigkeit der aktiven Teilchen miteinander und mit den Stromableitungen nicht infolge mechanischer Veränderungen verloren gehen (Zusatz von Bindemitteln).

Als zielführend könnte sich die Entwicklung poröser gesinterter Elektroden erweisen. Ein anderer aussichtsreicher Elektrodentyp ist aus Schichten wechselnder Porosität aufgebaut (vgl. Kap. IV.2).

Die Wasserstoffüberspannung kann durch gezielte Zusätze zur Elektrodenmasse deutlich hinaufgesetzt und dadurch die Wasserstoffentwicklung bei der Ladung und Selbstentladung vermindert werden. Es sind dies Beimengungen von Materialien, die eine hohe Überspannung für die kathodische Wasserstoffentwicklung besitzen, wie z.B. Hg, Pb, Mn oder Cd. Eine andere Möglichkeit besteht in dem Abblocken aktiver Zentren an der Elektrodenoberfläche durch den Zusatz von Schwefel oder Selen zur Elektrode oder durch den Zusatz von Lithiumionen in sehr geringer Konzentration zum Elektrolyten[73]. Li^+-Ionen dürften an der Elektrodenoberfläche adsorbiert werden und dadurch die Wasserstoffentwicklung behindern. Eine weitere Möglichkeit der Verminderung der Wasserstoffentwicklung besteht in einer Erhöhung der Ladetemperatur[71]. Eine Temperaturerhöhung begünstigt den Ablauf der Reaktion mit der höheren Aktivierungsenergie. Man kann annehmen, daß die Aktivierungsenergie der Reduktion des zweiwertigen Eisens durch die Verschiebung der Reaktionszone von der Oberfläche in das Innere poröser Teilchen im Verlauf des Ladeprozesses erhöht wird, während die Aktivierungsenergie der Wasserstoffentwicklung konstant bleibt.

Die wesentlichen Vorteile der Verwendung von Eisen als Substrat liegen in der leichten Verfügbarkeit, seinem geringen Preis, der Formbeständigkeit der Elektroden und ihrer hohen Lebensdauer.

Der alkalische Elektrolyt vermindert zwar im Gegensatz zum Blei/Schwefelsäure-Akkumulator die Probleme des korrosiven Angriffes auf die Werkstoffe, unterliegt jedoch im Kontakt mit der Atmosphäre der Karbonatbildung, die Verminderung der Elektrolytleitfähigkeit und Blockierung wirksamer Poren des aktiven Materials und mechanische Zerstörung durch Auskristallisieren von Salz bewirken kann.

Eine Verminderung des Elektrolytvolumens wird zur Verbesserung der Energiedichte und des Raumbedarfes angestrebt. Eine Erhöhung der KOH-Konzentration führt hingegen zur vermehrten Auflösung von Eisen als Ferrat und Erhöhung des Gesamtwiderstandes.

β-NiO(OH)-Elektroden werden meist aus gesintertem Carbonylnickelpulver hergestellt, wobei der Porenraum mit β-NiO(OH) als aktiver Masse gefüllt wird. Auch im Falle der β-NiO(OH)-Elektrode ist die Ausnutzung der aktiven Masse durch eine Weiterentwicklung der Elektrodenstruktur zu verbessern, um vor allem eine Verringerung des Anteils an teuren Nickelverbindungen zu erzielen. Bei der Elektrodenkonstruktion ist ferner zu beachten, daß die aktive Masse sowohl im geladenen als auch entladenen Zustand relativ schlecht leitend ist. Der hierdurch bedingte Aufwand an Leithilfen senkt die realisierbare Energiedichte.

Die Verwendung poröser Nickelkörper zur Aufnahme der aktiven Masse, als Stützgerüst und Stromableiter erlaubt eine weitgehende Ausnutzung der aktiven Masse. Dennoch wird wegen des erforderlichen hohen Anteils an elektrochemisch inaktivem Metall die realisierbare Energiedichte kaum erhöht.

Die Vorschläge für neuartige, billige und leichte poröse Platten in Eisen/ Nickel-Akkumulatoren zielen daher auf eine Abkehr vom Nickel-Sintergerüst, wobei entweder Nickel durch ein anderes beständiges Material mit ausreichender Leitfähigkeit[74] (z.B. poröse Graphitkörper) ersetzt werden oder der strukturelle Aufbau der Elektroden modifiziert werden könnte. Als günstig dürfte sich die Verwendung von Metallgerüsten hoher Porosität erweisen, die ausgehend von neuartigen, durch thermische Prozesse erzeugten, dendritischen Nickelpulvern hergestellt werden. Ein besonderes Problem tritt bei Tiefentladungen ($>$ 70 - 80%) auf, wenn durch die Bildung von Schichten nichtleitenden Materials ($Ni(OH)_2$, $Fe(OH)_2$) und der dadurch bedingten Zunahme des Innenwiderstandes Energie- und Leistungsdichte stark absinken und eine bedeutende Wärmeentwicklung bewirkt wird.

Zu beachten ist ferner, daß β-NiO(OH)-Elektroden bei einer Temperaturerhöhung über 45°C wegen Strukturänderungen des aktiven Materials zum Teil irreversible Kapazitätsverluste erleiden.

Die verwendeten Kunststoffseparatoren sowie die Isolierung verursachen in diesen alkalischen Zellen keine besonderen Schwierigkeiten.

Aus wirtschaftlicher Sicht von Bedeutung ist auch die Entwicklung von Verfahren für die Wiedergewinnung (Recycling) des teuren Rohstoffes Nickel aus den nicht mehr gebrauchsfähigen Batterien.

1.2.2 Abschätzung der erreichbaren Kenndaten

Zusammenfassend kann der Einsatz einer weiterentwickelten Eisen/Nickel-Batterie als Speicheraggregat für elektrische Fahrzeuge im Rahmen kurz- und mittelfristiger Programme als durchaus aussichtsreich beurteilt werden. Die erreichbaren Energiedichten dürften höher als beim Blei/Schwefelsäure-System liegen. Innerhalb der nächsten fünf Jahre könnten Energiedichten bis zu 60 Wh/kg (als obere prognostizierte Grenze) erzielt werden[53]. Der Energienutzeffekt sollte sich auf 70% steigern lassen. Spitzenwerte der spezifischen Leistung bis etwa 150 W/kg und Werte von 40 - 50 W/kg im Dauerbetrieb könnten erreichbar sein. Diesen Angaben ist die Annahme einer Ladedauer von 2 bis 5 Stunden und einer Entladedauer von 2 bis 4 Stunden bei einer Entladetiefe, die größer als 70% ist, zugrunde gelegt.

Attraktiv ist die Unempfindlichkeit des Eisen/Nickel-Systems gegenüber hohen elektrochemischen (rasche Ladung und Entladung) und mechanischen Beanspruchungen. Auch die lange Lebensdauer, der geringe Aufwand bei der Wartung und die Billigkeit des Rohstoffes Eisen bilden positive Aspekte dieses Systems. Die Grenzen für die Energiedichte weisen gegenüber dem Blei/Schwefelsäure-Akkumulator nach oben hin noch einigen Spielraum auf, die projektierten Leistungsdichten liegen ebenfalls etwas höher.

Als spezifische Nachteile wirken sich die starke Polarisation der Eisenelektrode und die beträchtlichen Kosten der Nickelelektrode aus.

1.3 Der Nickel/Kadmium-Akkumulator

Eine Abart des Nickel/Eisen-Akkumulators stellt die von Jungner eingeführte β-NiO(OH)/Kadmium-Zelle[75-77] dar. Bei einer etwas geringeren Zellspannung von 1,29 V vermeidet der Ersatz von Eisen durch Kadmium einige wesentliche Probleme der Eisenelektrode. Der hohe Preis und die Giftigkeit von Kadmium sowie die bisher bei hoher Belastung erzielten geringen Energiedichten von nur 16 bis 25 Wh/kg sind die Ursachen dafür, daß der Nickel/Kadmium-Akkumulator für die Elektrotraktion bisher kaum in Erwägung gezogen wurde.

1.4 Der Nickel/Kobalt-Akkumulator

In jüngster Zeit wurde vom Volkswagenwerk über die Entwicklung und den Einsatz von β-NiO(OH)/Kobalt-Akkumulatoren berichtet[78], wobei an Stelle der Eisen- bzw. Kadmiumanode eine Kobaltelektrode eingesetzt wird. Kobalt weist in seinem Verhalten Ähnlichkeit mit Kadmium auf, besitzt aber die Vorteile einer fast doppelt so hohen theoretischen Speicherkapazität, der ausreichenden Verfügbarkeit und der fehlenden Toxizität.

Die Gesamtzellreaktion läßt sich durch folgende Gleichung darstellen:

$$Co + 2\beta\text{-NiO(OH)} + 2H_2O \overset{E}{\underset{L}{\rightleftarrows}} 2Ni(OH)_2 + Co(OH)_2 \ . \qquad (1.8a)$$

Die Zellspannung beträgt 1,21 V, die theoretische Energiedichte 232 Wh/kg. Verwirklicht wurden praktische Energiedichten bis zu 45 Wh/kg.

Der Vorteil dieses Systems könnte in der Tatsache liegen, daß das Normalpotential der Co/Co(OH)$_2$-Elektrode mit $-$ 0,73 V NWE um etwa 0,15 V positiver als das der Fe/Fe(OH)$_2$-Elektrode ist, so daß trotz der geringeren Überspannung von Wasserstoff an Kobalt als an Eisen die Wasserstoffentwicklung vermindert wird. Auch dürfte die kathodische Reaktion an der Kobaltelektrode mit geringeren Hemmungen ablaufen als an der Eisenelektrode.

Die Nachteile des Systems bestehen in der Löslichkeit von Co^{2+}-Ionen im

Elektrolyten. Diese können durch gelösten Sauerstoff oder bei dem anodischen Ladevorgang an der β-NiO(OH)-Elektrode zu Co^{3+} oxidiert und in Form von Kobaltoxiden bzw. -oxidhydraten, z.B. CoO(OH), abgeschieden werden. Ferner bedingt die Löslichkeit von $Co(OH)_2$ im alkalischen Elektrolyten eine Rekristallisation und damit eine Verminderung der aktiven Oberfläche[79,80]. Schließlich sind die höheren Materialkosten im Falle von Kobalt zu bedenken.

Als Lebensdauer werden Zyklenzahlen bis zu 1600 angegeben. Der Ladenutzeffekt beträgt etwa 70%. Der Preis einer β-NiO(OH)/Kobalt-Batterie beträgt zur Zeit etwa das Dreifache des Preises eines vergleichbaren Blei/Schwefelsäure-Akkumulators.

1.5 Die Nickel/Zink-Batterie

Ein weiteres aussichtsreiches System zur Einführung der Elektrotraktion innerhalb kurz- bis mittelfristiger Programme stellt das Nickel/Zink-Element dar, das ebenfalls seit der Jahrhundertwende in der Batterietechnologie bekannt ist.

Das elektrochemische Geschehen wird durch die Bruttogleichung

$$Zn + 2\beta\text{-NiO(OH)} + 2H_2O \underset{L}{\overset{E}{\rightleftarrows}} 2Ni(OH)_2 + Zn(OH)_2 \qquad (1.9)$$

beschrieben. Als Elektrolyt dient 30 - 40%-ige wässrige KOH.

Die Zinkanode wirkt dabei im Prinzip als Lösungselektrode, d.h. im Gegensatz zu den bisher besprochenen Systemen stellt sie eine Elektrode 1. Art dar. Die Reaktionsprodukte bleiben primär in Lösung und müssen bei der Ladung der Batterie die kathodische Abscheidung von metallischem Zink ermöglichen. Die Bruttoelektrodenreaktionen sind (schematisch):

$$Zn + 2OH^- \underset{L}{\overset{E}{\rightleftarrows}} Zn(OH)_2 + 2e^-, \qquad (1.10)$$

$$2\beta\text{-NiO(OH)} + 2H_2O + 2e^- \underset{L}{\overset{E}{\rightleftarrows}} 2Ni(OH)_2 + 2OH^-. \qquad (1.11)$$

Die Elektrodenreaktionen an der Zinkelektrode sind allerdings wesentlich komplizierter als hier dargestellt[83,84]. An der Oberfläche der Elektrode dürfte der Komplex $Zn(H_2O)_2(OH)_4^{2-}$ vorherrschend sein, der im Innern der Lösung in $Zn(OH)_4^{2-}$ umgewandelt wird. Nach Sättigung der Zinkatlösung bildet sich an der Elektrodenoberfläche ein passivierender Film von ZnO bzw. $Zn(OH)_2$. Die Filmbildung ist in Kompaktbatterien erwünscht, da auf diese Weise die Menge an Elektrolyt vermindert werden kann[85]. Die Zinkelektrode kann auch als Elektrode 2. Art wirken, wenn das Elektrolytvolumen eingeschränkt und die Abdiffusion von Zinkationen verhindert wird, so daß $Zn(OH)_2$ bzw. ZnO ausfällt. Das Nickel/Zink-System liefert eine Zellspannung von 1,70 - 1,74 V und besitzt eine theoretische Energiedichte von 373 Wh/kg. Außerdem treten nur geringe Überspannungen auf, so daß hohe Leistungen erwartet werden können. Diese Daten erscheinen für Zwecke der Elektrotraktion durchaus attraktiv. Das wesentliche Hindernis dafür, daß dieser Elementtyp über das Versuchsstadium bisher praktisch nicht hinausgekommen ist, liegt in der kurzen Lebensdauer, insbesondere bei den für den Fahrzeugbetrieb notwendigen raschen und tiefen Entladungen. Maximal konnten bisher nur einige hundert Zyklen erreicht werden.

Die praktisch erzielten Energiedichten betragen etwa 60 Wh/kg bei einer spezifischen Leistung von etwa 20 - 30 W/kg (Spitze > 100 W/kg). Nachteilig macht sich auch der hohe Preis der eingesetzten Materialien bemerkbar.

Der Energienutzeffekt von etwa 60% genügt ebenfalls noch nicht den Ansprüchen der Elektrotraktion.

1.5.1 Möglichkeiten zur Verbesserung des Lade-Entladeverhaltens von Nickel/ Zink-Zellen

Die Probleme der β-NiO(OH)-Elektrode entsprechen im wesentlichen jenen bei der Nickel/Eisen-Zelle bereits besprochenen.

Die Hauptschwierigkeit dieses Batterietyps liegt ohne Zweifel in der Realisierung einer Zink-Elektrode, die den an sie zu stellenden Ansprüchen in befriedigender Weise gerecht werden kann.

Zink ist an sich wegen der hohen theoretischen Speicherkapazität von 820 Ah/kg und der günstigen Potentiallage (- 1,25 V NWE) ein ausgezeichnet geeignetes Speichermaterial. Die elektrochemische Beherrschung einer umkehrbaren, d.h. wiederaufladbaren Zinkelektrode ist jedoch mit großen Schwierigkeiten verbunden, die sich im wesentlichen folgendermaßen zusammenfassen lassen:

1. Mangelnde Formbeständigkeit der Zinkelektrode ("shape change").
   Die vor allem bei der Verwendung von Elektroden mit ausgefälltem $Zn(OH)_2$ bzw. ZnO auftretende Formänderung der Elektrode mit zunehmender Zahl der Lade-Entladezyklen stellt einen begrenzenden Faktor für die Lebenszeit dar. Die Formänderung besteht in einer Abnahme von aktivem Material in den Randbereichen der Elektrode und in einer Ansammlung von Zink in den mittleren und unteren Bereichen der Elektrode.
   Über die Ursachen dieses Phänomens sind in der Literatur verschiedene Ansichten geäußert worden. Nach Untersuchungen von McBreen dürfte eine Reihe von Effekten für die Formänderung verantwortlich sein, wobei eine ungleichmäßige Stromdichteverteilung als wesentlicher Faktor angenommen wird[86].
   Eine vollkommen andersartige Ursache wird hingegen von Choi, Bennion und Newman[87,88] in Betracht gezogen: Während des Entladevorganges kommt es infolge der Dichteerhöhung durch gelöste Zinkspezies zu einer parallel zur Oberfläche der Zinkelektrode abwärtsgerichteten Elektrolytbe-

wegung. Beim Ladevorgang resultiert hingegen eine Aufwärtsströmung der nun ungesättigten Zinkatlösung, wodurch weniger Zink aufwärts als bei der Entladung abwärts transportiert wird.

Nach dem Durchlaufen mehrerer Lade- und Entladezyklen wird der Zinkoxidgehalt der Elektrode in den oberen Bereichen abgenommen, in der Mitte und in den unteren Bereichen der Elektrode jedoch zugenommen haben. Nach dieser Erklärung sollten die Formänderungen durch Herabsetzung der gerichteten Strömungen an der Zinkelektrode verhindert werden können.

2. Auftreten von Dendritenwachstum, insbesondere bei rascher Ladung und Überladung.

Ein weiteres, schwierig zu meisterndes Problem stellt die Dendritenbildung bei der Zinkabscheidung dar. Dieses Problem wurde kürzlich ausführlich diskutiert[89-91]. Der auslösende Schritt für das Dendritenwachstum dürfte eine Keimbildung in der ersten abgeschiedenen Zinkschicht sein, die an Verunreinigungen, Versetzungen oder Kristallgitterstörungen erfolgt. Sobald sich eine Erhebung an der Oberfläche der Elektrode gebildet hat, erfolgt der Antransport der abzuscheidenden Ionen zu der Spitze der Erhebung wesentlich rascher als zur übrigen Oberfläche, da nun die Bedingungen der sphärischen Diffusion maßgebend sind und der Antransport umgekehrt proportional zum Krümmungsradius erfolgt (siehe Kap. II.2.3).

Die Dendritenbildung wird maßgeblich durch Diffusionsvorgänge beeinflußt und durch hohe Konzentrationsgradienten begünstigt.

Dendriten können durch die Separatoren hindurchwachsen, diese zerstören und die Elektroden der Batterie kurzschließen.

3. Weitere Probleme betreffen die Beständigkeit der Separatoren.

Neben dem Dendritenwachstum in die Poren des Separators stellt der oxidative Angriff des bei der Ladung entstehenden und im Elektrolyten gelösten Sauerstoffs einen weiteren, die Lebenszeit des Separators begrenzenden Faktor dar.

Ferner führt das Vorhandensein von Verunreinigungen zu empfindlichen Störungen der Zinkabscheidung.

Die Probleme der Formänderung (shape change) und des Dendritenwachstums werden durch die für die Elektrotraktion notwendigen Tiefentladungen und Hochstromladungen noch verschärft.

Die Formänderung der Elektroden kann durch den Zusatz von Bindern wie Teflon oder Polyvinylalkohol zur Zinkplatte oder durch geeignete Elektrodenkonstruktionen, wie die Ausdehnung der negativen Platte über die positive, die Verwendung von schüsselförmigen Elektroden oder von Elektroden, die in den Randbereichen mehr Zinkoxid enthalten als in der Mitte, herabgesetzt werden[92-95].

Da die wesentlichen Ursachen für die Dendritenbildung in Problemen des

Stofftransportes im Elektrolyten bei der Ladung liegen, kann eine Verbesserung der Situation vor allem durch Maßnahmen erwartet werden, die einen raschen Konzentrationsausgleich ermöglichen. Von den verschiedenen Methoden das Dendritenwachstum zurückzudrängen, sind zu nennen:

1. Elektrolytumwälzung oder Konvektion, gemeinsam mit einer günstigen Elektrodenanordnung[96].

   Die für die Elektrolytumwälzung benötigten größeren Elektrodenabstände führen allerdings zu einem erhöhten Raumbedarf.

2. Einblasen von Inertgas oder Luft in den Elektrolyten[97].

3. Verwendung von vertikal vibrierenden Elektroden.

   Durch Vibration geeigneter Frequenz und Amplitude entstehen Mikro- und Makroturbulenzen, die eine Durchmischung des Elektrolyten, insbesondere an den Elektroden, bewirken[98] (Abb. 18).

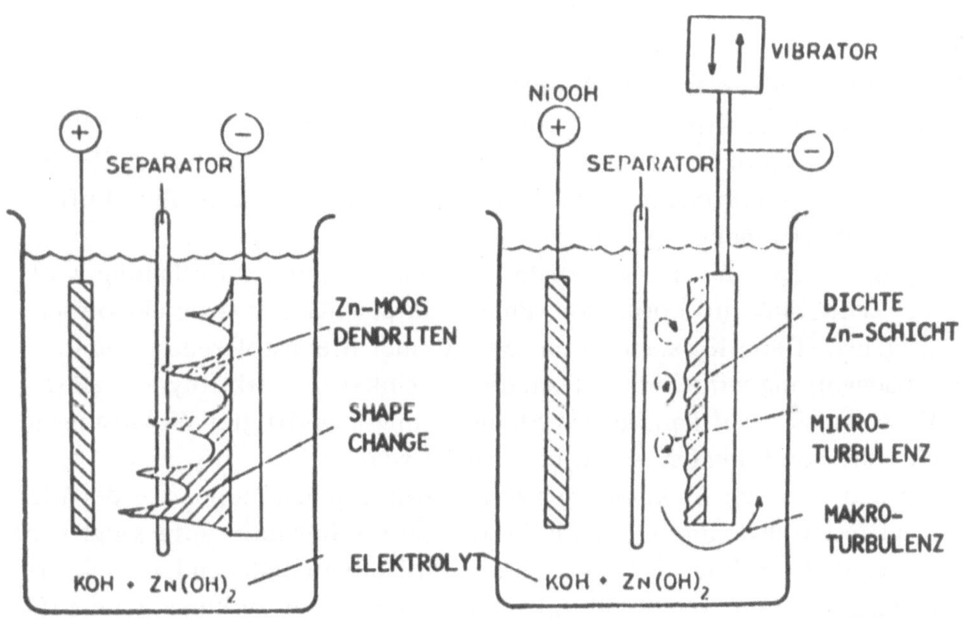

Abb. 18: Zinkabscheidung ohne und mit vibrierender Elektrode
Nach Krusenstierna[98].

4. Einsatz mechanischer Wischer, welche die Dendriten von der Elektrodenoberfläche entfernen.

5. Zusätze von Metallionen[98,99,100], wie z.B. Pb^{++}-Ionen.

   Blei wird an den aktiven Zentren der Elektrodenoberfläche abgeschieden und behindert das Dendritenwachstum. Ebenso bewirken Zusätze gewisser organischer Verbindungen[99], ähnlich der Wirkung von Glanzbildnern, eine gleichmäßige Abscheidung.

6. Kontrollierte Ladung mit pulsierenden oder periodisch schwankenden Strömen[101].

7. Weiterentwicklung geeigneter Separatoren.
Übergang zu inerten Kunststoffen oder zu geeigneten anorganischen Materialien, z.B. auf Basis von Oxiden des Cers, Zirkons oder Titans[102,103].

8. Verwendung einer Hilfselektrode[104,105], die aus einem Netz besteht und von der Zinkelektrode durch einen Separator getrennt ist. Die Hilfselektrode enthält einen Elektrokatalysator, der die Wasserstoffüberspannung herabsetzt. Durch den Separator wachsende Zinkdendriten werden an der Hilfselektrode entsprechend der Reaktionsgleichung $Zn + 2H_2O + 2OH^- =$
$= Zn(OH)_4^{2-} + H_2$ aufgelöst und können daher keine Kurzschlüsse verursachen.

9. Schließlich werden auch Lösungen gesucht, die auf einer grundsätzlich neuen Elektroden- oder Zellkonzeption beruhen. Folgende Maßnahmen werden untersucht:

   a) Ausfällung und Entfernung des gebildeten ZnO bzw. $Zn(OH)_2$ durch Filtration des Elektrolyten[106]. Beim Ladevorgang verläuft der umgekehrte Prozeß: Zinkoxid wird aus dem Zinkoxidseparator durch den Elektrolyten an die Elektrode geführt. (Diese Anordnung wurde in Zink-Luft-Batterien verwendet.)

   b) Regenerierung von Zink außerhalb der Zelle[107]. Bei der Entladung wird der Zelle Zink in Form von Pulver, aufgeschlämmt im Elektrolyten, zugeführt. (Diese Konzeption entspricht einer Brennstoffzelle.) Beim Entladevorgang wird Zink vollständig als Zinkat im Elektrolyten gelöst. Die Zinklöslichkeit kann durch Stabilisierung übersättigter Zinklösungen mit Hilfe von Silikaten wesentlich erhöht werden.

   c) Verminderung der Elektrolytmenge in einem solchen Maße, daß der Elektrolyt fast vollständig in der Elektrode und im Separator aufgesaugt wird ("starved electrolyte")[108]. Die bei der Entladung entstehenden Zinkverbindungen werden dann vollständig ausgefällt. Diese Wirkungsweise entspricht einer Elektrode 2. Art. Dadurch wird die Reversibilität der Elektrode verbessert. Während das Problem der verstärkten Dendritenbildung durch geeignete Separatoren vermieden werden kann, wird bei dieser Konzeption die Tendenz zur Formänderung (shape change) verschärft.

   d) Zusätzlich zu den genannten Entwicklungen wurden Elektroden mit Schichtaufbau vorgeschlagen (Einbau von $Ca(OH)_2$-Schichten)[109].

Obwohl mit einzelnen oder einer Kombination einiger der geschilderten Maßnahmen bereits kurzzeitige Erfolge hinsichtlich Nutzeffekt, Energiedichte und Lebensdauer erzielt werden konnten, steht eine Lösung der Gesamtheit der wichtigsten Probleme noch aus. Sie lassen sich folgendermaßen zusammenfassen:

1. An der Zinkelektrode:
   Formänderung (shape change) und Dendritenwachstum.
2. An der Nickelelektrode:
   Hohe Material- und Herstellungskosten.
3. Das Fehlen von ausreichend stabilen und wirksamen Separatoren.
4. Regulierung des Wärmehaushaltes.
5. Beherrschung des Ladevorganges, Verbesserung des Energienutzeffektes.
6. Kontrolle der Elektrolyteigenschaften.
7. Rationalisierung und Automatisierung der Herstellungsprozesse für die
   Massenproduktion.

Der gegenwärtige Stand der Entwicklung wird durch folgende Daten charakterisiert:

Energiedichte: ungefähr 60 - 70 Wh/kg.
Leistungsdichte: 20 - 30 W/kg, Belastungsspitze 120 - 140 W/kg.
Energienutzeffekt: 50 - 60%.
Lebensdauer: 150 - 300 Zyklen.

1.5.2 Abschätzung der erreichbaren Kenndaten

Eine Abschätzung der praktisch erreichbaren Grenzen ist in diesem Fall mit einer hohen Unsicherheit verbunden, da diese maßgebend davon abhängen, inwieweit eine bessere Beherrschung der Zinkabscheidung gelingen wird. Kurzzeitig wurden bereits Werte von 90 Wh/kg und etwa 350 W/kg erzielt.

Energiedichten von 80 - 120 Wh/kg bei einer spezifischen Dauerleistung über 50 W/kg mit einer Leistungsspitze von mehr als 200 W/kg scheinen im Bereich des Möglichen zu liegen. Der Energienutzeffekt sollte bis zu 70% und die Zyklenzahl auf 700 - 1000 gesteigert werden können. Bei Erreichung dieser Ziele stellt die Batterie im Rahmen mittelfristiger Traktionsprogramme für Fahrzeuge höherer Reichweite (mehr als 150 km je Batteriewechsel bzw. Aufladung) und verbesserter Spitzengeschwindigkeit eine ansprechende Lösung dar.

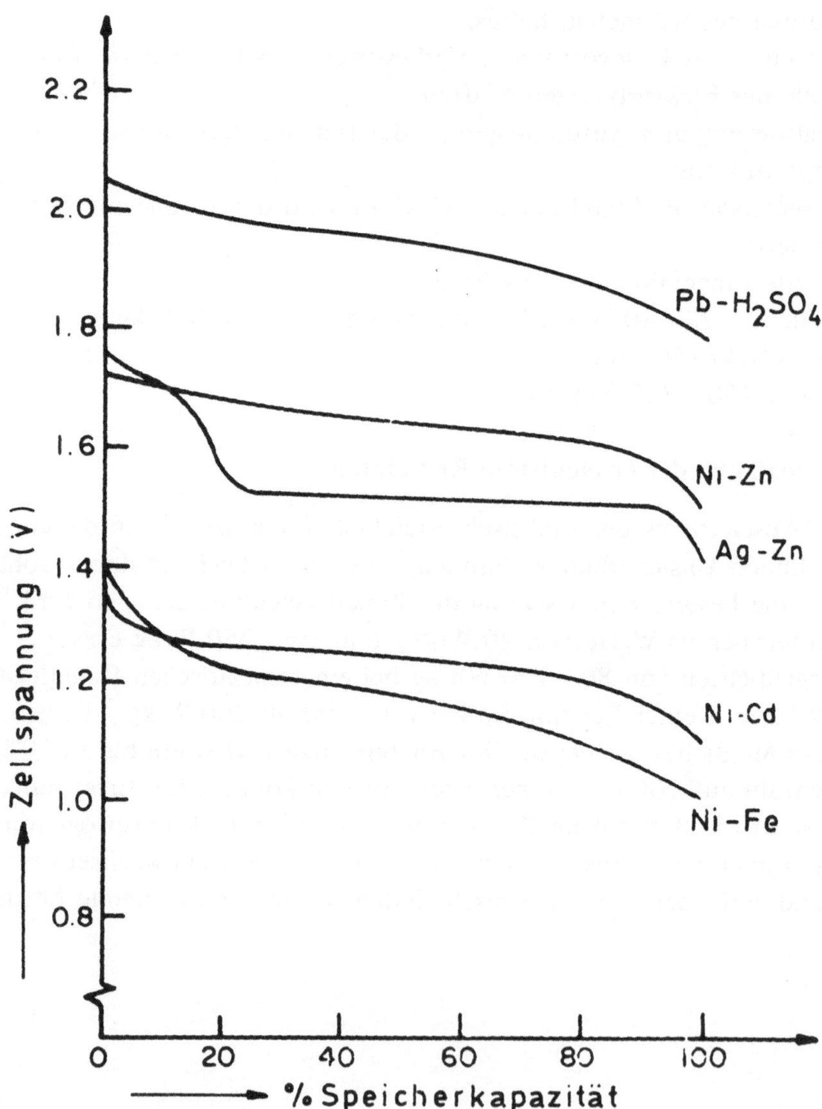

Abb. 19: Vergleich der Entladekurven verschiedener herkömmlicher Speichersysteme

2. Hochtemperatursysteme

2.1 Einleitung

Da in der Mehrzahl der Fälle die herkömmlichen Batterien die für die Elektrotraktion in einem fortgeschrittenen Stadium erforderlichen Werte für die Energiedichte (vier- bis achtfache Energiedichte des Blei/Schwefelsäure-Akkumulators) aus prinzipiellen physikalischen und elektrochemischen Gründen nicht erreichen werden können, konzentriert sich die Forschung auf die Entwicklung von Batterien mit neuartigen Speichermaterialien und Elektrolyten, die eine besonders hohe theoretische Energiedichte besitzen. Ausgangspunkt der Entwicklungsprogramme bildet die Auffindung geeigneter Systeme, die sich aus thermodynamischer Sicht durch Reaktionen mit großer negativer freier Enthalpie (ΔG) auszeichnen, hohe Speicherkapazität der Elektrodenmaterialien, d.h. niedrige Äquivalentgewichte, besitzen und die Möglichkeit des Einsatzes von ausreichend stabilen Elektrolyten mit hoher Leitfähigkeit bieten. Von Vorteil erscheint ferner der Betrieb bei erhöhten Temperaturen, da sowohl der Ohm'sche Widerstand als auch die kinetischen Hemmungen (Überspannungen) mit steigender Temperatur abnehmen.

Aus dieser Sicht wäre primär die Kombination eines Alkali- oder Erdalkalimetalls (Lithium, Natrium, Magnesium, Kalzium) als anodisches Material mit einem Element der VI. oder VII. Hauptgruppe des periodischen Systems (Sauerstoff, Schwefel, Fluor, Chlor, Brom) als Kathodenmaterial von Interesse.

Da die genannten Metalle mit Wasser reagieren, die Verwendung wässriger Elektrolyte daher ausscheidet, ergibt sich die Notwendigkeit des Einsatzes schmelzflüssiger oder fester, ionenleitender Elektrolyte. Die elektrische Leitfähigkeit von Salzschmelzen ist höher als die wässriger Elektrolyte, die um einige hundert Grade höhere Arbeitstemperatur vermindert die kinetischen Hemmungen der Elektrodenreaktionen weitgehend. In vielen Fällen ist der Mechanismus der Elektrodenreaktionen einfach, ihr Ablauf erfolgt mit hoher Geschwindigkeit. Aus den angeführten Gründen sind prinzipiell hohe Leistungsdichten erzielbar.

Den grundsätzlichen Vorteilen, wie hohe Zellspannungen, große Energie- und Leistungsdichten usw., stehen jedoch einige wesentliche Nachteile gegenüber. Die Probleme der Korrosion von Zell- und Elektrodenmaterialien vergrößern sich mit steigender Temperatur und stellen einen schwerwiegenden Faktor für die Begrenzung der Lebensdauer von Hochtemperaturbatterien dar. Zahlreiche Faktoren, wie die Aggressivität der Schmelzen, das Auftreten von Festkörperreaktionen, die starke Beschleunigung der Korrosion bei Anwesenheit von Spuren von H_2O oder O_2 usw., erfordern die Entwicklung neuartiger spezieller Werkstoffe, die unter den hoch korrosiven Bedingungen stabil sind. Zum Anfahren der Batterie benötigt man eine äußere Wärmequelle, während des Betriebes muß auf eine außerordentlich gute Wärmeisolierung geachtet werden, um Wärmeverluste und das Absinken der Temperatur des Systems bei intermittierendem Betrieb zu vermeiden.

Eine weitere prinzipielle Anforderung an das jeweilige System ist natürlich dessen Wiederaufladbarkeit, d.h. eine möglichst vollkommene Umkehrbarkeit der Elektrodenprozesse ohne (mechanische) Zerstörung der Elektroden oder Zellkomponenten. Die Löslichkeit der Reaktanden im Elektrolyten soll möglichst gering sein, um chemische Reaktionen (Selbstentladung) zu vermeiden. Schließlich ist zu verlangen, daß die Elektrodenmaterialien (Elektroden-, Träger- und Leitmaterialien) eine ausreichende Leitfähigkeit aufweisen und geringe Neigung zur Ausbildung von passivierenden Deckschichten zeigen.

Die Berücksichtigung der zahlreichen Anforderungen führt zu einer drastischen Reduzierung der für den praktischen Einsatz in Frage kommenden möglichen Systeme. Gegenwärtig stehen zwei Hochtemperaturbatterien in Hinblick auf den Einsatz in elektrisch betriebenen Fahrzeugen im Mittelpunkt der Forschungs- und Entwicklungsarbeiten. Es sind dies

die **Natrium/Schwefel-Zelle** und
die **Lithium-Aluminium/Eisensulfid** (FeS_x, x = 1,2)**-Zelle.**

2.2 Die Natrium/Schwefel-Zelle[110-114]

Die Natrium/Schwefel-Zelle wird in einem Temperaturbereich von 300 bis 350°C betrieben. Als Elektrodenmaterialien verwendet man flüssiges Natrium (negativer Pol) und flüssigen Schwefel (positiver Pol). Die Besonderheit dieses Systems beruht auf der Verwendung eines natriumionenleitenden Festelektrolyten, der gleichzeitig einen wirksamen Separator darstellt und die beiden aktiven Massen physikalisch trennt. Diese Anordnung vermeidet eine Reihe von Problemen, die bei Sekundärbatterien auftreten können. So verhindert beispielsweise der Separator eine Selbstentladung, da weder Natrium noch Schwefel in ihm löslich sind. Durch Verwendung flüssiger Elektrodenmaterialien vermeidet man das Problem der Dendritenbildung usw. Als Festelektrolyt wird im allgemeinen β- oder β''-Korund (siehe S. 107) oder ein Spezialglas verwendet. Das Natrium/Schwefel-System wurde von der Ford Motor Company im Jahre 1967 in Hinblick auf eine mögliche Verwendung für Traktionszwecke eingeführt.

Die Gesamtzellreaktion läßt sich schematisch durch die Gleichung

$$2Na + 3S \underset{L}{\overset{E}{\rightleftarrows}} Na_2S_3 \tag{2.1}$$

beschreiben, wobei die Bruttoelektrodenreaktionen in vereinfachter Form durch die Gleichungen

$$2Na \overset{E}{\underset{L}{\rightleftarrows}} 2Na^+ + 2e^- \qquad\qquad (2.2)$$

$$3S + 2Na^+ + 2e^- \overset{E}{\underset{L}{\rightleftarrows}} Na_2S_3 \qquad\qquad (2.3)$$

wiedergegeben werden sollen. Hierbei stellt Na_2S_3 keine stöchiometrische Verbindung dar, sondern die ungefähre Endzusammensetzung der Polysulfidschmelze nach der Entladung.

Die Zelle besitzt bei 300^0C eine Ruhespannung von 2,08 V. Die theoretische Energiedichte beträgt bei einer angenommenen Zellspannung von 2 V 758 Wh/kg.

Bei der Entladung werden an der Anode Natriumionen gebildet, die durch den Festelektrolyten hindurchwandern und mit Schwefel unter Bildung von Polysulfid reagieren. Bei der Ladung findet der umgekehrte Vorgang statt. In Wirklichkeit sind die Vorgänge insbesondere an der Schwefelelektrode wesentlich komplizierter[117]. Zu Beginn der Entladung besteht die Schwefelelektrode aus reinem geschmolzenem Schwefel. Da flüssiger Schwefel einen hohen elektrischen Widerstand und eine geringe Löslichkeit für Natriumionen besitzt, ist der Zusatz eines elektrischen Leiters in Form von Graphitfilz oder ähnlichen Materialien erforderlich. Das Leitmaterial übernimmt den Elektronentransport zu und von dem äußeren Metallbehälter, der als Stromableitung dient. In den ersten Stadien der Entladung läuft die Bruttoreaktion unter Bildung von Natriumpentasulfid ($2Na + 5S \rightarrow Na_2S_5$) ab, wobei die Elektronenaufnahme in der Schwefelelektrode an der Dreiphasengrenze β-Korund/Graphitfilz/Schwefel stattfindet. Diese Bruttoreaktion führt zu einer Ruhespannung von 2,08 V. Da bei den verwendeten Betriebstemperaturen Na_2S_5 mit Schwefel nicht mischbar ist, liegen zunächst zwei miteinander nicht mischbare flüssige Phasen vor (Abb. 20). Wegen der guten Ionenleitfähigkeit von Na_2S_5 kann bei fortschreitender Entladung die Elektrodenreaktion auch an der Dreiphasengrenze Na_2S_5/ Graphitfilz/Schwefel stattfinden. In Abhängigkeit von der Entladegeschwindigkeit kann weiterer Schwefel zu Na_2S_5 umgesetzt werden oder Na_2S_5 kann unter Elektronenaufnahme mit Na^+-Ionen unter Bildung niedrigerer Polysulfide reagieren. Wenn die Schwefelelektrode die Zusammensetzung Na_2S_5 unterschritten hat, wird das System im Bereich zwischen Na_2S_5 und $Na_2S_{2,66}$ (bei 360^0C) einphasig. Würde man die Entladung fortführen, so würde festes Na_2S_2 ausfallen. Die bei der Ladung und Entladung auftretenden Änderungen der Zusammensetzung der Polysulfidschmelze bewirken eine außerordentliche Komplexität des Problems. Hinzu kommt noch, daß eine Reihe physikalischer und chemischer Eigenschaften, wie Leitfähigkeit, Viskosität, Benetzbarkeit des Graphitfilzes, Dichte, Diffusionskoeffizient, u.a. sich in starkem Maße mit der Zusammensetzung der Schmelze ändern.

Die Reaktionen an der Natriumelektrode sind einfach und laufen mit

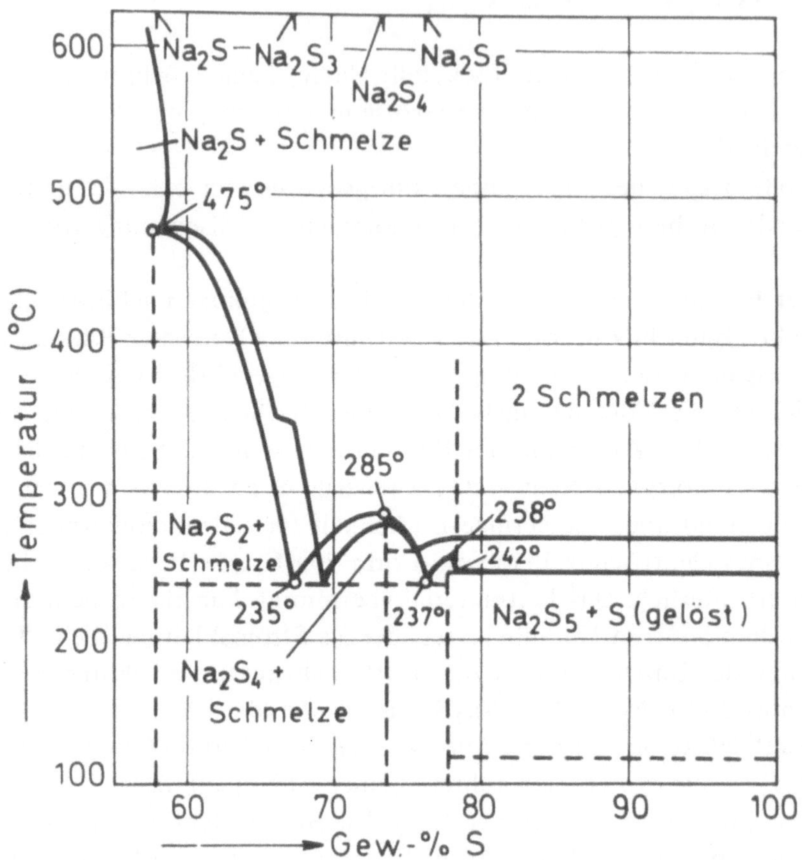

Abb. 20: Phasendiagramm des Systems Natrium/Schwefel. Nach Pearson und Robinson[115] mit Modifikation von Gupta und Tischer[116]

ausreichender Geschwindigkeit ab.

Von ausschlaggebender Bedeutung für die Funktionsfähigkeit der Natrium/ Schwefel-Zelle ist der Festelektrolyt, der folgenden Anforderungen genügen muß:

1. Genügend hohe Natriumionenleitfähigkeit
2. Keine Elektronenleitfähigkeit
3. Chemische Resistenz gegenüber dem Elektrodenmaterial
4. Undurchdringlichkeit für die Reaktanden
5. Genügende mechanische Stabilität.

Materialien, die diesen Forderungen nahe kommen, sind nichtstöchiometrische Natriumaluminate in Form der beiden als β- und β''-Korund[118,122] bezeichneten Modifikationen. (Eine umfassende Übersicht über Verbindungen vom Typ β-Korund und deren Eigenschaften findet man bei R. Collongues, J. Théry und J.P. Boilot[123].)

β-Korund bildet eine nichtstöchiometrische Phase, deren Zusammensetzung zwischen 5,5 $Al_2O_3.Na_2O$ und 8,5 $Al_2O_3.Na_2O$ variiert. Die Idealzusammensetzung 11 $Al_2O_3.Na_2O$ wird jedoch nicht erreicht. Die Kristallstruktur von β-Korund ist durch Blöcke dichtgepackter Sauerstoffionen charakterisiert. Die Aluminiumionen sind in den Blöcken in gleicher Weise wie die Kationen im $MgAl_2O_4$-Spinell angeordnet. Die Elementarzelle (Abb. 21a) von β-Korund enthält zwei Spinellblöcke, die durch Sauerstoffbrücken Al-O-Al verknüpft sind. In den zwischen den Spinellblöcken auftretenden Spiegelebenen, die von den Brückensauerstoffionen besetzt sind, befinden sich Natriumionen, die eine relativ hohe Beweglichkeit in den Ebenen besitzen und somit den niedrigen spezifischen Widerstand des Materials bedingen.

Reiner β"-Korund ist eine metastabile Form, die bei der Herstellung von β-Korund entsteht. Die Zusammensetzung von β"-Korund variiert im Bereich von 5,3 $Al_2O_3.Na_2O$ bis 8,5 $Al_2O_3.Na_2O$. (Ideale Zusammensetzung 5,33 $Al_2O_3.Na_2O$.) β"-Korund kann durch den Einbau von Fremdionen unter Beibehaltung seiner Struktur stabilisiert werden. Die Elementarzelle von β"-Korund (Abb. 21b) besitzt rhomboedrische Symmetrie und enthält drei Spinellblöcke des gleichen Typs wie sie im β-Korund auftreten. Die ideale Zusammensetzung (5,33 $Al_2O_3.Na_2O$) erhält man durch Besetzung der Zwischenebenen (die keine Symmetrieebenen sind) mit zwei Natriumionen.

Die Leitfähigkeit kann durch Dotierung mit MgO (β-Korund) oder Li_2O (β"-Korund) in bestimmten Konzentrationen noch erhöht werden. Auch Dotierung mit anderen Ionen ist möglich. Typische Werte für den spezifischen Widerstand bei 300°C sind 3 bis 30 Ohm cm. Der elektrische Widerstand, die chemischen und mechanischen Eigenschaften, sowie die Mikrostruktur sind eine Funktion der qualitativen und quantitativen Zusammensetzung, der Zusätze und der Herstellungsbedingungen (Pulvererzeugung, Pressen, Sintern). Angestrebt wird eine extrem feine Mikrostruktur und hohe Dichte, wobei bereits Werte um 3,25 g/cm^3 erzielt werden konnten.

Die Meinungen über die Vorteile der Verwendung von dotiertem oder nichtdotiertem β-Korund sind geteilt[111]. MgO dotierter β-Korund besitzt zwar eine höhere Leitfähigkeit als das reine Material, dürfte jedoch eine geringere Lebenszeit (< 100 Ah/cm^2) aufweisen. Die Leitfähigkeit eines β"-Korund Einkristalles ist etwa zweimal größer als die eines entsprechenden β-Korund Kristalles. Auch die Sintertemperatur von β"-Korund liegt um etwa 200°C niedriger. Andererseits dürfte ein kontrolliertes Kristallwachstum wegen der komplizierteren Mikrostruktur zu Problemen Anlaß geben. β"-Korund ist auch empfindlicher gegenüber Feuchtigkeit und die bisher erreichten Lebenszeiten sind geringer als die für β-Korund (> 2000 Ah/cm^2) erzielten[111].

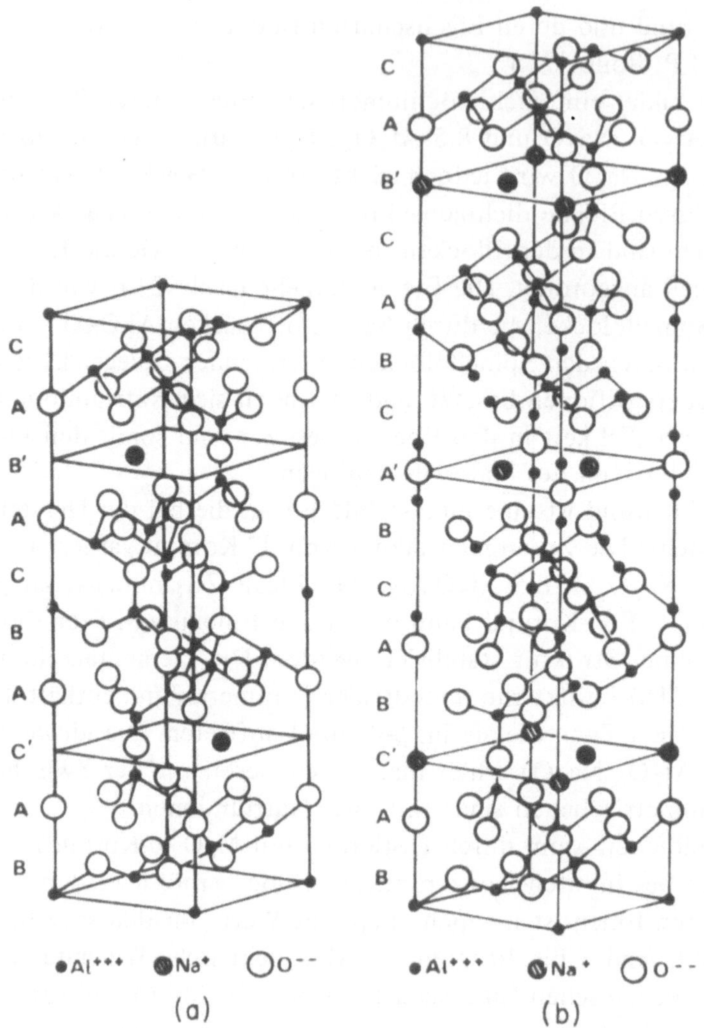

Abb. 21a: Idealısierte Struktur von β-Korund.
Die Elementarzelle enthalt zwei Spinellblocke. Ein Block entsteht durch die
Stapelung von vier Schıchten von Sauerstoffionen in der c-Richtung. Die okta-
edrischen und tetraedrischen Lucken zwischen den dichtgepackten Sauerstoff-
ionen sind von den Al^{3+}-Ionen ın gleicher Weıse besetzt wie die Mg^{2+}- und Al^{3+}-
Lagen im Mg_2AlO_4-Spınell. Die vıer Ebenen ABCA bılden einen Spinellblock.
Die Ebenen B' und C', welche dıe Spinellblocke trennen, sınd mıt einem Sauer-
stoff- und einem Natrıumıon besetzt.
b: Idealisierte Struktur von β''-Korund.
Die Struktur ıst das Ergebnis der Stapelung von dreı Spinellblocken des gleıchen
Typs wie sie im β-Korund auftreten. Die fur dıe Ionenleitung maßgeblichen
Ebenen A', B' und C' enthalten neben einem Sauerstoffion zwei Natriumionen.
(Dies entspricht der Formel 5,33 Al_2O_3.Na_2O, wobei die Elektronenneutralıtat
durch Aluminiumleerstellen aufrecht erhalten wird.) Nach Collongues et al.[123].

Die Dicke der in der Zelle eingesetzten Elektrolytschicht beträgt für die keramischen Materialien etwa 1 mm.

Neben der Verwendung von rohrförmigen Festelektrolyten wird auch der Einsatz von Scheiben diskutiert. Die Verwendung von Scheiben bietet den Vorteil besserer und kompakterer Anordnungsmöglichkeiten der Einzelzellen. Die auf die Flächeneinheit von β-Korund bezogene Länge der Dichtungen ist jedoch größer. Auch dürften Plättchen eine geringere strukturelle Stabilität besitzen als Röhrchen.

Ein anderer Typ eines Festelektrolyten für die Natrium/Schwefel-Zelle wurde von der Dow Chemical Corp. entwickelt[124]. Diese Konzeption benützt bündelförmig angeordnete feine Kapillarröhrchen (bis zu 20.000 pro Einheit) aus einem speziellen natriumionenleitenden Boratglas. Wegen des wesentlich höheren spezifischen Widerstandes des Glases von etwa 10^4 Ohm·cm dürfen die Glaskapillaren nur eine Wandstärke von einigen 0,01 mm aufweisen. (Durchmesser der Kapillaren 0,06 bis 0,1 cm, Höhe 8 bis 20 cm.) Die Kapillaren werden mit Natrium gefüllt und in flüssigen Schwefel getaucht. Auf diese Weise wird eine besonders große elektrochemisch wirksame Oberfläche erzielt, wodurch die Kompaktheit der Anordnung und die Energiedichte verbessert werden sollte.

Im Grundkonzept besteht eine Natrium/Schwefel-Zelle aus einem Festelektrolytrohr, das flüssiges Natrium enthält. Das Festelektrolytrohr ist über einen mit einer Dichtung (z.B. Aluminium) versehenen Verschluß (meist α-Al$_2$O$_3$) mit einem am oberen Ende der Zelle befindlichen Vorratsbehälter verbunden, der flüssiges Natrium enthält (Abb. 22). Auch Verschlüsse aus Glas kommen zum Einsatz. Für den klaglosen Dauerbetrieb ist die genaue Abstimmung der thermischen Ausdehnungskoeffizienten der verschiedenen Werkstoffe unerläßliche Voraussetzung. Der keramische Elektrolyt taucht in einen Behälter, der flüssigen Schwefel und Graphitfilz als Kathodenmaterial enthält.

Das Natrium/Schwefel-System befindet sich noch im Stadium der Entwicklung, wobei noch zahlreiche Probleme einer befriedigenden Lösung bedürfen.

Die wesentlichen, in Bearbeitung befindlichen Fragen betreffen:
1. Die mechanische Instabilität und der chemische Abbau der verwendeten Festelektrolyte im Betrieb. Die Bildung von Rissen und die Perforierung der keramischen Membranen kann zur chemischen Reaktion zwischen Natrium und Schwefel führen (Selbstentladung, chemischer Kurzschluß).
Eine allmähliche Bildung von Natriumpolysulfid an den fehlerhaften Zonen kann eine Ausheilung solcher Brüche bewirken[125]. Schließlich muß die Vereinheitlichung des Keramikmaterials erreicht und die Reproduzierbarkeit seiner Eigenschaften verbessert werden.
Die Herstellung von keramischen Materialien mit einer geeigneten Mikrostruktur ist schwierig, da diese von zahlreichen Faktoren wie Zusammen-

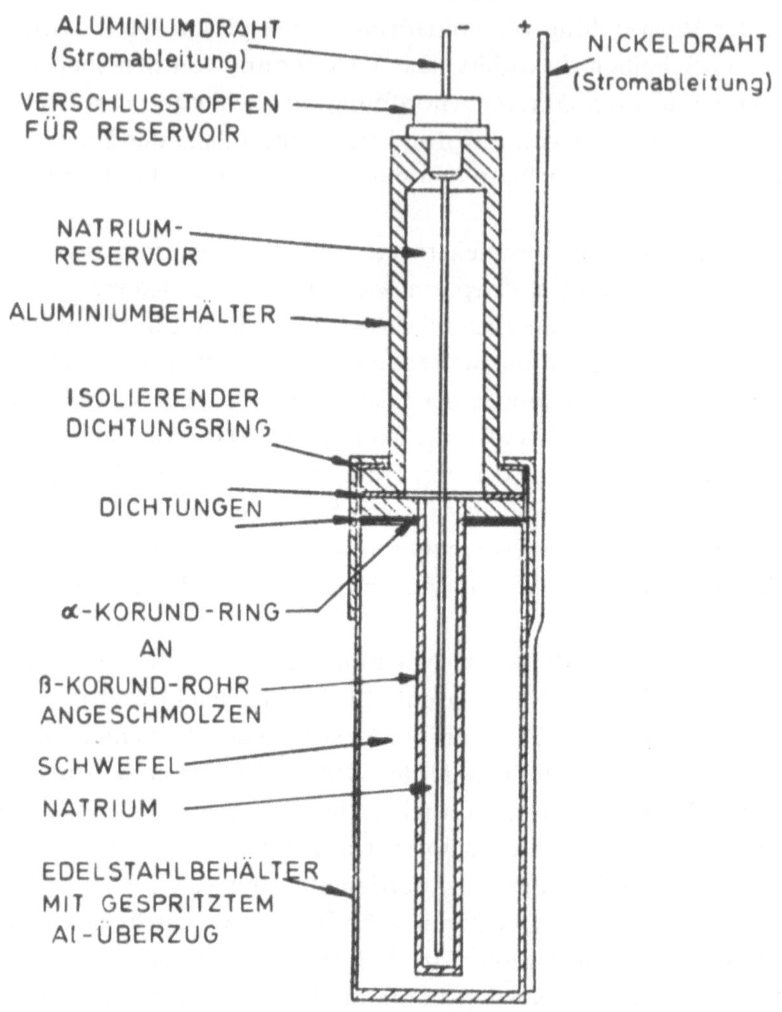

Abb. 22: Darstellung einer Natrium/Schwefel-Zelle

setzung, Pulverherstellung, Zusätze, Produktionsverfahren, Sinterbedingungen u. dgl., beeinflußt wird. Vielfach ist auch noch die Reproduzierbarkeit der Materialeigenschaften mangelhaft und deren Lebensdauer zu gering. Durch Optimierung der Zusammensetzung der Ausgangspulver und der Herstellungsbedingungen konnten Membranen erhalten werden, deren Lebensdauer in Natrium/Schwefel-Einzelzellen reproduzierbar 1000 Ah/cm^2 betrug. Obwohl es in Laboratoriumsversuchen bereits gelungen ist, Festelektrolyte von guter Qualität[126] herzustellen, eignen sich die hierfür verwendeten Verfahren kaum für eine kommerzielle Produktion. Eine der Hauptaufgaben ist daher die Entwicklung verläßlicher und wirtschaftlich tragbarer Produktionsmethoden für die verwendeten Festelektrolyte.

Ein Problem, das erst in jüngster Zeit erkannt worden ist, stellt der Anstieg des Widerstandes des Festelektrolyten nach einigen Monaten Betriebszeit um etwa den Faktor 2 dar.

2. Mangelnde Korrosionsbeständigkeit fast aller Materialien für Gehäuse und Behälter gegenüber den korrosiven Polysulfidschmelzen. Hierbei ist insbesondere die Frage des Behältermaterials für die positive Elektrode noch keineswegs gelöst. Während man zunächst rostfreien Stahl verwendete, werden neuerdings beschichtete Behälter mit Kohlenstoff-, Metall-, Oxid- oder Sulfidschichten erprobt. Als besonders geeignet erwies sich Kohlenstoff, der mit Chrom beschichtet ist.

Die Beschichtung muß nicht nur chemisch resistent sein, sie muß auch eine genügende elektrische Leitfähigkeit besitzen. Auch an eine Umkehrung der Anordnung der Elektroden mit einer außenliegenden Natriumelektrode ist gedacht worden.

3. Die bisher unzureichende Beständigkeit der Zellverschlüsse und Dichtungen.

4. Die Herstellung von kostengünstigen Aggregaten, deren Konstruktionssystem eine Zellanordnung ermöglicht, die bei einem Ausfall einiger Einzelelemente infolge schadhaft gewordener Elektrolyte nur einen minimalen Leistungsabfall verursacht.

2.2.1 Verbesserungsmöglichkeiten der Natrium/Schwefel-Zelle

Verbesserungsfähig ist die Wiederaufladbarkeit der Schwefelelektrode[127,128]. Bei Verwendung einer standardisierten Elektrode - worunter eine Elektrode mit gleichmäßig verteiltem Graphitfilz, ohne Kanäle oder Zusätze, verstanden werden soll - werden bei der Ladung mit mittleren Stromdichten (etwa 80 mA/cm^2) nur 40% Na_2S_3 in Schwefel übergeführt. Um die Wiederaufladbarkeit zu verbessern, wurden eine Reihe von Maßnahmen versucht:

a) Die Schaffung von Hohlräumen im Graphitfilz, insbesondere in der Nähe des Festelektrolyten, soll zu einem erhöhten Angebot von Natriumpentasulfid an der Oberfläche des Elektrolyten führen.

b) Um eine erhöhte Benetzbarkeit des Graphitfilzes durch die Polysulfidschmelze zu erzielen, wurde der Graphitfilz durch Kochen mit Salpetersäure oberflächlich oxidiert. Besonders günstig erwies sich eine Anordnung von abwechselnd oberflächlich oxidierten und nichtoxidierten Filzringen.

c) Die hohe Viskosität von flüssigem Schwefel wirkt sich zweifellos ungünstig auf die Geschwindigkeit der Elektrodenreaktionen aus. Durch den Zusatz von Selen (etwa 0,8 at%) oder Bortrisulfid (etwa 0,8 mol%) kann die Viskosität der Schmelze herabgesetzt und die Wiederaufladbarkeit erhöht werden.

d) Eine andere Möglichkeit, das Verhalten der Schwefelelektrode zu verbessern, besteht in einer Erhöhung der Auflösungsgeschwindigkeit von Schwefelschichten in der NaS_x-Schmelze. Durch den Zusatz von Tetracyanoäthylen

$(NC)_2 C=C(CN)_2$ (0,8 mol%) zur Schmelze konnte der Ah-Wirkungsgrad auf etwa 80% vergrößert und eine Abnahme des Innenwiderstandes erreicht werden. Die Wirkungsweise von Tetracyanoäthylen besteht offenbar in der Addition von Schwefelketten an die C=C-Doppelbildung[117,118].

Da die Lebensdauer der Zelle in entscheidendem Maße von dem eingesetzten Festelektrolyten abhängt, konzentrieren sich die Bemühungen vor allem auf eine Verbesserung der Eigenschaften der keramischen Materialien. Gewisse Fortschritte konnten durch ein Studium des Einflusses von Verunreinigungen (Ca und K in der Natriumelektrode und insbesondere Si und K in der Schwefelelektrode) und eine verschärfte Reinheitskontrolle erzielt werden. Neue Herstellungsverfahren, wie beispielsweise die thermische Sprühzersetzung[129], führen zu Produkten mit günstigerer Mikrostruktur und könnten damit zu einer Erhöhung der Lebensdauer des Festelektrolyten beitragen.

Als ein gegenüber den Schwefel- und Polysulfidschmelzen beständiges Behältermaterial hat sich bisher nur Graphit bewährt. Ferner wurden oxidbeschichtete Edelstähle, oxid- und sulfidbeschichtetes Titan oder Zirkon sowie verschiedene Titanate eingesetzt. Als eine erfolgversprechende Maßnahme könnte auch eine gewisse Absenkung der Betriebstemperatur angesehen werden. Am wenigsten ist bisher eine Annäherung an eine praktisch brauchbare Lösung bei den Zellverschlüssen und Dichtungen gelungen.

Im Hinblick auf eine Kostensenkung ist aus verfahrenstechnischer Sicht eine Standardisierung der Ausgangsmaterialien und der einzelnen Verfahrensschritte bei der Herstellung der keramischen Massen anzustreben, um auch in einer Massenerzeugung ausreichende Reproduzierbarkeit im Bereich optimaler Eigenschaften zu ermöglichen. Durch derartige Maßnahmen sollten die bisher untragbar hohen Gesamtkosten, die pro kWh gespeicherter Energie bei der Herstellung des Speicheraggregates aufgewendet werden müssen, herabgesetzt werden.

Ein weiterer Weg zur Kostensenkung muß in der Werkstoffentwicklung gefunden werden, indem billigere Materialien für Behälter und Stromableiter aufgefunden werden.

Die bisher publizierten Daten gestatten folgende Angaben über den gegenwärtigen Stand der Forschung und Entwicklung:

Praktisch erzielbare Energiedichte: 100 Wh/kg

Leistungsdichte (Spitze): > 100 W/kg

Lebensdauer etwa 200 Zyklen.

In einzelnen Versuchsreihen wurden bereits wesentlich höhere Zyklenzahlen erreicht.

Projektierte Daten nach einem Entwicklungszeitraum von mehr als fünf Jahren:

Praktische Energiedichte: bis 170 Wh/kg

Leistungsdichte (Spitze): bis 200 W/kg, Dauerleistungen bis 100 W/kg

Lebensdauer: mehr als 1000 Zyklen.

Weiters wird besonders eine drastische Senkung des gegenwärtigen Kostenaufwandes um einen Faktor 50 für denkbar gehalten.

2.3 Die Lithium-Aluminium/Eisensulfid (FeS$_x$, x = 1 oder 2)-Zelle[111,130-132]

Die Li-Al/FeS$_x$-Zelle stellt das zweite Hochtemperatursystem dar, dessen Entwicklung insbesondere in den USA (Argonne National Laboratory (Elektrotraktion), Rockwell International (Spitzenlastausgleich)) vorangetrieben wird.

Eine im Jahre 1969 veröffentlichte Studie[123] über eine Li/S-Zelle, in der als Elektroden Lithium und Schwefel in flüssiger Form und ein eutektisches Gemisch von LiCl und KCl als Elektrolyt verwendet wurde, zeigte, daß dieses System zwar kurzfristig gute Eigenschaften, jedoch nur eine außerordentlich kurze Lebenszeit aufweist. Ursachen hierfür sind der hohe Schwefeldampfdruck bei der Betriebstemperatur von 400°C, die Löslichkeit der entstehenden Polysulfide im Elektrolyten sowie die durch den Behälter für das flüssige Lithium verursachten Schwierigkeiten. Im Jahre 1973 erkannte man, daß die genannten Probleme durch die Verwendung von festen Lithium-Aluminium-Legierungen und Eisensulfiden als Elektrodenmaterialien an Stelle der flüssigen Elemente vermieden werden können. Diese Entwicklung führte zur Konstruktion einer Li-Al/FeS$_x$-Zelle, die im Prinzip folgenden Aufbau besitzt: Als Anode kommt eine Lithium-Aluminium-Legierung (etwa 50 at% Li) zum Einsatz. Das Kathodenmaterial besteht aus FeS$_2$ oder FeS oder einer Mischung der beiden Sulfide. Als schmelzflüssiger Elektrolyt dient eine eutektische Mischung von LiCl und KCl (41,5 mol% KCl) mit einem Schmelzpunkt von 352°C. Dieser Elektrolyt besitzt ein niedriges spezifisches Gewicht (1,647 g/cm^3 bei 450°C), eine hohe Zersetzungsspannung (über 3,4 V) und ist billig. Als Separator von Anode und Kathode dient ein mit dem Elektrolyten getränktes Bornitrid (BN)- oder Zirkondioxid (ZrO$_2$)-Gewebe.

Die Gesamtzellreaktion wird durch die Gleichung

$$4Li + FeS_2 \underset{L}{\overset{E}{\rightleftarrows}} 2Li_2S + Fe \tag{2.4}$$

bzw.

$$2Li + FeS \underset{L}{\overset{E}{\rightleftarrows}} Li_2S + Fe \tag{2.5}$$

beschrieben.

Die anodische Elektrodenreaktion besteht in beiden Fällen in dem Übergang von Lithium in Lithiumionen:

$$Li \underset{L}{\overset{E}{\rightleftarrows}} Li^+ + e^-. \tag{2.6}$$

Die an der Kathode ablaufende Reaktion ist

$$4Li^+ + 4e^- + FeS_2 \underset{L}{\overset{E}{\rightleftarrows}} 2Li_2S + Fe \qquad (2.7)$$

bzw.

$$2Li^+ + 2e^- + FeS \underset{L}{\overset{E}{\rightleftarrows}} Li_2S + Fe. \qquad (2.8)$$

Die beim Entladungsvorgang durch die anodische Oxidation von Lithium entstehenden Lithiumionen wandern durch den schmelzflüssigen Elektrolyten und reagieren an der Kathode unter Elektronenaufnahme mit dem entsprechenden Eisensulfid unter Bildung von Li_2S und Fe. Bei der Ladung laufen die Vorgänge in umgekehrter Richtung ab. Dabei soll die Entstehung von flüssigem Lithium wegen dessen hoher Korrosivität vermieden werden. Aus verschiedenen Gründen hat es sich als günstig erwiesen, bei der Herstellung der Zellen die aktiven Massen in entladenem Zustand einzusetzen (vgl. Kap. IV.2). Der Schmelzpunkt des Elektrolyten ($352^\circ C$) erfordert Betriebstemperaturen von $400 - 450^\circ C$. Die Ruhespannung der Zelle beträgt bei Verwendung von FeS_2 als Kathodenmaterial 2,03 V, bei Verwendung von FeS nur 1,62 V.

Die Zellspannung sinkt jedoch mit der entnommenen Strommenge zunächst rasch ab, wie aus den Zellspannung-Kapazitätskurven zu ersehen ist (Abb. 23).

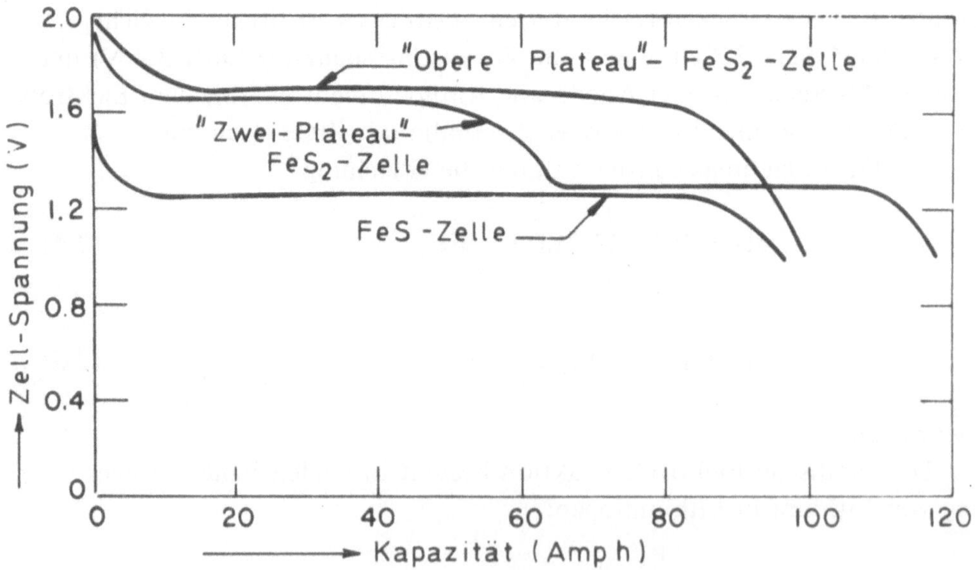

Abb. 23: Entladekurven von Li-Al/FeS$_x$-Hochtemperaturzellen. Nach Walsh und Shimotake[134].

Drei Typen von Li-Al/FeS$_x$-Zellen[134], die als FeS-, FeS$_2$-,,obere Plateau"- und ,,Zweiplateau-Zellen" bezeichnet werden, wurden entwickelt. In der ,,obere Plateau"-FeS$_2$-Zelle wird nur der Übergang FeS$_2$ → FeS elektrochemisch genützt, während in der ,,Zweiplateau-Zelle" FeS$_2$ in zwei Stufen zu Fe reduziert wird. Die ,,obere Plateau"-Zelle weist eine von der entnommenen Strommenge weitgehend unabhängige Zellspannung auf; eine Eigenschaft, die im Hinblick auf die Elektrotraktion besonders erwünscht ist. Die mittleren Gleichgewichtspotentiale für die drei Zelltypen betragen 1,34 V (FeS), 1,49 V (,,Zweiplateau" FeS$_2$) und 1,65 V (,,obere Plateau" FeS$_2$).

Die auf Grund dieser Zellspannungen berechneten theoretischen Energiedichten sind: 460 Wh/kg (FeS), 622 Wh/kg (,,Zweiplateau" FeS$_2$) und 470 Wh/kg (,,obere Plateau" FeS$_2$).

Aufbau der Zelle, Art und Zusammensetzung der verschiedenen Materialien sowie Herstellungsmethoden für Elektroden und Separatoren befinden sich noch im Stadium der Entwicklung und Erprobung und werden in verschiedener Weise variiert, um optimale Resultate zu erzielen[134,135]. Im Rahmen dieser Abhandlung wird in Kap. IV.2 ein Überblick über die vielfältigen Versuche und Richtungen der Arbeiten gegeben.

Die Lithium-Aluminium-Elektrode*

Die negative Elektrode besteht aus einer Lithium-Aluminium-Legierung (meist etwa 50 at% Li) mit poröser Struktur. Verschiedene Methoden zur Herstellung der Lithium-Aluminium-Elektroden werden getestet.

Als Stromableiter dienen Eisen oder Stahl. Als Behältermaterial wird kohlenstoffarmer Stahl, Nickel oder rostfreier Stahl herangezogen, obwohl über die Entstehung von Eisen-Aluminium-Legierungen (FeAl$_2$) insbesondere bei höheren Temperaturen und zu Ende des Entladungsvorganges berichtet worden ist. Für die beobachtete Abnahme der Speicherkapazität bei längerem Betrieb wird eine ungleichmäßige Verteilung von Lithium in der Elektrode verantwortlich gemacht.

Eisensulfidelektroden

Es gelangen sowohl FeS$_2$- als auch FeS-Elektroden zum Einsatz. Obwohl FeS$_2$-Elektroden zu einer um etwa 35% höheren theoretischen Energiedichte führen als FeS-Elektroden, könnten sich wegen der Verwendbarkeit von Eisen als Stromableiter von ausreichender Korrosionsstabilität letztere als billiger erweisen. Wegen der relativ geringen Leitfähigkeit der Eisensulfide müssen diese in ausreichendem Kontakt mit Stromableitern stehen. Wegen der höheren Reaktivität erwies sich im Fall von FeS$_2$ nur Molybdän als geeignetes Material für die Stromableitungen. Durch den Zusatz von Kobaltsulfid[125] zu FeS$_2$ konnte eine Verbesserung der elektrischen Leitfähigkeit und somit eine Ver-

---

* Siehe auch Kapitel IV.

ringerung des Materialeinsatzes für die Molybdän-Stromableiter erreicht werden. Ein Nachteil der FeS-Elektroden ist deren bedeutende Volumenzunahme bei der Entladung, die auf eine Wechselwirkung mit Kalium aus dem LiCl-KCl-Elektrolyten zurückgeführt wird. Neuere Versuche deuten darauf hin, daß diese Wechselwirkung durch den Zusatz von Cu_2S zum FeS herabgesetzt werden kann[135]. Eine andere Möglichkeit, diesen unerwünschten Effekt zu verringern, besteht in dem bereits erwähnten Zusammenbau der Zelle in entladenem Zustand[136].

Separatoren

Der Separator, dessen Aufgabe die Verhinderung des direkten elektrischen Kontaktes zwischen den beiden Elektroden darstellt, muß eine genügend hohe Ionenleitfähigkeit erlauben, er soll korrosionsbeständig und möglichst dünn sein, damit der Elektrodenabstand klein gehalten werden kann. Um diesen Anforderungen zu genügen, verwendet man papier- oder filzartige Separatoren aus Bornitrid, Zirkondioxid oder Yttriumoxid. Da aber die Fasern aus diesen Materialien keine guten Papierbildner sind, ist der Zusatz von Bindemitteln erforderlich. Die ursprünglichen Versuche mit organischen (Resole, Harze, Latex u. dgl.) und anorganischen (SiO_2, Al_2O_3) Bindern lieferten keine befriedigenden Resultate. Neuerdings verwendet man BN-Papier mit einem BN-Binder, der in situ durch Nitridierung von B_2O_3 hergestellt wird, oder Y_2O_3-Filze, die durch Imprägnieren von faserförmigem Y_2O_3 mit YCl_3 und nachfolgender Pyrolyse und Oxidation gewonnen werden. Eine weitere Möglichkeit stellt die Entwicklung von Separatoren auf Basis von Composites dar. Man geht wiederum von BN-Fasern aus und füllt sie mit keramischen Pulvern wie BN, MgO, $LiAlO_2$ unter Zusatz einer kleinen Menge von Asbestfasern als Bindemittel. Andere, nach dem gleichen Prinzip hergestellte Separatoren bestehen aus einer Kombination von Y_2O_3 oder AlN als keramische Pulver[131]. Ferner werden auch Separatoren aus MgO untersucht, die den Vorzug der Billigkeit hätten.

Zellaufbau

Bisher wurden sowohl zylindrische Zellen mit horizontal angeordneten Elektroden als auch prismatische Zellen mit senkrecht stehenden Elektroden entwickelt[134,135] (Abb. 24). Letztere besitzen den Vorteil, daß sie direkt zu kompakten Batterieanordnungen zusammengefaßt werden können. In verschiedenen Typen befindet sich die Eisensulfid-Elektrode in der Mitte zwischen zwei Lithium-Aluminium-Elektroden. Diese Zellanordnung erlaubt die Verwendung billiger Metalle wie Eisen oder Stahl als Behältermaterial. Die Erzielung einer gleichmäßigen Ladungsverteilung der zentralen Eisensulfidelektrode zu den beiden Gegenelektroden erfordert jedoch eine ausgereifte Technologie der Elektrodenherstellung. Besondere Beachtung muß ferner den elektrischen Durchführungen (feed through) und den isolierenden keramischen Dichtungen geschenkt werden.

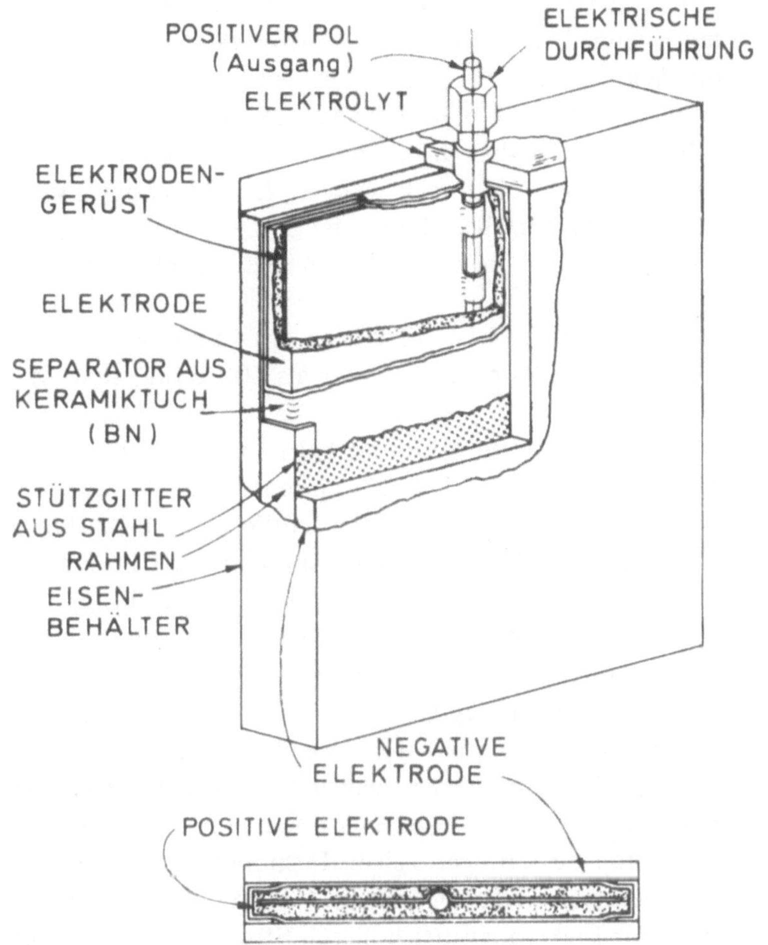

Abb. 24: Prototyp einer prismatischen Li-Al/FeS$_x$-Hochtemperaturzelle.
Nach Walsh und Shimotake[134].

Eines der Hauptprobleme der Lithium-Aluminium/FeS$_x$-Zellen aus technologischer und kostenmäßiger Sicht stellt die bisher noch unzureichend gelöste Frage der Stromableiter in den FeS$_2$-Elektroden sowie die Entwicklung geeigneter Separatoren dar. Schwierigkeiten bereiten ferner die Volumenzunahme der FeS-Elektroden sowie das Auftreten von Schwefel beim Überladen.

Der bestehende Vorrat an Lithium, der speziell in den USA für eine Massenproduktion derartiger Speicherelemente als ausreichend angesehen wird, sollte eine größenordnungsmäßige Senkung des Preises für das Anodenmaterial erlauben.

2.3.1 Entwicklungsstand und Abschätzung der erzielbaren Kenndaten

Der gegenwärtige Entwicklungsstand ist durch folgende Daten gekennzeichnet: Es konnten Energiedichten von 100 - 110 Wh/kg und Leistungsdichten bis 120 W/kg bei Zyklenzahlen bis 500 erzielt werden.

In einigen Testfällen konnten bereits Lebenszeiten von 1000 Zyklen erreicht werden. Zur Zeit wird offenbar die Lebensdauer durch die Lithium-Aluminium-Elektrode begrenzt, wobei nach weiterer Erhöhung der Zyklenzahl die Elektrodenoberfläche zum Zerfall in Pulver neigt. Durch Zusätze geringer Mengen von Metallen wie In oder Sn versucht man diese Erscheinung zu unterdrücken[132].

Die projektierten Werte liegen bei 150 Wh/kg mit Leistungsspitzen von 300 W/kg (Dauerleistung bis zu Werten von mehr als 100 W/kg) und Zyklenzahlen von 1000.

Für eine Produktion der Lithium-Aluminium/Eisensulfid-Zellen im großen Maßstab wird jedoch nicht zuletzt die Tatsache mitentscheidend sein, ob es innerhalb der nächsten Jahre gelingt, die außerordentlich hohen Kosten dieses Batterietyps auf ein erträgliches Maß zu senken. Zur Zeit läuft in den USA ein intensives, mehrere batterieerzeugende Firmen umfassendes Programm ab, das die Entwicklung industrieller Produktionsmethoden für Lithium-Aluminium/Eisensulfid-Batterien zum Ziele hat[111]. Für Anfang 1979 ist die Erprobung solcher Batterien in Testfahrzeugen geplant.

Wie sehr sich die Entwicklungen auf diesem Gebiet noch in ihren Anfängen befinden, geht aus der Tatsache hervor, daß neben Li-Al noch eine Anzahl anderer Lithiumlegierungen wie Li-Si, Li-Al-Si, Li-Al-B, Li-Al-Zn u.a. getestet werden. Von den genannten Legierungen zeigen Lithium-Silizium-Legierungen gute Eigenschaften bei geringen Stromdichten ($< 0,06$ A/cm^2). Wenn es gelänge, das Verhalten dieser Elektroden bei höheren Stromdichten zu verbessern, so könnte Li-Si ein alternatives negatives Elektrodenmaterial darstellen. Ferner werden Zellen mit Ca-Al, Ca-Mg als negative Massen und der Einsatz von AlN als Separatormaterial erprobt.

3. Zwitterbatterien (Metall-Luft-Zellen)[137-144]

Zwitterbatterien stellen laut Definition eine Kombination des negativen Pols eines Akkumulators mit einer kontinuierlich betriebenen Kathode, der Sauerstoff- oder Luftelektrode einer Brennstoffzelle dar (Abb. 25). Die Entwicklung dieses wiederaufladbaren Elementtyps hat daher aus der weit fortgeschrittenen Brennstoffzellentechnologie wesentlichen Nutzen gezogen. Der prinzipielle Vorteil dieser Anordnung ergibt sich unmittelbar aus der Tatsache, daß die Kapazität der Luftelektrode unbegrenzt ist, da der Reaktand für die kathodische Elektrodenreaktion der Umgebung entnommen wird. Da die

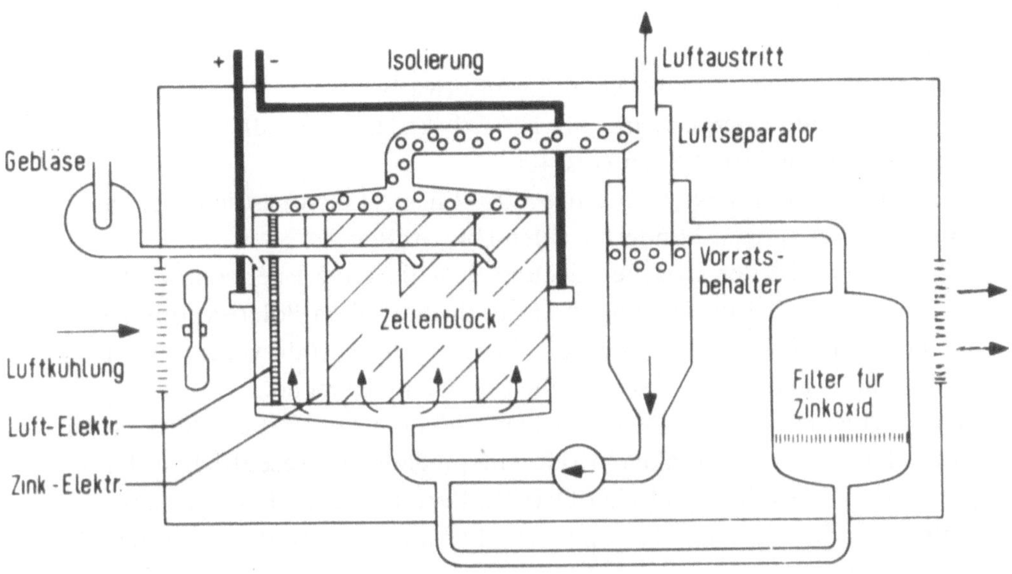

Abb. 25: Schematische Darstellung einer Zink/Luft-Batterie. Das bei der Entladung gebildete Zinkoxid wird durch die Elektrolytzirkulation aus der elektrochemischen Zelle entfernt und abfiltriert. Wahrend des Ladeprozesses wird Zinkoxid durch den Elektrolyten in die Zelle zuruckgefuhrt und zu Zink reduziert. Nach v. Sturm[137].

Sauerstoffelektrode bisher nur in alkalischem Medium mit ausreichender Reaktionsgeschwindigkeit und Lebensdauer realisiert werden konnte, beschränken sich die für die Elektrotraktion bedeutsamen Systeme auf solche mit Eisen und Zink als Anodenmaterial. Charakteristisch für diese Systeme ist, daß beim Ladevorgang der anodische Prozeß in der Entwicklung von Sauerstoff besteht, der aus der Zelle abgeblasen werden muß. (In sauren Elektrolyten liegt die Polarisation besonders hoch, außerdem weisen nur sehr wenige Elektrodenmaterialien ausreichende Beständigkeit auf.)

Als Beispiel sei auf eine Zink/Luft-Batterie hingewiesen, die röhrenförmige Luftelektroden besitzt, durch die der Elektrolyt hindurchgepumpt wird. Der Elektrolyt enthält aufgeschlämmtes Zinkpulver, das am Stromableiter an der Innenwand des Zellrohres zu Zinkat oxidiert wird. In einem getrennten System wird Zink aus der Zinkatlösung wieder abgeschieden.

Die Zellreaktionen lassen sich folgendermaßen darstellen:

$$2Fe + O_2 + 2H_2O \underset{L}{\overset{E}{\rightleftarrows}} 2Fe(OH)_2 , \qquad E^0 = 1,28\ V , \qquad (3.1)$$

$$2Zn + O_2 + 2H_2O \underset{L}{\overset{E}{\rightleftarrows}} 2Zn(OH)_2 \, , \qquad E^0 = 1{,}65 \text{ V} . \qquad (3.2)$$

Die theoretischen Energiedichten betragen:

Zink/Luft: 888 Wh/kg

Eisen/Luft: 762 Wh/kg.

Die bisher verwirklichten Daten liegen etwa bei:

Zink/Luft-Element: Energiedichte bis 120 Wh/kg, Leistungsdichte bis 80 W/kg
bei einigen hundert Zyklen (bis 400).

Eisen/Luft-Element: Energiedichte etwa 90 Wh/kg, Leistungsdichte etwa
40 W/kg bei einigen hundert Zyklen (bis 500).

Besonders niedrig ist der zwischen 25 und 35% liegende Energienutzeffekt. Die
Verluste werden dabei im wesentlichen durch die hohen Polarisationserschei-
nungen (Durchtrittspolarisation) an der Sauerstoffelektrode verursacht. Die
gleichen Gründe sind für die kurze Lebensdauer maßgebend.

Die Probleme und ungelösten Fragen wie auch die Verbesserungsmöglichkeiten an der Eisen- und Zinkelektrode entsprechen im wesentlichen den am
Beispiel der NiO(OH)/Fe- und NiO(OH)/Zn-Batterie behandelten Punkten.
(Allerdings werden im Falle des Zinks Hochleistungselektroden erforderlich
sein.)

3.1 Ungelöste Fragen, Verbesserungsmöglichkeiten und Abschätzung der erreichbaren Kenndaten

Während die theoretischen Daten die besondere Eignung für den Fahrzeugbetrieb wegen der hohen Energiedichte unterstreichen, überwiegen die
Hindernisse, die der Realisierung der Zielvorstellungen im Wege stehen, noch
bei weitem. Die Sauerstoff- bzw. Luftelektrode stellt in mehrfacher Hinsicht
den begrenzenden Faktor dar und zwar insbesondere:

1. Bestehen hohe Reaktionshemmungen bei der kathodischen Sauerstoffreduktion, d.h. bei der Entladung,
2. tritt bei der Ladung des Elementes eine noch höhere Polarisation und damit
   verbunden ein bedeutender korrosiver Angriff auf die katalytisch aktiven
   Materialien und sonstigen Werkstoffe auf.

Beide Faktoren bedingen eine Herabsetzung der entnehmbaren Leistung, des
Energienutzeffektes; der zweite Faktor insbesondere auch eine Reduzierung
der Lebensdauer. Ferner ist der Großteil der Wärmeproduktion in der Zelle,
vor allem beim Ladevorgang, auf die hohe Polarisation an der Sauerstoffelektrode zurückzuführen. Dadurch wird die Beherrschung des Wärmehaushaltes
bei diesem System erschwert.

Der Betrieb der Kathode mit Luft ergibt infolge der Reaktion des alkalischen Elektrolyten mit CO_2 und der Anreicherung von Inertgas (Stickstoff)

in wirksamen Reaktionszonen (Poren) der Elektrode Probleme (Diffusionspolarisation).

ad 1.   Der Mechanismus und die Möglichkeiten der Beschleunigung der geschwindigkeitsbestimmenden Vorgänge der betreffenden Elektrodenreaktionen wurden im Kapitel II.3 ausführlich besprochen. Der Einsatz von reinem Sauerstoff an Stelle von Luft beseitigt das Problem der Reinigung des Reaktionsgases von Kohlendioxid und erhöht außerdem die Reaktionsgeschwindigkeit an der Elektrode in beträchtlichem Maße. Allerdings ist in diesem Falle eine zusätzliche Speicherung von Sauerstoff erforderlich.
Ein weiterer Weg zur Steigerung der Belastbarkeit, d.h. Erzielung höherer Leistungen besteht in der Optimierung der Elektrodenstruktur, d.h. in der Erhöhung der elektrochemisch wirksamen Elektrodenoberfläche. Dies gelingt durch Entwicklung von Elektroden mit poröser Struktur. (Herabsetzung der tatsächlichen, auf die wahre Oberfläche bezogenen Stromdichten.)
ad 2.   Besonders gravierende Probleme treten bei der Ladung von Zwitterbatterien auf. Einerseits liegt die anodische Überspannung der Sauerstoffentwicklung noch beträchtlich höher als diejenige der kathodischen Sauerstoffreduktion, andererseits tritt infolge der stark positiven Potentiale Korrosion vieler Elektroden- und Trägermaterialien auf. Es kommt zur Desaktivierung der Katalysatoren (Metallauflösung oder Bildung von Oxidschichten) und zu hoher mechanischer Beanspruchung durch Erosion wegen der kräftigen Gasentwicklung. Ein Weg zur Bewältigung dieser Schwierigkeiten besteht in der Einführung von Hilfselektroden, über die der Ladestrom geschickt wird. Der schwerwiegende Nachteil dieser Methode liegt neben der gesteigerten Kompliziertheit der Anordnung (zusätzliche Separatoren, erhöhter Gewichts- und Volumenbedarf bei der Notwendigkeit der Einführung zahlreicher aufwendiger Schalteinheiten beim Übergang vom Entlade- zum Ladebetrieb). Eine andere Entwicklung führte zum Einsatz biporöser Elektroden, wobei die elektrolytseitige, feinporige Schicht mit einem Katalysator für die Sauerstoffentwicklung versehen ist (z.B. eine poröse Nickel-Sinterschicht). Bei der Ladung wird der Elektrolyt durch die Gasentwicklung aus der für die Sauerstoffreduktion wirksamen grobporigen Arbeitsschicht gedrückt und der dort befindliche Elektrokatalysator geschont[145,146] (Abb. 26). Der am besten geeignete Weg zur Beseitigung der Schwierigkeiten einer wechselweise belastbaren Sauerstoffelektrode wäre allerdings die Auffindung aktiver und stabiler Katalysatoren, durch welche die Hemmungen der Elektrodenreaktionen wesentlich herabgesetzt werden könnten. Eine Abschätzung der zukünftig erzielbaren Werte für Energiedichte, Leistungsdichte, Energienutzeffekt und Lebensdauer läßt sich infolge der Komplexheit der elektrodenkinetischen und technologischen Probleme beider Elektroden besonders schwer durchführen. Während der erforderliche Energieinhalt für Traktions-

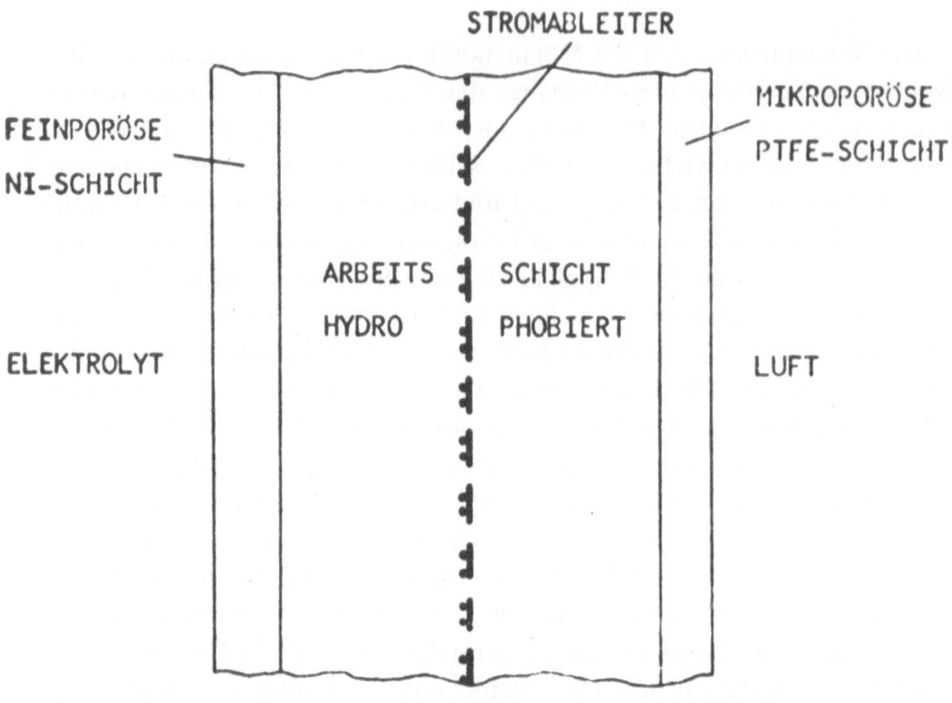

Abb. 26: Umpolbare Dreischicht-Luftelektrode (SIEMENS).
Nach Cnobloch et al.[145]

zwecke sicherlich in ausreichendem, die Energiedichte herkömmlicher
Systeme möglicherweise übersteigendem Maße realisiert werden kann, muß
die Beantwortung der Fragen nach der erforderlichen Leistungsdichte, der
Lebensdauer und dem Nutzeffekt hauptsächlich infolge entscheidender
Mängel an der Sauerstoffseite offen bleiben. Nach der Ansicht mancher
Autoren hat der Einsatz des Zink/Luft-Elementes als Traktionsbatterie nur
geringe Aussichten[97]. Die Verhältnisse liegen bei der Eisen/Luft-Zelle etwas
günstiger, da in diesem Fall von vornherein bescheidenere Ansprüche an die
Kenndaten gestellt wurden. Gute Voraussetzungen besitzen Metall/Luft-
Batterien bei einer Verwendung im Hybridbetrieb mit Sekundärbatterien
von hoher Leistungsdichte.
Projektierte Daten:
Eisen/Luft-Element: 90 - 100 Wh/kg, etwa 80 W/kg, Lebensdauer über 1000
                    Zyklen.
Zink/Luft-Element: 120 - 150 Wh/kg, 100 - 150 W/kg, Lebensdauer über
                    500 Zyklen.
Eine Steigerung des Energienutzeffektes bis zu 50% wäre denkbar.

Die erforderliche Entwicklungsdauer (5 - 10 Jahre) läßt Zwitterbatterien in mittel- und langfristige Programme einordnen.

4. Brennstoffzellen und Hybridaggregate[34,147-153]

4.1 Brennstoffzellen

Brennstoffzellen sind nur bedingt den Sekundärelementen zuzuordnen, da sie im Normalfall nicht durch Umkehrung der äußeren Stromrichtung geladen, sondern solange betrieben werden können, wie Brennstoff (anodischer Reaktand) und Oxidationsmittel (kathodischer Reaktand) vorhanden sind. Die Brennstoffelemente haben innerhalb der letzten beiden Jahrzehnte eine enorme Breitenentwicklung erfahren. Wegen der Vielzahl der existierenden Typen wird nur eine knappe Darstellung solcher Konzeptionen gegeben, die für Traktionszwecke von Interesse sind. Die besonderen Vorteile einer Brennstoffzelle für Traktionszwecke bestehen darin, daß die elektrische Energie mit hohem Wirkungsgrad direkt im Fahrzeug erzeugt wird. Im Gegensatz zu Speicherelementen ergibt sich dadurch eine weitgehende Unabhängigkeit von dem elektrischen Energieversorgungssystem.

Als Brennstoffe kommen Wasserstoff, Kohlenwasserstoffe (Erdgas, Benzin), Alkohole (Methanol), Hydrazin und Ammoniak in Frage. Als Oxidationsmittel wird meistens Luft bzw. Sauerstoff eingesetzt (eine Ausnahme bildet z.B. Wasserstoffperoxid). Den höchsten Entwicklungsstand haben die Niedertemperaturzellen (bis 180°C) erreicht, wobei unter diesen das Knallgaselement mit alkalischen Elektrolyten mit den besten Kennwerten an der Spitze liegt.

Beispiel Knallgaselement:
Gesamtzellreaktion bei 25°C:

$$2H_2 + O_2 \rightarrow 2H_2O_{flussig}. \tag{4.1}$$

Die theoretische Zellspannung beträgt 1,23 V. Die Reaktionen an der Sauerstoff- und Wasserstoffelektrode wurden in Kapitel II.3 besprochen (Abb. 27).

Der Wasserstoff beansprucht insbesondere wegen seiner hohen Reaktionsfähigkeit als Brennstoff Interesse. Die Technik der Herstellung hochbelastbarer Elektroden wird in ausreichendem Maße beherrscht (siehe Kap. IV.2). Die Schwierigkeiten hinsichtlich der Technologie und des zusätzlichen Energie- und Kostenaufwandes liegen in der Speicherung von Wasserstoff (gasförmig in Druckflaschen, flüssig in Spezialbehältern mit hoher Wärmeisolation oder in fester Form als Metallhydride); ferner in der Erzielung der erforderlichen Reinheit, da die Mehrzahl der eingesetzten Elektrokatalysatoren gegen Vergiftung anfällig ist.

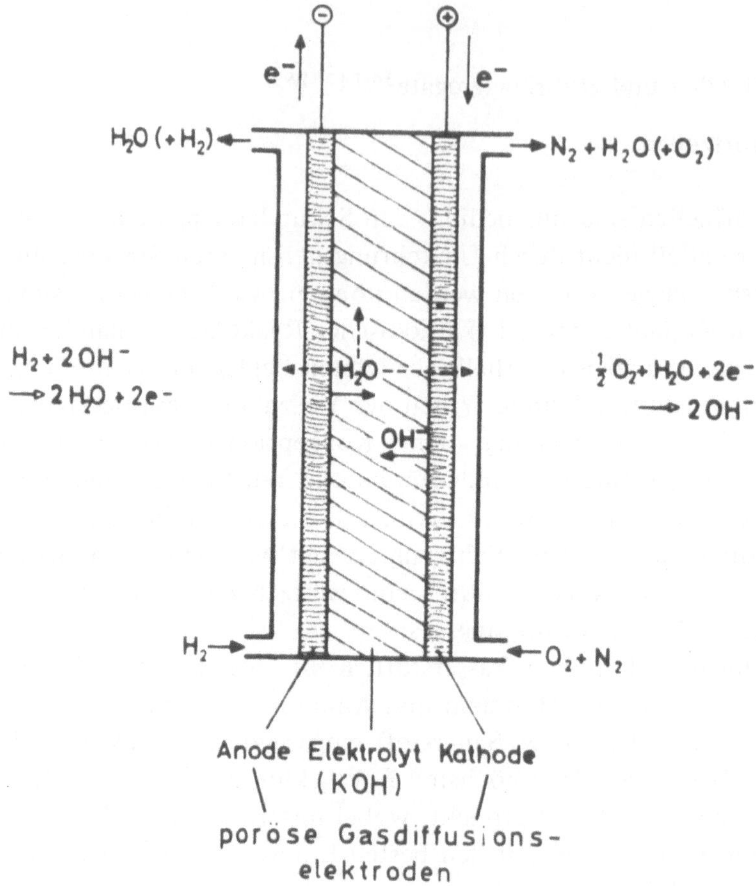

Abb. 27: Schematische Darstellung einer Brennstoffzelle mit alkalischem Elektrolyten. Nach Sandstede[154].

Die direkte Umsetzung von Brennstoffen auf Kohlenwasserstoffbasis ist im Niedertemperaturbereich mit großen Schwierigkeiten verbunden und konnte bisher wegen der zu geringen Aktivität der bekannten Elektrokatalysatoren (vorwiegend Platinmetalle) noch nicht zufriedenstellend gelöst werden. Die Elektrodenreaktionen bei der direkten Oxidation von Kohlenwasserstoffen (oder auch Ammoniak) unterliegen starken kinetischen Hemmungen und sind durch äußerst komplizierten Ablauf charakterisiert. Die hohe Zahl der ausgetauschten Elektronen bedingt das Auftreten zahlreicher, an der Elektrode adsorbierter Zwischenprodukte, die eine rasche und vollständige Reaktion zu CO_2 und H_2O behindern. Als Beispiel sei die anodische Oxidation von Äthan (C_2H_6) angeführt:

$$C_2H_6 + 4H_2O \rightarrow 2CO_2 + 14H^+ + 14e^-. \qquad (4.2)$$

Die Aufklärung der Mechanismen und der Kinetik dieser Prozesse - besonders die Erfassung der einzelnen Zwischenstufen - ist bisher nur mangelhaft gelungen.

Außerdem führt der direkte Einsatz von Brennstoffen, die bei ihrer Oxidation CO_2 liefern, zum Verbrauch alkalischer Elektrolyte (Karbonatbildung).

Für den praktischen Betrieb ist primär eine katalytische Spaltung (Dampfreformierung, Konvertierung, Crackung oder partielle Oxidation) der kohlenstoffhältigen Brennstoffe erforderlich (Abb. 28).

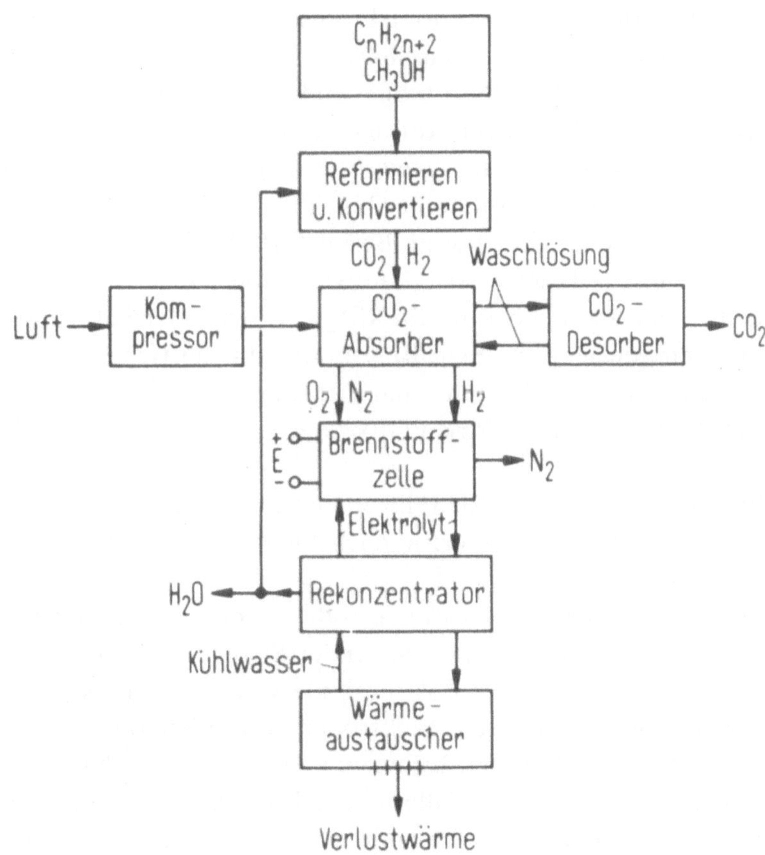

Abb. 28: Blockschema der Prozeßschritte für Niedertemperatur-Brennstoffzellen-Anlagen mit alkalischen Elektrolyten, nach Winsel[152].

Kohlenwasserstoffe werden mit Dampf bei etwa 800°C katalytisch umgesetzt. Das entstehende Reaktionsgas enthält etwa 45% Wasserstoff, der Rest besteht aus CO, CO_2 und Wasserdampf. Anschließend werden CO und CO_2 weitgehend aus dem Brennstoffgemisch entfernt. Diese Reinigungsprozesse könnten durch Verwendung saurer Elektrolyte (Schwefel- oder Phosphorsäure) teilweise umgangen werden. Allerdings erfordert die Vergiftungsanfälligkeit der Platinkatalysatoren die weitgehende Entfernung von Kohlenmonoxid.

Der intensive korrosive Angriff auf die Elektrodenmaterialien und Katalysatoren hat bisher einen praktischen Erfolg von Zellen mit sauren Elektrolyten für Traktionszwecke verhindert.

Methanol kann bereits ab etwa 150°C reformiert werden. Die Spaltung von Ammoniak erfolgt bei Temperaturen um 400°C; überschussiges Ammoniak muß aus dem Wasserstoff-Stickstoffgemisch vor dem Einsatz in der Zelle entfernt werden. Die eingesetzten Brennstoffe können daher im wesentlichen als Wasserstoffträger aufgefaßt werden. Aus dieser Sicht besitzt das mit geringem Energieaufwand verflüssigbare Ammoniak hinsichtlich der volumenbezogenen Energiedichte sehr vorteilhafte Eigenschaften.

Die Durchführung solcher Spaltungs- und Konvertierungsprozesse erfordert die Verwendung aufwendiger Hilfsaggregate, die den Aufbau der Anlage komplizieren, ihren Wirkungsgrad sowie die Energie- und Leistungsdichte herabsetzen und den Raumbedarf erhöhen (Abb. 29).

Eine Ausnahme stellt der flüssige Brennstoff Hydrazin dar, der nahezu ideale elektrochemische Eigenschaften aufweist und mit ausreichender Geschwindigkeit direkt an Nickeldiborid (NiB_2)-, Eisen- oder Palladiumkatalysatoren elektrochemisch reagiert. Sein Einsatz erlaubt die Herstellung sehr kompakter Batterien von hoher Energie- und Leistungsdichte (bis 500 W/kg). Der hohe Preis des Hydrazins und dessen Giftigkeit stehen dem praktischen Erfolg jedoch im Wege.

Der Einsatz von Methanol als billiger und reaktiver Brennstoff, im Elektrolyten gelöst, konnte ebenfalls erfolgreich für stationäre Zwecke erprobt werden.

Die Vorgänge an der Sauerstoffelektrode wurden im Kapitel II.3 im einzelnen behandelt. Zur Erzielung ausreichender Stromdichten ist der Einsatz von Katalysatoren erforderlich, wobei besonders in sauren Elektrolyten Platinmetalle verwendet werden müssen. Elektroden von hoher Belastbarkeit und akzeptabler Lebensdauer konnten bisher nur für alkalische Elektrolyte entwickelt werden. Auch in diesem Falle ist der Hauptanteil an Spannungsverlusten auf die hohe Polarisation an der Kathode zurückzuführen (vgl. Abb. 29).

An Stelle von gasförmigem Sauerstoff bzw. Luft kann als Oxidationsmittel auch Wasserstoffperoxidlösung verwendet werden. Hierbei kann Wasserstoffperoxid als Sauerstoffträger direkt an der Elektrode umgesetzt oder in einem vorgeschalteten Wasserstoffperoxidzersetzer der Sauerstoff katalytisch abgespalten werden.

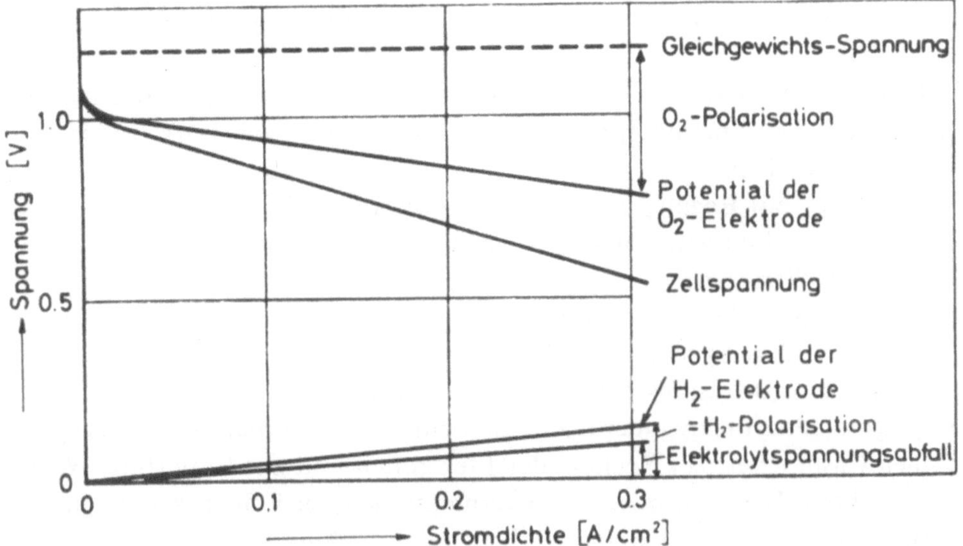

Abb. 29: Charakteristische Stromdichte-Spannungskurve bzw. Stromdichte-Potentialkurven einer Wasserstoff/Sauerstoff-Brennstoffzelle. Elektrolyt: 6 m KOH, T = 90°C. Nach Sandstede[154].

Als Elektrolyte haben sich in Niedertemperaturelementen KOH bzw. H_3PO_4 und H_2SO_4 im Konzentrationsbereich optimaler Leitfähigkeit durchgesetzt. Auch hochpolymere Kationentauschermembranen (Nafion) werden als Elektrolyte in sauren Brennstoffzellen als aussichtsreiche Neuentwicklung angesehen[155].

4.1.1 Elektroden

Die Umsetzung der in der Mehrzahl der Fälle gasförmigen Reaktanden erforderte die Entwicklung poröser Gasdiffusionselektroden. Sie stellen ein Kernstück der Brennstoffzelle dar. Infolge der Vielzahl der Konzeptionen ist innerhalb der beiden letzten Jahrzehnte eine umfangreiche Elektrodentechnologie entstanden, die zahlreiche hochspezialisierte Verfahren umfaßt. Die grundsätzlichen Gesichtspunkte über die Vorgänge in porösen Elektroden und die charakteristischen Herstellungsprozesse aus technologischer Sicht werden im Kapitel IV.2 behandelt.

4.1.2 Hilfsaggregate und zusätzliche Einrichtungen

a) Die Konvertierungs- (Reformier-) anlage: Sie verursacht einen bedeutenden zusätzlichen Material- und Energieaufwand und verschlechtert die Kennwerte der Batterie (insbesondere die Energiedichte und den Raumbedarf). Beim direkten Einsatz von Brennstoffen (H_2, Hydrazin) werden Vorratsbehälter notwendig.

b) Eine Gasreinigung (Druckwäscher usw.) wird im Anschluß an die beschriebenen thermischen Spaltungsprozesse und beim Einsatz von Luft an der Kathode erforderlich.

c) Pumpen dienen zur Regulierung des Elektrolytkreislaufes.

d) Wärmetauscher (Kühlsysteme) sorgen für die Abführung und Verwertung überschüssiger Wärme.

e) Die Notwendigkeit der Aufrechterhaltung der gewünschten Elektrolytkonzentration erfordert Systeme zur Abführung des gebildeten Reaktionswassers (Kondensatoren, Diffusionsspaltverdampfer, usw.).

f) Die Systeme der Druckregulierung dienen zur Aufrechterhaltung des erforderlichen Gasdruckes, zur Spülung der Elektroden und zur Entlüftung. Wird unter erhöhtem Druck gearbeitet, so vermehrt sich der konstruktions- und materialbedingte Aufwand weiter.

g) Schließlich sind Kontakt- und Leitungselemente für die Schaltung der Zellen zu Einheiten und Batterien, Behälter und äußere Ableitungen erforderlich.

h) Elektrische Kontroll- und Steuereinrichtungen für den automatisierten Betrieb, die Anzeige von Fehlern und Betriebsstörungen (Vermeidung von Verlusten an Reaktanden, Druckabfall, Leckströme, Kurzschlüsse, Überhitzungen usw.).

Damit weist das System eine Komplexheit auf, welche die der meisten anderen Speicheraggregate weit übertrifft. Die eigentliche Brennstoffzellenbatterie stellt somit einen oft gewichts- und volumenmäßig kleinen Teil der gesamten Anlage dar.

4.1.3 Offene Probleme der Brennstoffzellen als Systeme für die Elektrotraktion

Neben wirtschaftlichen Fragen bilden vor allem die niedrigen Leistungsdichten der Gesamtaggregate ein entscheidendes Hindernis für deren praktischen Einsatz als Brennstoffzellen in Elektrofahrzeugen. Im einzelnen spielen folgende Faktoren eine Rolle:

1. Bisher konnten keine billigen Nichtedelmetallkatalysatoren von ausreichender Aktivität und Beständigkeit sowohl für den Umsatz unreiner und reaktionsträger Brennstoffe als auch für die kathodische Sauerstoffreduktion gefunden werden. Die hohen Kosten und die begrenzte Verfügbarkeit von Platin als universell verwendbaren Elektrokatalysator wie auch verwandter Edelmetalle und deren Legierungen stehen einer Verbreitung von Brennstoff-

zellen als entscheidendes Hindernis im Wege.

2. Die hohe Polarisation (Reaktionshemmungen) an der Sauerstoffelektrode. Auch die Lösung dieser Frage kann in weitgehendem Maße nur durch entscheidende Fortschritte auf dem Gebiet der Elektrokatalyse erfolgen (siehe Abb. 30).

3. Die aufwendige und komplizierte Technologie zur Herstellung der Elektroden und anderer Zellkomponenten.

4. Der notwendige hohe Aufwand für Kontroll- und Steuerungssysteme und zusätzliche Einrichtungen.

4.1.4 Gegenwärtiger Stand der Brennstoffzellentechnik und Abschätzung der erreichbaren Kenndaten

Hinsichtlich der praktisch erzielbaren Energiedichte von Brennstoffzellen bestehen keine exakt definierbaren Grenzen. Sie hängt maßgeblich von dem mitgeführten Vorrat an Brennstoff (und Oxidationsmittel) ab und ermöglicht so die Erzielung hoher Reichweiten. Für Traktionszwecke kann dieser spezifische Vorteil der Brennstoffelemente nur bis zu einem bestimmten Optimalwert ausgenutzt werden, der durch das zulässige Gesamtgewicht (und Volumen) vorgegeben ist. Diese Daten werden durch ihre funktionelle Verknüpfung mit Parametern wie erforderliche Reichweite, mittlere Geschwindigkeit, Spitzengeschwindigkeit, gewünschte Nutzlast usw. bestimmt. Energieinhalte von einigen 100 Wh/kg liegen gegenwärtig durchaus im Bereich des Möglichen.

Für die Leistungsdichten bewegen sich die Angaben von 20 bis 50 W/kg. Die volumenspezifische Leistung liegt im Bereich von 10 - 20 l/kW, d.h. bei 50 - 100 W/l. Die Leistungsgrenzen variieren innerhalb eines weiten Bereiches, da die Vielzahl der Konzeptionen zu stark unterschiedlichen Konstruktionen und Bauweisen führte. In Einzelfällen wird über die Erzielung von Leistungskenndaten berichtet, die sich denen des Verbrennungskraftmotors - mit 2 bis 4 kg/kW und 2 l/kW - annähern. Solche Höchstwerte werden durch die Möglichkeit besonders kompakter Anordnung der Zelleinheiten bei Einsatz von Brennstoff- und Oxidationsmittel in flüssigem Zustand (z.B. Hydrazin und Wasserstoffperoxid) begünstigt.

Der effektive Wirkungsgrad beträgt bei Entnahme höherer Leistungen etwa 50%, der Gesamtwirkungsgrad liegt aber infolge des notwendigen Energieaufwandes für die Zusatzaggregate erheblich darunter.

Die Verbesserungsmöglichkeiten gehen aus der Darstellung der für diese Energiewandler charakteristischen Problematik hervor:

1. Senkung der Kosten durch

a) Herabsetzung der notwendigen Belegungsdichte der Elektroden mit teuren Edelmetallen (unter 1 mg/cm² geometrischer Elektrodenoberfläche; dies setzt die optimale Ausnutzung des Katalysators, d.h. die exakte Kenntnis der Lage der Reaktionszone in der Gasdiffusionselektrode und deren

Stabilisierung voraus) oder deren Ersatz durch billige Elektrokatalysatoren.
b) Rationalisierung der Verfahren zur Herstellung von Elektroden und Hilfsaggregaten (z.B. Massenproduktion billiger Sauerstoffelektroden).
2. Erhöhung der Lebensdauer und der Betriebssicherheit von Zellen mit hoher
Leistungsabgabe.
3. Steigerung der Leistung pro Gewichts- und Volumeinheit durch Fortschritte
auf dem Gebiet der Elektrodenkinetik, der Elektrodentechnologie und einer
Reduzierung des Material- und Energieaufwandes bei der Herstellung und
dem Betrieb zusätzlicher Anlagen und Kontrolleinrichtungen.
4. Lösung der Probleme bei der Speicherung von Wasserstoff.

Die hohen Kosten sowie der bisher nicht tragbare Gewichts- und Raumbedarf der komplizierten Anlagen wie auch die unzureichenden Spitzenleistungen haben den Einsatz von Brennstoffzellen als alleinige Energielieferanten für
Elektrofahrzeuge bisher verhindert. Relativ günstig liegen die Aussichten für
diese Betriebsweise bei großen Fahrzeugen wie z.B. Bussen. Im Hybridbetrieb
mit Sekundärbatterien bestehen dagegen bedeutend günstigere Voraussetzungen
für ihre erfolgreiche und vielfältige Verwendung im Bereich der Elektrotraktion
(siehe Kap. V.3.2).

4.1.5 Diskussion der Entwicklungsmöglichkeiten von Brennstoffzellen

Eine wichtige spezifische Ursache für die Überlegenheit der Brennstoffzellen gegenüber herkömmlichen Sekundärelementen beruht auf dem hohen,
nach oben hin theoretisch nicht begrenzbaren Energieinhalt. Während die
grundsätzliche Anordnung der eigentlichen elektrochemischen Brennstoffzelle
durch ihre Einfachheit besticht, übertrifft der Aufwand an zusätzlich notwendigen Aggregaten denjenigen echter Speicherbatterien wesentlich. Die Brennstoffzelle bietet aber im Gegensatz zu anderen Systemen noch einen sehr
weiten Spielraum für grundlegende Fortschritte und technische Weiterentwicklungen.

Dies betrifft die Elektrodenkinetik, die Elektrokatalyse und die Herstellung von Elektroden verbesserter Struktur und Reproduzierbarkeit sowie erhöhter Lebensdauer (Korrosions- und Materialforschung); ferner erscheint für
die erforderliche Kostensenkung und die Steigerung der Leistungsfähigkeit
eine weitere Verminderung des Gewichts- und Raumbedarfes von Elektroden,
Zellkomponenten und Hilfsaggregaten notwendig. Fortschritte in diesen Bereichen bringen eine Erhöhung des Gesamtwirkungsgrades mit sich. Die Verbesserung der Technologie der Herstellungsprozesse sowie deren Rationalisierung und Automatisierung schaffen günstigere wirtschaftliche Voraussetzungen.

Nach einer Periode einer gewissen Stagnation in der Entwicklung von
Brennstoffzellen für Traktionszwecke kann in jüngster Zeit eine Wiederbele-
bung des Interesses im Zusammenhang mit dem Einsatz von Hybridsystemen
in Elektrofahrzeugen beobachtet werden. Außerdem verstärken sich die Ten-

denzen für die Verwendung von Brennstoffzellenaggregaten als stationäre Kraftwerksanlagen.

Impulse für entscheidende Fortschritte zur technisch und wirtschaftlich lebensfähigen Traktionsbatterie auf Brennstoffzellenbasis müssen von dem Gebiet der Elektrokatalyse ausgehen.

Vorteilhaft wurden sich ferner das Wegfallen der Ladeeinrichtungen und der mögliche Verzicht auf größere Umstellungen im Energieverteilungssystem auswirken. Auch hinsichtlich der Lebensdauer und der Unempfindlichkeit hochentwickelter Brennstoffzellen gegenuber Spitzenbelastungen und inter-mittierendem Betrieb sind im Vergleich zu Sekundärbatterien uberlegene Re-sultate zu erwarten.

Die notwendige Wärmeabfuhr gekoppelt mit der Elektrolytumwälzung und -aufbereitung bringt die Möglichkeit der Verwertung von Verlustenergie aus der Brennstoffzellen-Batterie z.B. für die Beheizung des Fahrzeuges. Ferner kann der Kühlkreislauf des Brennstoffzellenaggregates auch zur Kühlung des Elektromotors herangezogen werden.

Eine Rückgewinnung von Energie in Form der Nutzbremsung ist in der Brennstoffzellen-Batterie nicht durchführbar, da im Normalfall keine Ladung durch Umkehr der Stromrichtung möglich ist.

Die Chancen der Brennstoffzelle als Energiequelle im allgemeinen und im speziellen für Traktionszwecke werden wesentlich von den Energieträgern der zukünftigen Wirtschaft bestimmt werden. Bei der möglichen Umstellung auf eine Wasserstoffökonomie bietet die Brennstoffzelle einen außerordentlich vorteilhaften Weg zur effizienten Nutzung der zur Verfügung stehenden Ener-gie. Für mobile Verbraucher setzt dies eine erfolgreiche Lösung des Speicher-problems des Treibstoffes voraus. Neben den bisher besprochenen Formen einer direkten H_2-Speicherung ist hierfür auch die Verwendung von H_2-Trägern wie z.B. Ammoniak in Erwägung zu ziehen.

Mit leistungsfähigen Akkumulatoren und Brennstoffzellen für den Hybrid-betrieb ausgestattet, würden Elektrofahrzeuge auch hohen Ansprüchen gerecht werden (mittlere Geschwindigkeit um 100 km/h, Reichweite 200 - 300 km).

Der Einsatz kohlenstoffhältiger Brennstoffe (Kohlenwasserstoffe) führt in jedem Falle zu einer CO_2-Produktion, die eine Umweltbelastung darstellt. Auch in diesem Falle werden, wenn auch mit höherem Nutzungsgrad, die Vor-räte an fossilen Energieträgern angegriffen. Die Argumentation zeigt, daß die Entwicklungstendenzen auch aus dieser Sicht einen allmählichen Übergang zu Wasserstoff als hauptsächlichen und umweltfreundlichen Energieträger favori-sieren.

Der Einsatz von Brennstoffzellen in Elektrofahrzeugen dürfte erst bei einer entsprechenden Senkung der Herstellungskosten möglich sein. Voraus-setzung ist die Erschließung neuer Anwendungsgebiete, die eine Produktion von Elektroden für Brennstoffzellen in großem Maßstab möglich machen.

Hierbei kommen sowohl stationäre Systeme zur Erzeugung elektrischer Energie für Kleinverbraucher (z.B. Haushalte) als auch die Verwendung von Elektroden für die Wasserelektrolyse oder für elektrochemische Synthesen in Frage[3].

Die Vertrautheit größerer Bevölkerungskreise mit ungefährlichen, funktionsfähigen und umweltfreundlichen Brennstoffzellensystemen könnte auch deren Einführung als Antriebsaggregate für Kraftfahrzeuge psychologisch erleichtern.

4.2 Hybridsysteme[3,150,156,159]

Unter einem Hybridsystem versteht man die Kombination von zwei (oder mehreren) Energiewandlern verschiedenen Typs für den gemeinsamen Betrieb als Traktionsbatterie.

Der Vorteil und der Zweck dieses Konzeptes bestehen in der Tatsache, daß die individuellen Schwächen von z.B. zwei Systemen jeweils durch die Vorzüge des anderen Elementes kompensiert oder beseitigt werden, so daß das Aggregat insgesamt den gestellten Anforderungen in besserem Maße gerecht wird, als dies der Einsatz von nur einem der beiden Systeme allein ermöglichen würde.

Als charakteristisches Beispiel sei die Kombination eines Systems von hoher Energiedichte (Brennstoffzelle, Metall/Luft-Batterie), aber nur geringer spezifischer Leistung mit einem Element von großer Leistungsdichte, aber niedriger Energiedichte (z.B. Akkumulatoren wie Blei/Schwefelsäure oder Nickel/Zink) angeführt.

In weitergehender Auslegung der Definition werden auch z.B. die Kombinationen von Verbrennungskraftmaschine und elektrochemischem Speicheraggregat bzw. Elektromotor als Energiequellen für den Fahrzeugantrieb zu den Hybriden gerechnet.

Ein Hybrid von Dieselmotor und Speicherbatterie ermöglicht einen umweltfreundlichen Betrieb von Fahrzeugen, wenn in Ballungsräumen nur der elektrochemische Energiespeicher zum Antrieb herangezogen wird, während im Überlandverkehr auf den Verbrennungskraftmotor umgeschaltet wird, der gleichzeitig für die Regenerierung der Batterie über eine Ladeeinheit sorgt.

Als Beispiele sollen zwei Hybridsysteme von möglicher praktischer Bedeutung für den Betrieb elektrischer Fahrzeuge angeführt werden:
1. Kombination einer Blei/Schwefelsäure-Batterie mit einem H_2/Luft-Brennstoffzellenaggregat mit alkalischem Elektrolyten.
2. Ein Hybridsystem aus einer Blei/Schwefelsäure-Batterie und einer Zwitterbatterie (Eisen/Luft-Element)[160].

4.2.1 Funktionsprinzip

Wird die Akkumulatoreneinheit mit dem Brennstoffzellenaggregat elektrisch parallel geschaltet, so übernimmt das Sekundärelement die Deckung der erforderlichen Leistungsspitzen (für die Beschleunigung, zur Erzielung der Höchstgeschwindigkeit, zur Bewältigung von Steigungen usw.), während die Brennstoffzellen-Batterie den ausreichenden Energieinhalt gewährleistet und die benötigte Dauerleistung liefert. Da hierfür die Spannung der Brennstoffzelleneinheit notwendigerweise höher liegt als diejenige der Akkumulatorenbatterie, kann im Ruhezustand oder bei geringer Belastung das Speichersystem durch die Brennstoffzellen - zumindest teilweise - wieder aufgeladen werden. Diese Möglichkeit gestattet einen rationellen Fahrzeugbetrieb und eine Erhöhung der Reichweite. Der notwendige Ladeprozeß wird verkürzt und durch Vermeidung von Tiefentladungen die Lebensdauer der Speicherzellen verbessert. In diesem Falle kann auch eine Nutzbremsung zur Rückgewinnung von elektrischer Energie und Speicherung im Akkumulator erfolgen. Der Brennstoff (Wasserstoff) wird z.B. in Druckflaschen im Fahrzeug mitgeführt, wobei der Austausch der Vorratsbehälter nur sehr kurze Zeit in Anspruch nimmt.

In analoger Weise sorgt bei dem unter 2) genannten Hybridsystem die Metall/Luft-Batterie für ausreichenden Energieinhalt, während die Blei/Schwefelsäure-Batterie zur Erzielung der notwendigen Leistung dient. Auch hier kann die Eisen/Luft-Einheit einen Teil der Ladung des Blei/Schwefelsäure-Akkumulators übernehmen. Die mögliche Nutzlast und die Reichweite des Fahrzeuges hängen in charakteristischer Weise von der Dimensionierung der beiden verschiedenen Energiespeicher ab. In diesem Falle muß allerdings eine Wiederladung des gesamten Systems erfolgen.

Die Probleme der einzelnen Aggregate der Hybrid-Systeme wurden bereits besprochen.

5. Sonstige in Frage kommende Batterietypen

Neben den hauptsächlich vertretenen, kritisch diskutierten Speicherelementen existiert eine Anzahl weiterer, im Hinblick auf die Elektrotraktion interessanter Systeme. Im Rahmen dieser Abhandlung werden jedoch nur jene Typen näher behandelt, denen einigermaßen positive Aussichten hinsichtlich ihrer praktischen Realisierbarkeit zugebilligt werden können. Dazu gehören die

5.1 bei Umgebungstemperatur betriebenen Elemente:

5.1.1 Zink/Chlor
5.1.2 Zink/Brom
5.1.3 Nickeloxid/Wasserstoff
5.1.4 Lithium/Luft (mit wässrigem Elektrolyten)
5.1.5 Aluminium/Luft
5.1.6 Silberoxid/Zink

5.1.7 Redox-Zellen

5.1.8 Elemente mit organischen (aprotischen) Elektrolyten (Hochenergiebatterien)

5.1.9 Zellen mit Einlagerungselektroden

5.2 Hochtemperaturelemente:
   Lithium/Schwefel
   Lithium/Chlor

5.3 Die Natrium/Antimontrichlorid (SbCl$_3$)-Zelle

Weitere in Entwicklung befindliche Systeme wie z.B. Zink/Mangandioxid[161-163], Kalzium (Magnesium)/Nickelfluorid (Kalziumfluoridelektrolyt)[164,165], haben das Stadium von Laborversuchszellen noch nicht verlassen.

Zink/Halogen-Batterien

In jüngster Zeit haben Zink/Halogen-Elemente als neuartige Speichersysteme besonderes Interesse gefunden.

5.1.1 Die Zink/Chlor-Batterie[166,168]

Die in der Zink/Chlor-Zelle ablaufende Gesamtreaktion ist

$$Zn + Cl_2 \underset{L}{\overset{E}{\rightleftarrows}} ZnCl_2 \text{ (gelöst)} , \qquad (5.1)$$

mit den Elektrodenreaktionen

$$Zn \underset{L}{\overset{E}{\rightleftarrows}} Zn^{++} + 2e^- , \qquad (5.2)$$

$$Cl_2 + 2e^- \underset{L}{\overset{E}{\rightleftarrows}} 2Cl^- . \qquad (5.3)$$

Bei einer Standard-RZS von 2,12 V beträgt die theoretische Energiedichte 837 Wh/kg. Neben diesem günstigen Wert beruht die Attraktivität des Zink/Chlor-Systems auf den in großen Mengen (insbesondere Chlor) verfügbaren und vergleichsweise billigen Reaktanden sowie der hohen Geschwindigkeit der Elektrodenreaktionen. Die relativ gute Umkehrbarkeit der Zellreaktion läßt einen guten Energienutzeffekt erwarten. Von Vorteil ist ferner die Möglichkeit des Ablaufes der Reaktion bei Raumtemperatur und geringen Überdrucken.

Die Hauptschwierigkeit dieses Systems bildet die Notwendigkeit der externen Speicherung des aggressiven und giftigen Oxidationsmittels Chlor.

Die „Wiederentdeckung" des bei 9,6^{0}C schmelzenden Chlorhydrates $Cl_2.6H_2O$ hat die Basis für eine neuartige Konzeption der Speicherung von Chlor geliefert. Allerdings ergibt sich durch die exotherme Hydratbildung (71 kJ/mol) eine Verringerung der theoretischen Energiedichte auf 465 Wh/kg.

In einer $Zn/Cl_2.6H_2O$-Zelle laufen folgende Prozesse ab: Bei der Ladung werden aus einer wässrigen $ZnCl_2$-Lösung Zink und Chlor abgeschieden. Während Zink auf der Elektrode verbleibt und beim Entladevorgang den negativen Pol bildet, wird das entwickelte und in Lösung verbleibende Chlor mit dem durch die Zelle zirkulierenden Elektrolyten aus der Batterie geführt. In einem außerhalb der Zelle befindlichen Gasabscheider wird das Chlorgas vom Elektrolyten zunächst abgetrennt, der wiederum in die Batterie zurückgeleitet wird. Das abgetrennte Chlorgas wird in einem Hydratspeicher mit Elektrolyt in Kontakt gebracht, dessen Temperatur durch ein Kühlaggregat auf etwa 0^0C abgesenkt wird. Im Hydratspeicher erfolgt die Kristallisation von $Cl_2.6H_2O$. Die Ladung wird als beendet angesehen, wenn der Chlorhydratspeicher gefüllt ist (Abb. 30).

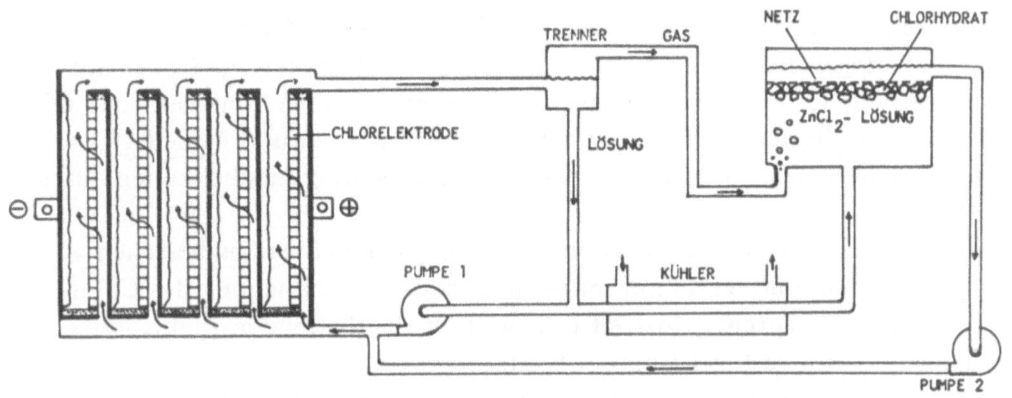

Abb. 30: Schema einer Zink/Chlor-Batterie der EDA.
(Energy Development Associates)[169].

Bei der Entladung wird durch Umpumpen von warmen Elektrolyt aus dem Chlorhydratspeicher Chlor freigesetzt und die chlorgesättigte Lösung an die positive Elektrode herangeführt. Die elektrochemische Umsetzung von Chlor erfolgt an porösen Kohleelektroden, an denen Lade- und Entladereaktionen mit geringen Hemmungen ablaufen. An dem negativen Pol geht während des Entladevorganges Zink in Lösung, so daß im Elektrolyten Zinkchlorid ($ZnCl_2$) gebildet wird. Die Erhöhung der Zinkchloridkonzentration in der Batterie wird durch die Freisetzung von Wasser beim Aufschmelzen von Chlorhydrat weitgehend kompensiert, so daß bei entsprechendem Elektrolytaustausch zwischen diesen beiden Bereichen die Elektrolytkonzentration annähernd konstant bleibt.

Der Wärmehaushalt der Batterie wird durch das Auskristallisieren von Chlorhydrat und dessen Wiederauflösung kompliziert. Der Energieaufwand für den Betrieb des Kühlaggregates, des Pumpsystems sowie die auftretende Selbstentladung setzen den Gesamtenergienutzeffekt herab, so daß im günstigsten Fall ein Wert von 65% zu erwarten ist.

Der $ZnCl_2$-Elektrolyt, dessen Konzentration zwischen 20 und 35 Gew.% liegt, zeigt im Vergleich mit stark sauren oder stark basischen Lösungen eine beträchtlich verminderte Leitfähigkeit.

Beim Laden der Batterie treten neben dem abgeschiedenen Chlor auch geringe Mengen von Sauerstoff und Kohlendioxid auf. Letzteres entsteht durch die Oxidation der Kohleelektroden oder organischer Zusätze. Diese Gase müssen in bestimmten Zeitabschnitten aus dem geschlossenen Batteriesystem entfernt werden.

Die Probleme der Zinkelektrode in alkalischen Elektrolyten sind bereits diskutiert worden. Sie werden durch die Verwendung von sauren $ZnCl_2$-Lösungen zwar modifiziert, aber nicht grundlegend beseitigt. Die Schwierigkeiten wegen des Auftretens von Dendritenbildung und mangelnder Formbeständigkeit sind geringer. Bei hohen Abscheidungsgeschwindigkeiten muß aber mit Wasserstoffentwicklung gerechnet werden. Das Problem der Zinkelektrode kann auch in diesem System nicht als gelöst betrachtet werden und es bedarf zweifellos eingehender Studien, um weitere Verbesserungsmöglichkeiten aufzufinden.

Die praktischen Schwierigkeiten des $Zn/Cl_2.6H_2O$-Systems bestehen vor allem in Material- und Verfahrensproblemen bei der Handhabung des Chlorhydrates und des sauren, gelöstes Cl_2 bzw. HOCl enthaltenden Elektrolyten, der überaus korrosive Eigenschaften besitzt.

Beim gegenwärtigen Stand der Entwicklung werden Energiedichten von 70 - 80 Wh/kg bei einer spezifischen Leistung von 60 - 70 W/kg erreicht. Projektiert sind Energiedichten bis 200 Wh/kg und Leistungsdichten bis 120 - 130 W/kg. Erwartet werden Zyklenzahlen von 500 bis etwa 2000 und ein Gesamtwirkungsgrad von 65%. Besonders durch eine Verminderung des Raum- und Energiebedarfes der Hilfsaggregate könnte eine Verbesserung der gegenwärtigen Daten erzielt werden.

Obwohl das $Zn/Cl_2.6H_2O$-System seiner Konzeption nach sich eher für den Einsatz als Großspeicheranlage zu eignen scheint, wird es ausdrücklich als Speicheraggregat für elektrische Fahrzeuge des Personenverkehrs mit einer Reichweite über 300 km in Erwägung gezogen[169].

5.1.2 Die Zink/Brom-Batterie[170-172]

Die Gesamtzellreaktion wird durch

$$Zn + Br_2 \underset{L}{\overset{E}{\rightleftarrows}} ZnBr_2 \text{ (gelöst)}, \qquad (5.4)$$

beschrieben. Die Standard-EMK beträgt 1,82 V, die theoretische Energiedichte 430 Wh/kg. Das Zn/Br_2-Element arbeitet bei Raumtemperatur unter Verwendung wässriger Elektrolytlösungen. Der Elektrolyt besteht aus einer mit HBr angesäuerten $ZnBr_2$-Lösung. Die Vorteile des Einsatzes von Brom liegen in dessen geringem Dampfdruck und in der Tatsache, daß es bei Raumtemperatur in flüssigem Zustand vorliegt. Dadurch wird eine Speicherung von elementarem Brom in porösen Titan- oder Kohleelektroden innerhalb der Zelle möglich. Auch bipolare Elektroden[170], die an der positiven Seite oberflächenbehandelt und mit keramischen Oxiden beschichtet sind, wurden beschrieben. Die Speicherfähigkeit der Elektroden kann durch Zusätze[170,172], wie z.B. Tetraalkylammoniumperchlorate, die Komplexverbindungen mit molekularem Brom bilden, erhöht werden.

Von Nachteil ist die Selbstentladung, d.h. die direkte chemische Reaktion von Zink mit Brom, die man durch Verwendung von brombeständigen Separatoren herabzusetzen versucht. Besonders geeignet erscheinen Nafion (Tetrafluorpolyäthylen)-Membranen.

Der Vorteil des Systems liegt in der ausreichenden Verfügbarkeit der Reaktionspartner zu akzeptablen Preisen. Gegenüber dem Zn/Cl_2-System besitzt das Zn/Br_2-System den Vorteil der einfacheren Batteriekonstruktion.

In Testaggregaten konnten Energiedichten bis 60 Wh/kg bei einer Leistungsdichte von 70 W/kg erreicht werden. Zyklenzahlen bis 1600 bei einer Belastung von 80 mA/cm^2 wurden erzielt. Der Energienutzeffekt beträgt etwa 70%.

5.1.3 Die H_2/β-NiO(OH)-Batterie[173-184]

Der H_2/β-NiO(OH)-Akkumulator kann als eine Zwitterbatterie mit einer wechselweise belastbaren Wasserstoffelektrode angesehen werden. Der besondere Vorteil dieses Systems ergibt sich aus der weitgehenden Beherrschung der elektrochemischen Vorgänge an der Wasserstoffelektrode.

Die Zellreaktion wird durch die Gleichung

$$2\beta\text{-NiO(OH)} + H_2 \underset{L}{\overset{E}{\rightleftarrows}} 2Ni(OH)_2 \tag{5.5}$$

beschrieben.

Die Bruttoelektrodenreaktionen sind

$$2\beta\text{-NiO(OH)} + 2H_2O + 2e^- \underset{L}{\overset{E}{\rightleftarrows}} 2Ni(OH)_2 + 2OH^-, \tag{5.6}$$

$$H_2 + 2OH^- \underset{L}{\overset{E}{\rightleftarrows}} 2H_2O + 2e^-. \tag{5.7}$$

Bei der Entladung wird an der Kathode β-NiO(OH) unter Bildung von $Ni(OH)_2$ reduziert und an der Anode Wasserstoff oxidiert. In der β-NiO(OH)/H_2-

Batterie wird ein alkalischer Elektrolyt verwendet.

Die Ruhespannung des Systems beträgt 1,31 V, die theoretische Energiedichte 378 Wh/kg.

Die Probleme der β-NiO(OH)-Elektrode wurden bereits ausführlich besprochen.

Für die Wasserstoffelektrode ergibt sich das Problem der Verwendung von billigen Katalysatoren. Die Speicherung des Wasserstoffes stellt aber die Hauptschwierigkeit der Zelle dar, deren Energiedichte lediglich von diesem Faktor begrenzt wird. Die verschiedenen Möglichkeiten der Wasserstoffspeicherung sind hier nicht zu diskutieren. Auf die Möglichkeiten der Speicherung von Wasserstoffgas unter Druck und in Form der Metallhydride[185] geeigneter Legierungen (z.B. TiNi, TiFe, LaNi$_5$) sei jedoch ausdrücklich hingewiesen. Von Interesse wären die Hydride TiFeH und TiFeH$_2$, deren Wasserstoffdissoziationsdruck bei Raumtemperatur einige Atmosphären beträgt.

Ein wichtiger Vorteil der Wasserstoffelektrode ist ihre hohe Belastbarkeit, welche die Entnahme von Spitzenleistungen über 150 W/kg erlaubt. Weitere Vorteile des β-NiO(OH)/H$_2$-Systems sind dessen Robustheit und die hohe Lebensdauer, welche die Erreichung von mehr als tausend Zyklen gestattet.

Die bisher erzielten Energiedichten liegen bei etwa 40 Wh/kg, die Leistungsdichte über 100 W/kg.

5.1.4 Die Lithium/Luft-Batterie mit wässrigen Elektrolyten[186-188]

Dieses Konzept entspricht eher einer Brennstoffzelle als einem Sekundärelement, da das an der Anode umgesetzte Lithium außerhalb der Zelle regeneriert wird.

Die Zellreaktion läuft entsprechend der Reaktionsgleichung

$$2Li + \frac{1}{2} O_2 + H_2O \rightarrow 2LiOH \tag{5.8}$$

ab.
Anodischer Vorgang:

$$2Li \rightarrow 2Li^+ + 2e^-. \tag{5.9}$$

Kathodischer Vorgang:

$$\frac{1}{2} O_2 + H_2O + 2e^- \rightarrow 2OH^-. \tag{5.10}$$

In alkalischen (LiOH) Elektrolyten beträgt die theoretische Zellspannung etwa 3,45 V, die theoretische Energiedichte 3360 Wh/kg (bei 3 V).

Die Möglichkeit des Einsatzes von elementarem Lithium in wässrigen Elektrolyten ohne überwiegende direkte chemische Zersetzung von Lithium unter Wasserstoffentwicklung nach

$$2Li + 2H_2O \rightarrow 2LiOH + H_2 \qquad\qquad (5.11)$$

beruht auf der Ausbildung eines inhibierenden Films (von LiOH) an der Elektrodenoberfläche in der Gegenwart konzentrierter Lösungen von Hydroxid- und Lithium-Ionen, welcher die unerwünschte chemische Nebenreaktion (5.11) zurückdrängt. Die Luftkathode kann (ohne Separatoren) unmittelbar an die Lithiumanode angrenzen*.

Die Belastbarkeit der Zelle ist eine Funktion der Elektrolytkonzentration, die durch Einleiten von CO_2 konstant gehalten werden kann. Dabei fällt schwerlösliches Li_2CO_3 aus, das durch Filtration aus dem Elektrolyten entfernt wird. Der Betrieb der Zelle wird durch Einpressen eines Inertgases in den Elektrolytraum zwischen den Elektroden unterbrochen. Die „Ladung" erfolgt durch Ersatz des verbrauchten Lithiums, d.h. durch Einsetzen neuer Metallanoden in die Batterie.

Trotz der aufwendigen Zusatzaggregate konnten in Versuchszellen bei einer Klemmenspannung zwischen 2,2 und 2,6 Volt hohe Stromdichten erhalten werden (> 100 mA/cm^2).

Energiedichten um 380 Wh/kg bei einer Leistungsdichte von 170 W/kg werden erreichbar sein. Diese Daten lassen das Element für die Ziele im Rahmen eines langfristigen Programmes für Traktionsbatterien vielversprechend erscheinen. Der praktische Erfolg im Testbetrieb bleibt allerdings noch abzuwarten.

5.1.5 Die Aluminium/Luft-Batterie

Einen interessanten Typ eines „wiederladbaren" Primärelementes bzw. Brennstoffelementes könnte auch eine Konzeption, die auf dem Einsatz von Aluminium als Anodenmaterial beruht, darstellen. Bei diesem System werden nach Erschöpfung der Zelle verbrauchter Elektrolyt und verbrauchtes Anodenmaterial wieder ersetzt. Hinsichtlich der Batterietechnologie und der Wartung der Aggregate sind gegenüber der Li/Luft-Zelle mit wässrigem Elektrolyten Vorteile zu erwarten.

Über eine erfolgreiche Bearbeitung dieses Systems wurde in der Literatur bisher nur wenig berichtet[189,189a]. In jüngster Zeit konnten allerdings Fortschritte erzielt werden[187], die das Interesse an der Aluminium/Luft-Zelle als Hochenergie- und Hochleistungsbatterie wieder aufleben ließen. Besonders

---

* Ferner wird über modifizierte Systeme dieses Typs berichtet, wobei als Oxidationsmittel im Elektrolyten gelöstes Wasserstoffperoxid eingesetzt wird. Eine derartige Batterie soll bei einer Klemmenspannung von 2,5 V eine Energiedichte von mehr als 2000 Wh/kg aufweisen[187].

attraktiv erschienen die hohen Werte für die RZS von 2,71 V und die theoretische Energiedichte von etwa 2800 Wh/kg. Die Hauptprobleme liegen in der Beseitigung der extrem starken Korrosionsanfälligkeit - besonders in alkalischem Medium - und der Vermeidung der unter bestimmten Bedingungen auftretenden Passivierung der Aluminiumanode. Diese Schwierigkeiten werden durch die Wahl eines neutralen Elektrolyten und durch die Verwendung von speziellen Aluminiumlegierungen etwas besser beherrschbar. (Dazu kommen ferner die bekannten, unzureichend gelösten Fragen an der Luftelektrode.)

Die erreichbaren Energiedichten liegen zwischen 100 und 200 Wh/kg, die Leistungsdichten zwischen 10 und 20 W/kg. Genauere Angaben über diesen Elementtyp können zum gegenwärtigen Zeitpunkt nicht gegeben werden, ebenso sind Prognosen über seine Zukunftsaussichten im derzeitigen Entwicklungsstadium verfrüht. Die Wahrscheinlichkeit, daß derartige „Primärelemente" den Anforderungen der Elektrotraktion gerecht werden können, sind jedoch als gering anzusehen.

5.1.6 Die Silberoxid/Zink-Batterie[190-192]

Dieses System zeigt unter den konventionellen und erprobten Typen die höchsten Werte für Energie- und Leistungsdichten. Die Bruttozellreaktion läßt sich durch die Gleichung

$$Ag_2O_2 + 2Zn \underset{L}{\overset{E}{\rightleftarrows}} 2ZnO + 2Ag \qquad (5.12)$$

ausdrücken.

Die Entladung der Silberoxidelektrode verläuft in zwei Stufen:

1. $$Ag_2O_2 + Zn \rightarrow Ag_2O + ZnO \qquad (5.13)$$

2. $$Ag_2O + Zn \rightarrow 2Ag + ZnO \,. \qquad (5.14)$$

Die reversible Zellspannung der ersten Reaktion beträgt 1,82 V, die der zweiten 1,61. Daraus ergeben sich die theoretischen Energiedichten für die erste Entladungsstufe mit 312 Wh/kg und für die zweite mit 328 Wh/kg. Die Energiedichte für die Bruttoreaktion liegt unter der Annahme einer Entladespannung von 1,61 V bei 456 Wh/kg. Realisiert wurden Spitzenwerte bis zu 150 Wh/kg. Ferner können Leistungsdichten bis zu 300 W/kg erreicht werden. Infolge des hohen Preises der Zellkomponenten und der geringen Lebensdauer (etwa 50 Zyklen) kommt sie für einen Einsatz in Massenverkehrsmitteln allerdings nicht in Frage.

Das Mondfahrzeug der Apollo-Mission war mit Ag_2O_2/Zn-Batterien als Energiespeicher bestückt.

5.1.7 Redox-Systeme

Ihnen werden wegen der bestechenden Einfachheit der Konstruktion der elektrochemischen Zelle und der Billigkeit einer Reihe der in Frage kommenden Reaktionspartner als Energiespeicher grundsätzlich gute Zukunftschancen eingeräumt.

Die Redoxpaare werden im Elektrolyten gelöst an zwei inerten Elektroden (z.B. Graphit) vorbeigeführt, an denen der Elektronendurchtritt erfolgt. Zur Ladung wird die Lösung in umgekehrter Richtung durch die Zelle bewegt. (Die Regenerierung der Reaktanden kann auch auf chemischem Wege außerhalb der Zelle durchgeführt werden.) Anoden- und Kathodenraum sind dabei durch ein Diaphragma (semipermeable Membran) voneinander getrennt.

Die Vorteile liegen in der Vermeidung der für Sekundärelemente charakteristischen Probleme, d.h. in der Einfachheit und der guten Reversibilität der Elektrodenreaktionen. (Es tritt keine Dendritenbildung oder Formänderung der Elektroden auf usw.)

Nachteilig sind die Notwendigkeit der Verwendung von Systemen zur Elektrolytumwälzung und -aufbewahrung und insbesondere die hohen Anforderungen an die Separatormembran (ausreichend hohe und selektive Ionenleitfähigkeit, Beständigkeit usw.).

Infolge der niedrigen Zellspannungen (0,6 - 1,2 V) und des beträchtlichen Volumen- und Gewichtsaufwandes können nur geringe Energiedichten ($<$ 50 Wh/kg) erzielt werden, so daß dieser Elementtyp für stationäre Zwecke zwar gute Aussichten besitzt, aber für die Elektrotraktion kaum besondere Bedeutung erlangen wird. Als Beispiel sei das System $TiCl_3/TiCl_4//FeCl_3/FeCl_2$ angeführt[193,194].

Elektrodenreaktionen:

$$Ti^{3+} \underset{L}{\overset{E}{\rightleftarrows}} Ti^{4+} + e^- \tag{5.15}$$

$$Fe^{3+} + e^- \underset{L}{\overset{E}{\rightleftarrows}} Fe^{2+}. \tag{5.16}$$

Gesamtreaktion:

$$Ti^{3+} + Fe^{3+} \underset{L}{\overset{E}{\rightleftarrows}} Ti^{4+} + Fe^{2+}. \tag{5.17}$$

Bei der Entladung werden Ti^{3+}-Ionen mit der Elektrolytströmung an die Kohleelektrode (Anode) transportiert und zu Ti^{4+} oxidiert. An der Kathode läuft gleichzeitig die Reduktion der Fe^{3+}-Ionen ab. Während des Ladevorganges zirkuliert der Elektrolyt in entgegengesetzter Richtung, analog dazu laufen die entsprechenden elektrochemischen Reaktionen im umgekehrten Sinne ab. Externe Vorratsbehälter dienen zur Aufnahme der Lösungen, welche die reduzierten bzw. oxidierten Spezies enthalten. Eine wesentliche Rolle für die erfolgreiche Realisierung dieser Konzeption spielt die ionenleitende Membran, die entweder für Cl^- oder H^+-Ionen selektiv durchlässig sein muß.

5.1.8 Zellen mit organischen Elektrolyten (Hochenergiesysteme)[195-198]

Speichersysteme mit den höchsten theoretischen Energiedichten (> 1000 Wh/kg), die im Bereich niedriger Temperatur betrieben werden, können durch den Einsatz organischer (aprotischer) Elektrolyte realisiert werden. Sie ermöglichen den Einsatz von reaktionsfähigen, in wässriger Lösung unbeständigen Speichermaterialien von großer Ladungsdichte wie Alkali- und Erdalkali-Metalle, die sich mit geeigneten kathodischen Reaktanden (Sauerstoff, Halogene bzw. Salze wie Halogenide oder Sulfide) zu Elementen mit hohen Zellspannungen und Energiedichten kombinieren lassen.

Neben zahlreichen, den Problemen konventioneller und neuartiger (z.B. Hochtemperaturzellen) analogen Schwierigkeiten hat besonders ein Faktor greifbare Erfolge verhindert: Die spezifische Leitfähigkeit der organischen Elektrolyte, die durch Zusatz entsprechender Leitsalze (Ionenbildner) erzielt werden kann, bleibt auch im günstigen Fall 1 bis 2 Zehnerpotenzen niedriger als diejenige der üblichen wässrigen Lösungen. Die Ursache dafür liegt in der weitgehenden Abwesenheit von H^+- und OH^--Ionen, deren hohe Beweglichkeit für die ausreichende Leitung verantwortlich zeichnet. Beispiele für aprotische Lösungsmittel sind: Propylenkarbonat, Dimethylsulfoxid, Dimethylformamid, Acetonitril, Butyrolacton, Trimethylphosphat, Dimethoxyäthan. Als Leitsalze verwendet man Perchlorate, Bromide, Thiocyanate, Lithiumaluminiumchlorid, Lithiumarsenhexafluorid.

Der hohe Innenwiderstand beschränkt die praktisch erzielbaren Leistungsdichten daher auf sehr geringe Werte. Die im System enthaltenen hohen Energiemengen können nur in kleinen Dosen, d.h. mit geringer Geschwindigkeit, entnommen werden.

Bis jetzt konnte trotz der Vielzahl der möglichen Kombinationen von Zellkomponenten und Elektrolyten keine Lösung gefunden werden, welche die Voraussetzungen für die Elektrotraktion annähernd erfüllt (Tabelle 6).

Studien über die Abschätzung der denkbaren Verbesserungen und Entwicklungsmöglichkeiten lieferten Resultate, die zu einem vorläufigen Ausscheiden dieses Elementtyps aus dem Kreis der potentiellen Anwärter für Traktionsbatterien geführt haben.

5.1.9 Zellen mit Einlagerungselektroden

In den letzten Jahren haben einige Substanzen, die zumeist Schichtstruktur besitzen, als Elektrodenmaterialien in wiederaufladbaren Zellen besonderes Interesse gefunden[199,200,201]. Es handelt sich hierbei um Sulfide oder Selenide

TABELLE 6. Kombinationen von Elektrodenmaterialien für Zellen mit organischen Elektrolyten (Hochenergiezellen)

Zellreaktionen	E (Volt) reversible Zellspannung	Theoretische Energiedichte (Wh/kg)
$Li + AgCl \rightarrow LiCl + Ag$	2,84	509
$2Li + NiCl_2 \rightarrow 2LiCl + Ni$	2,57	965
$Mg + NiF_2 \rightarrow MgF_2 + Ni$	2,21	980
$Mg + AgO \rightarrow MgO + Ag$	2,98	1080
$2Li + NiS \rightarrow Li_2S + Ni$	1,80	1100
$2Li + CuS \rightarrow Li_2S + Cu$	2,24	1100
$Ca + NiF_2 \rightarrow CaF_2 + Ni$	2,82	1102
$2Li + CuCl_2 \rightarrow 2LiCl + Cu$	3,06	1111
$Mg + CuO \rightarrow MgO + Cu$	2,30	1180
$Mg + CuF_2 \rightarrow MgF_2 + Cu$	2,92	1245
$2Li + Br_2 \rightarrow 2LiBr$	4,11	1260
$2Li + CuO \rightarrow Li_2O + Cu$	2,25	1291
$Ca + CuF_2 \rightarrow CaF_2 + Cu$	3,51	1329
$2Li + NiF_2 \rightarrow 2LiF + Ni$	2,83	1364
$2Li + CoF_2 \rightarrow 2LiF + Co$	2,88	1393
$2Li + CuF_2 \rightarrow 2LiF + Cu$	3,55	1659
$3Li + CoF_3 \rightarrow 3LiF + Co$	3,64	2123

der Elemente Titan, Vanadin, Molybdän oder Niob, die Ionen bzw. Atome in ihr Gitter aufnehmen können. Man spricht daher von Einlagerungs- oder Intercalationsverbindungen. Auch die Bezeichnung „Feste-Lösungs-Elektroden" (solid solution electrodes) ist im Gebrauch.

Besonders eingehend ist von den Exxon Forschungslaboratorien in Linden, New Jersey, USA, Titandisulfid (TiS_2) untersucht worden[202]. Die von dieser Firma entwickelten Batterien bestehen aus einer Lithiumanode und einer Titandisulfidkathode. Als Elektrolyt wird ein organisches Lösungsmittel verwendet.

Die Elektrodenreaktionen verlaufen nach folgendem Schema:

$$Li \underset{L}{\overset{E}{\rightleftarrows}} Li^+ + e^-$$

$$TiS_2 + Li^+ + e^- \underset{L}{\overset{E}{\rightleftarrows}} LiTiS_2 \, .$$

Gesamtreaktion:

$$\mathrm{Li} + \mathrm{TiS_2} \underset{L}{\overset{E}{\rightleftarrows}} \mathrm{LiTiS_2}.$$

Die Ruhespannung beträgt 2,5 V, die theoretische Energiedichte 480 Wh/kg.

Der besondere Vorteil dieses Batterietyps wird darin gesehen, daß während des Lade-Entladevorganges keine neuen Phasen gebildet werden. Es treten daher nur geringe morphologische Veränderungen an den Elektroden auf. Die erzielbare kathodische Belastung beträgt etwa 10 mA/cm² und liegt somit um eine Zehnerpotenz höher als die bisher in Batterien mit organischen Elektrolyten erreichte. Die Zahl der Lade-Entladezyklen wird mit einigen hundert bis tausend angegeben.

Außer Titandisulfid ($\mathrm{TiS_2}$) wird zur Zeit eine Reihe weiterer Verbindungen wie z.B. Molybdändisulfid ($\mathrm{MoS_2}$), Niobdiselenid ($\mathrm{NbSe_2}$), Titantrisulfid ($\mathrm{TiS_3}$), Niobtriselenid ($\mathrm{NbSe_3}$) sowie Verbindungen des Typs $\mathrm{Fe_{0,25}V_{0,75}S_2}$ u.a. intensiv auf ihre Verwendbarkeit als Einlagerungselektroden untersucht. Ferner wird an einem Ersatz des organischen Elektrolyten durch dünne Filme polymerer Lithiumionenleiter gearbeitet[203]. Auch die Verwendung von Salzschmelzen erscheint denkbar.

Obwohl dieser Batterietyp für kommerzielle Zwecke bisher nur in der Fernmeldetechnik Anwendung gefunden hat, ist nicht auszuschließen, daß sich durch entsprechende Weiterentwicklungen auch die Möglichkeit des Einsatzes in elektrischen Fahrzeugen eröffnet. Eine Schwierigkeit dürfte in dem Umstand bestehen, daß Titandisulfid aus den Elementen synthetisch hergestellt werden muß. Die Herstellung großer Mengen von Titandisulfid dürfte jedoch ein schwieriges technologisches Problem darstellen.

5.2 Hochtemperaturelemente[204]

Das System Lithium/Schwefel[133,205-207] weist mit theoretischen Werten für die Zellspannung von 2,25 V und einer Energiedichte von 1550 Wh/kg (bezogen auf die Zellreaktion $2\mathrm{Li} + 2\mathrm{S} \rightleftarrows \mathrm{Li_2S_2}$ bei 400°C) äußerst attraktive Eigenschaften auf. Desgleichen besitzt die Lithium/Chlor-Batterie ($2\mathrm{Li} + \mathrm{Cl_2} \rightleftarrows$ $\rightleftarrows 2\mathrm{LiCl}$, Zellspannung 3,5 Volt, spezifische Energie 2220 Wh/kg, Betriebstemperatur ca 650°C) prinzipiell sehr günstige Aspekte[208-214]. In beiden Fällen werden schmelzflüssige Elektrolyte eingesetzt.

Trotzdem sind die Programme zur Entwicklung dieser Speicherelemente gegenwärtig weitgehend eingestellt[111]. Diese Situation ist auf die außerordentlichen Schwierigkeiten für eine zufriedenstellende Beherrschung der Materialprobleme bei Einsatz von flüssigem Lithium und Schwefel sowie von Chlor im Bereich hoher Temperaturen zurückzuführen.

5.3 Die Natrium/Antimontrichlorid (SbCl$_3$)-Zelle[338]

Eine weitere Konzeption, die ebenfalls flüssiges Natrium als Anodenmaterial und β-Korund als Festelektrolyt heranzieht, ist die Na/SbCl$_3$-Zelle. Bruttozellreaktion:

$$3Na + SbCl_3 + 3AlCl_3 \underset{L}{\overset{F}{\rightleftarrows}} 3NaAlCl_4 + Sb \,.$$

Anodische Reaktion:

$$3Na \underset{L}{\overset{F}{\rightleftarrows}} 3Na^+ + 3e^- \,.$$

Kathodische Reaktion:

$$3Na^+ + SbCl_3 + 3AlCl_3 + 3e^- \underset{L}{\overset{F}{\rightleftarrows}} 3NaAlCl_4 + Sb \,.$$

Als positive Masse wird ein niedrig schmelzendes Gemisch von Antimontrichlorid (SbCl$_3$) und Natriumtetrachloroaluminat (NaAlCl$_4$) eingesetzt. Dies erlaubt die Senkung der Betriebstemperatur auf etwa 200°C. Dadurch werden die Material- und Korrosionsprobleme verringert. Als Entwicklungsziel wird eine Energiedichte von etwa 100 Wh/kg angestrebt; die bisher erreichte Zyklenzahl wird mit 600 angegeben.

6. Zusammenhang von Energie- und Leistungsdichte verschiedener Speichersysteme und Energiewandler

Für die Beurteilung der Einsatzmöglichkeiten verschiedener energieliefernder Systeme in elektrischen Straßenfahrzeugen ist die Kenntnis der Abhängigkeit der Energiedichte von der Belastung, d.h. von der Leistungsentnahme (Leistungsdichte), von besonderer Bedeutung. Über diesen Zusammenhang gibt für einige wichtige Speichersysteme, für Brennstoffzellen sowie für den Verbrennungskraftmotor Abb. 31 Aufschluß. Man erkennt aus dieser Darstellung, daß die Energiedichte einer Blei/Schwefelsäure-Batterie mit steigender Leistungsabgabe stark abnimmt, während die alkalischen Speichersysteme NiOOH/Zn, NiOOH/Cd und auch NiOOH/Fe, sowie die neuen Batterietypen wie z.B. Zn/Luft, Na/S, Li/S bzw. Li-Al/FeS$_x$ eine wesentlich größere Unabhängigkeit der Energiedichte von der entnommenen Leistung aufweisen. Die Energiedichten von Brennstoffzellen sind theoretisch nach oben hin nicht begrenzt, ihre Leistungsdichten sind jedoch niedrig und konnten bis jetzt für Traktionszwecke noch nicht in ausreichendem Maße gesteigert werden. Der Verbrennungskraftmotor hingegen arbeitet in einem relativ engen Bereich hoher Leistungsdichte, wobei allerdings eine geringe Steigerung der abgegebenen Leistung zu einem signifikanten Absinken der Energiedichte führt.

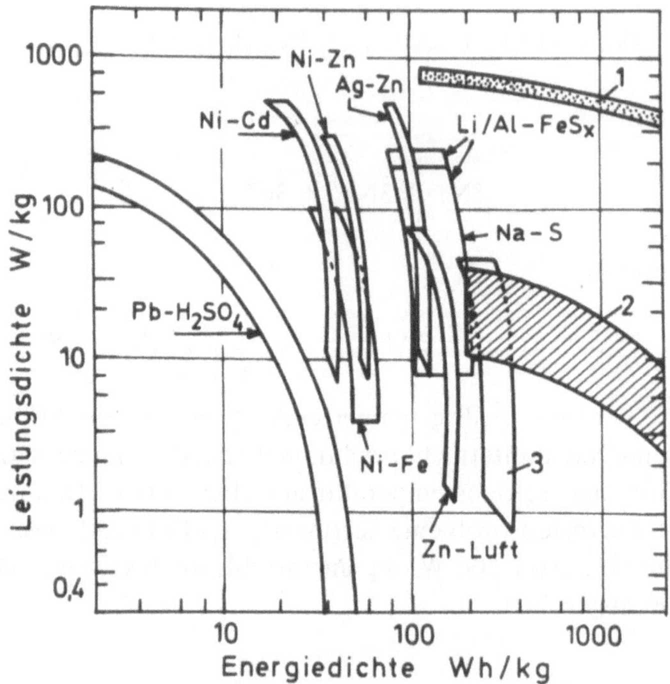

1... Verbrennungskraftmotoren
2... Brennstoffzellen
3... Zellen mit organischen Elektrolyten

Abb. 31: Abhangigkeit der Energiedichte (Wh/kg) verschiedener Speichersysteme und Energiewandler von der Belastung, d.h. der Leistungsdichte (W/kg)

IV. GRUNDLEGENDE TECHNOLOGISCHE FRAGEN

Dieses Kapitel soll in kurzer Form einen Überblick über wichtige Voraussetzungen für die Realisierung der betrachteten Speichersysteme aus technologischer Sicht und unter Berücksichtigung grundlegender Aspekte vermitteln.

1. Anforderungen an die Elektrodenmaterialien

1. Vom thermodynamischen Standpunkt aus bestehen die wünschenswerten Eigenschaften in erster Linie in möglichst negativen Standardelektrodenpotentialen für anodische Substrate (z.B. Li, Na, Zn, Pb) und positiven Werten für kathodische Elektrodensysteme (z.B. O_2, PbO_2, β-NiO(OH), Cl_2) zur Erzielung hoher Zellspannungen; d.h. es sollen für die Gesamtzellreaktion stark negative freie Enthalpien (ΔG) charakteristisch sein.
Ferner sind hohe gewichts- bzw. volumenbezogene Speicherkapazitäten (Ah/kg) bzw. (Ah/l) vorteilhaft. Bei Reaktanden, die in gasförmiger oder flüssiger Form gespeichert werden müssen, spielt der spezifische Volumenbedarf eine nicht zu unterschätzende Rolle. (So stellt beispielsweise Wasserstoff den gewichtsmäßig günstigsten aller anodischen Reaktanden dar. Die volumenbezogene Speicherkapazität von flüssigem Wasserstoff wird aber z.B. durch jene von Ammoniak übertroffen.) Siehe Tabelle 4.
Die thermodynamischen Voraussetzungen für die Stabilität der Elektrodensubstrate und für den Ablauf der erwünschten Elektrodenreaktionen sollen unter den vorgegebenen Betriebsbedingungen gewährleistet sein.
Unerwünschte und nachteilige elektrochemische und chemische Reaktionen sollen dagegen, thermodynamisch gesehen, weitgehend ausgeschlossen sein.
(Korrosion, Auflösung im Elektrolyten, Selbstentladung und Umsetzungen elektrochemisch wirksamer Spezies mit anderen Batteriekomponenten.)
Daß diese Bedingungen - z.B. insbesondere in stark sauren oder alkalischen wässrigen Elektrolyten - in manchen Fällen prinzipiell nicht erfüllt werden können, bedeutet noch nicht die Unmöglichkeit der Realisierbarkeit der betreffenden Systeme, da

2. für deren praktische Brauchbarkeit die elektrodenkinetischen Voraussetzungen entscheidend sind:
Für die Entnahme der erforderlichen Leistung und die Erzielung eines ausreichenden Energienutzeffektes müssen die gewünschten Elektrodenreaktionen mit möglichst hoher Geschwindigkeit ablaufen. Wenn die erwähnten Störreaktionen dagegen infolge hoher kinetischer Hemmungen nur in sehr geringem Maße zum Reaktionsgeschehen beitragen, ist mit keiner ins Gewicht fallenden Beeinträchtigung des Verhaltens des Speicherelementes zu rechnen.

Charakteristisch ist in dieser Hinsicht das Problem der Wasserelektrolyse bei der Ladung bzw. Überladung von Elementen mit wässrigen Elektrolyten. Wasserstoff- und Sauerstoffentwicklung sollen möglichst vollständig unterdrückt werden, d.h. durch große Überspannung charakterisiert sein.
Ein gehemmter Reaktionsablauf, d.h. hohe Elektroden-Polarisation, kann infolge der bedeutenden irreversiblen Wärmeproduktion einen maßgeblichen Faktor für den Wärmehaushalt der Batterien darstellen (siehe z.B. Sauerstoffelektrode).

3. Als Lebensdauer, d.h. Zyklenzahl, wird für Traktionsbatterien als untere Grenze ein Wert von 750 - 1000 gefordert, ohne daß die zulässigen Toleranzgrenzen der Kenndaten (Speicherkapazität bzw. Energie- und Leistungsdichte) unterschritten werden.
Selbstverständlich sind die Betriebsbedingungen - entsprechend der Art der elektrischen Belastung - kurzzeitig wechselnd, intermittierend, konstant gleichmäßig oder mit langen Standzeiten, Hochstromentladung, Entladungstiefe, Schnelladung usw. und der Einfluß der Arbeitstemperatur zu berücksichtigen, so daß für das gleiche System der jeweilige Anwendungszweck einen die Lebensdauer in charakteristischer Weise bestimmenden Parameter darstellt.

4. Zwischen Lebensdauer und Kostenaufwand besteht ein funktioneller Zusammenhang, der für jeden spezifischen Einsatzbereich eine optimale Lösung fordert, um die Wirtschaftlichkeit des betreffenden Speichersystems zu gewährleisten (siehe Kap. V.2).

1.1 Charakteristische Anforderungen an spezielle Elektrodentypen

1.1.1 Elektroden erster Art (Lösungselektroden)

Die Formbeständigkeit der Elektroden bildet ein entscheidendes Kriterium für die Lebensdauer der Systeme (Shape-change und Dendritenbildung infolge ungünstiger Diffusions- und Konvektionsbedingungen bzw. ungleichmäßiger Stromverteilung).

Diese Schwierigkeiten, die hauptsächlich bei der Aufladung kritisch sind, können durch Maßnahmen wie z.B. Zwangskonvektion vermindert werden. Sie stellen aber in vielen Fällen den die Lebensdauer begrenzenden Faktor dar. Dies ist besonders an den Problemen des Blei-Lösungsakkumulators bei jüngsten Untersuchungen deutlich geworden[215]. Ferner sind für Lösungselektroden während des Betriebes tiefgreifende Konzentrationsänderungen im Elektrolyten charakteristisch, welche Schwankungen der Leitfähigkeit und auch Schichtbildung verursachen.

Die prinzipiellen Vorteile bestehen in der weitgehenden Ausnützung der aktiven Massen, der Erzielung hoher Belastbarkeit (spezifischer Leistung) und einer Verbesserung der Kontrolle des Wärmehaushaltes (bei externem Elektrolytkreislauf).

Eine ausreichende Beherrschung der Elektrokristallisationsvorgänge aus den verschiedenen Elektrolyten, d.h. die Unterdrückung von Formänderungen der Elektroden und des gerichteten Kristallwachstums (Dendritenbildung), ist bisher noch nicht gelungen.

1.1.2 Redox- und Gaselektroden

Bei einem einfachen Elektronenaustausch bei Redox-Systemen sind an Zweiphasengrenzelektroden einfacher Struktur prinzipiell ausgezeichnete Voraussetzungen hinsichtlich der Lebensdauer gegeben.

Im Falle von Gaselektroden liegen die Schwierigkeiten auf der Seite der Elektrokatalysatoren, die den Elektroden inkorporiert werden müssen. Der Verlust an Aktivität verursacht eine allmähliche Herabsetzung der entnehmbaren Leistung bzw. des effektiven Wirkungsgrades. (Betroffen sind hauptsächlich Brennstoff-Elemente und Metall/Luft-Zellen.)

Die Hauptursachen sind:

a) Alterung, d.h. Rekristallisation unter Verminderung der wirksamen Oberfläche,

b) Vergiftung durch Verunreinigungen (Reaktions- oder Fremdprodukte),

c) Korrosion (mangelnde chemische oder elektrochemische Beständigkeit),

d) Verluste infolge mangelnder mechanischer Stabilität (z.B. durch Erosion).

Betroffen sind z.B. Raney-Nickel, Platinmetalle und die Katalysatoren an der Sauerstoffelektrode.

Als wirksame Gegenmaßnahmen haben sich die Entwicklung von Legierungen bzw. Mischkatalysatoren zur Stabilisierung der aktiven Struktur, weitgehende Entfernung von nachteiligen Verunreinigungen aus den Reaktanden, dem Elektrolyten und den aktiven Substraten, Regenerierung durch elektrolytische Gasentwicklung an den Elektroden und schließlich Austausch der gebrauchten Elektrolyte erwiesen.

1.1.3 Elektroden zweiter Art

Die Hauptanforderungen und Schwierigkeiten liegen in der Aufrechterhaltung der inneren (porösen) Elektrodenstruktur während des Ablaufes der elektrochemischen Reaktionen des Lade- bzw. Entladeprozesses (z.B. Übergang von Metall in Oxid bzw. Hydroxid oder in ein schwerlösliches Salz, Auftreten von Oxiden verschiedener Oxidationsstufen) sowie einer ausreichenden elektronischen Leitfähigkeit. Diese Faktoren bestimmen auch den Grad der Ausnutzung der aktiven Massen.

Die gravierendsten Probleme werden durch Volumenänderungen, Kornvergröberung (Verlust an elektrochemisch aktiver Oberfläche), die Ausbildung nichtleitender passivierender Schichten, ferner durch die Abnahme der mechanischen Stabilität bei der durch Gasentwicklung bedingten Erosion und durch

Verminderung der Haftfestigkeit der aktiven Partikel untereinander und an den Stromableitungen bzw. Trägermaterialien (Abschlammung) verursacht.

Spezielle Maßnahmen zur Beseitigung dieser Mängel betreffen Zusatzstoffe und Verbesserungen der Konstruktionen und Halterungen bzw. der Trägergerüste.

Eine Erhöhung der Arbeitstemperatur bedeutet fast immer eine Steigerung der Geschwindigkeit aller thermodynamisch möglichen Reaktionen. Dies bewirkt neben der Zunahme der spezifischen Leistung jedoch auch eine Verringerung der Lebensdauer.

Auch hinsichtlich der Arbeitstemperatur müssen daher im Einzelfall die optimalen wirtschaftlichen Bedingungen ermittelt werden.

Bei Beherrschung aller wissenschaftlichen und technologischen Voraussetzungen entscheidet weitgehend die Frage der Gesamtkosten über die wirtschaftliche Konkurrenzfähigkeit gegenüber konventionellen Energiequellen und -speichersystemen.

2. Probleme der Elektrodentechnologie

Die Technologie der Elektrodenherstellung beeinflußt die Eigenschaften der Elektroden und damit die Kenndaten der Batterie wie auch den Kostenaufwand in entscheidendem Maße. Fortschritte auf diesem Gebiet werden wesentlich zur Verbesserung der bekannten Typen beitragen und bestimmend für einen wirtschaftlich erfolgreichen Einsatz der nach neuen Konzeptionen entstandenen und in Entwicklung befindlichen elektrochemischen Speichersysteme sein.

Die Verfahren zur Erzeugung der Elektroden konventioneller Akkumulatoren sind vielfältig und kompliziert, sie beruhen meist auf empirisch erworbenen Kenntnissen und sind oft durch spezielle „Rezepturen" gekennzeichnet, die von den verschiedenen Produzenten entwickelt wurden.

Auf dem Gebiet der Herstellung von Gasdiffusionselektroden, d.h. im Brennstoffzellenbereich, hat sich in den letzten 15 bis 20 Jahren eine derart umfangreiche und spezialisierte Technologie entwickelt, daß eine einigermaßen detaillierte Darstellung im Rahmen dieser Abhandlung unterbleiben muß. In diesem Zusammenhang wird auf die umfangreiche Spezialliteratur verwiesen: [34,216-221].

Im folgenden wird daher nur ein Überblick prinzipieller Natur über wesentliche Grundoperationen, grundsätzliche Erwägungen von allgemeiner Bedeutung und über Entwicklungsmöglichkeiten gegeben. Ferner werden Richtlinien zur Erarbeitung einer wissenschaftlichen Basis skizziert, welche die Beherrschung einer Technologie zur Realisierung der gewünschten Eigenschaften der Elektroden in gezielter und reproduzierbarer Weise ermöglichen sollen.

In Speicherelementen mit Elektroden zweiter Art und bei Gaselektroden ist für die Erzielung der erforderlichen Leistungs- und Energiedichten eine möglichst hohe elektrochemisch aktive Oberfläche erforderlich. Es ist jedoch dabei zu beachten, daß die spezifische Oberfläche (m^2/g) nicht mit der elektrochemisch aktiven Oberfläche identisch ist (Zugänglichkeit von Mikroporen, Zahl der elektrochemisch wirksamen Zentren). Die Voraussetzung hoher, elektrochemisch aktiver Oberflächen wird nur von Materialien mit poröser Struktur in ausreichendem Maße erfüllt.

Die für den Reaktionsablauf in porösen Substraten wesentlichen Faktoren lassen sich folgendermaßen zusammenfassen:

Grundsätzlich werden Elektroden mit Zweiphasen- und Dreiphasengrenzzonen unterschieden.

Im ersten Fall findet die Reaktion an der Phasengrenze zwischen Elektrolyt und der aktiven Speichermasse statt, wie dies für die konventionellen Elemente charakteristisch ist (Pb/H_2SO_4, NiOOH/Fe, NiOOH/Zn usw.). Sofern im Falle von Brennstoffzellen der Brennstoff in gelöster Form im Elektrolyten vorliegt, so wird er ebenfalls in einer Zweiphasengrenzzone an einer porösen Elektrode umgesetzt.

Für Gaselektroden (in Brennstoffzellen und Metall/Luft-Systemen) sind Dreiphasengrenzgebiete, d.h. der Bereich, in dem Gas, feste Elektrode und Elektrolyt aneinandergrenzen, als wirksame Reaktionszonen typisch; vielfach läuft allerdings der überwiegende Anteil des Reaktionsgeschehens im Bereich dünner, die Elektrodenoberfläche benetzender Elektrolytfilme und nicht unmittelbar an der Dreiphasengrenze, d.h. an einer Linie, ab.

In porösen Elektroden ist der Massentransport ein für das elektrochemische Geschehen wesentlicher Vorgang. Er erfolgt innerhalb des aktiven Porenraumes in überwiegendem Maße durch Diffusion. Bei ausreichender Geschwindigkeit des Ladungsdurchtrittes und der beteiligten chemischen Reaktionen kann daher der Transportvorgang zum langsamsten Schritt werden und damit die Leistung des Elements begrenzen. Große elektrochemisch aktive Oberflächen und kurze Diffusionswege bilden die Voraussetzung für die Erzielung eines ausreichend raschen An- und Abtransportes für Reaktanden und Reaktionsprodukte.

Eine Verbesserung der Konvektion im äußeren Elektrolyten beeinflußt den Ablauf der Prozesse im Innern der Poren nur in geringem Maße. (Wird die gesamte Elektrode vom Elektrolyten durchströmt, werden dagegen wesentliche Veränderungen ihres Verhaltens erzielt.)

Die Eigenschaften der porösen Elektrode werden daher von deren Porenvolumen, der Porenverteilung (Makro- und Mikroporensystem) sowie der Porenlänge bestimmt.

Der Aufbau und die Herstellung von porösen Gasdiffusionselektroden sind im Vergleich zu den Elektroden mit einer Zweiphasengrenzzone im allgemeinen komplizierter und aufwendiger.

2.1 Gasdiffusionselektroden

2.1.1 Grundlagen

Der Reaktionsablauf erfolgt im Gebiet der in der Pore bei bestimmtem Gasdruck entstehenden Dreiphasengrenzzone zwischen Gas, fester Elektrodenoberfläche und dem Elektrolyten bzw. in dem die Elektrodenoberfläche benetzenden Film. Die Bedingung für die Ausbildung einer stabilen Reaktionszone ist erfüllt, wenn die Summe von Kapillardruck p_k und dem meist geringen hydrostatischen Druck p_h des Elektrolyten dem äußeren Gasdruck p_{gas} entspricht:

$$p_h + p_k = p_{gas}, \qquad p_k = \frac{2\sigma \cos \Theta}{r}, \qquad (2.1)$$

σ = Oberflächenspannung
Θ = Benetzungswinkel
r = Porenradius.
(Bei hydrophilen, d.h. gut benetzbaren Elektrodenmaterialien geht $\Theta \to 0$, $\cos \Theta$ daher $\to 1$.)

Das Gesamtgeschehen in einer (idealisierten) einzelnen Pore kann in mehrere Teilvorgänge in den verschiedenen Bereichen gegliedert werden (siehe Abb. 32):

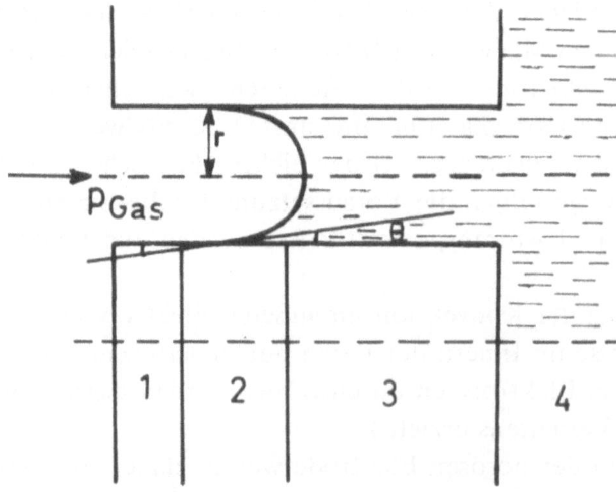

Abb. 32: Wirksame Pore einer Gasdiffusionselektrode (idealisierte Darstellung).
      Teilbereich 1: Transport im Gasraum
      Teilbereich 2: Reaktionszone im Dreiphasengrenzbereich
      Teilbereich 3: Stofftransport im elektrolytgefüllten Teil der Pore
      Teilbereich 4: Stofftransport im Elektrolytraum

1. Transport im Gasraum. Der Transport erfolgt auf Grund des Druckgefälles, das beim Verbrauch der Reaktanden in der Pore entsteht. Die Diffusion im Gasraum ist prinzipiell ein rasch verlaufender Vorgang.
   Eine Diffusionspolarisation kann allerdings dann gasseitig auftreten, wenn eine Anreicherung von Inertgasanteilen im Porenraum erfolgt. Diese kann durch kontinuierliche oder intermittierende Gasspülung vermindert oder vermieden werden.
2. Der zweite Bereich stellt die eigentliche Reaktionszone (Dreiphasengrenzgebiet) dar, wobei über das Reaktionsgeschehen in der Umgebung des Meniskus bisher keine übereinstimmenden, qualitativen und quantitativen Vorstellungen bestehen. (Dies mag zum Teil auf die Tatsache zurückzuführen sein, daß die Modelle an sehr verschiedenartigen Systemen entwickelt wurden, wobei die hohe Material- und Systemspezifität der Prozesse eine Verallgemeinerung der Resultate nicht gestattet.)
   Es konnte gezeigt werden, daß grundsätzlich zwei verschiedene Reaktionswege in Erwägung zu ziehen sind:
   a) Primär erfolgt die Auflösung des Reaktanden im Elektrolyten bzw. im benetzenden Elektrolytfilm; es folgt die Diffusion an die aktiven Zentren der Elektrode unter anschließender Chemisorption und Ladungsdurchtritt. Die stromliefernde Zone wird im wesentlichen in einem Bereich der Pore gebildet, in dem der benetzende Elektrolytfilm eine gewisse Dicke weder unter- noch überschreitet. Die Berechnung der Stromdichte-Potentialkurve für diesen Porensektor liefert das Resultat, daß die Stromdichte i der Wurzel aus der Überspannung η proportional ist. i = $k\,\eta^{1/2}$ (bei $\eta > 100$ mV)[222].
   Im Gebiet sehr geringer Dicke des Elektrolytfilmes verhindert der hohe Ohm'sche Widerstand eine merkliche Stromlieferung, während der Stofftransport (Diffusion) durch dicke Schichten sehr langsam abläuft, d.h., daß elektrolytgefüllte Makroporen nur wenig zum Stromfluß beitragen. Die gewünschte Belastbarkeit der Elektrode hängt daher von deren strukturellem Aufbau ab, der die Ausbildung benetzter, d.h. elektrochemisch wirksamer Zonen in der erforderlichen Ausdehnung zulassen muß.
   b) Der zweite Mechanismus zieht die Möglichkeit der Adsorption von Molekülen an trockenen Bereichen der Poren direkt aus der Gasphase in Erwägung, wobei anschließend die Oberflächendiffusion der aktiven Spezies, dem Konzentrationsgefälle folgend, zur Phasengrenzfläche, d.h. der Reaktionszone, den maßgebenden Transportvorgang darstellt.
   Für bestimmte Fälle (H_2-Elektrode) konnte nachgewiesen werden, daß zur Erklärung der beobachteten Stromdichten ein paralleler Ablauf beider Reaktionswege, d.h. nach 2a) und nach 2b) anzunehmen ist[223-225].
3. Im elektrolytgefüllten Teil der Pore findet der Transport der an der Elektrodenreaktion beteiligten Ionen und Moleküle sowie des Lösungsmittels statt.

Unzureichender Konzentrationsausgleich führt auch in diesem Fall zur Diffusionspolarisation. Ferner kann durch Verarmung von Ladungsträgern (Verdünnung des Elektrolyten) die Widerstandspolarisation, d.h. der Spannungsabfall entlang des Elektrolytfadens, vergrößert werden. Wegen der Entstehung von Wasser an Brennstoffzellenelektroden und den daraus resultierenden Konzentrationsdifferenzen zwischen Elektrolyt- und Porenraum ist die Ausbildung von Strömungsvorgängen zu berücksichtigen (Elektrodialyseeffekt)[225].

Die Wasserbildung bzw. die auftretenden Effekte von Verdünnung oder Konzentrierung können durch den Einsatz trockener oder feuchter Reaktionsgase modifiziert bzw. reguliert werden.

4. Der vierte Bereich liegt vor der Porenmündung, an der eine Bündelung der im Innern des Elektrolyten parallel verlaufenden Stromlinien erfolgt (Engewiderstand). In diesem Gebiet spielt die Konvektion für die Nachlieferung der an der Reaktion beteiligten Spezies zum Porenraum und der Abtransport von Reaktionsprodukten eine bedeutende Rolle.

Über das Geschehen in den Bereichen 1, 3 und 4 bestehen klare Vorstellungen; die komplizierte Struktur realer Elektrodenkörper hat aber auch hier eine einheitliche quantitative Behandlung bisher unmöglich gemacht.

Auch die Versuche, die Vorgänge in der Reaktionszone (Bereich 2) zu erfassen, haben, wie bereits erwähnt, bisher zu keinen allgemein gültigen Vorstellungen geführt. Die Erweiterung und Vertiefung der Kenntnisse über diese Prozesse sind Gegenstand zahlreicher theoretischer und experimenteller Arbeiten[217,223,224,226-233].

In hydrophilen Elektroden ist ein möglichst hoher Anteil von Poren mit gleichem Durchmesser (Homöoporosität) von Vorteil. (Die Porenverteilungskurve soll bei dem gewünschten Porenradius ein ausgeprägtes Maximum besitzen.) (Abb. 33a, Bild 1.)

Eine breite Porenverteilungskurve führt im Bereich zu enger Poren zu einer Überflutung des Porenraumes, während im Bereich zu weiter Poren Verluste infolge des Ausströmens von Reaktionsgas in den Elektrolytraum auftreten.

Die Behebung der Mängel poröser Gasdiffusionselektroden wird durch folgende Entwicklungen versucht:

a) Homöoporöse Elektroden (d.h. es existieren nur Poren mit gleichem Durchmesser),

b) Hydrophobierte, praktisch drucklos betriebene Elektroden. Auch in hydrophoben Elektroden bilden sich Dreiphasengrenzen aus; solche Elektroden sind praktisch drucklos zu betreiben, da bei einem Benetzungswinkel $\Theta >$ $> 90^0$ der Kapillardruck p_k negative Werte annimmt und das Reaktionsgas schon bei geringem Überdruck ungenutzt in den Elektrolyten entweichen würde. In diesem Fall übernehmen die Mikroporen weitgehend den Gas-

transport zu den Reaktionszonen in den Poren mit größerem Durchmesser,
c) Zwei- und Mehrschichtelektroden.

Im letzten Fall wird die Elektrode elektrolytseitig von einer feinporigen
Deckschicht begrenzt, an die sich die grobporige Arbeitsschicht anschließt.
Dadurch werden innerhalb eines bestimmten Druckintervalles sowohl die
Überflutung („Absaufen") der Elektrode als auch die beschriebenen Ver-
luste durch „Gasen" vermieden.

d) Eine weitere Konzeption beruht auf der Kombination hydrophiler und
hydrophobierter Elektrodenschichten, an deren Berührungszonen sich das
für den Ablauf der elektrochemischen Reaktion wirksame Phasengrenzgebiet
ausbildet. Diese Elektroden können ohne Überdruck betrieben werden.

In der Praxis wird das Prinzip der Doppelschichtelektrode in fast allen
Fällen verwirklicht (Abb. 33a, Bild 2).

Die technologische Entwicklung hat zu einer Reihe sehr spezifischer
Typen von Gasdiffusionselektroden geführt.

2.1.2 Grundoperationen zur Herstellung poröser Gasdiffusionselektroden

Folgende Grundoperationen werden zur Herstellung poröser Gasdiffusionselektroden verwendet:

1. Die pulverförmigen Ausgangsmaterialien werden gemischt und gleichzeitig
   oder anschließend bei erhöhter Temperatur gesintert.
   a) Zur Erhöhung des Porenvolumens und zur Erzielung einer definierten
      Porenstruktur werden „Filler" (Porenbildner) zugesetzt, die in einem an-
      schließenden Arbeitsgang aus dem Elektrodenkörper herausgelöst werden.
   b) Auch die umgekehrte Vorgangsweise wird angewendet. Nach Füllung
      eines ursprünglich porösen Trägers mit aktivem Material wird der Träger
      in einem speziellen Prozeß entfernt. Die nach diesem Verfahren erhaltene
      poröse Skelettstruktur liefert die Komplementärstruktur des Sinterkör-
      pers, im Gegensatz zu der unter 1a) beschriebenen Methode.
2. Bei der thermischen Behandlung entsprechend aufgebauter Elektrodenkörper entweichen flüchtige Bestandteile (z.B. organische Bindemittel, wie Teer
   etc.) und liefern ebenfalls poröse Elektrodenstrukturen. Auf diese Weise
   werden poröse Kohleelektroden hergestellt.
3. Schließlich werden poröse Pulverelektroden (Schüttelektroden) durch Schüt-
   tung und Einpressen der entsprechenden pulverförmigen Materialien in geeignete Halterungen hergestellt, ohne daß eine Herstellung mechanisch stabiler poröser Elektrodenkörper erforderlich wird.

Als Materialien für den Elektrodenbau kommen im wesentlichen
Metalle und Legierungen,
Materialien auf Kohlenstoffbasis (Graphit, Ruß, Verkokungsprodukte organi-
scher Verbindungen usw.) und
Kunststoffe (Teflon) in Frage.

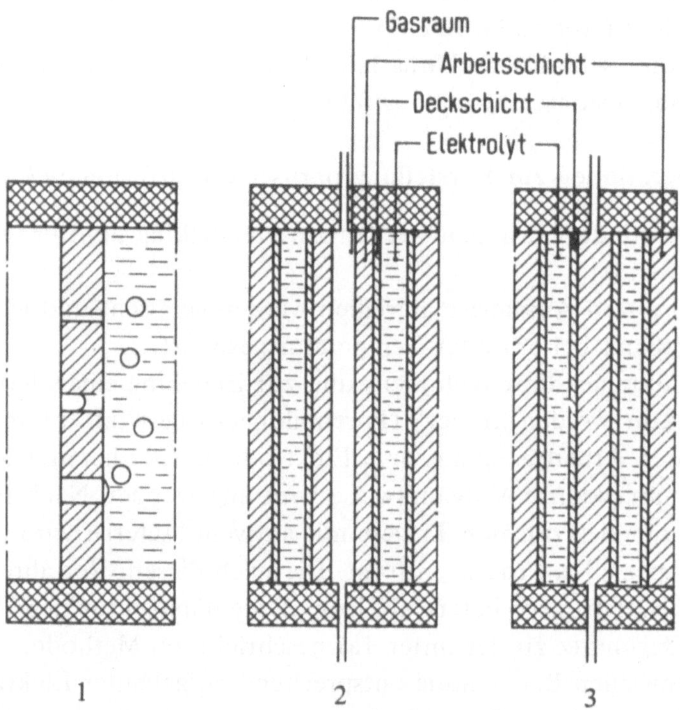

Abb. 33a: Verschiedene Elektrodenformen bzw. Zelltypen in Brennstoffzellen (Gasdiffusionselektroden). Nach Winsel[234].

1 Porose Einschichtelektrode mit Gleichgewichtspore und Poren mit zu großen und zu kleinen Porenradien
2 Zelle mit Doppelschichtelektroden
3 Zelle mit „Janus-Elektroden"

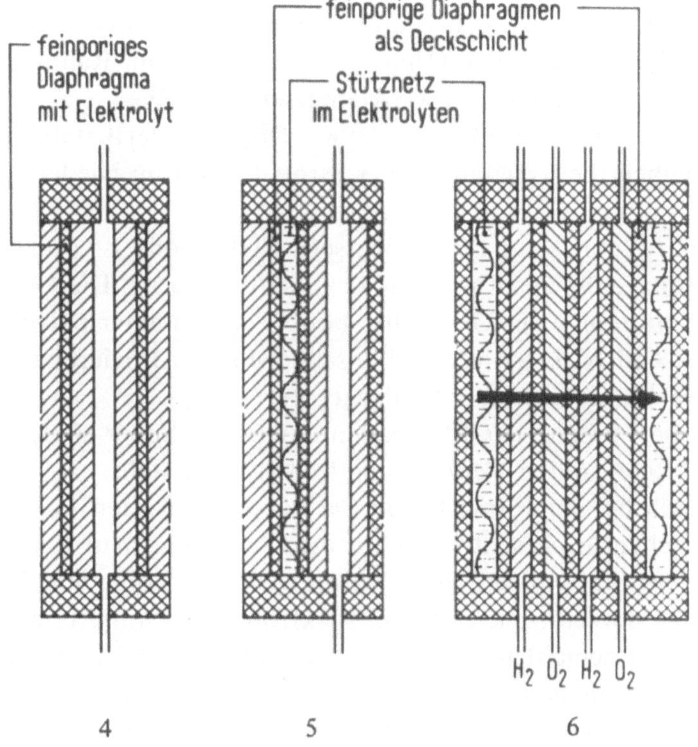

Abb. 33b: 4 Zelle mit immobilisiertem Elektrolyten
           5 Zelle mit gestutzter Elektrode
           6 Zelle nach dem „Eloflux-Prinzip". Nach Winsel[234].

Die metallischen Anteile sind maßgebend für die katalytische Aktivität und eine ausreichende elektronische Leitfähigkeit. Kohle wird ebenfalls wegen des geringen elektrischen Widerstandes, ferner wegen ihrer Billigkeit, Beständigkeit gegen Korrosion, Aktivität für bestimmte Vorgänge (z.B. O_2-Reduktion) und ihren ausgezeichneten Eigenschaften als Trägermaterial (Möglichkeit der Herstellung poröser Elektroden mit hoher aktiver Oberfläche) in starkem Maße bei der Elektrodenproduktion eingesetzt.

Kunststoffzusätze dienen in überwiegendem Maße zur Hydrophobierung bzw. zur Fixierung und Stabilisierung der Phasengrenzzonen. Dabei konnte bisher nur Teflon allen Ansprüchen (insbesondere hinsichtlich der Lebensdauer) gerecht werden.

Als repräsentative Beispiele für erfolgreich in der Praxis erprobte Gas-diffusionselektroden seien angeführt:

1. Die aus Carbonylnickel gepreßten und gesinterten biporösen Elektroden der Baconzelle. In modifizierter Form wurde dieser Elektrodentyp in den Power-Cells der Firma Pratt & Whitney (United Technologies) im Rahmen des Apollo-Raumfahrtprogrammes der USA eingesetzt[235-238].

2. Die von Justi und Winsel eingeführten DSK- (Doppelskelettkatalysator-) Elektroden erlauben die Erzielung hoher Stromdichten im Niedertemperaturbereich[218].

   Der aktive Elektrokatalysator für die Wasserstoffelektrode ist Raney-Nickel, das in einem Stützgerüst aus Carbonyl-Nickel enthalten ist. Die Herstellung erfolgt durch Sinterung eines Gemisches bestehend aus einer pulverförmigen Ni-Al-Legierung und Nickelpulver und anschließender Aktivierung durch Herauslösen des Aluminiums mit Kalilauge.

   In analoger Weise werden DSK-Elektroden mit Raney-Silber als Katalysator, die als Sauerstoffelektroden Verwendung finden, hergestellt.

3. Die von Kordesch bei der Firma Union Carbide entwickelten „fixed zone"-Elektroden bestehen im wesentlichen aus drei Schichten: Auf der gasseitigen (hydrophobierten) Sinternickelschicht sind Lagen von Kohle abnehmender Hydrophobie aufgebracht. Die mit dem Elektrolyten in unmittelbarem Kontakt stehende Kohleschicht ist benetzbar und enthält den Katalysator. Auf diese Weise können dünne ($<$ 1 mm) flexible Elektroden von ausreichender mechanischer und elektrochemischer Beständigkeit erzeugt werden[239-241].

4. Unter den Pulver- oder Schüttelektroden seien die von der Firma Siemens unter F. v. Sturm entwickelten „gestützten" Elektroden als besonders erfolgreiche Konzeption genannt. Feinporige Diaphragmen (Asbest) übernehmen in diesem Fall die Aufgabe der Deckschicht. Die Druckdifferenz (Membrandruck) zwischen Gas- und Elektrolytraum wird durch im Elektrolyten befindliche Stütznetze (metallische Stützgerüste) abgefangen. Dieser Elektrodentyp erlaubt die Erzielung großflächiger und gut belastbarer Elektroden, wobei die Technologie gegenüber den vorher beschriebenen Entwicklungen

vereinfacht erscheint[232,242] (Abb. 33b, Bild 5).

Über die Einzelheiten des Aufbaues, der Eigenschaften und der Herstellung weiterer spezieller Typen muß auf die Literatur verwiesen werden[1,218-221,232].

Besonders interessant sind dichte Folienelektroden aus Palladium bzw. Palladium-Silberlegierungen, bei denen der Wasserstoff durch das Metallgitter hindurch diffundiert. Sie können als Anoden in Brennstoffzellen eingesetzt werden; haben aber in der Praxis der Brennstoffzellentechnologie infolge ihrer mangelnden mechanischen Beständigkeit und der hohen Kosten keine Anwendung gefunden[244-248].

Andere Elektrodenformen sind unmittelbar an die Konstruktion der Zelle gebunden. Dazu zählen Zellen mit immobilisierten Elektrolyten (d.h. der Elektrolyt ist in einer porösen Matrix (Asbest, keramisches Material) „aufgesaugt", wodurch die Membrankräfte aufgefangen und stabilisiert werden). (Abb. 33b, Bild 4.)

Doppelseitig arbeitende Elektroden („Janus-Elektroden") bestehen praktisch aus zwei Membran-Elektroden, wobei je zwei gasseitige grobporöse Arbeitsschichten zu einer einzigen vereinigt werden. Dadurch wird in dem mehrzelligen Aggregat der gewünschte Druckausgleich erreicht (Abb. 33a, Bild 3).

Schließlich sei auf das System der „Eloflux-Zelle" für Wasserstoff und Sauerstoff, bei der Firma Varta von Winsel entwickelt, hingewiesen, wobei durch eine kontinuierliche Elektrolytströmung durch den Zellblock das entstehende Reaktionswasser entfernt, der Massentransport in den Poren verbessert und die Wärmeabfuhr erleichtert wird[249] (Abb. 33b, Bild 6).

Charakteristische Arbeitsvorgänge bei der Herstellung von Gasdiffusionselektroden für Brennstoffzellen sind die Hydrophobierung und die Einbringung der Katalysatoren: In beiden Fällen kann eine Zumischung der erforderlichen Substanzen zu den Ausgangsmaterialien erfolgen, woran sich der eigentliche Prozeß der Elektrodenformung und -herstellung (Pressen - Sintern) anschließt. Eine weitere Möglichkeit besteht in der Imprägnierung der fertigen porösen Elektrodenkörper mit dem Hydrophobierungsmittel oder dem Aufbringen des Katalysators (mechanisches Einstreichen, Tränken mit Lösungen) und anschliessender Trocknung und Aktivierung z.B. auf thermischem Wege.

Aus der Eigenart dieser Prozesse ergibt sich, daß die Erzielung vollkommen reproduzierbarer Eigenschaften der Elektroden mit großen Schwierigkeiten verbunden ist.

2.2 Elektroden in Speicherelementen

Die Struktur poröser Elektroden in Speichersystemen wird während des Lade-Entladezyklus infolge der mit Bestandteilen des Elektrolyten ablaufenden Reaktionen unmittelbar verändert. Dieser Abbau und Wiederaufbau stellt einen grundsätzlichen Unterschied zu dem Reaktionsgeschehen in Gasdiffusionselektroden und an Redoxelektroden dar. Die Strukturänderungen in den Elektroden beeinflussen auch die Transportvorgänge in charakteristischer Weise.

Die Bildung von schwerlöslichen Reaktionsprodukten (Oxide, Hydroxide, Sulfat usw.) bei Elektroden zweiter Art kann in wässrigen Elektrolyten als Fällungsreaktion aufgefaßt werden. Der in Lösung gegangene Reaktionspartner soll einen möglichst kleinen Weg zum Zentrum der Fällungsreaktion zurücklegen. Diese Bedingung wird umso besser erfüllt, je geringer die Löslichkeit ist; liegt diese zu hoch, so erfolgt eine mit zunehmender Zyklenzahl fortschreitende Veränderung und Verschlechterung der Elektrodenstruktur (so stellt z.B. Zink als Lösungselektrode einen Extremfall dar).

Um den Fortgang des elektrochemischen Prozesses aufrecht zu erhalten, müssen die Ionen einer mit schwerlöslichen Reaktionsprodukten gesättigten Lösung durch bereits gebildete Schichten des Reaktionsproduktes diffundieren.

Am Beispiel des Blei/Schwefelsäure-Akkumulators, in dem diese Erscheinung in ausgeprägter Form auftritt, und das besonders eingehend studiert wurde, können die wesentlichen Vorgänge in anschaulicher Weise beschrieben werden[21].

Im Porensystem ist zunächst nur ein Teil (etwa 30%) der für die vollständige Entladung der negativen Platte erforderlichen Menge von H_2SO_4 enthalten, die Nachlieferung erfolgt durch Diffusion aus dem äußeren Elektrolytraum. Ferner ist zu berücksichtigen, daß $PbSO_4$ etwa das Eineinhalbfache des Raumbedarfes der entsprechenden aktiven Bleimasse einnimmt. Bleisulfat kann sich daher nur in solchen Zonen der porösen Struktur abscheiden, die ein größeres Volumen als die während der Reaktion verschwindenden Bleikristallite aufweisen.

Bei der Hochstromentladung wird unmittelbar vor der Elektrodenoberfläche eine so hohe Übersättigung der Lösung verursacht, daß spontan in Form einer passivierenden Schicht ausfallendes Bleisulfat eine vollständige Abdeckung aktiver Masseteilchen bewirkt. Dadurch sinkt nicht nur der Ausnutzungsgrad, auch die Masseausnutzung in der Elektrode wird ungleichmäßig. Ferner kann eine Verarmung an Schwefelsäure in dem an die Reaktionszone angrenzenden Porenraum die Geschwindigkeit der Entladung begrenzen. Wird jedoch eine Elektrolytströmung durch den Elektrodenkörper erzeugt (erzwungene Konvektion), so wird eine gleichmäßige Sulfatverteilung und eine Verbesserung des Ladenutzeffektes (Ausnutzungsgrades der aktiven Massen) und damit Verhältnisse erzielt, die sonst nur bei Anwendung niedriger Entladestromdichten auftreten[21].

2.2.1 Elektroden für Blei/Schwefelsäure-Akkumulatoren[46,250-253]

Die Technologie der Elektrodenherstellung für Blei/Schwefelsäure-Akkumulatoren basiert auf einer mehr als hundertjährigen Erfahrung und kann auf vielfältige und intensive Entwicklungsarbeiten verweisen. Dementsprechend sind der Stand, die Fertigung und die Qualität der Endprodukte am weitesten unter allen Systemen der technisch realisierbaren Grenze angenähert. Die Prozesse für die Elektrodenproduktion umfassen

1. die Herstellung der aktiven Materialien und des Trägergerüstes und die Inkorporierung der aktiven Massen.
2. Umwandlung dieses Materials in die elektrochemisch wirksame Form (Formation).

Die an der elektrochemischen Reaktion beteiligten wirksamen Materialien (metallisches Blei und Bleidioxid) müssen für einen möglichst vollständigen und ungehemmten Reaktionsablauf hohe Oberflächen besitzen (etwa 0,5 m^2/g an der negativen, etwa 5 m^2/g an der positiven Elektrode), in gutem elektrischem Kontakt untereinander und mit den Stromableitern stehen.

ad 1. Als Ausgangsmaterialien für die aktiven Massen dienen Mischungen von metallischem Blei und etwa 65 bis 80% Bleioxid (PbO), die - mit H_2O und verdünnter H_2SO_4 zu Paste angerührt - in Gitterplatten und pulverförmig in Röhrchenplatten eingebracht werden. Die als „Bleistaub" bezeichnete Mischung wird durch Zerkleinerung und Oxidation von metallischen Bleikörpern in Bleimühlen oder durch Versprühen von flüssigem Blei unter Oxidation im Luftstrom hergestellt.

Die Paste wird in die Gitter eingestrichen und anschließend einige Tage getrocknet. Im Verlauf dieses als „Trocknen" und „Abstehen" (Curing) bezeichneten Prozesses verliert die Paste unter gleichzeitiger Bildung von Poren Wasser, während das noch vorhandene metallische Blei größtenteils zu Bleioxid oxidiert wird. Es entstehen sogenannte „unformierte" Platten.

ad 2. Die elektrochemische Umwandlung des aktiven Materials zu Bleidioxid bzw. zu metallischem Blei wird als „Formation" bezeichnet. Sie geschieht auf elektrochemischem Wege entweder in bereits fertig montierten Zellen oder in besonderen Tanks. Nach der Tankformation müssen die Platten nochmals gewaschen und getrocknet werden, ehe sie in die Zellen eingebaut werden.

Das Trocknen geladener negativer Platten und deren Aufbewahrung erfordert besondere Maßnahmen, um eine neuerliche Oxidation („Verbrennen") der aktiven, eine hohe innere Oberfläche aufweisenden Bleimasse zu verhindern, wobei die starke Wärmeentwicklung bis zum Schmelzen der Elektrode führen kann.

Trotz der Ähnlichkeit der Zusammensetzung der Ausgangsmaterialien werden positive und negative Massen in getrennten Arbeitsgängen hergestellt, da besonders die negative Platte Zusätze enthält, die eine Rekristallisation, d.h. das Zusammenwachsen der Teilchen zu größeren Aggregaten (unter Verlust an elektrochemisch nutzbarer Oberfläche) verhindern sollen. Bei diesen „Expandern" (Spreizmitteln) handelt es sich z.B. um Bariumsulfat oder organische Produkte wie Ligninderivate.

Eine detaillierte Beschreibung der verschiedenen Verfahren auch zur Herstellung der Trägergerüste bzw. der Gitterlegierungen unterbleibt im Rahmen dieser Abhandlung.

Insgesamt gesehen, wird die Technologie der Elektrodenherstellung gut beherrscht, weist aber in vielen Fällen noch stark empirische Züge auf, wobei die „Rezepturen" der einzelnen Erzeuger als Firmengeheimnisse behandelt werden und nicht öffentlich zugänglich sind.

Die Entwicklungen hinsichtlich des Einsatzes für Traktionszwecke lassen für eine Verbesserung der Struktur der aktiven Massen nur mehr begrenzte Fortschritte erwarten, während durch Verminderung des gewichtsmäßigen Anteils des Trägergerüstes und anderer Batteriekomponenten sowie durch kompakte Bauweise eine Erhöhung der Energiedichte angestrebt wird.

2.2.2 Elektroden für Akkumulatoren mit alkalischen Elektrolyten[255-258]

Eine Zellkomponente von zentraler Bedeutung einiger aussichtsreicher Systeme ist die positive β-NiO(OH)-Elektrode. Die aktive Masse wird meist durch Fällung des Ausgangsmaterials Nickel(II)-Hydroxid $(Ni(OH)_2)$ aus Nickelsalz- (Nitrat-) lösung durch Lauge hergestellt. Zur Verbesserung der Leitfähigkeit werden Zusätze wie Graphit oder metallische Nickelflocken zugemischt. Die Elektroden werden durch Verpressen der aktiven Masse, durch Füllen von Röhrchen- oder Taschenelektroden, im überwiegenden Maße aber durch Einbringen des aktiven Materials in hochporöse Nickelsinterkörper hergestellt[255].

Auf ein perforiertes Trägerband (Nickel oder Stahl) wird eine Aufschlämmung von Carbonyl-Nickelpulver gebracht und bei 800 bis 1000°C gesintert. Die Füllung mit aktiver Masse erfolgt durch anschließende Imprägnierung mit Nickelsalzlösung und deren Umwandlung in Hydroxid.

Die Vorteile des Sinterelektrodentyps liegen in der guten Masseausnutzung, der hohen Belastbarkeit neben ausreichender mechanischer Beständigkeit und geringem Raumbedarf. Der hohe Gewichtsanteil an Trägermaterial vermindert allerdings die Energiedichte in so starkem Maße, daß für Traktionsbatterien verbesserte Techniken der Elektrodenherstellung entwickelt werden; sie sollen außerdem die bisher noch zu hohen Kosten der β-NiO(OH)-Elektrode auf ein wirtschaftlich vertretbares Maß reduzieren. Dabei spielen Zusätze zur aktiven Masse (Erhöhung des Ausnutzungsgrades), Verminderung der Inertanteile (Trägermaterial) und deren Ersatz durch gewichts- und preismäßig günstigere Materialien (z.B. Graphit) eine wichtige Rolle.

Die Fortschritte der Technologie betreffen einerseits die Verwendung von nickelüberzogenem Fasermaterial und von Nickelpulver, das sich gegenuber Carbonylnickel durch Einheitlichkeit in der Korngröße wesentlich unterscheidet. Sinterkörper, die auf der Basis dieses Materials hergestellt werden, zeichnen sich durch einheitliche Struktur, hohe Zyklenzahl und große Kapazität aus[259] (Abb. 34).

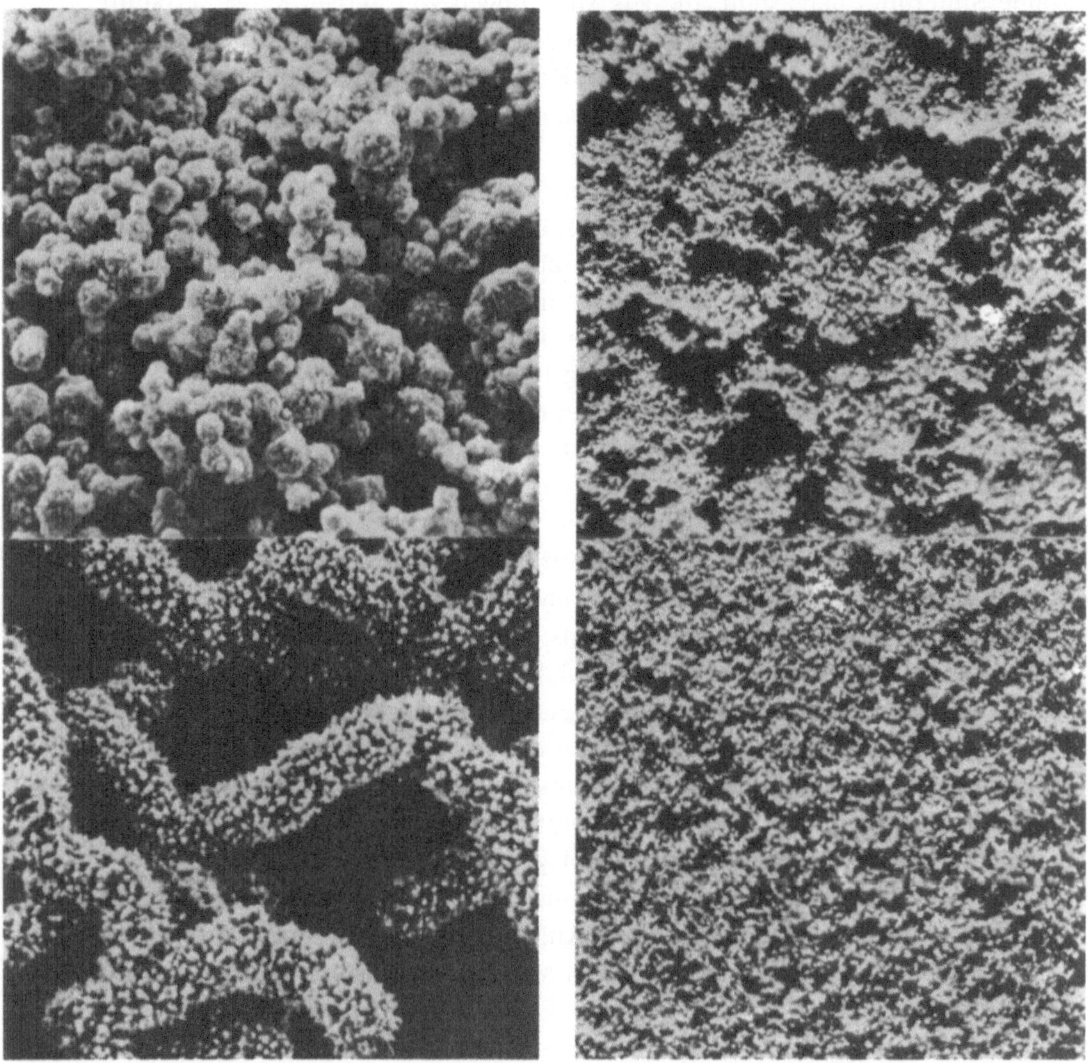

Abb. 34: Entwicklung spezieller Nickelpulversorten für die Herstellung verbesserter β-NiO(OH)-Elektroden, nach Plust[259].
Links: Nickelpulver (1000-fache Vergrößerung)
Rechts: Oberfläche gesinterter Nickelplatten für β-NiO(OH)-Elektroden (50-fache Vergrößerung)

Andererseits werden mittels Preß- und Walztechnik Verbundelektroden (ohne Sinterung) hergestellt, die aus Mischungen von aktiver Masse, Graphit, Zusätzen wie Kobalthydroxid und einem Kunststoffbindemittel bestehen. Diese Technologie bringt eine wesentliche Kostensenkung (Materialersparnis, weniger kostspielige Produktionsprozesse), bedingt allerdings eine Verminderung der Belastbarkeit und der Lebensdauer der Elektroden[6,259-261].

Eine andere Möglichkeit besteht in der Herstellung von metallischen Gerüsten überaus hoher Porosität ($> 90\%$), ausgehend von oberflächenreichen dendritischen Nickelpulvern[262], metallischen Fasern[263,264] oder durch thermische Zersetzung von mit Nickelpulvern imprägnierten geschäumten Polyäthern[265].

Weitere Fortschritte werden durch die Verwendung von leichten und billigen Kunststoffrahmen als Halterung für die Elektroden erzielt.

Die schwerwiegenden Probleme bei der Wiederaufladung der **Zinkelektrode** haben zu zahlreichen Versuchen geführt, durch Modifizierung des Aufbaues, der Form und der Struktur, d.h. auch von der Seite der Elektrodentechnologie ihre Lebensdauer in entsprechender Weise zu verbessern.

Ausgangsmaterialien sind Zinkpulver, gemischt mit Zinkoxid, Bindemitteln und Zusätzen, die durch Preß- und Sprühtechniken, durch Walzverfahren oder Einbringen einer Paste in Metallgitter als Träger und Stromableiter zu Elektroden geformt werden. Zuschläge von Kalziumhydroxid und schichtenförmiger Aufbau der Elektroden, deren ursprüngliche Form und Struktur durch Einbetten in Kunststoffrahmen erhalten werden soll, vermindern die Probleme der Formänderung. (Die Löslichkeit von Zink im Elektrolyten und die Gefahr der Abdiffusion von Zinkat in den Elektrolyten wird herabgesetzt und gleichzeitig die Separatorwirkung durch den $Ca(OH)_2$-Anteil verbessert[109].)

Die bisher eingeschlagenen Wege und Varianten der Elektrodentechnologie lieferten noch keine Lösung, die den Anforderungen an Traktionsbatterien gerecht wird. Dies betrifft in besonderem Maße die geringe Lebensdauer der Elektroden.

Die Entwicklungsarbeiten am Eisen-Luftsystem führten zur Herstellung von **Eisenelektroden**, die sich den herkömmlichen, seit langem im Edison-Akkumulator verwendeten Typen (auf der Basis von Platten- oder Röhrchenkonstruktionen, die mit aktiver Masse gefüllt wurden) bedeutend überlegen zeigten.

Einen weiteren Fortschritt stellte dabei die Möglichkeit der Herstellung selbsttragender poröser Elektroden dar, die mittels Sintertechnik aus reinem Eisenpulver erzeugt werden. Dabei erübrigen sich die bisher notwendigen komplizierten Verfahren zur Aufbereitung der aktiven Masse[53].

Eine Erhöhung der Kapazität (Ausnutzungsgrad) wird durch schichtenförmigen Elektrodenaufbau erreicht, wobei grobporige Lagen von Eisenfasern und feinporöse Schichten, welche die aktive Masse enthalten, senkrecht zur Elektrodenoberfläche aufeinander folgen. Zur Stabilisierung der Struktur dienen eine käfigartige Halterung aus Streckmetall und Zusatzstoffe wie organische Bindemittel neben Ruß (Kohle, Graphit), die zur Erhöhung der Leitfähigkeit beigefügt werden. Die grobporösen Schichten erleichtern den Transport der Reaktionspartner und den gleichmäßigen Elektrolytzutritt zu den Reaktionszonen[72] (Abb. 35).

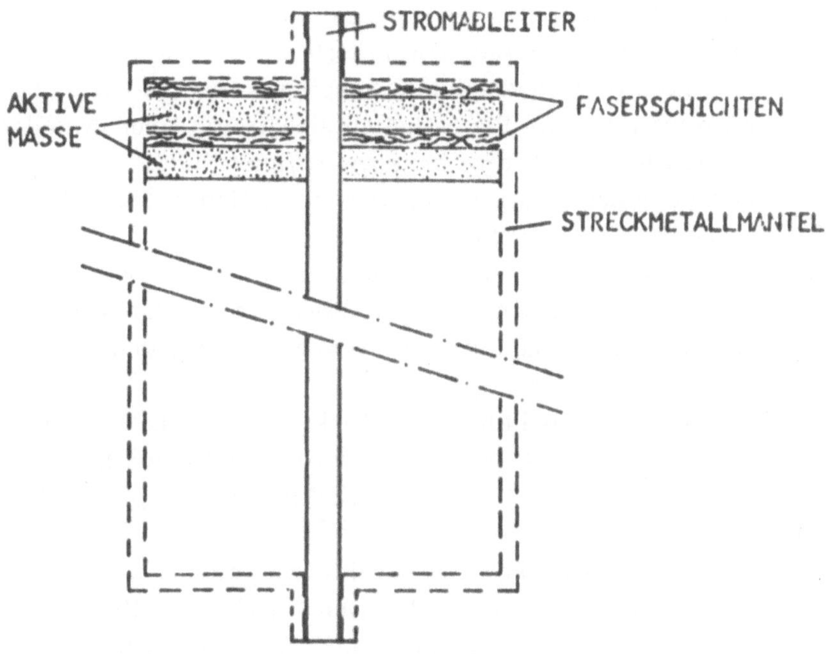

Abb. 35: Schema einer (SIEMENS)-Eisenelektrode[72].
Querschnitt, 5-fache Vergroßerung.

Nicht zuletzt auf Grund dieser technologischen Verbesserungen wurde z.B. eine ungefähre Verdopplung der Energiedichte des β-NiO(OH)/Fe-Systems erzielt[53].

2.2.3 Elektroden für Hochtemperaturbatterien

Die Arbeiten an neuartigen Speichersystemen, die im Bereich hoher Temperaturen betrieben werden, haben den Anstoß zur Entwicklung unkonventioneller Technologien für die Elektrodenherstellung gegeben. Die Konfrontation mit den extremen Anforderungen an Elektroden und Zellkomponenten sowie die Notwendigkeit der Beherrschung von aggressiven Medien wie z.B. flüssigem Lithium führten zur Entwicklung neuartiger Verfahren. In analoger Weise erfordert der Einsatz bisher nur wenig bekannter Werkstoffe weitgehende technologische Umstellungen und die Auffindung fortgeschrittener Fabrikations- und

Untersuchungsmethoden.

Als Beispiel seien einige Ansätze und Versuchsserien zur Erarbeitung geeigneter Technologien zur Produktion von brauchbaren Elektroden für Li-Al/ FeS$_x$-Speicherzellen beschrieben[135].

Angestrebt wird hierbei bekanntlich entsprechende Belastbarkeit, worunter die Erreichung der vorgegebenen Zielvorstellungen hinsichtlich Energie- und Leistungsdichten bei ausreichender Lebensdauer (Zyklenzahl) verstanden werden soll. Ferner soll gleichzeitig ein Kostenniveau eingehalten werden, das einen wirtschaftlich tragbaren Einsatz gewährleistet.

Die geladenen negativen Elektroden bestehen aus einer Li-Al-Legierung (etwa 50 Atomprozent Lithium). Sie enthalten gleichzeitig einen Anteil des LiCl/KCl-Elektrolyten und den Stromableiter (rostfreier Stahl).

Für die Herstellung der negativen Elektroden wurden im wesentlichen folgende Prozeßtechniken untersucht:

1. Die negative Masse wird durch elektrochemische Abscheidung von Lithium unter Legierungsbildung in einem porösen Substrat gepreßter Aluminiumfasern erzeugt. (Der Volumenanteil an Li-Al-Legierung geladener Elektroden liegt zwischen 20 und 70%[266].)

2. Es werden pulverförmige Mischungen von Elektrolyt und Li-Al-Legierung, die auf pyrometallurgischem Wege erzeugt worden sind, bei Temperaturen oberhalb des Schmelzpunktes (352°C) des Elektrolyten zu plattenförmigen Elektroden heiß verpreßt[267].

3. Flache poröse Eisen- oder Nickelskelettstrukturen werden mit dem zu bestimmter Korngröße vermahlenen Li-Al-Pulver mittels eines Rüttel- bzw. Vibrationsprozesses (vibratory loading) beladen. Dem so erhaltenen Elektrodenkörper, der noch ein Restporenvolumen von etwa 45% aufweist, wird anschließend mittels einer Vakuumfülltechnik der Elektrolyt inkorporiert[268].

Die unter 3) beschriebene Verfahrensvariante lieferte die besten Resultate hinsichtlich

a) der elektrochemischen Belastbarkeit und der Ausnutzung der aktiven Masse,

b) der Stabilität der Elektrodenform (geringe Volumenänderungen) und der inneren Struktur der wirksamen Bestandteile,

c) der Stromableitung.

Die positiven Elektroden bestehen aus FeS$_2$ oder FeS bzw. aus Mischungen dieser beiden Verbindungen, Zusätzen, den Stromableitern und eventuell einem zusätzlichen Stützgerüst (Kohlenstoff), das ebenfalls zur Verbesserung der Elektronenleitfähigkeit beiträgt.

Die Elektrodenfertigung erfolgt:

1. nach einem Heißpreßverfahren, wobei die homogenisierte Ausgangsmischung aus aktivem Material und Elektrolyt mit einem metallischen Stromableiter bei Temperaturen über 352°C unter Druck zur Elektrode geformt wird.

2. Kohlenstoffgebundene Elektroden werden aus einer porösen Masse hergestellt,

die aus den Komponenten aktives Elektrodenmaterial, flüchtiges Material, das ohne verunreinigende Rückstände thermisch aufgebaut werden kann, und einem Bindemittel auf Kohlenstoffbasis (Carbonzement) besteht. Es entstehen stabile poröse Elektrodenkörper, in denen das aktive Material im Kohlenstoffgerüst eingebettet ist.

3. Schließlich existiert ein dem Herstellungsprozeß negativer Elektroden analoges Verfahren. Dabei werden poröse, als Stromableiter dienende Eisen- (im Falle von FeS-Elektroden) oder Schaumkohlenstoff-Gerüste (im Falle von FeS_2-Elektroden) durch Einrütteln des aktiven Massepulvers gefüllt.

Vor allem die positiven Elektroden werden sowohl im geladenen als auch ungeladenen Zustand (bestehend aus Li_2S, Fe und Elektrolyt) hergestellt. Dadurch soll Aufschluß über die Möglichkeiten der verbesserten Beherrschung der Volumenänderungen und der Stabilität der Porenstruktur während der Lade-Entladezyklen erhalten werden. Für die positive Seite erscheint der Einsatz von einem Gerüst aus Kohlenstoffbindemittel als Stromableiter am meisten erfolgversprechend.

Weitere Untersuchungen[136,269-274] zur Optimierung der Technologie der Elektrodenherstellung betreffen den Zusammenhang der elektrochemischen Kenndaten mit der Dimensionierung der Elektroden, die Gewichts- und Volumenverhältnisse von aktiver Masse, Elektrolyt und Stromableiter, ferner die Variation der Fertigungsbedingungen.

Beim Na/S-System liegen die Schwierigkeiten weniger im Bereich der Technologie der Elektrodenherstellung als in der Auffindung eines vorteilhaften Aufbaues der Schwefelelektrode und der Bewältigung der dabei auftretenden Materialprobleme (siehe Kap. III.2.2).

2.3 Vorschläge für Richtlinien zur Erarbeitung einer wissenschaftlichen Basis der Elektrodentechnologie

Eine Bedingung von ausschlaggebender Bedeutung für den erfolgreichen Einsatz technologischer Prozesse zur Elektrodenerzeugung ist die Beherrschung der wissenschaftlichen Grundlagen, die durch das genaue Verständnis der elektrochemischen Vorgänge und durch die Erkenntnisse der Materialforschung erworben werden können. Die Voraussetzungen für den ökonomisch vertretbaren Einsatz dürfen dabei nicht vernachlässigt werden.

Bei ausreichender Verfügbarkeit der Ausgangsmaterialien, deren Anschaffungskosten dabei innerhalb des Rahmens der wirtschaftlichen Möglichkeiten verbleiben müssen, bestimmen

1. die elektrochemische Aktivität (Belastbarkeit, Energie- und Leistungsdichte),
2. die Lebensdauer (Zyklenzahl bei Speicherelementen) und
3. die Kosten der Produktionsverfahren

die praktische Verwendbarkeit der Elektroden.

Wird die grundsätzliche elektrochemische Eignung des Materials als gegeben und der Ablauf der elektrochemischen Reaktionen als beherrschbar vorausgesetzt, so können folgende Richtlinien zur Erarbeitung einer wissenschaftlichen Basis für die Entwicklung einer geeigneten Elektrodentechnologie skizziert werden:

a) Untersuchung und Charakterisierung der Struktur der aktiven Massen durch Einführen rationaler Kenngrößen, die meßtechnisch leicht zugänglich sind und verläßliche Aussagen über das Verhalten der Elektroden erlauben. Hierfür kommen die Bestimmung der spezifischen Oberfläche, die Analyse der Porenstruktur (Porenvolumen, Porenlänge, Porenverteilung) in Frage. Verbesserte mathematische Modelle sind zur Erfassung der Stromverteilung und der Transportprozesse im Zusammenhang mit den genannten strukturellen Größen zu entwickeln. Die Kenntnis der Korngrößen und der Korngrößenverteilung der eingesetzten Substrate liefert in Verbindung mit den erwähnten Parametern ebenfalls wichtige Aufschlüsse über die charakeristischen Elektrodeneigenschaften.

Die Überprüfung der mathematischen Ansätze erfolgt durch elektrochemische Messungen an Modellelektroden mit möglichst genau definierter Struktur.

Weitere Methoden zur Untersuchung der Elektrodeneigenschaften und zur Erarbeitung rationaler Grundlagen für die Elektrodentechnologie sind:

Wechselstrommmessungen (Aufnahme des Impedanzspektrums),

Röntgenfluoreszenz,

Röntgendurchleuchtung,

Röntgenfeinstrukturanalyse,

Autoradiographie,

Elektronenmikroskopie (insbesondere Rasterelektronenmikroskopie),

Infrarotspektroskopie.

Dabei werden Struktur, Verteilung und Ausnutzung der aktiven Massen erfaßt, in Brennstoffzellenelektroden auch Aussagen über Reaktionswege und Transportmechanismen in den Reaktionsgrenzzonen erhalten.

Im Brennstoffzellenbereich stellen die Studien der Struktur der Elektrokatalysatoren einen Punkt von zentraler Bedeutung dar. Im besonderen wird die Lebensdauer durch die Zeit bestimmt, innerhalb derer der Verlust an Aktivität der Katalysatoren innerhalb akzeptabler Grenzen bleibt. Der Einfluß von Alterung (Rekristallisation), Korrosion (Auflösung, Deckschichtenbildung) und Vergiftung (Einwirkung von Verunreinigungen) wird durch geeignete Strukturuntersuchungen und elektrochemische Prüfungen erfaßt (z.B. Bestimmung der spezifischen Oberfläche, des Impedanzspektrums, der Austauschstromdichten). Ferner wird ein besseres Verständnis der Wirkung der Trägermaterialien angestrebt.

In Mehrschicht-Elektroden stellt in vielen Fällen die Wirksamkeit der Hydrophobierungsschicht den die Lebensdauer der Elektrode begrenzenden Faktor dar. Die Kenntnis der Beständigkeit der Hydrophobierungsmittel in Abhängigkeit von Betriebsdauer und spezifischen Arbeitsbedingungen ist daher einer der die Technologie dieser Elektroden maßgeblich bestimmenden Faktoren.

Die Stabilität der Elektrode wird durch die Menge, die Herstellungsmethode und die Art der Einbringung des Hydrophobierungsmittels bestimmt.

b) Das Verhalten im praktischen Betrieb wird durch die Abhängigkeit der wesentlichen elektrochemischen Parameter von der Art und der Dauer der auftretenden Belastungen bestimmt. Die Untersuchungsbedingungen sollen den in der Praxis auftretenden Verhältnissen angeglichen werden. Da die endgültige Entscheidung über die Brauchbarkeit neuer Entwicklungen von der Erreichung der aus wirtschaftlicher Sicht vorgegebenen Zielvorstellungen abhängt, erfordern adäquate Prüfmethoden im allgemeinen großen Zeitaufwand (z.B. Messung von einigen tausend Lade-Entladezyklen).

Die Entwicklung leistungsfähiger Schnellprüfverfahren, die Richtlinien für die Auswahl der günstigen Fertigungsbedingungen liefern können, erscheint wünschenswert. Problematisch bleibt dabei allerdings, ob „zeitraffende" Bedingungen gewählt werden können, welche die im Betrieb auftretenden Effekte hinreichend genau simulieren, so daß für die Praxis relevante Ergebnisse erhalten werden können. Üblicherweise werden verschärfte Bedingungen (erhöhte Temperatur und elektrochemische Belastung, gezielter Zusatz von Elektrodengiften) gewählt, um die Geschwindigkeit der in Frage stehenden Prozesse in der gewünschten Weise zu beeinflussen. Für die Prüfung der Korrosion, Deckschichtenbildung usw. haben sich dabei Methoden der zyklischen Voltametrie bewährt, die innerhalb kurzer Zeit realistische Aussagen und Prognosen über das Langzeitverhalten von Elektroden erlauben.

Eine internationale Einigung über Prüfmethoden und Testbedingungen erschiene im Hinblick auf Vergleichbarkeit und Reproduzierbarkeit der in der Literatur mitgeteilten Ergebnisse und damit für den weiteren Fortschritt auf dem Gebiete der Batterietechnologie von großem Wert.

c) Ein wichtiger Beitrag zur Schaffung einer rationalen Basis der Elektrodenfabrikation muß von der Seite der Werkstoffprüfung und Materialforschung geliefert werden.

Aufgabe ist dabei die Ermittlung physikalisch-chemischer Kenndaten der eingesetzten Stoffe. Die Kenndaten betreffen z.B. die Leitfähigkeit, die mechanische Festigkeit, die Härte, die Duktilität, die Temperaturbeständigkeit, ferner die Bearbeitbarkeit und Verträglichkeit mit den weiteren Zellkomponenten, die Ermittlung von Zustandsdiagrammen, die chemischen Reaktionsmöglichkeiten bzw. die Stabilität gegenüber anderen Zellkomponenten.

Besonders wichtig ist auch die Bestimmung der chemischen Zusammensetzung, des Gehaltes von Verunreinigungen und die Kenntnis der Anwesenheit von Spurenelementen. Eine möglichst exakte Einhaltung der erforderlichen Eigenschaften der für die Herstellung von aktiver Masse und für die Elektrodenfertigung verwendeten Ausgangsmaterialien ist die Voraussetzung für einheitliches elektrochemisches Verhalten im Betrieb.

d) Entscheidende Probleme der Elektrodentechnologie (und auch der Herstellung anderer Zellkomponenten wie z.B. des Festelektrolyten β-Korund oder von Bornitrid-Separatoren) hängen weitgehend von der verlangten und der optimal erreichbaren Reproduzierbarkeit der elektrochemischen und chemischen Eigenschaften ab. Die zulässigen Grenzen der Fertigungsstreuung werden vom Konstruktionstyp und den auftretenden Betriebsbedingungen bestimmt, wobei Elektroden für Traktionsbatterien besonders wegen des stark wechselnden, stoßweisen Betriebes mit häufigen Tiefentladungen bzw. Spitzenbelastungen sehr hohen Anforderungen gerecht werden müssen. Dieses Ziel kann nur dann erreicht werden, wenn die Herstellungsbedingungen bei der Erzeugung der aktiven Massen und der Elektrodenkörper innerhalb sehr enger Toleranzgrenzen konstant gehalten werden. Ausgereifte Technologien werden daher einer automatischen Steuerung und Kontrolle bedürfen, welche die exakte Einhaltung der maßgebenden Faktoren (z.B. Preßdruck, Sintertemperatur und -dauer) ermöglicht.
Vereinheitlichungen und rigorose Einhaltung der Herstellungsbedingungen erhöhen die Kosten dieser oft komplizierten mehrstufigen technologischen Prozesse, schaffen aber andererseits die Möglichkeit einer weitgehenden Rationalisierung, die für die Massenproduktion eine unerläßliche Voraussetzung darstellen wird.

e) Schließlich soll auf die Wichtigkeit von Untersuchungen verbrauchter bzw. im Betrieb untauglich gewordener Zellen und Elektroden hingewiesen werden. Die Resultate solcher Untersuchungen liefern in vielen Fällen unmittelbare Hinweise auf Verfahrensmängel bzw. die Notwendigkeit der Modifizierung der Technologie hinsichtlich der verwendeten Materialien und der Herstellungsbedingungen (z.B. Verbindungsbildung zwischen aktiver Masse und Stromableiter, Korrosionsprodukte, Kontaktfehler usw.).

Diese Übersicht über die einzuschlagende Vorgangsweise zur verbesserten Beherrschung der Elektrodentechnologie stellt eine Ausgangsbasis zur Erzielung von Fortschritten ohne Anspruch auf Vollständigkeit dar. Nach wie vor werden die experimentell erhaltenen Resultate die Grundlage für die Entwicklung neuartiger Elektroden und deren Technologie darstellen. Die Einhaltung der skizzierten Richtlinien sollte aber die Erreichung der Zielvorstellungen bedeutend erleichtern. Im Endeffekt führt auch die einwandfreie Beherrschung aller technologischen Prozesse nur dann zum Erfolg, wenn der Kostenaufwand für die Herstellung der Ausgangsmaterialien in der erforderlichen Reinheit sowie auch für die Elektrodenproduktion den Einsatz der betreffenden Batterie wirtschaftlich lohnend erscheinen läßt.

3. Die Elektrolyte

3.1 Grundsätzliche Anforderungen an die Elektrolyte

1. Ausreichende ionische Leitfähigkeit,
2. Beständigkeit gegen die Elektrodenmaterialien und sonstigen Batteriekomponenten.

ad 1.   Die Leitfähigkeit wässriger Elektrolyte stellt eine komplexe Größe dar, die von verschiedenen Faktoren wie der Ionenkonzentration, der Viskosität der Lösung und der Temperatur bestimmt wird. Vielfach weist die spezifische Leitfähigkeit, als Funktion der Konzentration aufgetragen, einen Maximalwert auf. Die gute Leitfähigkeit stark saurer oder alkalischer Elektrolyte ist auf die hohe Beweglichkeit der Protonen (H^+) bzw. der Hydroxidionen (OH^-) und den spezifischen Mechanismus ihres Ladungstransportes zurückzuführen. (Beispiele: H_2SO_4, H_3PO_4, KOH, LiOH usw.)

In speziellen Zellen werden auch wässrige Zinkchlorid-, Zinkbromid- oder andere Salzlösungen eingesetzt (Redox-Systeme, Bleifluoroborat usw.) (siehe Abb. 36).

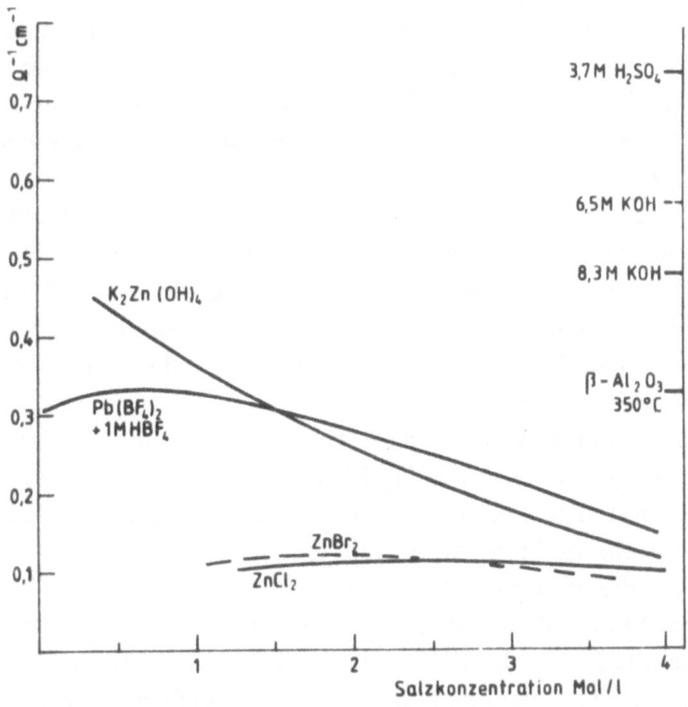

Abb. 36: Spezifische Leitfähigkeit in $\Omega^{-1}\,cm^{-1}$ einiger wassriger Elektrolyte in Abhangigkeit von den Salzkonzentrationen in Mol/l. Nach v. Benda[276].
Ordinate rechts: Werte einiger in Speichersystemen haufig verwendeter Elektrolyte.

Im Bereich niedriger Temperaturen spielen auch Festelektrolyte wie Ionen-
austauschermembranen (z.B. Nafion, ein sulfoniertes Polytetrafluoräthylen)
eine Rolle. Von großer praktischer Bedeutung ist die Möglichkeit der Erhöhung der Ionenbeweglichkeit durch eine Steigerung der Betriebstemperatur.

Im Gebiet erhöhter Temperaturen (um 300^0C) kann mit keramischen Festelektrolyten wie β-Korund oder speziellen Glasmembranen ebenfalls eine
zufriedenstellende Ionenleitung (Na^+) erzielt werden. Die Leitfähigkeit von
β-Korund kann in gezielter Weise durch Dotierung modifiziert werden.
Während die Leitfähigkeit keramischer Elektrolyte im allgemeinen geringer
als jene der verwendeten wässrigen Lösungen ist, weisen Salzschmelzen
höhere Werte als diese auf; dies beruht auf der praktisch vollständigen Dissoziation in die Ionen und deren erhöhter Beweglichkeit, die durch das
Fehlen von Solvathüllen bedingt wird. So beträgt die spezifische Leitfähigkeit einer LiCl-KCl-Schmelze von eutektischer Zusammensetzung bei 400^0C
etwa 1,25 Ω^{-1}cm^{-1} [275].

Elektrolyte auf der Basis organischer (aprotischer) Lösungen erreichen trotz
des Zusatzes verschiedener Leitsalze maximal nur eine um ein bis zwei
Zehnerpotenzen geringere Leitfähigkeit als wässrige Elektrolyte. Doch sind
auf diesem Gebiet wegen der Vielzahl der möglichen, aber bisher noch nicht
untersuchten Elektrolytkombinationen wesentliche Fortschritte denkbar.
Der Ohm'sche Widerstand des Elektrolyten ist für die entnehmbare Leistung
und in vielen Speicherelementen auch für den überwiegenden Teil der Wärmeproduktion maßgebend.

ad 2.   Die zweite Voraussetzung kann heute in vielen Fällen nicht in zufrie-
denstellendem Maße erfüllt werden: Der pH-Wert wässriger Elektrolyte bestimmt die Lage der Gleichgewichtspotentiale der Wasserstoff- und Sauerstoffelektrode und damit die Bereiche thermodynamisch möglicher Korrosionsreaktionen (Auflösung, Bildung oxidischer Deckschichten und passivierender Filme) (siehe Abb. 1).

In sauren Elektrolyten werden die Materialprobleme infolge der stark positiven Potentiallage von H_2- und O_2-Elektrode besonders verschärft. In alkalischen Elektrolyten vermindert vielfach die Ausbildung schützender Oxidbelegungen (Deckschichten) die Gefahr der Korrosion.
Ferner besteht die Möglichkeit chemischer Umsetzungen des Elektrolyten
mit Elektrodenmaterialien und den Werkstoffen der übrigen Zell- und
Batteriebestandteile. Solche Reaktionen laufen bei Temperatursteigerung
mit zunehmender Geschwindigkeit ab und verursachen schwerwiegende Probleme, deren Lösung z. B. für den erfolgreichen Einsatz von Hochtempera-
turspeichersystemen (siehe Kap. III) von entscheidender Bedeutung ist.

3.1.2 Der Einfluß des Elektrolyten auf den Ablauf der Elektrodenreaktionen

Handelt es sich um Reaktionen, an denen Wasserstoff- oder Hydroxidionen unmittelbar beteiligt sind, so besteht im allgemeinen eine Abhängigkeit der Geschwindigkeit der Elektrodenreaktionen von der Acidität bzw. der Alkalität des Elektrolyten. Auch die Lage des Gleichgewichtselektrodenpotentials wird in diesem Fall von der Konzentration bzw. der Aktivität von Wasserstoff- oder Hydroxidionen bestimmt.

Speziell bei Gaselektroden beeinflußt die Löslichkeit elektrochemisch aktiver Reaktionspartner im Elektrolyten die Geschwindigkeit der Elektrodenreaktion ebenfalls in entsprechender Weise.

Ferner üben die im Elektrolyten enthaltenen ionischen Spezies bei Auftreten von spezifischer Adsorption - insbesondere von Anionen - in manchen Fällen einen bedeutenden Einfluß auf die Geschwindigkeit der möglichen Elektrodenreaktionen aus. Einerseits wird dies durch eine Modifizierung der Doppelschichtstruktur, d.h. des Energieverlaufes in der Durchtrittsschicht, bedingt, andererseits kann es zu einer Blockierung elektrochemisch aktiver Zentren der Elektroden- oder Katalysatorenoberfläche kommen.

In manchen Fällen sind durch spezifische Adsorption besonders Korrosionsvorgänge betroffen, wobei durch „aktivierende" Spezies (z.B. Chloridionen) der Abbau schützender Passivfilme (Sauerstoffbelegungen) hervorgerufen werden kann.

Andererseits wird versucht, durch Elektrolytzusätze anorganischer und organischer Natur unerwünschte Reaktionen zu unterdrücken (Inhibitoren) und das Kristallwachstum bei der Metallabscheidung in bestimmter Weise zu beeinflussen, so daß die Eigenschaften der aktiven Massen gezielt verbessert werden.

In manchen Fällen bestimmt die Stabilität der Elektrodensubstrate und der sonstigen Batteriekomponenten gegenüber dem Elektrolyten die Lebensdauer von Speichersystemen. Für die Auffindung von Elektrolyten mit optimalen Eigenschaften sind daher neben der Kostenfrage die Faktoren möglichst hohe Leitfähigkeit, Begünstigung des Ablaufes der Elektrodenreaktionen und geringe Aggressivität zu berücksichtigen.

3.2 Neuartige Festelektrolyte[277]

3.2.1 β- und β"-Korund[123,278]

Die wichtigsten, zur Zeit in Erprobung befindlichen Festelektrolyte sind β- und β"-Korund, die in der Natrium/Schwefelzelle zum Einsatz gelangen. Die mechanischen und elektrischen Eigenschaften der Festelektrolyte wie Festigkeit, Dichte und elektrische Leitfähigkeit hängen weitgehend von der Zusammensetzung (Dotierung) und den Herstellungsbedingungen ab.

Die Herstellung der Festelektrolytmembranen erfolgt üblicherweise in drei

Schritten. Zunächst wird ein Pulver hergestellt, das in den nachfolgenden Verfahrensschritten ein keramisches Endprodukt mit der benötigten Zusammensetzung ergibt. In einem zweiten Schritt muß das Pulver in die gewünschte Form gebracht und schließlich gesintert werden, so daß die Membranen die erforderlichen Eigenschaften erhalten.

Als Ausgangsmaterialien für die Herstellung von β-Korund dienen Mischungen von Natriumkarbonat oder -nitrat und als zweite Komponente Aluminiumhydroxid, Aluminiumoxid oder Aluminiumnitrat[279]. Durch verschiedene Zusätze können die Eigenschaften beeinflußt werden. Die Mischungen werden geschmolzen, wobei beim Abkühlen β-Korund auskristallisiert, oder anschließend an eine Vorreaktion bei 800 - 1200°C nach weiterer Temperaturerhöhung gesintert, wobei verschiedene Sinterverfahren zur Anwendung gelangen können. Anschließend wird das Material zerkleinert und mechanisch homogenisiert.

Ein besonderes Verfahren zur Herstellung von β-Korund-Pulver stellt die Sprühzersetzung dar[129]. Eine Nitratlösung der gewünschten Zusammensetzung wird in ein erhitztes Quarzrohr (900°C) geblasen. Das auf diese Weise hergestellte (mit MgO dotierte) β-Korund-Pulver soll eine Mikrostruktur besitzen, die jener von Pulvern, die nach konventionellen Verfahren hergestellt worden sind, überlegen ist.

Für die Formung der Membranen (meist einseitig verschlossener Rohre) bedient man sich der Methode des isostatischen Pressens oder der elektrophoretischen Abscheidung oder einer Kombination der beiden Verfahren. Bei der Herstellung von Rohren durch isostatisches Verpressen wird der Raum zwischen einem Stahldorn und einem äußeren gummiähnlichen Diaphragma mit freifließendem Pulver gefüllt und das Diaphragma hydraulisch unter Druck gesetzt.[278]

Bei der elektrophoretischen Abscheidung[280] wird das Pulver in einem organischen Lösungsmittel suspendiert und durch Adsorption von Wasserstoffionen positiv aufgeladen. Die Wasserstoffionen erhält man durch Auflösen einer dissoziierenden organischen Säure in dem Lösungsmittel. Durch Anlegen einer Spannung zwischen einem rotierenden Metallstab und einer Gegenelektrode, die in die Suspension eintauchen, wandern die Pulverteilchen zu dem Metallstab und werden an ihm entladen und niedergeschlagen. Anschließend wird das so hergestellte, einseitig verschlossene Rohr bei 1850°C gesintert.

3.2.2 Andere Alkaliionenleiter

Die günstigen Eigenschaften der Alkalimetalle, insbesondere von Lithium, als Anodenmaterial für Batteriesysteme einerseits und ihr Reaktionsvermögen mit Wasser andererseits, haben eine intensive Suche nach Alkaliionen-leitenden Festelektrolyten ausgelöst. Es gibt eine Reihe von Substanzen, die Schichtstruktur aufweisen oder kristallographische Tunnel besitzen, in denen die Beweglichkeit der Alkaliionen relativ groß ist. Von der Vielzahl der in letzter Zeit untersuchten Verbindungen seien nur einige wenige Beispiele angeführt.

Neue Materialien mit der Formel $Na_x Fe_x Ti_{2-x} O_4$ (0,75 $\leqslant$ x $\leqslant$ 0,90), die sich bei etwa 1000°C von einer α-Form in eine β-Form umwandeln, sind durch Kanäle charakterisiert, in denen die Na^+-Ionen eingeschlossen sind[281]. Die Struktur von β-$LiTa_3 O_8$[282] besitzt ein System von Kanälen, in denen sich die Li^+-Ionen relativ frei bewegen können. Die Leitfähigkeit in diesen Substanzen ist weitgehend isotrop. Lithiumionenleitfähigkeit beobachtet man auch in bestimmten Phosphosilikaten wie z.B. Li_{1-x} ($Li_3 Si_{1-x} P_x O_4$) mit 0 $\leqslant$ x $\leqslant$ 0,4[283] oder Alumosilikaten wie z.B. Li_{1+x} ($Li_3 Si_{1-x} Al_x O_4$)[284]. Die Verbindung Li_{1-x} ($Li_{3-x} Zn_x GeO_4$) besitzt bei x = 0,25 eine Leitfähigkeit von 0,13 $Ohm^{-1} \cdot cm^{-1}$ (bei 300°C) und stellt somit den ersten Lithiumionen-Festleiter dar, dessen Leitfähigkeit bei 300°C mit der Leitfähigkeit der Na^+-Ionen im β-Korund vergleichbar ist[285].

In letzter Zeit hat die Verbindung Lithiumnitrid ($Li_3 N$) besonderes Interesse erregt[286]. Diese Substanz wird als Ionenkristall angesehen, dessen Struktur[287,288] dadurch charakterisiert ist, daß ein N^{3-}-Ion von acht Li^+-Ionen umgeben ist und zwar von sechs Li^+-Ionen in einer Ebene und von je einem Li^+-Ion oberhalb und unterhalb. Auf diese Weise entstehen $Li_2 N$-Schichten (senkrecht zur c-Achse der hexagonalen Elementarzelle), die durch einzelne Lithiumionen verknüpft werden. Die Lithiumpositionen in den $Li_2 N$-Schichten sind bei 400°C bis zu etwa 4% unbesetzt. Die fehlenden Ionen befinden sich auf Zwischengitterplätzen. Die Ionenleitfähigkeit in dieser Substanz beruht offenbar auf der Beweglichkeit der Li^+-Leerstellen und der Li^+-Überschußionen in den $Li_2 N$-Schichten. Die Leitfähigkeit[289,290] in den $Li_2 N$-Schichten ist wesentlich größer (4$\cdot 10^{-2}$ $Ohm^{-1} cm^{-1}$ bei 500 K) als in Richtung der c-Achse (8$\cdot 10^{-3}$ $Ohm^{-1} cm^{-1}$). Von besonderem Interesse für die Anwendung in Batteriesystemen mit Lithium als Anodenmaterial ist die Tatsache, daß Lithiumnitrid in Kontakt mit Lithium stabil ist. Über eine Anwendung von Lithiumnitrid in Batterien ist jedoch noch nichts bekannt geworden. Sie hängt offenbar von der Entwicklung geeigneter Kathodenmaterialien, einer weiteren Erhöhung der Leitfähigkeit (durch Dotierung) sowie von einer verbesserten Präparationstechnik ab.

4. Charakteristische Eigenschaften der Einzelzelle und der Mehrzelleneinheit (Batterie)

Voraussetzung für die Konstruktion der Batterieeinheit ist eine möglichst weitgehende Kenntnis aller elektrochemischen und chemischen Vorgänge, die in einer vollständigen Zelle ablaufen. Die Untersuchungen an einer Einzelzelle liefern in einfacher und eindeutiger Weise Aufschluß über das Verhalten des Elementes und somit über dessen Brauchbarkeit für den praktischen Einsatz bei minimalem Aufwand an Kosten und Zeit. Derartige Untersuchungen müssen daher den Tests von Zellgruppen, Batterien und Aggregaten, die aus mehreren Grundeinheiten bestehen, vorangehen. Typische Fehlerquellen wie mangelnde Reproduzierbarkeit der Eigenschaften von Elektroden oder sonstigen Bestandteilen des Elementes können gleichfalls mit geringem Aufwand nur durch das Studium der Einzelzelle einwandfrei ermittelt werden.

Von Bedeutung ist jedoch die Tatsache, daß aus dem Verhalten einer Einzelzelle nicht ohne weiteres durch einfache Analogieschlüsse oder Summierung von Parametern die Eigenschaften einer Batterie exakt vorherbestimmt werden können. Die Gründe dafür sind z.B. in der nicht vollkommenen Einheitlichkeit (Fertigungsstreuung) der für das System notwendigen Komponenten zu suchen.

Ferner bedingen die notwendigen zusätzlichen Bauteile und Einrichtungen (Separatoren, Ableitungen usw.) der Batterie, die wechselweise Beeinflussung von Einzelteilen und Zellgruppierungen, die unterschiedlichen Probleme des Wärmehaushaltes, die möglicherweise erforderliche Elektrolytumwälzung usw. eine entsprechende Modifizierung der Betriebsbedingungen für das Gesamtaggregat.

Da die Klemmenspannung einer Traktionsbatterie bei entsprechender Leistungsaufnahme des Elektromotors etwa 80 - 100 V erreichen soll, muß grundsätzlich die notwendige Anzahl von Elementen in Serie geschaltet werden, während die verlangten Stromstärken theoretisch auch von einer entsprechend dimensionierten Einzelzelle geliefert werden könnten. Aber auch aus materialtechnischen Gründen (mechanische Beständigkeit und Einfachheit, Leitfähigkeit des Elektrodenmaterials, d.h. lange Stromwege usw.) ist durch die Technik der Herstellung die Größe des Einzelelementes begrenzt. Der Aufbau des Aggregates wird daher durch die Notwendigkeit kompliziert, zahlreiche Einheiten, die teils parallel, teils in Serie geschaltet sind, zu Batterien mit den jeweiligen, geforderten Betriebseigenschaften zu kombinieren.

Die optimalen Batteriekenndaten werden durch Gewichts- und Raumbedarf, die notwendigen Zusatzeinrichtungen (für Wärmeabfuhr bzw. Isolierung) usw. bestimmt. Für die Betriebssicherheit ist die Möglichkeit einer leichten Erkennung und Behebung von Schäden - oder bei Funktionsuntüchtigkeit - der Austauschbarkeit einzelner Zellen (oder Zellenblöcke) von großer Bedeutung.

Voraussetzung für die einwandfreie Funktion und ausreichende Betriebssicherheit einer Batterie stellt primär die Einheitlichkeit der aktiven Elektrodensubstrate in qualitativer und quantitativer Hinsicht dar. Ferner werden besonders bei Hochtemperaturzellen mit keramischen Elektrolyten in dieser Hinsicht extreme Anforderungen an den Elektrolyten bzw. die Separatormembran gestellt.

Die Funktionsuntüchtigkeit einzelner Zellen kann auf folgende Weise Betriebsstörungen, d.h. den Ausfall von Teileinheiten oder des gesamten Aggregates, verursachen:

Kurzschlüsse rufen bei parallel geschalteten Elementen (oder Einheiten) eine Entladung sämtlicher Zellen hervor. Bei Serienschaltung vieler Einzelzellen führt ein auf diese Weise bedingter Ausfall eines einzelnen Elementes zu keiner wesentlichen Verschlechterung der Funktion des Aggregates, d.h. Verminderung der Speicherkapazität, der Energiedichte oder bedeutendem Leistungsabfall. Kurzschlüsse werden z.B. durch Dendritenwachstum oder Perforierung und mechanische Zerstörung des keramischen β-Korund-Elektrolyten im Falle des Natrium/Schwefel-Systems verursacht[291,292].

Ist dagegen die Einheitlichkeit der Elektroden hinsichtlich ihrer elektrochemischen Eigenschaften (z.B. variierende Mengen aktiver Masse) ungenügend, wird durch Serienschaltung die Betriebssicherheit vermindert, während Parallelschaltung die Verläßlichkeit des Aggregates erhöht.

Funktionsuntüchtigkeit der elektrochemischen Zelle kann ferner bei Auftreten hoher Ohm'scher Widerstände (infolge der Bildung nichtleitender Passivschichten, der Zerstörung bzw. chemischen Umwandlung von Festelektrolyten, fehlerhafter Kontakte usw.) hervorgerufen werden. Dies führt zum Ausfall hintereinander geschalteter Zellen, während der Betrieb parallel liegender Einheiten nur wenig beeinträchtigt wird[291].

Entsprechend den charakteristischen individuellen Vorzügen und Schwächen jedes betreffenden Elementtypes wird daher die Notwendigkeit der optimalen elektrischen Schaltung, d.h. eine Kombination von Reihen- und Parallelverbindungen entsprechend dimensionierter Zellblöcke, erforderlich sein, um höchstmögliche Betriebssicherheit zu gewährleisten.

Voneinander abweichendes Verhalten von Elektroden, das durch unzulässige Fertigungsstreuung verursacht wird, führt beim Betrieb zur Umpolung bereits entladener Zellen, zur unkontrollierten Gasentwicklung und Desaktivierung bzw. Zerstörung der aktiven Massen.

Die Gefahr der Umpolung von Elektroden besteht besonders bei hoher Belastung von Brennstoffzellenaggregaten, wobei durch die einsetzende Elektrolyse zusätzlich eine irreversible Zerstörung der Elektrokatalysatoren hervorgerufen wird.

Im Falle einer äußeren Elektrolytzuführung bzw. -umwälzung erfolgt diese zumeist parallel zu den einzelnen Zellblöcken; in Brennstoffzellenaggregaten werden dabei Verluste durch sogenannte Leckströme[293,294] bewirkt (Ströme, die durch Elektrolytkanäle anstatt durch den äußeren Laststromkreis fließen). Die Versorgung von Gaselektroden mit den Reaktanden erfolgt sowohl parallel als auch hintereinander.

Auf Grund der angeführten Faktoren liegen die Werte für die spezifische Leistung (Belastbarkeit) und die Energiedichte der Anlage zur Energieerzeugung für ein vollständiges Speicheraggregat niedriger, als der Summe der Werte der Einzelzellen entsprechen würde.

In analoger Weise weist die spezifische Belastbarkeit (mA/cm^2, W/kg) von

Zellen geringerer Größe (Laboreinheiten) im allgemeinen höhere Werte als jene von Elementen in größeren Blöcken auf[295].

Die Notwendigkeit einer grundlegenden Modifikation des Aufbaues der vielzelligen Einheit gegenüber Einzelzellen wird am Beispiel der Natrium/Schwefel-Zelle deutlich:

Zur Herstellung eines Zellsatzes werden nicht individuelle Elemente kombiniert, sondern vorteilhaft zahlreiche - das flüssige Natrium enthaltende - Elektrolytrohre aus keramischem Material innerhalb eines gemeinsamen Gehäuses angebracht, das den geschmolzenen Schwefel als Kathodenmaterial enthält. Diese Anordnung liefert die Voraussetzung für eine wirtschaftliche Massenproduktion, d.h. für eine entscheidende Kostensenkung durch Materialersparnis und Vereinfachung der Technologie.

Die Möglichkeiten der Konstruktion größerer Einheiten aus den Einzelzellen sind vielfältig und werden durch die den betreffenden Systemen innewohnenden charakteristischen Merkmale und spezifischen Funktionsweisen determiniert.

Zum Beispiel lassen massive Einheiten in Blockform, nach einer Vergußtechnik gefertigt, die Entfernung einzelner Bauteile ohne großen Aufwand nicht zu. In diesem Falle ist auf die Betriebssicherheit der Einzelzelle besonderes Augenmerk zu legen und die Schaltung der Einzelzellen oder der kleinsten Einheiten so vorzunehmen, daß der Ausfall einzelner Elemente die Gesamtleistung des Blockes so wenig wie möglich beeinträchtigen kann.

5. Die Entlade- und Ladetechnik

5.1 Die Form der Entladung

Im Traktionsbetrieb werden die Speicherelemente zeitlich sehr variablen Beanspruchungen unterworfen, die von gleichmäßigen oder langsam veränderlichen Betriebsbedingungen bis zu den für Starterbatterien typischen kurzzeitigen Belastungen reichen.

Hohe Belastungsstöße, d.h. leistungsmäßige Beanspruchungen in Zeiten starker Beschleunigung, wechseln mit Perioden, in denen die Stromabgabe nur innerhalb gewisser Grenzen schwankt, dem Ruhestand oder auch einem temporären Ladevorgang (Nutzbremsung, Ladung durch einen anderen Energieumwandler - Brennstoffzelle - bei Hybridbetrieb). Über das Verhalten der meisten Speicherelemente während dieses Teilentladungsbetriebes mit eingeschalteten Zwischennachladungen liegen zur Zeit noch unzureichende Erfahrungen vor.

Im Batterietestprogramm werden die Fahrbedingungen möglichst praxisnahe simuliert (Europafahrzyklus)[296]. Endgültige Richtwerte können nur auf Grund ausgedehnter Testprogramme mit Versuchsfahrzeugen gewonnen werden[297,298].

Im allgemeinen wirkt sich jedoch die Vermeidung von Tiefentladungen auf die Erhaltung der Speicherfähigkeit infolge der Herabsetzung des elektrochemischen Verschleißes (die Gründe wurden für die einzelnen Systeme ausführlich erörtert) günstig aus.

Auf Grund der langen Tradition sind die Verhältnisse für die Blei/Schwefelsäure-Batterien bei weitem am besten bekannt und können in adäquater Weise beherrscht werden[45-48,299].

Bei den neuen Entwicklungen ist man bisher weitgehend auf die Resultate von Labortests angewiesen, wobei in allen Fällen Analogieschlüsse auf das Verhalten in der Praxis mit Unsicherheiten behaftet sind.

Stoßweise Belastung kann schockartige thermische Beanspruchungen und mechanische Veränderungen verursachen. Dies betrifft besonders Hochtemperaturzellen, wobei z.B. der Festelektrolyt wie β-Korund angegriffen oder zerstört werden kann. Mechanische Beanspruchungen werden auch durch starke Volumenänderungen verursacht. Der rasche elektrochemische Umsatz bewirkt tiefgreifende Konzentrationsänderungen (z.B. im Elektrolyten) und eine Beeinträchtigung der Unveränderlichkeit der Elektrodenform und eine Verschlechterung der Struktur der aktiven Massen (z.B. mechanische Stabilität, Passivierung, Auftreten unerwünschter Nebenprodukte, Korrosion durch Nebenreaktionen oder z.B. die Entstehung von flüssigem Lithium an der Li-Al-Elektrode in den betreffenden Zellen). Schließlich müssen auch noch die nachteiligen Wirkungen unzulässiger Temperaturspitzen beachtet werden.

Alle beschriebenen Effekte führen zu einer Beeinflussung der Lebensdauer der Elemente und entscheiden damit, inwieweit mit einer Bewährung im praktischen Betrieb und mit einem wirtschaftlichen Einsatz gerechnet werden kann.

5.2 Die Ladung und Wartung der Batterie

Hinsichtlich des Betriebsverhaltens der Energiespeichereinheit verdient der Vorgang der Wiederaufladung besondere Beachtung. Einerseits wird dadurch der Energienutzeffekt beeinflußt, andererseits ist auch dieser Vorgang für die Lebensdauer des Aggregates von einiger Bedeutung. Damit wird die Ladetechnik mitbestimmend für den gesamten Kostenaufwand. Ferner muß auch den Ladezeiten Rechnung getragen werden, die für die dauernde Einsatzfähigkeit eines betrachteten Fahrzeugparkes so zu wählen sind, daß unter Berücksichtigung der durch die Eigenschaften des Energiespeichers und der Ladeeinheiten vorgegebenen Grenzwerte der anwendbaren Ladestromstärken keine untragbar langen Standzeiten der Fahrzeuge entstehen.

Als akzeptable Lösung dieser Fragen gelten im allgemeinen, bei einer Annahme von Werten zwischen zwei und fünf Stunden für die Entladung, Zeiten von zwei bis acht Stunden für den Ladevorgang. (Dies bezieht sich auch auf die während der „Schnellwechseltechnik" ausgetauschten entladenen Batterien, da eine der Fahrzeugfrequenz angepaßte Reserve zu lagern ist.) Eine extreme

Verkürzung des Ladeintervalles (in der Größenordnung von Minuten) ohne
bald eintretende, tiefgreifende Schädigung der aktiven Massen und untragbarer
Verminderung der Lebensdauer ist kaum denkbar, außerdem werden die anwendbaren Stromstärken durch die Anforderungen an die Dimensionierung der
Leitungen, Anschlüsse und Kontakte der Ladeeinheiten nach oben begrenzt.

Bei einer Wiederladung von Batterien, die im Fahrzeug belassen werden,
kann vorteilhaft der Nachtstrom herangezogen werden, der von den Elektrizi-
tätswerken in den Perioden minimalen Verbrauchs zur Verfügung gestellt wird
(„off peak load").

Für Blei/Schwefelsäure-Batterien existieren ausgereifte Ladetechniken,
welche die aktiven Massen schonen und den erwünschten hohen Energienutzeffekt (60 bis 80%) garantieren.

Dabei wird innerhalb von ein bis zwei Stunden eine schnelle Teilladung
durchgeführt, wobei etwa 90% der abgegebenen Strommenge aufgenommen
wird, anschließend wird entweder mit dem Ansteigen der Ladespannung der
Strom kontinuierlich gedrosselt oder bei konstanter Spannung mit sinkender
Stromstärke der Ladevorgang zu Ende geführt. Bei Traktionsbatterien wird in
Abständen von etwa einer Woche eine zusätzliche „Ausgleichsladung" einge-
schaltet, um den Zustand der Volladung einzustellen[47,300].

Eine weitere Verbesserung der Ladetechnik wird durch Belasten mit konstantem Strom in der abschließenden Phase vor Erreichung der Volladung erzielt[47,300].

Es existieren weitere Verfahren zur exakten Erfassung des Ladeendpunk-
tes (z.B. Messung des entwickelten Wasserstoffes, Impulsverfahren), die vom
Batterietyp und -zustand (Alter) weitgehend unabhängig sind. Für die optimale
Beherrschung der Ladetechnik sind kompakte Ladeeinheiten wünschenswert,
die für jeden erforderlichen zeitlichen Ablauf der Wiederaufladung programmiert
werden können.

Ein Punkt von wesentlicher Bedeutung für die Wartung und Betriebssicherheit in wässrigen Systemen stellt das unvermeidliche Auftreten der Ladegase
Sauerstoff und Wasserstoff dar. Es muß daher für ein spezielles Gasableitungs-
system gesorgt werden (Ventile, Entlüftung). Die dadurch bedingten Wasserverluste im Elektrolyten müssen in bestimmten Zeitabständen ersetzt werden,
d.h. es ergibt sich die Notwendigkeit der Anwendung eines Wassernachfüll-
systems.

Eine prinzipielle Lösungsvariante für dieses Problem stellt die katalytische
Rekombination der gebildeten Ladegase dar; dabei wird allerdings vorausgesetzt, daß H_2 und O_2 im entsprechenden stöchiometrischen Verhältnis entstehen. Diese Bedingung ist in der Praxis aber kaum in ausreichendem Maße
gegeben. Andere Entwicklungen führten zur Konstruktion gasdichter, praktisch
wartungsfreier Batterien (O_2-Kreislauf, antipolare Masse). Besonders mit alkalischen gasdichten Systemen konnten bedeutende Erfolge erzielt werden. Die

besonders hervorstechenden sonstigen Vorteile solcher Batterien sind die erhöhte Sicherheit und Verläßlichkeit, Lageunabhängigkeit usw. Hinsichtlich einer detaillierten Darstellung der Möglichkeit zur Herstellung gasdichter Zellen wird auf die einschlägige Literatur verwiesen[48,301-303].

Für die erprobten und im Entwicklungsstadium befindlichen Speichersysteme bestehen hinsichtlich einer optimalen Ladetechnik im Prinzip analoge Probleme. Im einzelnen muß für jeden Typ eine systemspezifische Ladetechnik entwickelt werden. Der systematische Betrieb und die Wartung von Speichereinheiten erfordern den Einsatz von speziell geschultem Personal, ein weiterer Faktor, der bei der Einführung der Elektrotraktion zu berücksichtigen ist.

Von der elektrotechnischen Seite her ist die Frage der verwendeten Gleichrichter von Bedeutung, da die Welligkeit des für die Batterieladung erforderlichen Gleichstromes möglichst gering sein soll[304].

6. Sicherheit im Betrieb

6.1 Störanfälligkeit

Einen wichtigen Punkt stellen die Möglichkeiten zur Durchführung notwendiger Reparaturen an schadhaften Aggregaten dar. Inwieweit die endgültige Bauweise einen raschen Austausch kleiner Zelleinheiten erlauben oder die Außerbetriebnahme bzw. den Austausch des gesamten Energiespeichers erfordern wird, ist sicherlich auch eine Frage, deren Lösung von der wirtschaftlich günstigeren Vorgangsweise bestimmt werden wird. Über Erfahrungen in dieser Hinsicht wurde bisher wenig berichtet.

Die rasche Auffindung lokaler Fehlerquellen und deren Beseitigung in kompakten Traktionsbatterien und im gesamten Aggregat stellt ohne Zweifel ein nicht einfach zu beherrschendes Problem dar. Die hauptsächlich auftretenden und spezifischen Ursachen für das Fehlverhalten oder Versagen neuer Typen werden erst nach der Erprobung der betroffenen Speichersysteme in großem Maßstab ausreichend bekannt sein, um wirksame Maßnahmen für deren Beseitigung treffen zu können.

Erfahrungswerte mit VW-Elektrotransportern zeigen, daß seit 1974 die Zahl der Ausfälle bezogen auf eine zurückgelegte Fahrstrecke von 10.000 km von etwa neun auf einen im Jahre 1978 gesenkt werden konnte. Dies entspricht gemäß den beschriebenen Modellvorstellungen nur einem Schadensfall pro Jahr. Die Ursachen für die auftretenden Funktionsstörungen betrafen dabei im wesentlichen nicht unmittelbar die Energiespeichereinheit.

Für die rasche Auffindung und Behebung von Störungen und Schäden hat sich dabei ein automatisches elektronisches Fehlersuchgerät bewährt, in dem die Positionen der wichtigsten möglichen Fehlerquellen vorgegeben sind[78].

6.2 Gefahrenmomente bei Unfällen und Betriebsstörungen

Der Einsatz unkonventioneller Speicherelemente mit hochreaktiven aggressiven Substanzen wie z.B. flüssigem Lithium, Natrium, Schwefel oder gasförmigem Chlor erfordert Überlegungen über die möglichen Folgen von Betriebsstörungen, Unfällen und die Diskussion der Gefahrenquellen sowie der wirksamen Maßnahmen zur Verhütung von Unglücksfällen.

Bei Zerstörung der Batterieeinheit und des Gehäuses von Zellblöcken ist beim Kontakt von Materialien wie Natrium, Lithium oder Schwefel im heißen flüssigen Zustand mit atmosphärischem Sauerstoff mit der Auslösung lokaler Brände zu rechnen. Im Gegensatz zur Natrium/Schwefel-Batterie liegen weder Lithium noch Schwefel in der Lithium-Aluminium/Eisensulfid-Zelle in elementarer flüssiger Form, sondern als Legierung bzw. chemisch gebunden vor. Die geringere Reaktionsfähigkeit dieser Substanzen erhöht die Sicherheit der Batterie wesentlich. In jedem Falle muß aber Feuchtigkeit oder das Eindringen von Wasser vermieden werden. (Dies bedingt neben der Brand- auch eine Explosionsgefahr.)

Die hohen Betriebstemperaturen in den Zellen bedeuten an sich keine extreme zusätzliche Gefährdung, da die schmelzflüssigen Materialien bei der niedrigen Umgebungstemperatur sehr rasch erstarren sollten. (Dies gilt insbesondere für die LiCl-KCl-Schmelze des Li-Al/FeS$_x$-Systems.) Das Risiko, das sich bei Verkehrsunfällen hinsichtlich Personen- und Sachschäden durch derartige elektrochemische Speichereinheiten ergibt, dürfte insgesamt niedriger liegen als bei Fahrzeugen, die mit Verbrennungsmotoren ausgestattet sind. (Brand- und Explosionsgefahr durch Ausfließen des extrem feuergefährlichen Benzins oder anderer Kraftstoffe.)

Bei Einsatz von konventionellen Batterien (Blei/Schwefelsäure- oder alkalischen Akkumulatoren) oder auch Metall/Luft-Elementen wird das durch den Speicher verursachte Gefahrenmoment für sehr gering gehalten.

Im Falle der Anwendung von Brennstoffzellen kann im wesentlichen der Brennstoffvorrat (Kohlenwasserstoffe, Alkohole, Ammoniak, Hydrazin oder Wasserstoff) infolge der Giftigkeit, Brennbarkeit oder Explosivität eine Gefahrenquelle darstellen. Dies wird besonders für den Fall des Wasserstoffes erörtert[305]. Obwohl die Konzentrationsbereiche für die Entflammbarkeit und Explosion in Luft weit und die Flammentemperatur und -geschwindigkeit hoch sind, wird infolge der außerordentlichen Flüchtigkeit (Diffusionsgeschwindigkeit) dieses Brennstoffes die Entstehung explosiver Knallgasgemische nur geringe Wahrscheinlichkeit aufweisen, so daß auch in diesem Fall gegenüber den herkömmlichen Treibstoffen das Risiko nicht erhöht werden sollte.

Insgesamt gesehen wird die Unfallwahrscheinlichkeit und die Schwere der angerichteten Schäden auch infolge der geringeren Geschwindigkeitsspitzen von Elektrofahrzeugen vermindert sein.

Eine etwas andere Situation besteht bei Entwicklung schädlicher gasförmiger Verbrennungsprodukte wie die Entstehung des giftigen Schwefeldioxids bei der Oxidation von Schwefel oder der Freisetzung größerer Mengen des hochtoxischen und äußerst aggressiven Chlorgases (z.B. Zn/Cl_2-Batterie), die eine schwere Gefährdung von betroffenen Personen und Rettungsmannschaften darstellen können.

Diese Aspekte werden vor allem aus psychologischen Gründen hinsichtlich der Einstellung und Meinungsbildung der Verbraucher zu Elektrofahrzeugen, die mit derartigen Speichersystemen ausgestattet sind, von nicht zu unterschätzendem Einfluß sein.

Die Erhöhung der Sicherheit bei Unfällen kann durch
a) Anwendung spezifischer Sicherheitsvorkehrungen wie der Entwicklung besonders stoß- und bruchsicherer Gehäuse bzw. zusätzlicher Schutzhüllen (z.B. konnte bei $Li-Al/FeS_x$-Zellen gezeigt werden, daß diese selbst bei einem Aufprall auf ein Hindernis mit rund 50 km/h noch nicht aufbrechen),
b) durch räumliche Anordnung der Batteriebehälter in lokal sehr günstigen Bereichen des Fahrzeuges erfolgen; z.B. könnten die Aggregate an der Unterseite des Fahrzeuges befestigt werden, wobei als zusätzliche Maßnahme zur Erhöhung der Sicherheit von Fahrzeugbenützern die Befestigung so erfolgen müßte, daß bei entsprechend heftigem Aufprall (Stoßbeanspruchung) die Speichereinheit vom Fahrzeug automatisch gelöst wird.

Weitere Gefahrenmomente ergeben sich bei Betriebsstörungen durch elektrische Kurzschlüsse, wobei Funkenübergänge zu Bränden führen können und infolge der Möglichkeit des Auftretens hoher Gleichströme eine Gefährdung von Fahrzeugbenützern denkbar erscheint, ferner beim Anschluß und Betrieb von Ladegeräten an das bzw. durch das Niederspannungsnetz. Die Behandlung dieser Sicherheitsaspekte sollte nicht vernachlässigt werden, da das Elektrofahrzeug die erste elektrische „Anlage" darstellt, die auch sehr harten Witterungsbedingungen ausgesetzt sein wird und außerdem infolge der isolierenden Wirkung der Reifen keinen direkten Erdkontakt aufweist[304].

Schließlich ist beim Betrieb zahlreicher Elektrofahrzeuge die Möglichkeit des Auftretens von Funkstörungen gegeben[306].

7. Einige betriebstechnische Aspekte

7.1 Der Ladezustand der Batterie während des Betriebes

Von Wichtigkeit ist die Kenntnis des jeweiligen Zustandes der Ladung bzw. Entladung der Speichereinheit. Ein Problem, das in vielen Fällen schwierig zu lösen ist, da die Kapazität und der Energieinhalt vielfach stark von der entnommenen Leistungsdichte, d.h. der zeitlich variierenden Beanspruchung, abhängen. Die Registrierung der verbrauchten Amperestunden bzw. Wattstunden stellt in vielen Fällen keine ausreichend verläßliche Methode zur Ermittlung bzw. kontinuierlichen Überprüfung der vorhandenen Energiereserven dar. Während bei Blei/Schwefelsäure-Batterien die Zellspannung brauchbare Hinweise auf den Ladezustand liefert (die in ortsfesten Batterien übliche Messung der Säuredichte ist allerdings für Traktionsbatterien nicht anwendbar), ist bei den Systemen mit alkalischen Elektrolyten die Messung der Zellspannung keine zielführende Methode zur Kontrolle des Energievorrates.

Innerhalb gewisser Grenzen werden daher für die Beurteilung des Ladezustandes empirische Größen und aus der Betriebserfahrung gewonnene Daten herangezogen werden müssen. In Brennstoffzellen oder in Zellen mit externer Lagerung eines Reaktanden ist durch Prüfung des Gewichtes, des Volumens oder des Druckes der aktiven Substanz (Brennstoff oder Oxidationsmittel) der Stand der vorhandenen Energie leicht erfaßbar.

Zusammenfassend muß festgestellt werden, daß für die in der Praxis erforderlichen Systeme wahrscheinlich individuelle, von deren charakteristischen Eigenschaften bestimmte Methoden zur Messung und Kontrolle des Energieverbrauches entwickelt werden müssen (z.B. Einsatz moderner elektrischer Meßmethoden zur Ermittlung charakteristischer Größen, die verläßliche Aussagen zulassen, z.B. Impedanzmessungen an Speichersystemen). Im Falle des Nickel/Wasserstoff-Akkumulators wird durch den herrschenden Gasdruck der Ladezustand direkt angezeigt[184].

7.2 Der Wärmehaushalt in Hochtemperaturbatterien

Im Gegensatz zu Niedertemperaturelementen, für deren Betrieb vielfach ein Kühlsystem benötigt wird, stellt bei den Li-Al/FeS_x- und Na/S-Zellen die Wärmeisolation ein Problem dar. Ein Absinken der Temperatur unter einen kritischen Wert bewirkt Funktionsuntüchtigkeit der Batterie. Die Lösung dieses Problems wird einerseits durch Installierung eines elektrischen Heizaggregates zur Wiederinbetriebnahme des Speichers ermöglicht, andererseits wird der Einsatz einer hochisolierenden Umhüllung der Batterie erforderlich, welche eine Standzeit des Speicherelementes in unbelastetem Zustand von einigen Tagen erlaubt. Während des Betriebes (Entladung-Ladung) wird die Betriebstemperatur auf Grund der Wärmeabgabe (Verlustwärme) der elektrochemischen Zellen eingehalten bzw. reguliert.

Die thermische Isolation der Li-Al/FeS_x-Batterie besteht aus einem evakuierten doppelwandigen Metallbehälter, wobei im Vakuumraum zur weitgehenden Ausschaltung von Strahlungsverlusten zahlreiche Lagen (etwa 100) extrem dünner, mit Zirkondioxid bedampfter Aluminiumfolien angeordnet sind. Infolge dieser „Superisolation" wird bei besonders hoher Leistungsabgabe eine zusätzliche Luftkühlung erforderlich. (Die Temperaturregelung der Batterie erfolgt vollautomatisch.)

Neben der Wärmeisolierung erfordert die Verwendung von sauerstoffempfindlichen Zellkomponenten gasdichten Verschluß der Speichereinheit und daher die Dichtung des Gehäuses, aller Anschlußstellen usw.

Der Betrieb und die Wartung solcher Aggregate läßt eine von System zu System variierende Praxis und eine spezifische Maßnahmenskala notwendig erscheinen.

7.3 Nutzbremsung

Obwohl im Rahmen dieser Abhandlung die Möglichkeiten des Betriebes des elektrischen Fahrzeuges aus Sicht des unmittelbaren Antriebsaggregates, d.h. des Elektromotors, der elektronischen Schalt- und Regeleinrichtungen sowie der Technik des optimalen Betriebes nicht näher behandelt werden können, soll die Anwendung der Nutzbremsung, die in unmittelbarem Zusammenhang mit dem Problem der Speicherung bzw. Nutzung der Energie steht, Erwähnung finden. Im Verlaufe einer Bremsung oder z.B. während des „Bergabwärtsfahrens" wird ein Teil der überschüssigen mechanischen Energie über den als Generator wirkenden Motor zur partiellen Aufladung der elektrochemischen Speicherzellen genützt. Liegt die Motordrehzahl höher als die Nenndrehzahl, die durch eine bestimmte Einstellung der Energieentnahme aus den Batterien gegeben ist, so kann bei gleicher Drehrichtung des Motors wie im Fahrbetrieb ein Drehmoment in die entgegengesetzte Richtung übertragen werden, wodurch eine Bremswirkung auftritt. Bei Abschaltung der Batterie verringert sich die Drehzahl, d.h. die in der Schwungmasse noch gespeicherte mechanische Energie nur auf Grund unvermeidlicher Reibungsverluste, im Gegensatz zum Verbrennungskraftmotor, dessen Drehzahl nach dem Abschalten infolge des durch die Kompression ausgeübten Bremsmomentes rasch abnimmt[307].

Unter Berücksichtigung aller auftretenden Wirkungsgrade kann abgeschätzt werden, daß in Abhängigkeit von der durch die äußeren Verhältnisse bedingten Fahrweise etwa 5 - 15% der gespeicherten Energie durch Nutzbremsung rückgewinnbar sind. Außerdem werden durch Anwendung der Nutzbremsung die mechanischen Bremsen weitgehend geschont[298].

V. WIRTSCHAFTLICHE FRAGEN

Die Wirtschaftlichkeit des Elektrofahrzeuges soll an Hand folgender wesentlicher Faktoren und Aspekte diskutiert werden:

1. **Kostenfragen**
1.1 **Anschaffungskosten**
1.2 **Energiepreis und sonstige Betriebskosten**
2. **Lebensdauer**
3. **Behandlung wirtschaftlicher Aspekte an praxisnahen Beispielen**
3.1 **Speichersysteme**
3.2 **Hybridsysteme**
4. **Die „relative" Wirtschaftlichkeit.**

1.1 Anschaffungskosten

Da die Energiespeichereinheit den Kernpunkt des Elektrofahrzeuges darstellt, sollen in diesem Abschnitt die wesentlichen Faktoren, welche die Gesamtkosten der Batterie bestimmen und mögliche Entwicklungen auf diesem Gebiet diskutiert werden. Beim Übergang von Laborversuchen mit speziell angefertigten Einzelzellen, über Tests mit größeren Einheiten, zum Probebetrieb einer größeren Anzahl von Aggregaten und schließlich nach dem Einsetzen der Serienproduktion ist die Entwicklung neuer Systeme von einer progressiven Verminderung der Kosten begleitet, die bis zu einigen Größenordnungen betragen kann[308].

Die Gründe hierfür sind: Vereinheitlichung, Verbesserung und Rationalisierung (weitgehende Herabsetzung des Arbeitsaufwandes) der Verfahren zur Herstellung der Ausgangsprodukte,
der Elektrodentechnologie,
der Technik des Batteriebaues.

Die Gesamtkosten können in folgender Weise gegliedert werden:
a) Preis der Rohstoffe,
b) Kosten der Elektrodenherstellung (Elektrodentechnologie),
c) Kosten für Batteriebau und Hilfseinrichtungen,
d) Arbeitsaufwand,
e) Investitionskosten für Produktionsanlagen,
f) Möglichkeiten der Kostenbeeinflussung durch Wiedergewinnung von Ausgangsmaterialien aus verbrauchten Batterien (Recycling-Verfahren),
g) Betriebsorganisation und Verwaltung, Management und Werbung (Verkaufsorganisation),
h) Gewinnspanne.
ad a) Der Preis der Rohstoffe wird primär durch deren Verfügbarkeit und die Verfahrenskosten für Ihre Gewinnung bestimmt.
Die Beurteilung, inwieweit die Rohstoffvorkommen ausreichen, müßte unter

Berücksichtigung des prognostizierten Bedarfes bei einer Massenanfertigung
im Detail in einer speziellen Studie getroffen werden. (Mit der Situation in
Österreich befaßt sich derzeit eine Untersuchung im Rahmen einer umfassen-
den Konzeption der Rohstoffpolitik.)
Die wichtigsten Ausgangsstoffe für die aussichtsreichsten Systeme sind die
zur Herstellung der aktiven Massen notwendigen Materialien:
Blei, Nickel, Eisen, (Kobalt), Zink, Natrium, Lithium sowie Chlor, Schwefel,
Eisensulfide.
Ferner kann die Herstellung keramischer Elektrolyte (z.B. β-Korund), Sepa-
ratoren (z.B. aus Bornitrid) und widerstandsfähiger Stromableiter (z.B. aus
Molybdän) beträchtlichen Kostenaufwand verursachen. Für Brennstoffzellen
werden Werkstoffe auf Metall-, Kunststoff- (Teflon) und Kohlenstoffbasis
(z.B. Graphit) für die Herstellung der Elektroden benötigt, ferner in vielen
Fällen Edelmetalle (hauptsächlich auf Basis Platin) als Katalysatoren.
Als Brennstoffe müssen Wasserstoff oder geeignete, Wasserstoff enthaltende
Verbindungen (z.B. Ammoniak, Methanol) unter akzeptablen ökonomischen
Bedingungen verfügbar sein.
Die angeführten Ausgangsmaterialien sind bis auf wenige Ausnahmen in aus-
reichendem Maße vorhanden. Etwas problematisch mutet gegenwärtig ein
möglicher Einsatz von Lithium in großem Maßstab an, doch sollen speziell
in den USA - wo auch im wesentlichen die Entwicklung der Li-Al/FeS$_x$-
Zelle betrieben wird - ausreichende Reserven vorhanden sein[309].
Kritisch erscheint die Situation bei Verwendung von Edelmetallen und deren
Legierungen als Katalysatoren, da weder die gegenwärtige Produktion den
erforderlichen Bedarf bei einem Einsatz von Brennstoffzellen im großen
Maßstab decken könnte, noch die Möglichkeit für eine weitere, entscheidende Verminderung der Kosten besteht.
Als Beispiele seien nun die Weltvorräte und -produktion von Blei und Zink
angeführt, ferner die Entwicklung der Preise und eine Abschätzung, in wel-
chem Maße sich der Bleipreis auf die Kosten pro kWh speicherbarer Energie
einer Blei/Schwefelsäure-Batterie auswirkt.
Die Weltvorräte an Blei (Pb) und Zink (Zn) wurden 1973 (US Bureau of
Mines) auf 93,4 Millionen bzw. 118 Millionen Tonnen geschätzt. Dabei wurden zwischen 1952 und 1972 neue Lagerstätten mit einer Ergiebigkeit von
über 100 Millionen Tonnen Blei und von über 120 Millionen Tonnen Zink
entdeckt; es kann daher angenommen werden, daß die bekannten Reserven
seither weiter angestiegen sind. Den Autoren stand allerdings für diesen Zeitraum keine Statistik zur Verfügung. Von 1952 bis 1972 wurden mehr als
50 Millionen Tonnen Blei und 80 Millionen Tonnen Zink produziert, davon
innerhalb des Zeitraumes 1966 bis 1972 über 20 Millionen Tonnen Blei und
30 Millionen Tonnen Zink[310].
Daraus kann geschlossen werden, daß die Weltproduktion für Blei und Zink

im Zeitraum 1976/77 bei 4 bis 5 Millionen t/Jahr bzw. um 7 Millionen
t/Jahr lag.

(Die Zahlen für die Jahre 1972 1973 1974 sind[311]:

	1972	1973	1974
Blei Mio t	3,80	3,88	3,84
Zink Mio t	6,00	6,30	6,38)

(Die Zahlen für Österreich[312]

	1974	1975
Blei	4612 t	4782 t
Zink	16297 t	17395 t)

(Die Vorräte werden in unserem Land auf das 20 bis 30-fache der gegenwärtigen Jahresproduktion geschätzt[312].)

Der Weltmarktpreis lag in den Jahren 1976 - 1977 im Mittel zwischen 8 und
9 ö.S./kg Blei und für Zink bei etwa 14 ö.S./kg[313]. Dies bedeutet gegenüber
1975 bei Blei eine durchschnittliche Steigerung von mehr als 30%, bei Zink
von 17 - 20%. Inzwischen ist jedoch der Zinkpreis auf etwa 12 ö.S./kg ge-
sunken, während der Preis für Blei infolge der anhaltenden Nachfrage bis
1978 auf rund 14 ö.S./kg gestiegen ist und seither eine weiter ansteigende
Tendenz zeigt.

Für den Blei/Schwefelsäure-Akkumulator als technisch und kommerziell best-
erfaßtes System kann die Auswirkung einer Veränderung des Bleipreises auf
die Kosten pro kWh speicherbarer Energie abgeschätzt werden.

Voraussetzung für die Beurteilung der Frage, inwieweit der Preis pro kWh
errichteter Speicherkapazität durch die Anschaffungskosten für das Ausgangs-
material Blei bestimmt wird, ist die Abschätzung der pro kWh notwendigen
Bleimenge.

Als Beispiel soll eine Traktionsbatterie im fortgeschrittenen Entwicklungsstadium mit einer als obere Grenze angesehenen Energiedichte von 50 Wh/kg
herangezogen werden; dies bedeutet einen Gewichtsaufwand von 20 kg pro
kWh. In der modernen Ausführung kann dabei der Gesamtanteil von Blei-
material (aktive Massen, Träger, Leitermaterial usw.) mit 60 bis 70%, d.h.
12 bis 14 kg, angenommen werden.

Bei einer installierten Speicherkapazität von 50 kWh würde der reine Roh-
stoffpreis für die aufzuwendende Bleimenge 8400 ö.S. bis 9800 ö.S. betragen. Es kann angenommen werden, daß eine weitere Erhöhung des Bleipreises
eine diesen Mehrkosten entsprechende Steigerung des Anschaffungspreises
der Batterie bewirken wird.

Je nach dem Stand der wirtschaftlichen Optimierung der Batteriefertigungs-
technik sollte der Anteil der gesamten Rohstoffkosten zwischen 10 und 30%
des Anschaffungspreises für die Batterie liegen.

Der für tragbar angesehene Kostenaufwand für die Batterie bezogen auf die
kWh speicherbarer Energie lag bei Elektrofahrzeugen nach älteren amerikani-
schen Schätzungen im Bereich von 20 - 25 $/kWh (damals rund 340 -
375 ö.S./kWh). Diese für die USA im Jahre 1975 projektierten Daten stellen

Minimalwerte dar, die sich zum gegenwärtigen Zeitpunkt bereits auf 50 - 70 \$/kWh erhöht haben[6]. Trotzdem erscheinen aus europäischer Sicht die amerikanischen Schätzungen zu niedrig angesetzt und daher in den nächsten zehn Jahren kaum realisierbar. In der BRD nimmt man je nach Batterietyp einen Preis von 100 - 400 DM pro kWh speicherbarer Energie als realistische Prognose für die ökonomisch tragbaren Kosten an[259]. Gegenwärtig wird in der BRD mit einem Preis von 400 - 500 DM/kWh speicherbarer Energie für das System Blei/Schwefelsäure als Traktionsbatterie gerechnet[78]. In Großbritannien wird ein Preis von 30 £/kWh als Ausgangsbasis für die wirtschaftliche Konkurrenzfähigkeit eines Elektrofahrzeuges abgeschätzt[315].

In anderen Fällen, welche die besprochenen Neuentwicklungen betreffen, sind derartige Abschätzungen noch nicht möglich. Massenproduktion und Vereinheitlichung sowie Rationalisierung der Herstellungsverfahren werden in jedem Fall zu einer Herabsetzung der Herstellungskosten im Extremfall bis zu zwei Größenordnungen führen (z.B. bei $Li-Al/FeS_x$-Zellen)[308].

Unter den gegenwärtigen Verhältnissen ist damit zu rechnen, daß die Batteriekosten etwa 25% des gesamten Preises eines Elektrofahrzeuges ausmachen, d.h. ein Drittel des Aufwandes für das Fahrzeug ohne Speicheraggregat. Aus ökonomischer Sicht ist eine Senkung des Kostenanteiles der Batterie unter 20% des Gesamtaufwandes für das Elektrofahrzeug erstrebenswert[316,317].

Dies gilt insbesondere für die Blei/Schwefelsäure-Batterie; doch dürfte sich die Kostenaufteilung beim Einsatz von Systemen mit alkalischen Elektrolyten (β-NiO(OH)/Fe, β-NiO(OH)/Zn) nicht wesentlich verschieben. Die Anschaffungskosten für Elektrofahrzeuge liegen zur Zeit um einen Faktor 2 bis 4 höher als für vergleichbare Kraftfahrzeuge mit Benzin- oder Dieselmotor[316]. Besonders hohe Kosten verursacht bis jetzt die (Leistungs-) Elektronik für das Antriebssystem (Ankerstromsteller). Eine Verbesserung der Situation wird durch deren Ersatz durch mechanische Bauelemente für Energieübertragung und Regelung versucht[317]. Dabei darf der Wirkungsgrad des Antriebssystems nicht zu stark absinken.

Der Elektromotor (fremderregter Gleichstrommotor) ist einfacher, aber aus kostspieligeren Materialien (z.B. Kupfer) aufgebaut als ein Verbrennungskraftmotor. Grundsätzlich sollte seine Lebensdauer jene des Verbrennungskraftmotors übertreffen, doch bedingen die hohen Anforderungen im Elektrofahrzeug (stark wechselnde und hohe Umdrehungszahlen) beträchtlichen Verschleiß. Bei einer Produktion in großem Maßstab sollte aber der Elektromotor gegenüber den heutigen Benzin- oder Dieselmotoren im Endeffekt kostenmäßig konkurrenzfähig sein.

Hinsichtlich des Antriebssystems, dessen Kosten für ein Elektrofahrzeug mittlerer Größe (Transporter) derzeit auf rund 8.000 - 10.000 DM geschätzt werden können, läßt sich realistischerweise eine Senkung des Aufwandes bis zu 20% prognostizieren.

Damit scheinen die Kostenprobleme von Seiten der Batterietechnik für die zukünftige Entwicklung keine entscheidende Belastung darzustellen, während die Fahreigenschaften, z.B. die Reichweite bei zulässigem Gewicht und erforderlicher Nutzlast, überwiegend vom Energiespeichersystem bestimmt werden, und Fragen darstellen, die noch einer allgemein zufriedenstellenden Lösung zugeführt werden müssen.

Ob die angestrebten, an der gegenwärtigen Weltwirtschaftslage auf dem Energie- und Verkehrssektor orientierten, kostenmäßigen Zielvorstellungen mit den neuen Speicherelementen erreicht werden können, wird erst in 5 - 10 Jahren definitiv zu beantworten sein.

Auf Grund amerikanischer Schätzungen (aus dem Jahr 1975) könnte im Jahre 2000 die Weltproduktion bei etwa 10 Millionen Elektrofahrzeugen liegen (50% USA, 50% restliche Welt). Diese Produktionsziffer würde 20 - 25% der gesamten Automobilerzeugung erreichen. Dabei wird mit einem Anteil der Elektrofahrzeuge von ungefähr 10% an der zu diesem Zeitpunkt erwarteten Gesamtzahl an Fahrzeugen im Straßenverkehr gerechnet[318]. Bei Annahme, daß die Gesamtheit dieses jährlich produzierten Fahrzeugparks mit Blei/Schwefelsäure-Batterien als Energiespeicher ausgerüstet ist, wobei deren Kapazität als Einzelaggregat 50 kWh beträgt und 15 kg Blei pro kWh als obere Grenze benötigt werden, ergibt sich ein Gesamtbedarf von 7,5 Millionen Tonnen Blei im Jahr. Diese Modellvorstellung ist im wesentlichen an dem Verkehr von Transportfahrzeugen in Ballungsräumen orientiert, d.h. an Fahrzeugen mit geringerer Reichweite (etwa 100 km, wobei das Gesamtgewicht der Batterie mit einer Tonne relativ hoch angesetzt ist). Die heute bekannten Weltvorräte von mehr als 90 Millionen Tonnen Blei würden für einen längeren Zeitraum bedarfsdeckend sein. Die Jahresproduktion müßte bis zu dem betrachteten Zeitpunkt allerdings bedeutend gesteigert werden, soferne nicht der zusätzliche Bedarf in zunehmendem Maße durch Recyclingverfahren abgedeckt werden kann.

An Hand der angestellten Überlegungen sollte der Einfluß der Rohstoffkosten auf die Wirtschaftlichkeit eines Batteriesystems gezeigt werden. Ob solche Betrachtungen für den Blei/Schwefelsäure-Akkumulator relevant sein werden, hängt davon ab, inwieweit innerhalb eines Zeitraumes von weniger als 20 Jahren die neuen Systeme die technische Reife erreicht und das zur Zeit dominierende Blei/Schwefelsäure-System mit seiner niedrigen Energiedichte abgelöst haben werden.

Zusätzlich zu den Ausgangsstoffen muß der Aufwand für die übrigen Materialien der in den vorhergehenden Kapiteln eingehend beschriebenen Batteriekomponenten berücksichtigt werden.

Welchen Anteil am Gesamtpreis der Batterie die Gestehungskosten für alle erforderlichen Materialien (aktive Massen, Werkstoffe für sonstige Batteriekomponenten) beanspruchen können, variiert von System zu System; grundsätzlich kann als Regel gelten, daß der finanziell zulässige Materialgesamtaufwand unter der Voraussetzung gleicher Lebensdauer etwa linear mit der Energiedichte der Batterie zunehmen kann[318].

So wären bei einer Energiedichte von 200 Wh/kg, d.h. 5 kg/kWh gegenüber einer Speicherbatterie mit einem Kennwert von 50 Wh/kg die vierfachen Kosten pro kg des eingesetzten Materials - bei gleichbleibenden Kostengrenzen für die kWh - noch wirtschaftlich vertretbar. In dieser Hinsicht lassen die neuen Speicherelemente auch wesentlich höhere Anschaffungskosten für die Ausgangsmaterialien (z.B. Lithium als aktive Masse) zu[318].

Einen wesentlichen Aspekt hinsichtlich der Kosten für die Ausgangsmaterialien bildet die Frage nach deren notwendiger Reinheit. Die Entfernung von Spuren schädlicher Fremdstoffe erfordert in vielen Fällen die Anwendung komplizierter und aufwendiger Verfahren[308]. Als Richtlinie kann die Annahme gelten, daß der finanzielle Aufwand ab einer Reinheit von etwa 99 bis 99,9% bei weiterer Senkung der Toleranzgrenzen für die Verunreinigungen exponentiell ansteigt.

Derartige Probleme können vorwiegend für Materialien wie Lithium, Natrium, Schwefel, β-Korund usw. relevant werden und ein entscheidendes Hindernis für die Erreichung der gesteckten wirtschaftlichen Ziele bei den neuartigen Hochtemperatursystemen bedeuten (siehe Kap. III).

Keine ernsthaften Schwierigkeiten sind in dieser Hinsicht bei den bekannten bzw. durch kurz- oder mittelfristige Entwicklungszeiten gekennzeichneten Typen zu erwarten (Pb/H_2SO_4, β-NiO(OH)/Fe, β-NiO(OH)/Zn, usw.).

In engen Zusammenhang mit den zuletzt besprochenen Fragen steht

ad b) der verfahrensmäßige Aufwand für die Herstellung der Elektroden und der sonstigen wesentlichen Zellkomponenten. Eine ausreichende Beherrschung der Technologie ist vorerst nur beim Blei/Schwefelsäure-Akkumulator und einigen in Brennstoffzellen verwendeten Grundtypen (Gasdiffusionselektroden) gegeben. Der Kostenaufwand wird weitgehend von dem für die jeweilige Art des Speicherelementes erforderlichen Elektrodentyp bestimmt werden (siehe Kap. IV). Es kann aber erwartet werden, daß insbesondere nach erfolgter Automatisierung der Produktionsprozesse und bei der Erzeugung hoher Stückzahlen der Aufwand jenen für die Anschaffung der Rohstoffe nicht übertrifft, sondern wahrscheinlich geringere Kosten verursachen wird. Angestrebt sollte besonders eine größtmögliche Fertigungsfreundlichkeit der wesentlichen Bauteile der Speichersysteme werden, d.h. Vereinfachung, Vereinheitlichung und Verringerung der Zahl der Produktionsprozesse (z.B. Einführung von unkomplizierten Walz- oder Preßvorgängen bei der Elektrodenerzeugung).

Hinsichtlich der Kosten für die Herstellung spezieller Elektroden bzw. Einzelzellen der neuen Typen von Speicherelementen liegen keine gesicherten Daten vor; in gleicher Weise sind Vorhersagen nur mit Vorbehalt zu betrach-

ten, da in den meisten Fällen die Technologien noch weit vom Stadium der
technischen Reife entfernt sind,und erst in groben Zügen abgeschätzt werden
kann, inwieweit neben den an das elektrochemische Verhalten der Elektroden gestellten Forderungen auch die Voraussetzung niedriger Kosten erfüllt
werden kann (siehe Kap. IV). Die Fragen des Batteriebaues sind eng mit
den Aufgaben der Elektrodentechnologie verknüpft.
Von diesem Gebiet der Technologie ausgehend besteht ein unmittelbar anschließender Übergang zu
ad c)   dem Aufwand für den Bau der Batterieeinheit (Aggregat) mit den zugehörigen Hilfseinrichtungen. Bei den erprobten Systemen wird auch in diesem
Fall eine Verbilligung durch Einsatz von Kunststoffmaterialien (gleichzeitig
mit der Gewichtsverminderung) und Vereinheitlichung der Arbeitsprozesse
angestrebt. Über die in Entwicklung begriffenen Systeme hinsichtlich dieser
Fragen sind noch keine definitiven Aussagen zulässig; desgleichen sind auf
diesem Gebiet Modifizierungen und Verbesserungen des Aufbaues und der
Bauweise herkömmlicher Speicherelemente in Erprobung. In allen Fällen stehen die Gesichtspunkte der Anhebung von Energie- und Leistungsdichte, der
einfachen Wartung, der Betriebssicherheit zur Erreichung adäquater ökonomischer Voraussetzungen im Mittelpunkt der Bemühungen. Genaue kosten-
mäßige Überlegungen müßten für jeden Typ getrennt erfolgen.
Ein besonderes Kapitel, das in manchen Fällen auch von bedeutender wirtschaftlicher Tragweite sein kann, stellen die notwendigen Zusatzaggregate
dar. Während bei Speichersystemen wie z.B. dem Blei/Schwefelsäure-Akku-
mulator Vorrichtungen zur automatischen Wassernachfüllung oder ein Reak-
tor für die katalytische Umsetzung der Ladegase den Gesamtkostenaufwand
nur in geringem Maße beeinflussen, wird die Situation bei Systemen mit
Elektrolytumwälzung bzw. externer Speicherung von Reaktanden durch den
vermehrten Aufwand an Zusatzaggregaten (z.B. Pumpen) verändert. Als Beispiel sei die Zink/Chlor-Batterie genannt.
Zur Einhaltung der optimalen Betriebstemperatur sind eventuell Heiz- bzw.
Kühleinheiten erforderlich, ferner Einrichtungen zur Kontrolle und Regulierung des Wärmehaushaltes[51,317] (Wärmeabfuhr). Hochtemperatursysteme
(z.B. Li-Al/FeS$_x$) benötigen einen beträchtlichen Aufwand zur thermischen
Isolierung (Superisolation: doppelwandiger, evakuierter Metallbehälter),
weiters Heizelemente, um die notwendige Betriebstemperatur zu erreichen.
Von besonderer Bedeutung sind Hilfsaggregate bei Brennstoffzellenbatterien,
insbesondere der Brennstoffspeicher (gasförmiger oder flüssiger Brennstoff)
und eventuell erforderliche Reformier- bzw. katalytische Spaltanlagen zur
Erzeugung des Brenngases. Bei Verwendung von Luft als Oxidationsmittel
wird beim Einsatz alkalischer Elektrolyte ein Zusatzgerät zur Entfernung
des Kohlendioxids erforderlich. Schließlich muß das entstandene Reaktions-
produkt Wasser entfernt werden, um eine Verdünnung des Elektrolyten zu

vermeiden (z.B. Verdampfer).

Genauere Angaben und Prognosen, die Allgemeingültigkeit beanspruchen, können auch in diesem Fall nicht angeboten werden, da die Entwicklung im Fluß ist; doch muß erwartet werden, daß der Aufwand für die Hilfseinrichtungen einen nicht unbedeutenden Faktor bei der Kalkulation der Gesamtkosten darstellen wird.

ad d) Der Arbeitsaufwand für die Herstellung der Batterieeinheit steht im engen Zusammenhang mit ihrem Entwicklungsstand, d.h. einerseits mit der Vereinheitlichung, Automatisierung und dem technischen Stand der Fertigungsprozesse, andererseits mit den produzierten Stückzahlen.

Im Stadium der Laboruntersuchungen stellen die Arbeits- und Personalkosten vielfach einen bestimmenden Faktor dar, insbesondere dann, wenn es sich um die Herstellung arbeitsintensiver Zellkomponenten handelt, die komplizierte und langwierige Techniken erfordern.

Als Beispiel sei die labormäßige Herstellung von Prototypen von Na/S-Zellen angeführt, wobei die Kosten für den Arbeitsaufwand den finanziellen Aufwand für die teuerste Zellkomponente (β-Korund) um mehr als das Zehnfache übertreffen[319].

Im allgemeinen kann der auf diese Weise verursachte Anteil an den Produktionskosten bei der Erzeugung technisch ausgereifter Produkte in großem Maßstab einfach kalkuliert werden und wirft im Bereich der Energiespeicher keine schwierig beherrschbaren Probleme auf. Insgesamt sollte - in Abhängigkeit von der Natur des jeweiligen betrachteten Systems - bei Serienprodukten für den Arbeitsaufwand ein Anteil von 10 - 15% angenommen werden.

ad e) Die Behandlung der Kostenfragen für den Anlagenbau bzw. der notwendigen Investitionen für Maschinen, Kontroll- und Steuereinrichtungen bei der Produktion der verschiedenen Batterietypen kann im Rahmen dieser Untersuchung nicht erfolgen.

ad f) Ein Faktor, dessen Bedeutung für die Wirtschaftlichkeit von elektrochemischen Speichersystemen nicht unterschätzt werden sollte, betrifft die Wiederverwertung der Komponenten verbrauchter Einheiten (Recycling). In einigen Fällen kann aus den Reaktionsprodukten in externen Prozessen das aktive Material wiederhergestellt werden (z.B. im Zink/Luftelement aus dem gebildeten Zinkhydroxid, im Lithium/Luftelement kann das abgetrennte Lithiumkarbonat zur Regenerierung des Metalles herangezogen werden). Im Vordergrund des Interesses steht dabei die Aufbereitung und Wiedergewinnung der aktiven Massen als kostenintensive Bestandteile der Batterieeinheit. Dabei sollte bei Zelltypen wie Blei/Schwefelsäure, β-NiO(OH)/Fe, β-NiO(OH)/Zn, Zellen mit Lithium oder Aluminium als Anodenmaterialien, Brennstoffzellenelektroden mit Platinmetallkatalysatoren, Silber und Nickel als Bestandteilen eine beträchtliche Senkung der Gesamtkosten zu erreichen sein. Dies ist so zu verstehen, daß der Preis für die Beschaffung einer Ersatzbatterie bzw. einer auszutauschenden Einheit bei Rückgabe einer verbrauchten Einheit bedeutend niedriger gehalten werden kann als der Preis der Erstanschaffung. Der Wert der verbrauchten Einheit hängt davon ab, wie hoch der Anteil der wiederverwertbaren Komponenten an den Gesamtkosten ist und wie aufwendig die Recycling-Verfahren sind. Bei Metallen oder Metallverbindungen kann in manchen Fällen an eine direkte Einbringung der aufzubereitenden Materialien in einen geeigneten Abschnitt des ursprünglichen Produktionsprozesses gedacht werden. Es soll auf die Bedeutung des Recycling am Beispiel der Bleiproduktion in Österreich hingewiesen werden. Ein Anteil von 25 - 30% der Bleierzeugung[320] wird durch Aufarbeitung von Akkumulatorenschrott bestritten. Für die Verarbeitung von Akkumulatorenschrott werden zwei grundsätzlich verschiedene Verfahren verwendet:

1. Direkte Verhüttung (unzerkleinerter) Schrottbatterien in Schachtöfen bzw. modifizierte Technologien für die Akku-Schrottverhüttung im Kurztrommelofen oder Elektroofen.

2. Im zweiten Fall wird primär eine Trennung des anfallenden Materials in eine antimonhältige metallische (Gitter, Polverbindungen usw.), eine antimonfreie, bleihältige, nichtmetallische (Füllmasse) und eine bleifreie (Kastenmaterial, Separatoren usw.) Fraktion vorgenommen. Anschließend werden die einzelnen bleihältigen Fraktionen den entsprechenden Hüttenprozessen (Raffination) zur Herstellung von Reinblei- bzw. Bleilegierung zugeführt[321-323].

Für die Blei/Schwefelsäure-Batterie läßt sich abschätzen, daß entsprechend dem Anteil der Rohstoffkosten am Batteriepreis der Preis für die „ersetzte" kWh etwa 10 - 20% niedriger liegen sollte als jener, der beim Erstankauf zu zahlen ist.

ad g)   Der Aufwand für diesen Bereich beträgt in einer marktorientierten Wirtschaft (einschließlich der Gewinnspanne) im allgemeinen mehr als 50% des Verkaufspreises für das Endprodukt. Es ist bekannt, daß von der Grundlagenforschung bis zum endgültigen ökonomischen Erfolg einer Neuentwicklung die Kostenanteile der einzelnen Entwicklungsbereiche in der angegebenen Reihenfolge ansteigen: wissenschaftliche Grundlagenforschung, technische Entwicklung (pilot plants u. dgl.), industrielle Produktion, Verwaltung und Management.

ad h)   Die Gewinnspanne liegt im Rahmen einer großtechnischen Produktion im allgemeinen im Bereich von 10 - 15% des Verkaufspreises der Batterie[308].

1.2 Betriebskosten

Die Betriebskosten der Batterie werden weitgehend durch den Energiepreis bestimmt. Der Preis für die dem Netz entnommene elektrische Energie kann derzeit mit rund ö.S. 1,10 pro kWh bzw. ö.S. 0,60/kWh bei Verwendung von billigem Nachtstrom angesetzt werden* (in der BRD rund 0,1 DM)[78]. Da im Mittel für einen Elektrotransporter (oder Kleinbus) ein Aufwand an Speicherenergie von 0,25 bis 0,3 kWh pro zurückgelegtem Kilometer erforderlich sind, betragen die reinen Energiekosten für das Transportfahrzeug 0,55 bzw. 0,30 ö.S./km, während für das genannte Personenfahrzeug mit rund 0,30 bzw. 0,18 ö.S./km zu rechnen ist.

Bei einer angenommenen jährlichen Fahrleistung von ungefähr 10.000 km liegen die dafür aufzuwendenden Energiekosten für das Transportfahrzeug zwischen 5500 und 3000 ö.S., im anderen Fall zwischen 3000 und 1800 ö.S. Es kann mit Sicherheit angenommen werden, daß ein Teil der Wiederaufladungen bzw. der Zwischennachladungen während der Nachtstunden erfolgt. Daraus geht hervor, daß der Betrieb von Elektrofahrzeugen aus Sicht des Energiepreises im Vergleich zu den Betriebskosten von Fahrzeugen auf Basis von Erdölprodukten als Energieträger wirtschaftlich günstige Aspekte eröffnet.

Bei Berücksichtigung der Prognosen der wahrscheinlichen zukünftigen Entwicklung ist anzunehmen, daß die Kostendifferenz für die kWh zwischen der Energie, die bei Verwendung herkömmlicher Treibstoffe im Motor erzeugt wird, und der elektrischen Energie weiter anwachsen wird.

Der Aufwand für die Überwachung, Kontrolle und Wartung bleibt relativ gering. Aus Sicht der Batterietechnik wird man ferner bestrebt sein müssen, die Anfälligkeit für Schäden im Betrieb weitgehend zu senken, so daß die normale Lebensdauer in praktisch allen Fällen gewährleistet wird. Die Häufigkeit von Reparaturen stellt ebenfalls einen Faktor dar, welcher die Betriebskosten beeinflußt. Die bisher gewonnenen Erfahrungen mit Elektrofahrzeugen haben gezeigt, daß die Ursachen von Betriebsstörungen nur in wenigen Fällen unmittelbar beim elektrochemischen Speicheraggregat zu suchen sind[78].

Als grobe Abschätzung kann die Angabe gelten, daß der Aufwand für Betrieb und Wartung pro umgesetzter kWh im Bereich von wenigen Prozent der Kosten für die kWh speicherbarer Energie liegen sollte.

Faktoren von nicht zu unterschätzendem Einfluß auf die Betriebskosten bilden das individuelle Fahrverhalten und die durch die notwendige Anpassung an den umgebenden Verkehrsfluß bedingte Fahrweise. So kann ein erfahrener Lenker eines Elektrofahrzeuges durch „stromsparendes" Fahren, d.h. durch Vermeidung von oftmaligen raschen Beschleunigungsvorgängen oder ständigem Fahren mit Spitzengeschwindigkeit, die Reichweite unter günstigen Umständen bis auf das Doppelte erhöhen[297,315]. Hingegen ist eine Verminderung des Energie- d.h. Treibstoffverbrauches eines Benzinfahrzeuges durch eine entsprechende Fahrweise des Lenkers nur in einer Größenordnung von etwa 10% zu erwarten[315]. Während der äußere Verkehrsfluß, z.B. langsames Kolonnenfahren mit häufigem Halten im Stadtverkehr, den spezifischen Kraftstoffverbrauch eines Benzinmotors drastisch erhöht, wird der Energiebedarf eines

---

* Diese Zahlen basieren auf Angaben aus dem „Taschenbuch für Energiestatistik", Berichtsjahr 1977, Bundesministerium für Handel, Gewerbe und Industrie, Bohmann Verlag 1978.

Elektrofahrzeuges bei dieser Art von Stop-go-Betrieb (oftmalige Anfahr- und Bremsvorgänge) nicht wesentlich erhöht. Deutliche Unterschiede der pro Batterieladung erzielten Reichweite zeigten sich auch beim Testbetrieb von Elektrofahrzeugen mit und ohne Energierückgewinnung (Nutzbremsung)[297,298].

2. Lebensdauer

Die Lebensdauer der Batterie beeinflußt neben den Anschaffungskosten und den Betriebskosten die Wirtschaftlichkeit des Elektrofahrzeuges in entscheidender Weise. Hohe Anschaffungskosten der Batterie werden durch geringen Betriebsaufwand und ausreichende Lebensdauer kompensiert und ermöglichen den wirtschaftlichen Einsatz des Elektrofahrzeuges.

Die Maßnahmen zur maximalen Erhöhung der Lebensdauer eines Speichersystems unter vorgegebenen Betriebsbedingungen, die mit einer Steigerung der Produktionskosten verbunden sind, führen meist zu einer Herabsetzung der Energiedichte und der entnehmbaren spezifischen Leistung. Es wird für die Erreichung der optimalen wirtschaftlichen Lösung der komplexe Zusammenhang und die Wechselwirkung der charakteristischen und systemspezifischen Parameter besonders zu berücksichtigen sein. Die erforderlichen Ansprüche hinsichtlich der Lebensdauer werden allerdings oft zu hoch eingestuft, wenn man bedenkt, daß bei einer Reichweite (die durch Anwendung des Prinzips der Nutzbremsung noch um 10 - 15% gesteigert werden kann) von annähernd 100 km (für eine Entladung) bei etwa 1000 Lade- und Entladezyklen die gesamte Fahrleistung bei rund 100.000 km liegt; dies bedeutet, je nach Betriebshäufigkeit, eine Einsatzdauer von 3 - 10 Jahren bis ein Ersatz der Batterie notwendig wird. Die Verwirklichung einer extrem hohen Lebensdauer der Speichersysteme von einigen 1000 Zyklen (z.B. > 2000) stellt daher keine zwingende Notwendigkeit für einen wirtschaftlichen Einsatz des Elektrofahrzeuges dar.

Die wünschenswerte bzw. vom wirtschaftlichen Standpunkt aus vertretbare, minimale Lebenszeit wird allerdings bei den verschiedenen Fahrzeugtypen etwas variieren. Angestrebt wird das Ziel, daß innerhalb der Funktionsperiode des Elektrofahrzeuges höchstens einmal ein Austausch des gesamten Energiespeichersystems vorgenommen werden muß[317].

Eine wesentlich geringere Lebensdauer (weniger als 750 Zyklen) erscheint nur dann wirtschaftlich tragbar, wenn die Produktionskosten für die betreffende Batterie entscheidend gesenkt werden können (Beispiel: alkalische Batterie mit neuartigen β-NiO(OH)-Elektroden).

3. Behandlung wirtschaftlicher Aspekte an praxisnahen Beispielen

3.1 Beispiel für eine Abschätzung betriebstechnischer Eigenschaften und der Wirtschaftlichkeit von Elektrofahrzeugen mit Speicheraggregaten

Eine einigermaßen realistische Abschätzung betriebstechnischer und wirtschaftlicher Aspekte kann nur für ein Elektrofahrzeug erstellt werden, für das bereits Erfahrungswerte aus dem praktischen Einsatz vorliegen. Beim gegenwärtigen Stand der Batterietechnologie besitzt ein kleines bis mittleres, für den Stadtverkehr geeignetes Transportfahrzeug die günstigsten Aussichten. Ein derartiger Transporter sollte mindestens eine Reichweite von etwa 40 - 80 km besitzen und eine Höchstgeschwindigkeit von 70 km/h erreichen, um sich dem Verkehr in Ballungsräumen reibungslos eingliedern zu können[78].

Im folgenden soll ein Modellfahrzeug betrachtet werden, dessen Dimensionierung einem in der Praxis bereits erprobten Fahrzeug nahekommt*. Folgende Daten seien der Abschätzung zugrunde gelegt: Ein Gesamtgewicht von 3000 kg und ein konstanter Wert von 1600 kg für die Summe von Nutzlast und Batteriegewicht. Gegenwärtig stehen Batterien mit einer Energiedichte von 25 Wh/kg bis 50 Wh/kg zur Verfügung. Für die Erzielung der erforderlichen Beschleunigung und zur Überwindung von Steigungen sind Leistungsdichten von 40 bis 90 W/kg erforderlich.

Für das Modellbeispiel sei angenommen, daß unabhängig von der Art der Batterie und der Reichweite des Fahrzeuges eine Leistung von 40 kW zur Verfügung stehen muß.

Unter Zugrundelegung dieser Daten läßt sich das Gewicht der Batterie und damit die Nutzlast in Abhängigkeit von der Energiedichte der Batterie bei vorgegebener Reichweite (einmalige Ladung) angeben (Abb. 37). Man erkennt aus dieser Darstellung, daß bei einer Reichweite von 70 km und Verwendung einer gegenwärtigen Blei/Schwefelsäure-Batterie (Energiedichte 25 Wh/kg, bei zweistündiger Entladung) das Batteriegewicht 1008 kg und die Nutzlast somit 592 kg beträgt. Eine Erhöhung der Reichweite auf 100 km würde eine Batterie von 1440 kg erfordern und die Nutzlast auf 160 kg reduzieren. Bei konstantem Fahrzeuggewicht kann eine Erhöhung der Reichweite nur auf Kosten der Nutzlast erfolgen.

Verwendet man hingegen ein Speichersystem mit einer Energiedichte von 50 Wh/kg (z.B. einen alkalischen Akkumulator), so besitzt bei einer Reichweite von 70 km die Batterie nur mehr ein Gewicht von 504 kg und die Nutzlast erhöht sich auf 1096 kg (Erhöhung um 85% bezogen auf 592 kg). Bei Einsatz einer Batterie mit einer Energiedichte von 100 Wh/kg könnte die Nutzlast nur mehr auf 1352 kg, also nur mehr um 23% gesteigert werden. Man erkennt, daß eine weitere Erhöhung der Energiedichte nur mehr eine geringe prozentuelle

---

* Die vorliegenden Abschatzungen basieren auf einer Untersuchung von H.G. Plust[6].

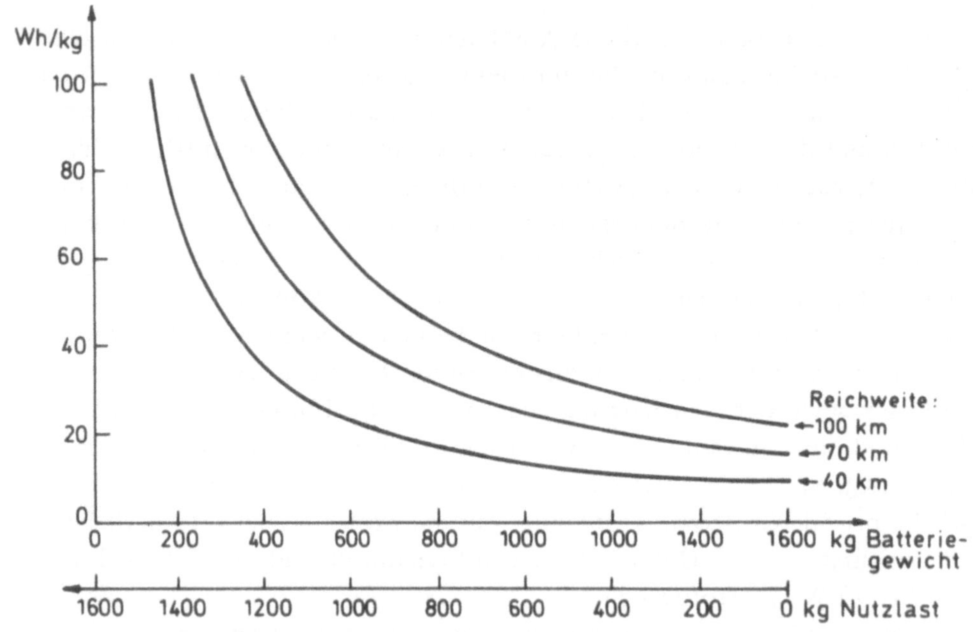

Abb. 37: Abhangigkeit des Batteriegewichtes bzw. der Nutzlast von der Energiedichte bei vorgegebener Reichweite. Nach Plust[6].

Steigerung der Nutzlast erlaubt.

Bei der Annahme einer erforderlichen Leistung von 40 kW, einer Reichweite von 70 km und einer Batterie mit einer Energiedichte von 25 Wh/kg (und somit einem Batteriegewicht von 1008 kg) ergibt sich eine Leistungsdichte des Speichersystems von 40 W/kg. Bei Einsatz von Batteriesystemen mit einer Energiedichte von 50 Wh/kg bzw. 100 Wh/kg steigt die erforderliche Leistungsdichte auf 80 W/kg bzw. 160 W/kg. Diese Leistungsdichten sollten auch noch von bereits teilweise entladenen Zellen geliefert werden können, eine Forderung, die nur schwer zu realisieren sein dürfte. Zielvorstellung wäre eine der Energiedichte proportionale Erhöhung der Leistungsdichte, wobei allerdings die Probleme der Wärmeentwicklung als begrenzender Faktor berücksichtigt werden müssen.

Eine Erhöhung der Reichweite erfordert bei konstantem Gesamtgewicht und konstanter Energiedichte eine proportionale Vergrößerung des Batteriegewichtes. In diesem Fall sinkt bei konstanter Fahrzeugleistung (40 kW) die erforderliche Leistungsdichte. Da aber die Leistungsdichte des Batteriesystems vorgegeben ist, wird das Leistungspotential der Batterie nicht voll ausgenützt, ihre Lebensdauer wegen der geringeren Beanspruchung jedoch verlängert.

Für die Betriebskosten des Elektrofahrzeuges sind die tatsächlich aufzuwendenden Energiekosten von entscheidender Bedeutung. Ein Maß für diese ist der Energiebedarf auf der Eingangsseite des Ladegerätes bezogen auf den gefahrenen Kilometer (Wh/km), wobei der Wirkungsgrad des Ladegerätes (85 - 90%) und der Energienutzeffekt der Batterie (50 - 70%) zu berücksichtigen sind. Der für die eigentliche Fahrleistung aufgewendete Energiebedarf pro Tonne Gesamtgewicht und pro gefahrenem Kilometer besitzt einen vom speziellen Typ des Elektrofahrzeuges ziemlich unabhängigen Wert von etwa 110 - 120 Wh/tkm. Auf das beschriebene Modellfahrzeug mit 3 t Gesamtgewicht bezogen, bedeutet dies einen spezifischen Energieverbrauch von etwa 330 - 360 Wh/km. Berücksichtigt man zusätzlich den Wirkungsgrad von Ladegerät (85%) und den Energienutzeffekt der Batterie (70%), so erhält man einen tatsächlichen (Eingangsseite Ladegerät) Energiebedarf von 500 - 600 Wh/km.

Für den wirtschaftlichen Betrieb von Elektrofahrzeugen ist ferner die Tatsache von Bedeutung, daß die üblichen Netzanschlüsse entsprechend der gegenwärtigen Struktur der elektrischen Energieversorgung nur eine Leistungsabgabe von 3 - 10 kW zulassen. Beim Einsatz von Speicherbatterien hoher Energiedichte und großer Speicherkapazität (> 30 kWh) würden sich (mit Berücksichtigung der Wirkungsgrade von Ladegerät und Batterie) unter Umständen zu lange Ladezeiten ergeben, welche die Wirtschaftlichkeit des Fahrzeugbetriebes beeinträchtigen.[6,304]

Als wesentliche Schlußfolgerungen aus den für den betrachteten Modellfall angestellten Überlegungen kann abgeleitet werden, daß Transportfahrzeuge, die mit Speichersystemen ausgerüstet sind, deren Energiedichte 50 - 60 Wh/kg beträgt, günstige Voraussetzungen für den Einsatz in städtischen Ballungsräumen besitzen. Batterien mit Energiedichten um 100 Wh/kg führen zu keiner wesentlichen Steigerung der Nutzlast, ermöglichen jedoch eine Erhöhung der Reichweite. Diese wird jedoch vielfach gar nicht angestrebt und kann sich wegen der damit verbundenen Probleme der Energieversorgung nachteilig auswirken.

Eine Erhöhung der Reichweite kann auch durch Zwischennachladungen während der Standzeiten der Transportfahrzeuge erzielt werden.

Während im diskutierten Beispiel des Kleintransporters eine Blei/Schwefelsäure-Batterie den Anforderungen als Aggregat zur Lieferung der Antriebsenergie bereits gerecht werden kann, bestehen hinsichtlich ihres Einsatzes in einem Personenfahrzeug mit etwas höherer Reichweite (100 km) bereits Probleme, die an folgendem Beispiel aufgezeigt werden sollen. Bei einem Gesamtgewicht von 1500 kg und einer Nutzlast von 350 kg soll das Batteriegewicht 400 kg nicht übersteigen. Bei einem Energieverbrauch des Fahrzeuges von etwa 180 Wh/km wird bei einer Reichweite von 100 km eine Gesamtmenge an gespeicherter Energie von 18 kWh benötigt. Eine Batterie mit einer Energiedichte

von 25 Wh/kg (Blei/Schwefelsäure-System) kann daher mit einem Batteriegewicht von 720 kg den notwendigen Anforderungen nicht gerecht werden. Verwendet man hingegen ein Speichersystem mit einer Energiedichte von 50 Wh/kg,
so verringert sich das Batteriegewicht auf 360 kg, so daß die gestellten Voraussetzungen erfüllt sind. Das Beispiel zeigt aber auch, daß eine Vergrößerung der
Reichweite auf 200 km unter den angenommenen Bedingungen nicht erreicht
werden kann (Batteriegewicht 720 kg).

Der Kilometerpreis (Gesamtkosten pro gefahrenem Kilometer) eines Elektrofahrzeuges wird im wesentlichen durch den Anschaffungspreis von Fahrzeug
und elektrischem Speichersystem, der kilometerproportionalen Wertminderung
von Karosserie und Motor und den Betriebskosten bestimmt. Wesentlichen
Einfluß auf den Kilometerpreis besitzen jedoch die Energiespeicherkapazität
und die Lebensdauer des Batteriesystems.

Auf Grund der angestellten Überlegungen und bestehender Erfahrungen
ergeben sich folgende allgemeine Zusammenhänge: Der zulässige Anschaffungspreis für die Batterie hängt in entscheidender Weise von ihrer Energiedichte
und ihrer Lebensdauer ab. Bei Verwendung einer Batterie mit einer erhöhten
Energiedichte kann trotz eines höheren Preises pro kg Batterie der Anschaf-
fungspreis gleich bleiben, da sich das Gesamtgewicht der Batterie verringert.
Einer derartigen Situation wird man dann begegnen, wenn der Preis pro kg
Batterie nicht stärker als proportional zur Energiedichte ansteigt. Weist das
Batteriesystem mit der höheren Energiedichte zusätzlich noch eine erhöhte
Lebensdauer auf, wie z.B. alkalische Akkumulatoren (bis 1500 Zyklen, 40
Wh/kg) im Vergleich zu Blei/Schwefelsäure-Batterien (600 - 1000 Zyklen, 25
Wh/kg), so kann der Kilometerpreis sogar absinken. Gleichzeitig erhöht sich
die Nutzlast bei gleichbleibendem Gesamtgewicht. Bei gleicher Nutzlast kann
das Fahrzeug für ein geringeres Gesamtgewicht ausgelegt und dadurch die
Kosten gesenkt werden. Eine Batterie mit hoher Energiedichte ist daher im
Nahverkehr hinsichtlich des Kilometerpreises mit billigeren Systemen geringerer
Energiedichte durchaus konkurrenzfähig.

Eine beträchtliche Erhöhung der Reichweite erfordert dagegen auf alle
Fälle einen vermehrten Kostenaufwand und führt zu einem erhöhten Kilometer-
preis und zu einem Anwachsen der Transportkosten pro Tonne und Kilometer.
(Für den als Modellfall betrachteten Kleintransporter liegt gegenwärtig der
Kilometerpreis zwischen 1 und 2 DM/km[78].)

3.2 Wirtschaftliche Aspekte von Elektrofahrzeugen mit Hybridsystemen

In wirtschaftliche Überlegungen sind auf jeden Fall Hybridsysteme einzu-
beziehen, die ein so weit fortgeschrittenes Stadium der technischen Reife erreicht haben, daß die praktische Realisierung von Fahrzeugen auf der Basis
einer solchen Energieversorgung bereits zum gegenwärtigen Zeitpunkt im Prinzip möglich wäre. (Siehe das von Kordesch bei der UCC entwickelte Hybrid-

fahrzeug[324-326] und die Ergebnisse im Langzeit-Testbetrieb.)

Die Kombination von Blei/Schwefelsäure-Akkumulator und Brennstoffzelle (Wasserstoff/Luft) bietet neben den verbesserten Betriebsdaten (Reichweite) ökonomisch günstigere Aspekte als der ausschließliche Einsatz von Speichersystemen oder Brennstoffzellenaggregaten in Fahrzeugen. Dies konnte an Hand einer ausführlichen Studie auf Grund der Abschätzung und des Vergleiches der charakteristischen Kennwerte von Speicherbatterien, Brennstoffzellen und Hybridsystemen für den geplanten Einsatz in Bussen und Transportern gezeigt werden[327].

Für diesen Sachverhalt sind folgende Gründe in Betracht zu ziehen:

3.2.1 Vergleich Speicherbatterie-Hybridsystem

a) Die Anschaffungskosten für die Blei/Schwefelsäure-Batterie liegen höher als für das Hybridsystem (bei gleicher Speicherkapazität!).

b) Die Lebensdauer des Akkumulators wird wegen der geringeren leistungsmäßigen Beanspruchung (weitgehende Vermeidung von Tiefentladungen) verbessert.

c) Infolge der Gewichtsverminderung gegenüber dem reinen Speicheraggregat (Vorteile durch die Mitführung des Brennstoffvorrates) kann die Nutzlast gesteigert werden.

d) Die Reichweite ist erhöht und kann in bestimmten Grenzen durch die Menge des mitgeführten Brennstoffes den jeweiligen Erfordernissen angepaßt werden.

e) Da der größere Teil der benötigten elektrischen Energie direkt im Fahrzeug produziert wird und daher zumindest eine Teilladung des Akkumulators durch die Brennstoffzellen erfolgen kann, ergeben sich geringere Standzeiten für Ladeperioden. Dadurch können die Betriebskosten insgesamt gesenkt werden.

f) Der Gesamtwirkungsgrad für die Erzeugung der elektrischen Energie liegt höher als beim Einsatz von Akkumulatoren allein, da bei der elektrochemischen Energieumwandlung in Brennstoffzellen ein besserer Wirkungsgrad (bis 50%) erzielt wird als bei den konventionellen Energieumwandlungsprozessen zur Elektrizitätserzeugung.

Die Summe dieser Faktoren bringt im Endeffekt eine Kostenverminderung pro zurückgelegtem Kilometer mit sich.

3.2.2 Vergleich Brennstoffzellenaggregat-Hybridsystem

a) Hinsichtlich der Anschaffungskosten dürften keine wesentlichen Unterschiede bestehen, obwohl die Dimensionierung der reinen Brennstoffzellenaggregate infolge der geringen Leistungsdichte beträchtlich gesteigert werden müßte.

b) Bei alleinigem Einsatz von Brennstoffzellen wäre wahrscheinlich eine Ver-

kürzung der Lebensdauer infolge der höheren Belastungen, d.h. Leistungsansprüche, zu erwarten.

c) Es würden sich gegenüber dem Hybridsystem möglicherweise ungünstigere
   Gewichtsverhältnisse (Nutzlast) wegen der geringeren Leistungsdichte und
   der zusätzlichen Belastung durch Vorratsbehälter für die Mitführung größerer Brennstoffmengen ergeben (z.B. Gasflaschen, Metallhydridspeicher).

d) Schließlich werden die erforderlichen Fahreigenschaften hinsichtlich der
   Beschleunigung und Höchstgeschwindigkeit schwer zu erreichen sein. (Für
   die Entwicklung von Personenwagen für den Individualverkehr auf ausschließ-
   licher Brennstoffzellenbasis scheinen nur sehr geringe Zukunftsaussichten zu
   bestehen.)

4. Die „relative" Wirtschaftlichkeit

Unter welchen Gesichtspunkten der Erwerb und Betrieb eines Elektrofahrzeuges als wünschenswert und ökonomisch vertretbar angesehen wird, hängt
neben Überlegungen rein finanzieller Natur auch von verschiedenen, individuell
bedingten Faktoren ab, welche die Relativität und Zeitabhängigkeit des Be-
griffes „Wirtschaftlichkeit" augenscheinlich machen.

Zum gegenwärtigen Zeitpunkt liegen die Anschaffungskosten bei weitem
zu hoch, um das Elektrofahrzeug aus rein ökonomischer Sicht für den individuellen Einsatz als ausreichend attraktiv erscheinen zu lassen.

Die kontinuierliche Verknappung der Treibstoffe auf Erdölbasis und das
fortschreitende Anwachsen ihres Preises verbessern daher die Ausgangssituation
für den Einsatz von Elektrofahrzeugen in zunehmendem Maße. (Wenn der
Treibstoffpreis von seinem derzeitigen Niveau auf das Zwei- bis Dreifache ansteigen würde, so wäre eine echte Konkurrenzfähigkeit auf wirtschaftlicher
Basis gegenüber dem Benzin- und Dieselfahrzeug gegeben[328].)

Neben diesen grundsätzlichen Schwierigkeiten wirkt die im gegenwärtigen
Entwicklungsstadium weitgehend fehlende Infrastruktur der Energieversorgung
- zentral in Form von Elektrotankstellen (davon gibt es gegenwärtig in der
BRD etwa 20) - oder dezentralisiert als Anschlüsse an das Niederspannungsnetz
(mit entsprechenden vom Verbraucher zu stellenden Ladeeinheiten) - noch als
starker Vorbehalt gegen die Umstellung auf das Elektrofahrzeug. Des weiteren
bedingen die Vorstellungen und Erwartungen, die durch den Betrieb und das
Fahrverhalten des herkömmlichen Automobils durch ein halbes Jahrhundert
geprägt wurden, Vorurteile. Im Vordergrund steht dabei die desillusionierende
Einsicht, daß ein Kilogramm Treibstoff im herkömmlichen Tank einen Vorrat
von etwa 10 - 12 kWh an Energie bedeutet, von denen bei einem Wirkungsgrad
von 15 - 20% maximal etwa 2 kWh/kg in Bewegungsenergie umgesetzt werden
können; dagegen liegt der Wert für die besten bisher erprobten Batterietypen

bei etwa 50 Wh/kg bzw. bei einem Gewichtsaufwand von 20 kg für die kWh
an mitgeführter Energie, d.h. die Energiedichte und dementsprechend die
spezifische Reichweite der Elektrofahrzeuge sinkt auf wenige Prozente (2 - 3)
jener der mit Verbrennungskraftmotoren ausgerüsteten Fahrzeuge.

Diese vordergründige Überlegung berücksichtigt nicht, daß die spezifischen
Anforderungen, die für den Betrieb eines Stadtfahrzeuges ausreichen, keineswegs an den Daten der herkömmlichen Benzinfahrzeuge orientiert werden können und daß das Elektrofahrzeug in Ballungsräumen keine Kopie der gegenwärtigen Massen- und Individualverkehrsmittel sein kann. Die Einführung der
Elektrotraktion über den Umweg von Nutzfahrzeugen bietet neben den günstigeren wirtschaftlichen Voraussetzungen gute Chancen für den Abbau solcher
individuell und psychologisch bedingter Schranken.

Als Argumente zur Überwindung von Vorurteilen sind allgemein die gesteigerte Fahrannehmlichkeit, die leichtere Handhabung und Bedienung, die
weitgehende Geräuschlosigkeit, die verminderten Vibrationen usw. ins Treffen
zu führen. Besonders deutlich treten die Vorzüge des Elektrofahrzeuges im
Stadtverkehr beim häufigen stop-go-Betrieb und dem langsamen Kolonnenfahren in Erscheinung.

Ein weiterer Faktor, der einen möglichen Vorteil bei der Verwendung
des Elektromobils bedeuten könnte, ist die geringere Wertminderung infolge
der höheren Lebensdauer[304].

Dies betrifft die Abnützung des Antriebssystems, der Regel- und Kontrolleinrichtungen. Speziell an den Fahrzeugbetrieb angepaßte Elektromotoren
werden bei einer Serienerzeugung im Vergleich zu Verbrennungskraftmotoren
billiger kommen.

Eine zeitliche Begrenzung ist dagegen für die Brauchbarkeit des Energiespeichers, d.h. speziell der elektrochemischen Zellen, gegeben. Das Aggregat
kann ohne Schwierigkeiten gegen eine unverbrauchte Einheit ausgetauscht
werden, entscheidend für die ökonomische Tragbarkeit des Systems ist der
Preis für die neu zu installierende Speichereinheit.

Da der Betrieb aus der Sicht des Energieaufwandes relativ geringe Kosten
verursachen wird oder bereits jetzt finanziell attraktive Aspekte eröffnet, werden bei dauerndem Kurzstreckenverkehr (öffentliche und geschäftliche Zwecke)
in Ballungsräumen die spezifischen Eigenschaften des Elektrofahrzeuges optimal wirtschaftlich und zweckgerichtet ausgenutzt (Auslastung hinsichtlich der
Leistungsfähigkeit unter Einbeziehung von Nutzbremsung und Zwischennach-
ladung).

Schließlich soll nicht außer Acht gelassen werden, daß die zusehens stren-
ger werdenden gesetzlichen Bestimmungen hinsichtlich der gestatteten Emis-
sionswerte für Schadstoffe und Lärm zusätzlichen Aufwand bei Verbrennungs-
motorenantrieb erfordern, um die vorgegebenen Toleranzgrenzen einzuhalten
(z.B. Maßnahmen zur Lärmdämmung (Isolation), konstruktionsmäßige Ver-

änderungen am Motor zur Herabsetzung des CO-Gehaltes und der Anteile an unverbrannten Kohlenwasserstoffen usw.). Auch diese Investitionen müssen vom Fahrzeugbenützer getragen werden und verbessern indirekt die Rentabilität des Elektrofahrzeuges.

Weitere Faktoren stellen die individuelle Aufgeschlossenheit gegenüber Neuerungen dar, die sich erwiesenermaßen vorteilhaft auf die Umweltsituation in den städtischen Lebensräumen auswirken, und die Förderung der Risikofreudigkeit von Unternehmern, die aus der Sicht der Gewinnchancen auf einem zukunftsträchtigen Markt bereit sind, hohe und langfristige Investitionen zu tätigen.

Nicht zuletzt werden für die Umstellung auch politische Motive und staatlich gelenkte Maßnahmen von Bedeutung sein. Unterstützungen von Regierungsseite wie die Gewährung steuerlicher Vorteile beim Betrieb von Elektrofahrzeugen und sonstige Maßnahmen sollten dazu beitragen, den hohen Kostenaufwand besonders am Beginn der Integration der Elektrotraktion in den Verkehr, d.h. solange die Produktion und der Einsatz nur eine geringe Zahl von Elektrofahrzeugen betrifft, zu reduzieren.

Die Erörterung der wirtschaftlichen Gesichtspunkte ist für die vorhandenen und potentiellen Interessenten für Elektrofahrzeuge von ausschlaggebender Bedeutung. Als wichtigster Vertreter dieser Gruppen ist mit Sicherheit der Batterieproduzent anzusehen, dem die Erzeugung billiger, langlebiger Traktionsbatterien mit hoher Energie- und Leistungsdichte einen neuen Markt mit noch kaum absehbarer Aufnahmefähigkeit erschließen wird. Allerdings erfolgt die Entwicklung schrittweise und langsam, sie fordert vom Unternehmer Risikobereitschaft und die Tätigung langfristiger Investitionen.

In zweiter Linie wird die Entwicklung elektrischer Fahrzeuge für die elektrotechnische Industrie und die Elektronik attraktiv sein. Auf diesen Gebieten würden die bereits verfügbaren Lösungen der anhängigen Fragen den momentanen Anforderungen in betriebstechnischer Hinsicht genügen, während kostenmäßig günstigere Lösungen notwendig wären.

Bei der Einführung von Verkehrsmitteln für den interurbanen Verkehr (Reichweite > 200 km) existieren hinsichtlich der elektrischen Antriebssysteme noch offene Probleme[304].

Schließlich sind die Elektrizitätsgesellschaften daran interessiert, für die in den Perioden des Verbraucherminimums zur Verfügung stehende Energie Abnehmer mit hohen Aufnahmefähigkeiten vorzufinden. (Gleichzeitig geben neue Speichersysteme in verstärktem Maße Anregungen zur Entwicklung stationärer Speicheranlagen zur besseren Bewältigung des Spitzenlastausgleiches.) Sie haben allerdings eine neuartige Infrastruktur zur Versorgung von mobilen Verbrauchern mit elektrischer Energie auf Basis des Niederspannungsnetzes zu schaffen*.

---

* Siehe hierzu auch den an diese Arbeit anschließenden Beitrag von Dr. K. Selden.

Endgültig entscheidend für den kommerziellen und wirtschaftlichen Erfolg ist aber die Einstellung der Benützer von Elektrofahrzeugen. Für den individuellen, privaten Verbraucher ergeben sich neben der ökonomisch orientierten Denkungsweise andere Argumente wie die Betriebseigenschaften, eine durch den sozialen Stand (Statussymbol) gegebene Einstellung usw., welche die Handlungsweisen des potentiellen Käufers bzw. Benutzers des Elektrofahrzeuges motivieren.

Auch dem Gedanken der Verbesserung der Umweltsituation in Ballungsräumen mag bereits ein gewisses Gewicht beigemessen werden, obwohl im individuellen Fall solche Erwägungen gegenüber überwiegend wirtschaftlicher Denkungsweise noch im Hintergrund stehen. Eine spürbare Entlastung der Umweltsituation wird im allgemeinen erst bei einer sehr hohen Zahl von elektrisch angetriebenen Fahrzeugen oder in begrenzten Gebieten merklich sein, wenn innerhalb dieser Areale der lokale Güter- und Personentransport vollständig mit Elektrofahrzeugen durchgeführt wird.

Betriebswirtschaftliche Überlegungen werden bei der Anschaffung eines Parks elektrischer Fahrzeuge als geschäftlich notwendige Transportmittel oder Massenverkehrsmittel für private und öffentliche Institutionen in erster Linie maßgebend sein. Die Haltung öffentlicher und insbesondere staatlicher Stellen sollte aber auch zunehmend durch zukunftsorientierte, stärker volkswirtschaftlich ausgerichtete Denkungsweisen bestimmt werden. Es erscheint daher fraglich, ob ausschließlich betriebswirtschaftliche Überlegungen unter dem Zwang der Verhältnisse (Erdölverknappung und Bedrohung der Umwelt) im Endeffekt ausschlaggebend sein können.

Schwieriger bleibt es, hinsichtlich der besprochenen Aspekte die Möglichkeiten des Individualfahrzeuges - sei es vorerst als Zweitwagen in kleiner Ausführung im Stadtgebiet oder als Verkehrsmittel im Interurbanverkehr - zu beurteilen. Besonders der Kauf und Betrieb der ersten Modelle dieser mit neuartigen Speichersystemen (oder Hybridsystemen) ausgerüsteten Elektromobile werden hohe Kosten verursachen. Ihre Anschaffung wird daher notwendigerweise auch in starkem Maße von der individuellen Haltung und Aufgeschlossenheit des Einzelnen gegenüber der Lösung aktueller Zukunftsprobleme abhängen.

Neben der erkannten und in weitem Maße bewußt gewordenen Notwendigkeit der besseren Ausnützung der gegenwärtigen Hauptenergieträger (fossile Brennstoffe) und der Schonung dieser Reserven infolge der Unabhängigkeit des Elektrofahrzeuges von der Art der Primärenergie, ferner der Verbesserung der Umweltbedingungen in großstädtischen Ballungsräumen (Bevölkerungszentren), sollte nicht außer Acht gelassen werden, daß die zwangsläufig innerhalb der nächsten Generation zu erwartenden gravierenden Umwälzungen in der Lebensweise und der Gestaltung des Lebensraumes große Chancen für strukturelle Änderungen und Verbesserungen im industriellen Bereich eröffnen, die auch zur zeitgerechten Entwicklung und Umstellung auf umweltfreundliche Industrien, z.B. durch den Ausbau der Batterieindustrie, führen können.

Abgesehen von den auf dem Energiesektor tätigen Wissenschaftlern und Technikern eröffnet sich hier ein weites Feld für Wirtschafts-, Raum-, Verkehrs- und Umweltplaner und schließlich auch für den Ökologen.

VI. GEGENWÄRTIGER ENTWICKLUNGSSTAND UND VERSUCH EINER BEURTEILUNG DER ZUKUNFTSAUSSICHTEN

1. Energiepolitische und allgemeine Aspekte zur Elektrotraktion

Eine gültige, absolute Sicherheit beanspruchende Vorhersage über die Zukunft des elektrischen Kraftfahrzeuges ist zum gegenwärtigen Zeitpunkt nicht möglich. Um die zukünftige Entwicklung mit größtmöglicher Wahrscheinlichkeit abschätzen zu können, müssen die wesentlichen Aspekte aus verschiedener Richtung kritisch beleuchtet und entsprechend ihrem Gewicht gewertet werden.

Sicherlich stellen die Tendenzen der letzten zehn oder zwanzig Jahre eine legitime Ausgangsbasis für solche Überlegungen dar. Jedoch kann keineswegs eine naive Extrapolation vorgenommen werden, die einen gleichförmigen Fortgang des Entwicklungsprozesses annimmt, wie er in den beiden letzten Jahrzehnten verfolgt werden konnte. Die wesentlichen, die Entwicklung eines batteriebetriebenen Fahrzeuges beeinflussenden Faktoren können wie folgt zusammengefaßt werden:

1. Von entscheidender Bedeutung werden die allgemeine Energiesituation sowie die Versuche zur Einsparung von Erdölprodukten sein[329].

Die Erschöpfung der bekannten Reserven an Erdöl und Erdgas als Primärenergiequelle ist bei einer Fortsetzung der gegenwärtigen Methoden der Erzeugung von Sekundärenergie unvermeidbar und im Endeffekt nur eine Frage der Zeit. So werden die gesicherten Vorräte an Erdöl bei dem Förderstand von 1976 (von rund 2800 Mio t) in etwa 30 Jahren erschöpft sein.

Die Einsparung von Erdöl über den Weg der Elektrotraktion kann aber nur dann zielführend gestaltet werden, wenn die Sparmaßnahmen auch auf die anderen aus dem Rohöl gewonnenen Produkte ausgedehnt werden. (So fallen im Durchschnitt nur 20% des Rohöls nach der Raffination als Benzin an. Die restlichen 80% setzen sich aus Dieselöl bzw. Heizöl leicht, Heizöl schwer usw. zusammen[304,317].)

Die Kohlevorräte überwiegen jene an Erdöl und lassen die Bedeutung der Kohle für die Energieversorgung erkennen. Die Weltvorräte an Kohle dürften für einen Zeitraum in der Größenordnung von einigen hundert Jahren ausreichen. Zu beachten ist, daß durch Kohlehydrierung hergestellte synthetische Treibstoffe zum Teil die natürlichen Erdölprodukte als Brennstoffe in Verbrennungskraftmaschinen ersetzen können[329].

Innerhalb kurzer Zeiträume kann die Frage der Versorgung mit Primärenergie auch bei Einführung von Kernkraftwerken, deren Betrieb auch aus wirtschaftlichen Perspektiven umstritten ist, nicht unter Verzicht auf die herkömmlichen Produktionsmethoden gelöst werden.

Eine Nutzbarmachung der Solarenergie zur Gewinnung elektrischer Energie wird bei Berücksichtigung des gegenwärtigen Entwicklungsstandes auf diesem

Sektor erst in fernerer Zukunft möglich sein. Auch die geothermische und die Windenergie sollten in die Überlegungen mit einbezogen werden.

Die Strukturänderungen in der Energiewirtschaft der maßgeblichen Industriestaaten bis zum Jahre 2000 dürften durch folgende Merkmale charakterisiert werden können:

a) Abflachung der Wachstumsrate des Energieverbrauches,

b) Verringerung des Erdölanteils,

c) Erhöhung des Anteils an Erdgas,

d) Stabilisierung und Bemühungen um Erhöhung des Anteils der Kohle an der Primärenergieversorgung,

e) Intensive Suche zur Erschließung anderer Energiequellen (Sonnenenergie, Kernfusion).

f) Fraglich ist der Ausbau von Kernkraftwerken, wobei wegen deren Problematik ihr Anteil an der Energieversorgung langsamer als ursprünglich erwartet ansteigen wird.

Es ist anzunehmen, daß die Elektrizität als Energieträger zunehmende Bedeutung erlangen wird, wobei allerdings ein Anteil von 40% am Energieverbrauch im mitteleuropäischen Raum bis zum Jahr 2000 vermutlich nicht überschritten werden wird.

In der Übergangszeit wird in dem die Elektrizität nicht betreffenden Bereich der Energieversorgung Erdöl durch aus Kohle und Naturprodukten hergestellte synthetische Treibstoffe, Alkohole u. dgl. allmählich ersetzt werden. Große Bedeutung ist auch dem Wasserstoff als Sekundärenergieträger beizumessen, soferne es gelingt, Technologien zu entwickeln, die eine entscheidende Senkung der Herstellungskosten erlauben[295,330,331].

Die skizzierten Entwicklungen auf dem Energiesektor begünstigen in zunehmendem Maße das Elektrofahrzeug. Bei Betrachtung der zukünftigen Antriebssysteme für individuelle und Massenverkehrsmittel bietet sich als wesentliche Alternative zur Verbrennungskraftmaschine nur der Elektromotor an. Diese Überlegungen führen daher zwingend zu dem Schluß, daß mit dem Eintritt des Elektrofahrzeuges in unser gegenwärtiges Verkehrssystem gerechnet werden muß, wobei allerdings Art und zeitlicher Ablauf des Prozesses nicht exakt vorhersehbar sind.

2. Ein zweiter Aspekt ergibt sich aus der unbestrittenen Tatsache, daß in den Ballungsräumen eine Umstellung des Verkehrs als überaus wünschenswert erachtet wird. Die Gründe hierfür, die bereits in der Einleitung erörtert wurden, bestehen in einer Verbesserung der Umweltsituation, nämlich in einer Verminderung der Abgase, Abwärme und der Lärmentwicklung.

3. Weitere Überlegungen müssen die für die gegenwärtige Situation typischen psychologischen Faktoren in Betracht ziehen.

Als grundsätzliche Feststellung kann die realistische Erwägung gelten, daß der individuelle Fahrzeugbenützer derzeit kaum geneigt ist, auf Benzin- oder

Dieselautos in einem technisch ausgereiften, auf den persönlichen Komfort zugeschnittenen und den individuellen Anforderungen hinsichtlich Reichweite und Geschwindigkeit entsprechenden Entwicklungsstadium zu verzichten, solange die Kosten für deren Anschaffung und Betrieb geringer als jene eines Elektrofahrzeuges sind.

Zum gegenwärtigen Zeitpunkt kann nicht geleugnet werden, daß ein gewisses Abflauen des vor einigen Jahren (1972 - 1976) weit verbreiteten Optimismus hinsichtlich eines relativ rasch (innerhalb von etwa 10 Jahren) zu erwartenden Durchbruches und praktischen Erfolges der elektrochemischen Speichersysteme für elektrisch angetriebene Straßenfahrzeuge zu beobachten ist.

Die hochgespannten Erwartungen, die mit den Programmen zur Entwicklung neuer Speicherelemente, insbesondere von Hochtemperatursystemen verbunden waren, haben sich bisher nicht im erhofften Ausmaß erfüllt, da die Material- und Kostenprobleme - besonders im Hinblick auf die erforderliche Lebensdauer - noch keiner befriedigenden Lösung zugeführt werden konnten. Der Eintritt der Elektrotraktion in den Individualverkehr von Ballungsräumen und darüber hinaus in den interurbanen Verkehr in großem Stil auf Basis dieser Speichersysteme muß daher auf einen späteren Zeitpunkt hinausgeschoben werden.

Eine vollständige Darstellung der gegenwärtigen Situation ist aus folgenden Gründen kaum durchführbar:
1. Die Berücksichtigung aller laufenden Programme und Entwicklungen ist wegen ihrer globalen Vielfalt und der Unvollständigkeit der Informationen nicht möglich.
2. Die Entwicklung befindet sich derzeit in so raschem Fluß, daß über jüngste Fortschritte nur unzureichende bzw. noch keine Publikationen verfügbar und mündliche Mitteilungen meist sehr lückenhaft sind.
3. Hinsichtlich der wirtschaftlichen Aspekte sind nur sehr unbefriedigende, d.h. unsichere Aussagen möglich, da vom Labor- oder technischen Versuchsstadium nur mit großem Vorbehalt auf die Verhältnisse in der Praxis geschlossen werden kann.

Ausgehend von der gegenwärtigen Situation und dem bisherigen Verlauf der Entwicklungen auf dem Batteriesektor können unter Berücksichtigung essentieller Kriterien wie wirtschaftliche Aspekte und deren Entwicklung, Betriebsanforderungen, in der Praxis verwirklichbare gegenüber den theoretischen Energiedichten und die Erzielung der erforderlichen Leistungsdichten Prognosen erstellt werden, deren Sicherheit naturgemäß von zahlreichen Annahmen abhängt.

Unter Beachtung dieser Vorbehalte und der jüngsten Trends dürfen folgende Phasen für den zukünftigen Eintritt der Elektrotraktion in den Massen- und Individualverkehr erwartet werden:

Erste Stufe: Die Akzente hinsichtlich der Fahrzeugtypen, mit denen der Beginn der Integrierung in den Straßenverkehr und die etappenweise Durchdringung des Marktes gelingen sollte, haben sich als Folge der zunehmenden Bedeutung wirtschaftlicher Überlegungen in Richtung Stadtautobusse, kleiner und mittlerer Transport- sowie sonstiger Nutzfahrzeuge für Ballungsräume verschoben. Die Reichweite dieser Fahrzeuge liegt bei 80 - 120 km, ihre Spitzengeschwindigkeit beträgt 80 - 90 km/h[5,298,332].

Mit einigem Vorbehalt kann auch der ökonomisch tragbare Einsatz von Taxis und Kleinbussen für den Personentransport erwartet werden[298,332]. Dieses Stadium liegt gegenwärtig im Bereich der technischen und wirtschaftlichen Realisierbarkeit. Bedeutende Ansätze dafür sind bereits erkennbar. Innerhalb des nächsten Jahrzehntes ist ein Anstieg des Anteiles der Elektrofahrzeuge am gesamten Verkehrsaufkommen von 5 bis 10% zu erwarten. Prognosen für den EG- (EC)- Raum sagen für das Jahr 1990 voraus, daß etwa 7% aller Fahrzeuge elektrisch betrieben sein werden[327]. In diesem Stadium überwiegt der Einsatz des Blei/Schwefelsäure-Systems, gegen Ende der ersten Periode ist mit der Anwendung alkalischer Batterien (Nickel/Eisen, (Nickel/Zink?)) und Hybridsystemen zu rechnen.

Zweite Stufe: In der zweiten Phase (etwa 1990 - 2000) wird eine Zunahme der Anzahl der Individualfahrzeuge (Kleinwagen und Familienbeförderungsmittel) für den Stadtverkehr einschließlich der Randgebiete zu verzeichnen sein. In diesem Jahrzehnt sollte der Anteil der Elektrotraktion auf 10 bis maximal 20% des gesamten Verkehrsaufkommens ansteigen. (20% stellt dabei einen äußerst optimistischen Wert dar.) Zum Einsatz werden neben den vorher erwähnten Typen von Speichersystemen in verstärktem Maße Hybridaggregate kommen, ferner ist mit einer steigenden Anzahl von Versuchsfahrzeugen mit den neuen Batterietypen wie den Hochtemperaturzellen Lithium-Aluminium/Eisensulfid und Natrium/Schwefel zu rechnen. Auch der Einsatz der Zink/Chlor-Batterie erscheint - eine erfolgreiche Erprobung von Testfahrzeugen vorausgesetzt - denkbar[333].

Die Fortschritte in der Batterietechnik werden leistungsmäßig und hinsichtlich der Energiedichte eine schrittweise Weiterentwicklung zu Fahrzeugen mit zunehmender Reichweite (bis 200 km und mehr) und Spitzengeschwindigkeiten über 100 km/h führen.

Dritte Stufe: Aussagen über die dritte Phase der Entwicklung in der Periode nach dem Jahre 2000 sind mit hohen Unsicherheiten verbunden, da der endgültige Erfolg der neuen Batteriesysteme noch nicht absehbar und rational erfaßbar erscheint. Als Kennzeichen dieser Phase dürfte die Entwicklung und Erprobung von Individualfahrzeugen mit großer Reichweite (300 - 400 km), d.h. für den interurbanen Verkehr gelten. Diese „Elektromobile" würden sich in ihren Fahreigenschaften den „normalen", mit Verbrennungskraftmotoren ausgerüsteten Personenkraftwagen annähern.

Der Anteil an Elektrofahrzeugen sollte am Ende dieses Zeitabschnittes in den Jahren 2010 bis 2020 auf mehr als 25% gestiegen sein.

Möglicherweise wird dabei der Einsatz der neuen Speichersysteme der dritten oder vierten Generation (Hochtemperaturzellen, Zink/Chlor- möglicherweise Lithium/Luft- bzw. Wasserstoffperoxid- und Metall/Gas-Systeme wie (Ni/H_2) bereits zu einer langsamen Verdrängung der herkömmlichen Energiespeicher (Pb/H_2SO_4 usw.) führen.

Mit hoher Wahrscheinlichkeit werden aber technisch ausgereifte und optimierte Hybridsysteme elektrochemischer Natur vorzugsweise auf Brennstoffzellen-Akkumulator-Basis eine wesentliche Rolle spielen.

Die Aussichten, daß innerhalb eines überschaubaren Zeitraumes von 30 Jahren dramatische Umwälzungen durch Entdeckung von bisher nicht bekannten Speicherzellen mit weit überlegenen Eigenschaften hervorgerufen werden könnten, welche die Entwicklung völlig anders verlaufen lassen würden, scheinen nach den bisherigen Erfahrungen gering zu sein.

Entscheidende und einschneidende Veränderungen des gezeichneten Bildes können allerdings durch unvorhersehbare Entwicklungen wirtschaftlicher und rohstoff- bzw. energiepolitischer Natur verursacht werden.

Aus energiepolitischer Sicht ist der Gesamtwirkungsgrad der Energieumwandlung nicht nur für die Einsparung von Rohstoffen, sondern auch im Hinblick auf die Umweltbelastung ein Faktor von wesentlicher Bedeutung.

Von der Annahme ausgehend, daß die Umwandlung der thermischen in die mechanische und elektrische Energie im zentralen Kraftwerk mit einem Wirkungsgrad von 30 - 40% vor sich geht, ergibt sich für das elektrische Fahrzeug unter Berücksichtigung

a) des Wirkungsgrades für das Übertragungs- und Verteilungssystem der elektrischen Energie und der Ladeeinheit	90 - 95%
b) des Energienutzeffektes des elektrochemischen Energiespeichers	65 - 80%
c) des Motor-, d.h. Kraftübertragungswirkungsgrades	75 - 85%
d) der Verluste, die durch den tatsächlichen Verkehrsablauf bedingt werden	
d1) Ausnützung auf Schnellstraßen	90 - 95%
d2) im Verkehrsrhytmus in Ballungsräumen (städtischer Verkehr)	65 - 85%
ein Gesamtwirkungsgrad von etwa	12 - 20%.

Diese Zahlenwerte entsprechen ungefähr den heute mit Verbrennungskraftmaschinen erzielten Gesamtwirkungsgraden von 12 - 15%.

Beim Einsatz synthetischer Treibstoffe (Kohleverflüssigung), die in Anlagen hergestellt werden, deren Energieversorgung auf der Verbrennung von Kohle beruht, setzt sich der Gesamtwirkungsgrad aus den Nutzeffekten folgender Einzelstufen zusammen:

a) Kohleverflüssigung (Synthesetreibstoff)   60 - 75%
b) Verteilungssystem (Transport in Fahrzeugen oder Leitungen)   90 - 98%
c) Wirkungsgrad des Verbrennungskraftmotors und zusätzliche
   Verluste bei der Energieübertragung   17 - 23%
d) Ausnutzungsgrad - bedingt durch Verkehrssystem:
   d1) Schnell-Fernverkehr   80 - 90%
   d2) Städtischer Verkehr (Ballungsräume)   40 - 60%.

Somit ergibt sich ein Gesamtwirkungsgrad von 6 bis 11%, der unterhalb des Wirkungsgrades von Elektrofahrzeugen liegt[329,334].

Eine ins Gewicht fallende Steigerung des Gesamtwirkungsgrades (auf etwa 20 - 30%) des elektrischen Antriebes kann bei direktem Umsatz fossiler oder synthetischer Brennstoffe in elektrochemischen Brennstoffzellenanlagen erwartet werden, welche die Erzielung eines Wirkungsgrades für diesen Primärschritt der Energieumwandlung von 50 - 60% erlauben würden.

Noch günstigere Voraussetzungen liefert der Einsatz der Brennstoffzelleneinheit als Energiequelle direkt im Fahrzeug, vor allem wenn billiger Wasserstoff als Brennstoff zur Verfügung stünde. (Die Umsetzung von Wasserstoff in einem Verbrennungskraftmotor würde einen Wirkungsgrad von 10 - 15% nicht übersteigen.)

Der Aufwand an notwendiger elektrischer Energie für die Elektrotraktion läßt sich an Hand eines Beispieles, das auf österreichische Verhältnisse zugeschnitten ist, illustrieren: Ende 1977 betrug die Gesamtzahl der Straßenfahrzeuge (Personenkraftwagen, Lastkraftwagen und andere Nutzfahrzeuge) rund 2,5 Millionen. Bei einem Anteil der Elektrofahrzeuge an diesem Verkehrsaufkommen von 10%, d.h. 250.000 Fahrzeugen, berechnet sich die pro Jahr erforderliche Menge an elektrischer Energie bei einer mittleren Fahrleistung von 10.000 km und einem spezifischen Energiebedarf von rund 0,5 kWh/km mit $1,25 \cdot 10^9$ kWh. Dieser Wert würde rund 3,7% des Gesamtverbrauches an elektrischer Energie von zirka $34 \cdot 10^9$ kWh in Österreich im Jahre 1977 ausmachen*. (Für 1978 wird ein Energieverbrauch von etwa $35,3 \cdot 10^9$ kWh abgeschätzt.)

Daraus folgt, daß der Energiebedarf selbst einer relativ hohen Anzahl von batteriebetriebenen Fahrzeugen ohne Schwierigkeiten aus dem gegenwärtig zur Verfügung stehenden Angebot gedeckt werden könnte**.

---

* Siehe Fußnote auf Seite 195.

** Die Voraussetzungen, die seitens der Elektrizitätsversorgung gegeben sein müssen, werden von anderer Seite dargestellt. Siehe Fußnote auf Seite 204.

2. Stand der Entwicklung und Zukunftsaussichten der verschiedenen Batterietypen

Ein Versuch der Abschätzung der Wahrscheinlichkeit des praktischen Erfolges der aussichtsreichsten Systeme unter Berücksichtigung der chronologischen Reihenfolge ihres Einsatzes in Straßenfahrzeugen liefert folgendes Bild:

An erster Stelle, d.h. als die wichtigste, kommerziell verfügbare Speicherbatterie steht der Blei/Schwefelsäure-Akkumulator nach wie vor im Mittelpunkt des Interesses.

In letzter Zeit hat gerade dieses System - mit dem die umfassendsten Erfahrungen vorliegen - unerwartete und bedeutende Fortschritte, insbesondere durch Verbesserung der Energiedichte, als Traktionsbatterie erfahren. Die prinzipiellen Möglichkeiten für Entwicklungen in dieser Richtung wurden in Kapitel III ausführlich dargestellt.

Energiedichten von rund 30 bis 40 Wh/kg stellen derzeit praxiserprobte Werte dar; realistisch gesehen kann eine weitere Steigerung bis rund 50 Wh/kg erwartet werden. Technologisch realisierbar erscheinen auch noch Energiedichten bis 60 Wh/kg, doch ist eine derartige Erhöhung der Energiedichte mit einem so drastischen Abfall der Lebensdauer verbunden, daß zusätzliche Anstrengungen in dieser Richtung zu keiner brauchbaren Traktionsbatterie führen dürften.

Vorteile hinsichtlich der Lebensdauer und der Energie- wie auch der Leistungsdichten und daher eine Einsparung von Betriebskosten bringt die Einhaltung optimaler Betriebsbedingungen. Dies kann u.a. durch die Installierung einer Anlage zur Heizung der Batterie in der kalten Jahreszeit und eventuell durch Verwendung eines Kühlaggregates bei hohen Außentemperaturen erreicht werden. Die unterschiedlichen Bedingungen beim Einsatz in tropischen, gemäßigten oder kalten Klimazonen sind zu berücksichtigen.

Eine wesentliche Verbesserung der wirtschaftlichen Aspekte kann noch durch eine Senkung der Produktionskosten erwartet werden. Dabei erscheint ein Faktor von 2 bis 4 im Bereich des Möglichen zu liegen, wenn Rationalisierung und Vereinheitlichung der Herstellungsprozesse bei hohen Produktionszahlen konsequent optimiert werden. Bereits heute bestehen in den Anschaffungskosten für Blei/Schwefelsäure-Batterien zwischen den Erzeugnissen amerikanischer und europäischer Herkunft zum Teil gravierende Unterschiede[335,336].

Verbilligungen können auch durch stärkere Heranziehung weiterentwickelter Recyclingverfahren zur Wiederverwendung wertvoller Ausgangsstoffe (hauptsächlich Blei) erwartet werden.

Ferner erscheint die Blei/Schwefelsäure-Batterie in den sehr aussichtsreichen Hybridsystemen als Lieferant der erforderlichen Leistungsspitzen auch auf längere Sicht unentbehrlich. Dabei kommen Kombinationen auf ausschließlich elektrochemischer Basis, z.B. mit Brennstoffzellen, wie auch in Verbindung

- 214 -

TABELLE 7: Vergleich der Kenndaten der verschiedenen Systeme

System	Theoretische Energiedichte [Wh/kg]	Energiedichte [Wh/kg] gegenwärtig	Energiedichte [Wh/kg] projektiert	Leistungsdichte [W/kg] gegenwärtig Dauer	gegenwärtig Spitze	projektiert Dauer	projektiert Spitze
Blei/ Schwefelsaure	167	30-40	50-(60)	25	90	30-50	100-150
Blei-Losungs- akkumulator	107		bis 60			bis 50	100-200
N1/Fe	267	30-50	40-60	20-30	100	40-50	100-150
N1/Cd	210	15-30	bis 50	50-60	200		bis 500
N1/Co	232	bis 45					
N1/Zn	373	60-70	80-120	20-30	120-140	50	> 200
Na/S	758	~ 100	bis 170		> 100	bis 100	> 200
Li-Al/FeS$_x$	x = 1 460 x = 2, Zwei-Plateau: 622 Obere Plateau: 470	100-110	150-170		120	> 100	> 300
Fe/Luft(O$_2$)	762	90	100	20-30	40		80
Zn/Luft(O$_2$)	888	120	120-150	40-50	80		80-120
Brennstoff- zellen		Abhangig von den mitge- führten Brennstoffmengen		20 - 50		> 200	
Hybrid- systeme		Abhangig vom Hybridsystem		> 100		100 - 200	
Zn/Cl$_2$ bzw. Cl$_2$.6H$_2$O	837 bzw. 465	70-80	bis 200		70	120 - 130	
Zn/Br$_2$	430	60			70		
H$_2$/NiOOH	378	40-50		40-60	> 100		150
Li/O$_2$(H$_2$O$_2$)	3360		300-500(?)				bis 200
Zn/Ag$_2$O$_2$	1.Stufe: 312 2.Stufe: 328 Bruttoreaktion: 456	100-150		50-60	bis 300		

Lebensdauer (Zyklenzahl)		Energienutzeffekt		Einsatzmöglichkeiten T: Transportfahrzeug, I: Individualfahrzeug, R: Reichweite [km], H: Höchstgeschwindigkeit [km/h]
gegenwärtig	projektiert	gegenwärtig	projektiert	
700-(1000)	750-1000	0.6-0.7	0.7-0.8	T: R = 80-120 km, H = 80-90 km/h
	bis 1000			
bis 1500	1000-1500	0.5	0.6-0.7	T: R = 100-150 km, H: ~ 100 km/h
bis 3000		0.6-0.7		
1600		0.7		gegenüber Pb/H_2SO_4 erhöhte Reichweite
einige hundert	700-1000	0.5-0.6	bis 0.7	T und I: R = 100-150 km, H > 100 km/h
200-400	> 1000	0.7-0.9	> 0.8	T und I: R = 200-300 km, H > 100 km/h
bis 500	~ 1000	0.7	0.8	T und I: R = 200-300 km, H > 100 km/h
bis 500	> 1000	0.25-0.35	bis 0.5	geeignet für den Einsatz in Hybridsystemen
bis 400	> 500	0.3-0.4	bis 0.5	geeignet für den Einsatz in Hybridsystemen
				vorzugsweise in Hybridsystemen
				T und I: R = 200 - 300 km, H ~ 100 km/h
500		0.7		I: R = 200 - 320 km, H > 100 km/h
bis 1600		0.7		T: R = 100-150 km, H ~ 100 km/h
> 1000	bis 2000	0.7-0.8	> 0.8	
				I: R = 300-400 km

mit Verbrennungskraftmaschinen (Diesel- oder Turbinenantrieb) in Frage.

Das Blei/Schwefelsäure-System wird daher innerhalb der nächsten 20 Jahre aus dem Bereich der Elektrotraktion nicht wegzudenken sein, sondern im Gegenteil höchstwahrscheinlich seine dominierende Stellung behaupten.

An nächster Stelle hinsichtlich technischer Reife und des Zeitpunktes für einen Einsatz in elektrischen Straßenfahrzeugen liegen die alkalischen Systeme Nickel/Eisen und mit Vorbehalt Nickel/Zink. Der höhere Preis, der durch die Verwendung kostspieliger Materialien wie Nickel bedingt ist, wird durch die gesteigerte Energiedichte überkompensiert. (Energiedichten von 40 bis 50 Wh/kg, maximal 60 bis 70 Wh/kg für Nickel/Eisen und 60 bis 80 Wh/kg, maximal um 100 Wh/kg für Nickel/Zink.)

Der prinzipielle Fortschritt liegt in einer Erhöhung der Reichweite und auch einer im Vergleich zum Blei/Schwefelsäure-System verbesserten Lebensdauer.

Die Einführung des Nickel/Eisen-Systems bedeutet aber, gemessen an seinen charakteristischen Kenndaten, noch keinen entscheidenden Umbruch in der Entwicklung.

Mit der Nickel/Zink-Batterie kann jedoch eine bedeutsame Verbesserung der Energiedichte (und auch der Leistungsdichte) erzielt werden. Über die praktische und kommerzielle Realisierbarkeit dieses Systems sind die Meinungen geteilt und reichen von der Erwartung eines baldigen Einsatzes bis zu der Ansicht, daß kaum Aussichten auf Erfolg bestünden.

Die für den endgültigen Erfolg entscheidende Frage betrifft die Lebensdauer der Zinkelektrode; wenn es gelingt, durch Maßnahmen wie den Einsatz spezieller Separatoren oder die Erzeugung ausreichender Elektrolytbewegung die Formänderungen und Dendritenbildung während des Ladeprozesses weitgehend zu unterdrücken, dann können dieser Batterie günstige Zukunftsaussichten eingeräumt werden. Ausreichende Erfahrungen für eine endgültige Beurteilung liegen zur Zeit noch nicht vor.

Die Rolle der Brennstoffzellen für die Elektrotraktion sollte in Zukunft keineswegs unterschätzt werden, obwohl bisher ein grundsätzlicher Mangel in der geringen Leistungsdichte besteht.

Manche Entwicklungen führten allerdings bereits zu sehr kompakten Aggregaten mit Werten um 5 kg/kW und darunter[336,337]. Neuen Auftrieb erhielten die Bemühungen - besonders in den USA und durch ein Gemeinschaftsprojekt der Niederlande und Belgien (ELENCO)[327] auf Grund der ausgezeichneten Möglichkeiten für den Einsatz in Hybridaggregaten. Diesen Systemen - d.h. insbesondere der Kombination von Brennstoffzellen und Akkumulatoren - müssen bereits heute günstige Aussichten zugebilligt werden; die Weiterentwicklung der Hybridaggregate sollte schließlich auch den höheren Ansprüchen gerecht werden können, die an Fahrzeuge für den Individualverkehr gestellt werden. Die für den Fahrzeugbetrieb benötigte elektrische Energie wird in diesem

Fall zum größeren Teil im Fahrzeug selbst erzeugt. So konnte schon vor etwa 10 Jahren von K.V. Kordesch demonstriert werden, daß bereits beim damaligen Stand der Entwicklung Personenfahrzeuge mit einigen hundert Kilometern (300 km) Reichweite und angemessenen Werten für Beschleunigung, Höchst- und Dauergeschwindigkeit realisierbar waren[324,326]. Inzwischen haben weitere Fortschritte auf den Gebieten der Brennstoffzellentechnologie und des Akkumulatorenausbaues noch günstigere Voraussetzungen geschaffen.

Die eigentliche Problematik liegt einerseits noch auf dem wirtschaftlichen Sektor, andererseits wird sie durch die Frage der Wahl des vorteilhaftesten Brennstoffes und dessen Speichermöglichkeiten bestimmt (siehe Kap. III). Wird reiner Wasserstoff verwendet, so erfordert die Aufbewahrung des Brennstoffvorrates besondere Maßnahmen.

Gegenwärtig dürfte das Mitführen von Druckflaschen mit gasförmigem Wasserstoff die brauchbarste Lösungsvariante darstellen. Der Einsatz von Metallhydriden erscheint noch zu kostenaufwendig und kompliziert zu sein. In beiden Fällen beträgt der nutzbare Brennstoffanteil nur wenige Prozent (1,5 bis 1,8%) des insgesamt für die Mitführung des Brennstoffvorrates erforderlichen Gewichtsaufwandes. Fortschritte in dieser Richtung (3 bis 5%) müssen als wesentliche Problemlösung angestrebt werden (Hydridtechnologie und Entwicklung drucksicherer Flaschen aus leichtem Material).

Beim Betrieb von Massenverkehrsmitteln und Transportfahrzeugen bieten Hybridsysteme aber außerordentliche Vorteile, da die Mitführung des notwendigen Wasserstoffvorrates in diesem Fall weniger Probleme mit sich bringt als für das Kleinfahrzeug für den Individualverkehr.

Gegenüber der ausschließlichen Bestückung mit Brennstoffzelleneinheiten oder Speicheraggregaten werden bessere Fahreigenschaften, bedeutend höhere Reichweiten und geringere Gesamtkosten, d.h. günstigere wirtschaftliche Voraussetzungen erzielt (siehe Kap. V.3.2).

Ferner existiert für diese Fahrzeuge ein ausgedehnter Markt, so daß z.B. ein Anteil von nur 5% am gesamten Verkehrsaufkommen auf diesem Gebiet in Europa bereits ein attraktives Produktionsvolumen darstellen würde[327].

Das System Zink/Chlor hat einen Entwicklungsstand erreicht, der zumindest dem eines Versuchsstadiums für die Elektrotraktion entspricht. Mit den von diesem System erzielbaren Energiedichten von etwa 200 Wh/kg und Leistungsdichten über 100 W/kg erscheinen Elektrofahrzeuge mit höherer Reichweite und Geschwindigkeit denkbar. Allerdings bringt die Handhabung und Beherrschung gefährlicher und aggressiver Stoffe wie der Halogene bei deren Einsatz in Speicherelementen große Probleme mit sich. Abzuwarten bleibt der praktische Erfolg dieser Konzeption, deren Entwicklung besonders in den USA forciert wird.

Die beiden wesentlichen „neuen" Batterietypen stellen die Hochtemperaturelemente Natrium/Schwefel und Lithium-Aluminium/Eisensulfid dar.

Vor einigen Jahren gaben die Fortschritte der Entwicklungsarbeiten am Natrium/Schwefel-System, das etwa die vierfache Energiedichte des Blei/Schwefelsäure-Systems aufweisen sollte, zu großen Hoffnungen Anlaß. Ferner schienen die Billigkeit und leichte Verfügbarkeit der benötigten Ausgangsmaterialien (Natrium, Schwefel, Aluminiumoxid) eine besonders attraktive Ausgangsbasis zu schaffen. Inzwischen hat sich herausgestellt, daß die überraschend großen Probleme, die durch die Anforderungen an den keramischen Elektrolyten und an die Materialien für die Schwefelelektrode bedingt sind, den baldigen Einsatz für Traktionszwecke in Frage stellen. Eine ausreichende Lebensdauer der Batterien konnte bisher unter praxisnahen Bedingungen nicht erzielt werden. Die Erwartungen mußten so weit zurückgeschraubt werden, daß derzeit nicht mit Sicherheit gesagt werden kann, ob die dadurch erwachsende Aufgabe in vollem Umfang zu bewältigen sein wird. Für Zwecke stationärer Großspeicheranlagen kann aber mit Sicherheit für das Natrium/Schwefel-System ein positives Endergebnis erwartet werden, da in diesem Falle geringere und gleichmäßigere Leistungsansprüche gestellt werden.

Der anfänglich existierende Vorsprung dieses Systems gegenüber dem jüngeren Lithium-Aluminium/Eisensulfid-Element scheint von diesem bereits weitgehend aufgeholt worden zu sein. Diese Entwicklung wird vor allem in den USA (Argonne National Laboratories) vorangetrieben. Während die geplanten Energiedichten des Natrium/Schwefel-Systems nicht vollständig erreicht werden können (praktisch werden etwa 100 bis 150 Wh/kg erzielt werden können), erwies sich die Handhabung der Lithium-Aluminium/Eisensulfid-Batterien einfacher. Außerdem zeigen sie höhere Betriebssicherheit und ein geringeres Gefahrenmoment bei Unfällen und Defekten. Immerhin ist für April 1979 der Einbau einer solchen Traktionsbatterie (Mark I) in ein Versuchsfahrzeug (VW-Transporter) geplant. Ihre Kenndaten sind 40 kWh Speicherkapazität (Energiedichte etwa 100 Wh/kg), die Leistung liegt bei 33 kW. Ein solches Fahrzeug sollte eine Reichweite zwischen 150 und 200 km aufweisen.

Trotzdem würde auch in diesem Fall die Ankündigung des endgültigen Erfolges als verfrüht anzusehen sein. Neben den vielfältigen Materialproblemen, die der Betrieb in einem Temperaturbereich von rund 400°C mit sich bringt, gilt es auch, eine wirtschaftlich vernünftige Lösung anzubieten. Dies wird mit großen Schwierigkeiten verbunden sein, da teure und seltene Materialien (z.B. Molybdän, Bornitrid) verwendet werden müssen. Die Verfügbarkeit und die Vorräte von Lithium werden im allgemeinen als ausreichend angesehen, obwohl der hohe Preis dieses Metalles bei einer Produktion der Batterie in großem Maßstab einen Faktor darstellt, dessen wirtschaftliche Bedeutung nicht unterschätzt werden sollte.

In Vorbereitung befinden sich bereits die nächsten Entwicklungsstufen dieses Systems (Mark II und Mark III), die verbesserte Kenndaten, besonders hinsichtlich der Zyklenfestigkeit (bisher maximal 500), aufweisen werden.

Schwierig zu bewältigen werden schließlich auch die Probleme des Wärmehaushaltes von Hochtemperaturbatterien im Hinblick auf Wärmeverluste, d.h. einer entsprechend aufwendigen thermischen Isolierung, sein.

Chancen für die technologische Realisierbarkeit der Metall/Gas-Systeme sind ohne Zweifel vorhanden, ob ein praktischer Einsatz für Traktionszwecke jedoch erfolgreich verlaufen wird, muß angesichts der großen Probleme, z.B. der geringen Lebensdauer und des niedrigeren Energienutzeffektes der Metall- und Luft- bzw. Sauerstoffelektroden, dahingestellt bleiben. Das Zink/Luft-Element erscheint am aussichtsreichsten, seine hohen Energiedichten (bis 150 Wh/kg) würden einen vorteilhaften Einsatz in Hybridsystemen ermöglichen. Die Probleme der Zinkelektrode bilden auch in diesem Fall einen kritischen Punkt für den endgültigen Erfolg.

Einen Sonderfall stellt der Nickel/Wasserstoff-Akkumulator dar, der erst in jüngster Zeit intensiver bearbeitet wurde. Im Gegensatz zu den Metall/Luft-Zellen können hohe Belastungen, d.h. gute Leistungsdichten, erzielt werden. Die Beherrschung des Gasdruckes bedeutet kein unlösbares Problem - außerdem wird durch den im System herrschenden Druck der Lade- bzw. Entladezustand direkt angezeigt. Konkrete Angaben hinsichtlich der erzielbaren Kenndaten und Prognosen über den praktischen und wirtschaftlichen Erfolg wären verfrüht.

Die Lithium/Luft- bzw. Wasserstoffperoxid-Batterie mit wässrigem alkalischem Elektrolyten sollte die Realisierung sehr hoher Energie- und Leistungsdichten erlauben; diese Voraussetzungen ließen das System als Energiespeicher für Elektrofahrzeuge im Prinzip prädestiniert erscheinen. Die Entwicklung des Lithium/Luft-Elementes befindet sich allerdings erst im Anfangsstadium. Die Beherrschung der Technologie dieser Batterie erscheint äußerst schwierig, wenn z.B. nur an die erforderliche Regenerierung des teuren und seltenen Lithiummetalles gedacht wird, die außerhalb der elektrochemischen Zelle durchgeführt werden muß. Eine Angabe konkreter Daten erscheint zum gegenwärtigen Zeitpunkt noch zu wenig gesichert.

Schließlich wurden in letzter Zeit auch die Arbeiten an dem bereits seit längerem bekannten System Aluminium/Luft wieder aufgenommen, da neue Erkenntnisse (z.B. der Einsatz von früher nicht verwendeten Aluminiumlegierungen und Elektrolyten) zukünftige Fortschritte versprechen. Die Chancen dieses Elementes als Traktionsbatterie müssen allerdings auch auf lange Sicht als sehr gering eingeschätzt werden.

Diese abschließende Übersicht kann naturgemäß keine absolute Vollständigkeit beanspruchen. Ferner wurden, besonders bei jüngsten Entwicklungen, auf die Angabe und eine Festlegung auf konkrete Daten verzichtet, wenn diese infolge mangelnder Erfahrungswerte als in zu geringem Maße rational begründet erschienen; es wurde daher hauptsächlich darauf Wert gelegt, die dominierenden, für die gegenwärtige Situation wesentlichen Tendenzen zu charakterisieren.

Die Meinung der Autoren hinsichtlich der Einführung des elektrischen Straßenfahrzeuges ist, auch bei betont realistischer Einschätzung der Gesamtheit der noch bestehenden Schwierigkeiten, grundsätzlich und eindeutig positiv.

Auch das elektrisch betriebene Individualfahrzeug erscheint uns ausführbar zu sein, wenn auch der Weg bis zum Erfolg lange und beschwerlich sein wird und dieses Ziel nur in kleinen Schritten erreicht werden kann.

Eine erfolgversprechende Strategie für die Einführung und den Betrieb eines kleinen Individualfahrzeuges im Stadtverkehr (Zweitwagen) oder des Personenfahrzeuges mit hoher Reichweite (Überlandverkehr) sollte auf folgenden Voraussetzungen und Prinzipien basieren:

Erstens auf der geglückten Entwicklung billiger Speicherelemente (oder Hybridsysteme) mit hoher Energiedichte (> 150 Wh/kg) und zweitens auf einer gewissen Überdimensionierung der Speicherkapazität unter Verzicht auf die vollständige Ausnützung der erzielbaren Reichweite.

Die leistungsmäßige Beanspruchung der Batterie kann dadurch maßgeblich verringert, der Wärmehaushalt besser beherrscht und die Lebensdauer durch Vermeidung oftmaliger Tiefentladungen entsprechend verlängert werden.

Ferner sollten Standzeiten in Ballungsräumen so weit wie möglich für Zwischennachladungen ausgenützt werden. Im Interurbanverkehr wird darüber hinaus die Batterie-Schnellwechseltechnik in Servicestationen, die in Abständen von etwa 100 km errichtet werden sollten, unumgänglich notwendig sein.

Die anzustrebende Vorgangsweise hinsichtlich der Auswahl der Batterien sollte in der Ausscheidung von Systemen, die sich aus den beschriebenen Gründen als untauglich erweisen, und einer weltweiten, koordinierten Konzentration der Anstrengungen auf wenige, am meisten erfolgversprechende Batterietypen bestehen, um Zersplitterung und mangelhafte Effizienz der Entwicklung zu vermeiden. Die Einheitlichkeit der Systeme ist auch Voraussetzung für die Durchführung eines Überlandverkehrs mit Batteriefahrzeugen und müßte durch international gültige Normvorschriften gewährleistet werden. Hiermit im Zusammenhang steht auch die Errichtung von „Elektrotankstellen", die für das Vordringen der Elektrofahrzeuge in den derzeit von den Verbrennungskraftmotoren vollständig beherrschten Markt unerläßlich sind.

Wenn die Entwicklung schließlich zur Integration von Elektrofahrzeugen kleiner und mittlerer Größe in den Stadtverkehr geführt hat, so wird die Haltung der Öffentlichkeit gegenüber der Elektrotraktion mit größter Wahrscheinlichkeit eine entscheidende Wandlung im positiven Sinn erfahren.

LITERATURVERZEICHNIS

1. F.v.STURM, „Elektrochemische Stromerzeugung", Verlag Chemie (1969), S. 45
1a. F.v.STURM, Lit. Zit. 1) S. 85, 90
1b. F.v.STURM, Lit. Zit. 1) S. 80
1c. F.v.STURM, Lit. Zit. 1) S. 109
1d. F.v.STURM, Lit. Zit. 1) S. 90

2. R.v.FRANKENBERG und M. MATTEUCI, „Geschichte des Automobils", Sigloch Service Ed., Kunzelsau (1973) und STIG, Turin (1970) S. 28, 68, 80, 373

3. K.V. KORDESCH in „Electrochemical Power Sources", Extended Abstracts, 28th Meeting, International Society of Electrochemistry, 19. - 23. Sept. 1977, S. 165

4. P.D. AGARWAL, Automotive Engineering 79, 2, 38 (1971)

5. G.G. HARDING, „International Conference on Electric Vehicle Development", 31st May - 1st June, 1977, London PPL Conference Publication N. 14, S. 68

6. H.G. PLUST, Vortrag gehalten auf der Tagung der Fachgruppe „Angewandte Elektrochemie" der GDCh, 5. 10. 1978, Berlin

7. G. KORTÜM, „Lehrbuch der Elektrochemie", Verlag Chemie (1966)

8. J.O'M. BOCKRIS und S. SRINIVASAN, „Fuel Cells: Their Electrochemistry", McGraw-Hill Book Co. (1969) S. 144

9. R. HAASE, „Thermodynamik elektrochemischer Systeme", Dr. Dietrich Steinkopf Verlag (1972)

10. C.H. HAMANN und W. VIELSTICH, Elektrochemie I, Taschentext 41, Verlag Chemie (1975)

11. M. POURBAIX, „Atlas d'Équilibres Électrochimiques", Gauthier-Villars & Cie Editeur, Paris (1963)

12. P. DELAHAY, „Double Layer and Electrode Kinetics", Interscience Publ. John Wiley & Sons, Inc. (1965)

13. J.O'M. BOCKRIS und A.K.N. REDDY, „Modern Electrochemistry", Vol. 2, Plenum Press, New York (1970)

14. J.O'M. BOCKRIS und D.M. DRAZIĆ, „Electro-Chemical Science", Taylor & Francis LTD, London (1972)

15. H. BAUER, „Electrodics", Georg Thieme Publishers, Stuttgart (1972)

16. K.J. VETTER, „Elektrochemische Kinetik", Springer-Verlag, Berlin (1961)

17. W. VIELSTICH und W. SCHMICKLER, „Kinetik elektrochemischer Systeme", Dr. Dietrich Steinkopf-Verlag (1976)

18. H. GERISCHER, „Electrocatalysis on Non-Metallic Surfaces", NBS Special Publication 455, U.S. Government Printing Office, Washington (1976) S. 1

19. H. GERISCHER, „Physical Chemistry", Vol. IX, A (Electrochemistry) ed. by Eyring, Henderson, Jost, Academic Press (1970)

20. V.G. LEVICH, Physicochemical Hydrodynamics, Prentice-Hall, Englewood Cliffs, N.J. (1962)

21. A. WINSEL, Z. Elektrochem. *66*, 287 (1962); Advanced Energy Conv. *3*, 677 (1963); Ber. Bunsenges. *79*, 827 (1975)

22. F.G. WILL, J. Electrochem. Soc. *110*, 145 und 152 (1963)

23. O.S. KSENZHEK, in „Fuel Cells, Their Electrochemical Kinetics", Eds. V.S. Bagotskii und Yu. Vasilev, Consultants Bureau, New York (1966), S. 1

24. J.S. NEWMAN und C.A.W. TOBIAS, J. Electrochem. Soc. *109*, 1183 (1962); R.E. de la RUE und C.W. TOBIAS, J. Electrochem. Soc. *106*, 827 (1959)

25. F.C. FRANK, Disc. Farday Soc. *5*, 48 (1949)

26. W.K. BURTON, N. CABRERA und F.C. FRANK, Phil. Trans. *A243*, 299 (1951)

27. R. KAITSCHEW, E. BUDEWSKI und J. MALINOWSKI, Z. physik. Chem. *204*, 348 (1955)

28. W. PEUKERT, etz *18*, 287 (1897)

29. A. WINSEL, „Galvanische Elemente, Brennstoffzellen", Ullmanns Encyklopadie d. Techn. Chemie, Bd. 12, Verlag Chemie (1976) S. 122

30. „Electrocatalysis on Nonmetallic Surfaces", NBS Special Publication 455, U.S. Department of Commerce (1976)

31. F.v.STURM, „Electrocatalysis in Power Generating Cells", XXIVth International Congress of Pure and Applied Chemistry, Vol. 5, 2. - 8. Sept. 1973, Butterworth, London, S. 49

32. A.J. APPLEBY, Electrocatalysis in „Modern Aspects of Electrochemistry" No. 9, Plenum Press, N.J. (1974) S. 369

33. J. HEITBAUM, W. SCHMICKLER und W. VIELSTICH, Chem. Ing. Techn. *48*, 155 (1976)

34. W. VIELSTICH, „Fuel Cells", Wiley-Interscience, John Wiley & Sons, Ltd, 1970

35. H. BÖHM und F.A. POHL, Wiss. Ber. AEG-Telefunken *41*, 46 (1968); H. BÖHM, Electrochim. Acta *15*, 1273 (1970)

36. J.P. HOARE, „The Electrochemistry of Oxygen", Interscience Publishers, John Wiley & Sons (1968)

37. Ch. FABJAN, Techn. Rundschau (Schweiz) *29*, 33 (1972) Ch. FABJAN, Techn. Rundschau (Schweiz) *31*, 21 (1972)

38. C.H. HAMANN, Ber. Bunsenges. phys. Chem. *71*, 612 (1967)

39. W.G. BERL, Trans. Electrochem. Soc. *83*, 253 (1943)

40. H. JAHNKE, M. SCHÖNBORN und G. ZIMMERMANN, „Topics in Current Chemistry" Vol. 61, Springer-Verlag (1976) S. 135

41. K.V. KORDESCH, in „From Electrocatalysis to Fuel Cells", Ed. G. Sandstede, Univ. of Wash. Press (1972) S. 157 A. MARKO und K.V. KORDESCH, US Pat. 2615932 und 2669598

42. Ch. FABJAN und E. FUHRMANN, Chem. Ing. Techn. *48*, 10, 897 (1976)

43. F.v.STURM, Lit. Zit. 1) S. 36

44. F.v.STURM, Lit. Zit. 1) S. 38

45. D. BERNDT, „Galvanische Elemente - Primär- und Sekundärelemente", Ullmanns
Encyklopädie d. Techn. Chemie, 4. Aufl. Bd. 12, Verlag Chemie (1976) S. 81

46. E. WITTE, „Blei- und Stahlakkumulatoren", VARTA-Fachbuchreihe, Bd. 4, 4. Aufl.,
VDI-Verlag (1977) S. 21

47. K.V. KORDESCH, „Modern Aspects of Electrochemistry" No. 10, Plenum Press,
New York (1975) S. 355

48. K.V. KORDESCH, „Batteries", Vol. 2, Marcel Dekker Inc., New York und Basel (1977)

49. Y. MIYAKE und A. KOZAWA, „Rechargeable Batteries in Japan", JEC Press Inc.
(1977) S. 137

50. A. KOZAWA, K.V. KORDESCH et al., Ed. „Progress in Batteries & Solar Cells",
Vol. 1, JEC Press Inc. (1978) S. 80

51. D. BERNDT, etz-a 99, 540 (1978)

52. H. NIKLAS und D. BERNDT, etz-a 94, 11, 694 (1973)

53. G. KRÄMER, A. OLIAPURAM und K. SALAMON, Chem.-Ing. Techn. 49, 4, 322
(1977)

54. A.H. TAYLOR, J. GINER und F. GOEBEL, „Proceedings of the Symposium on
Batteries for Traction and Propulsion", March 7 - 8, 1972, S. 102

55. J.L. WEININGER und E.G. SIWEK, J. Electrochem. Soc. 123, 5, 602 (1976)

56. J.L. WEININGER und C.R. MORELOCK, J. Electrochem. Soc. 122, 9, 1161 (1975)

57. R.D. NELSON, Gould Natl. Rept. 68 D.-116 (1968)

58. R.G. ACTON und P. SUTCLIFFE, International Conference on Electric Vehicle
Development, 31st May - 1st June, 1977, London, PPL Conference Publication N. 14, S. 3

59. K.V. KORDESCH, Lit. Zit. 47) S. 367, 368

60. D. BERNDT, Lit. Zit. 45) S. 92

61. F. BECK, Chem.-Ing. Techn. 46, 127 (1974);
F. BECK und H. BÖHM, Ber. Bunsenges. 79, 233 (1975)

62. F. BECK, in „The Electrochemistry of Lead", Ed. A.T. Kuhn, Academic Press,
London, New York, San Francisco (1979) S. 65

63. S.U. FALK und A.J. SALKIND, „Alkaline Storage Batteries", John Wiley & Sons Inc.
(1969)

64. F.v.STURM, Lit. Zit. 1) S. 45

65. D. BERNDT, Lit. Zit. 45) S. 93

66. E. WITTE, Lit. Zit. 46) S. 90

67. H.G. PLUST, Lit. Zit. 5) S. 16, 17

68. J. LABAT, J.C. JARROUSSEAU und J.F. LAURENT, in Power Sources 3, Herausgeb.
D.H. Collins, Oriel Press (1971) S. 283

69. M.W. NIPPE, H. CNOBLOCH, D. GRÖPPEL, G. SIEMSEN und F.v.STURM, 23rd
Meeting of ISE, Stockholm 1972, Extended Abstracts S. 457

70. A.M. NOVAKOVSKII, S.A. GRUSHKINA und R.P. KOZLOVA, Zh. Prikl. Khim. 46,
2183 (1973)

71. H. CNOBLOCH, D. GRÖPPEL, D. KÜHL, W. NIPPE und G. SIEMSEN, Power
     Sources 5, Herausg. D.H. Collins, Academic Press (1975)

72. H. CNOBLOCH, D. GRÖPPEL, W. NIPPE und F.v.STURM, Chem.-Ing. Techn. *45*,
     4, 203 (1973)

73. N.A. HAMPSON, R.J. LATHAM, A.N. OLIVER, R.D. GILES und P.C. JONES,
     J. of Applied Electrochemistry *3*, 61 (1973)

74. H.G. PLUST, Lit. Zit. 5) S. 16

75. F.v.STURM, Lit. Zit. 1) S. 49

76. E. WITTE, Lit. Zit. 46) S. 90

77. D. BERNDT, Lit. Zit. 45) S. 96

78. H. SCHIMKAT und A. KALBERLAH, Vortrag gehalten auf der Tagung der Fachgruppe
     „Angewandte Elektrochemie", 5. 10. 1978, Berlin

79. G. BENCZUR-ÜRMÖSSY, vorgetragen bei der ISE-Tagung 1978, Budapest

80. H.H. EWE, E.W. JUSTI und W.J. ROSENBERGER, Vortrag gehalten beim World
     Electrotechnical Congress, Juni 1977, Moskau

81. H.G. PLUST, Lit. Zit. 5) S. 15

82. D. BERNDT, Lit. Zit. 45) S. 100

83. F. JOLAS, Electrochim. Acta *13*, 2207 (1968)

84. R.W. POWER und M.W. BREITER, J. Electrochem. Soc. *116*, 719 (1969)

85. J.W. CRETZMEYER, H.R. ESPIG und R.S. MELROSE, in Power Sources 6,
     Herausgeb. D.H. Collins, Academic Press (1977) S. 269

86. J. McBREEN, J. Electrochem. Soc. *119*, 1620 (1970)

87. K.W. CHOI, D.N. BENNION und J. NEWMAN,   J. Electrochem. Soc. *123*, 1616
     (1976)

88. K.W. CHOI, D. HAMBY, D.N. BENNION und J. NEWMAN, J. Electrochem. Soc.
     123, 1628 (1976)

89. R.V. BOBKER, Zinc-in-alkali-batteries, Soc. of Electrochemistry, Joseph Lucas Ltd.,
     Univ. of Southampton, Aug. 1973

90. H.G. OSWIN und K.F. BLUSTON, in Zinc-Silver Oxide Batteries, Herausgeb. A.
     Fleischer und J.E. Lander, Wiley (1973) S. 63

91. G.A. DALIN, in Zinc-Silver Oxide Batteries, Herausgeb. A. Fleischer und J.E. Lander,
     Wiley (1971) S. 87

92. G.A. DALIN und M.J. SULKER, Proc. 19th Ann. Power Sources Conf., Atlantic City,
     N.J., PSC Publ. Committee (1965) S. 69

93. H.G. PLUST, Lit. Zit. 5) S. 16

94. J. McBREEN, U.S. Pat. 3.505.115 (1970)

95. J. GOODKIN, U.S. Pat. 3. 493.434 (1969)

96. R.D. NAYBOUR, J. Electrochem. Soc. *116*, 520 (1969)

97. D.S. ADAMS, in Power Sources No. 4, Herausgeber D.H. Collins, Oriel Press, Newcastle
     upon Tyne (1973) S. 347

98. O.v.KRUSENSTIERNA, in Power Sources 6, Herausgeb. D.H. Collins, Academic Press
    (1977) S. 303

99. J.W. DIGGLE und A. DAMJANOVIC, J. Electrochem. Soc. *119*, 1649 (1972)

100. K.L. HAMPARTZUMIAN und R.V. MOSHTEV, in Power Sources 3, Herausgeb.
    D.H. Collins, Oriel Press (1971) S. 495

101. S. AROUETTE, K.E. BLURTON und H.G. OSWIN, J. Electrochem. Soc. *116*, 166
    (1969)

102. A.W. PETROCELLI und J.H. KENNEDY, Proc. 4th Electric Vehicle Symp.,
    Düsseldorf 1976, Paper 32.1; Herausgeb. Unipede, 39 Avenue de Friedland,
    Paris

103. A. CHARKEY, Proc. 4th Electric Vehicle Symp., Dusseldarf 1976, Paper 32.3; Heraus-
    geb. Unipede, 39 Avenue de Friedland, Paris

104. G. BENCZÚR-ÜRMÖSSY, K.v.BENDA und F. HASCHKA, in Power Sources 5,
    Herausgeb. D.H. Collins, Academic Press (1975) S. 303

105. S. TAJIMA, M. NAKAMURA und T. MORI, in Power Sources 6, Herausgeb. D.H.
    Collins, Academic Press (1977) S. 321

106. D.S. ADAMS, in Power Sources 4, Herausgeb. D.H. Collins, Oriel Press (1973) S. 347

107. H. BABA, SAE-Paper 710237, Automotive Eng. Congress, Detroit, Jan. 1971

108. A. CHARKEY, Proc. 7th Intersociety Energy Conversion Engineering Conference
    (IECEC), San Diego, Sept. 1972, S. 110

109. L. KANDLER, Deutsche Offenlegungsschrift 1941722

110. N. WEBER und J.T. KUMMER, Advances Energy Conv. Engin. 913, Aug. 1967
    N. WEBER und J.T. KUMMER, Proc. 21st Ann. Power Sources Conf., Atlantic City,
    N.J. 1967; PSC Publications Committee, S. 37

111. N.P. YAO und J.R. BIRK, Intersociety Energy Conversion Engineering Conference
    (IECEC) Record 1975, S. 1113

112. EPRI (Electric Power Research Institute) Report EM-266, Dez. 1976

113. K.V. KORDESCH, Ber. Bunsenges. *77*, 751 (1973)

114. M.W. BREITER, J.B. BUSH Jr., S.P. MITOFF, O. MUELLER und W.L. ROTH,
    „Energy Storage", (1976) S. 165

115. T.G. PEARSON und R.L. ROBINSON, J. Chem. Soc. *132*, 1473 (1930)

116. N.K. GUPTA und R.P. TISCHER, J. Electrochem. Soc. *119*, 1033 (1972)

117. R.J. BONES, R.J. BROCK und T.L. MARKIN, in Power Sources 5, Herausgeb. D.H.
    Collins, Academic Press (1975) S. 539

118. W.L. BRAGG, G. GOTTFRIED und J. WEST, Z. Krist. *77*, 255 (1931)

119. C.A. BEEVERS und M.A. ROSS, Z. Krist. *97*, 59 (1937)

120. G. YAMAGUCHI und K. SUZUKI, Bull. Chem. Soc. Japan *41*, 93 (1968)

121. M. BETTMAN und C.R. PETERS, J. Phys. Chem. *73*, 1174 (1969)

122. R. COLLONGUES, Extended Abstracts, 28th ISE-Meeting, Druzhba (1977) S. 464

123. R. COLLONGUES, J. THÉRY und J.P. BOILOT, in „Solid Electrolytes", Ed.
    P. Hagenmüller und W. Van Gool, Academic Press Inc. 1978, S. 253

124. C.A. LEVINE, G.G. HEITZ und W.E. BROWN, Proc. of the Intersociety Energy
     Conversion Engineering Conference, 7th Meeting, San Diego (1972) S. 50

125. P.A. NELSON, Proc. of the Symposium and Workshop on Advanced Battery Research
     and Design, Argonne, Ill., March 22 - 24, 1976, ANL-76-8, S. A-79

126. W. FISCHER, Vortrag gehalten bei der GDCh-Tagung „Angewandte Elektrochemie",
     6. - 7. Okt. 1977, Darmstadt

127. G. WEDDIGEN und W. FISCHER, Chem.-Ing. Techn. *49*, 345 (1977)

128. G. WEDDIGEN, Extended Abstracts, 28th ISE-Meeting, Druzhba (1977) S. 472

129. W. BAUKAL, H.P. BECK, W. KUHN und R. SIELEN, in Power Sources 6, Herausgeb.
     D.H. Collins, Academic Press (1977) S. 655

130. Argonne National Laboratory, Report ANL-76-45 (1976)

131. Argonne National Laboratory, Report ANL-76-81 (1976)

132. H. SHIMOTAKE, P.A. NELSON und L.G. BARTHOLME, World Electrochemical
     Congress, Moscow, 21. - 25. Juni 1977, Section 5B, Paper 19

133. H. SHIMOTAKE, M.L. KYLE, V.A. MARONI und E.J. CAIRNS, Proc. 1st Int.
     Electric Vehicle Symp., Phoenix, Arizona (1969) S. 392

134. W.J. WALSH und H. SHIMOTAKE, in Power Sources 6, Herausgeb. D.H. Collins,
     Academic Press (1977) S. 725

135. E.C. GAY, D.R. VISSERS, N.P. YAO, F.J. MARTINO, T.D. KASIN und Z. TOMCZUK,
     in Power Sources 6, Herausgeb. D.H. Collins, Academic Press (1977) S. 735

136. H. SHIMOTAKE und L. BARTHOLME, Proc. of the Symposium and Workshop on
     Advanced Battery Research and Design, Argonne, Ill. March 22 - 24, 1976,
     ANL-76-8, S. B210

137. F.v.STURM, Lit. Zit. 1) S. 54, 55

138. A. WINSEL, Lit. Zit. 29) S. 134, 135

139. B.S. HOBBS, A.D.S. TANTRAM und M.E.G. HADLOW, „Study of iron-air-batteries
     for a public service vehicle", TTRL Supplementary Report 67 UC (1974),
     Department of the Environment, England

140. I. LINDSTRÖM, in Power Sources 5, Herausgeb. D.H. Collins, Academic Press (1975) S. 28

141. H. CNOBLOCH, D. GRÖPPEL, D. KÜHL, W. NIPPE und G. SIEMSEN, in Power
     Sources 5, Herausgeb. D.H. Collins, Academic Press, London (1975) S. 261

142. H.G. PLUST, Lit. Zit. 5) S. 17

143. F. KOBER und M. YARISH, 132nd Meet. Electrochem. Soc., Chicago, Oct. 1967

144. K.V. KORDESCH, Lit. Zit. 47) S. 413

145. H. CNOBLOCH, G. SIEMSEN und F.v.STURM, in Power Sources 4, Herausgeb.
     D.H. Collins, Oriel Press (1973) S. 311

146. H. CNOBLOCH, Proc. Battery Council Int. Convention, Mexico City 1976, BCI-Verlag,
     Chicago

147. F.v.STURM, Lit. Zit. 1) S. 61

148. H.H.v.DÖHREN und K.J. EULER, „Brennstoffelemente", VARTA-Fachbuchreihe,
     Bd 6, VDI Verlag GmbH, Düsseldorf (1971)

149. J.O'M. BOCKRIS und G. SRINIVASAN, Lit. Zit. 8)

150. K.V. KORDESCH, Lit. Zit. 47) S. 375

151. K.V. KORDESCH, in „Handbook of Fuel Cell Technology", Ed. C. Berger, Prentice-Hall, Englewood Cliffs, N.J. (1968) S. 361

152. A. WINSEL, Lit. Zit. 29)

153. Ch. FABJAN und G. GUTMANN, Techn. Rundschau, Schweiz, *48*, 57 (1970);
Ch. FABJAN und G. GUTMANN, ibid. *49*, 33 (1970)

154. G. SANDSTEDE, „Fortschritte der Chemischen Forschung", Bd. 8, *2*, (1967) S. 171

155. L.J. NUTTAL, Proc. of the 10th Intersociety Energy Conversion Engineering Conference (1975) S. 210

156. K.V. KORDESCH, Extended Abstracts, 28th ISE-Meeting, Druzhba (1977) S. 118

157. K.V. KORDESCH, J. Electrochem. Soc. *118*, 812 (1971)

158. H.G. MÜLLER, Lit. Zit. 5) S. 48 - 52

159. A. MICHEL und W. FRIE, etz-a *94*, 11, 699 (1973)

160. F.v.STURM, priv. Mitteilung

161. D. BODEN, C.J. VENNTO, D. WISLER und R.B. WILEY, J. Electrochem. Soc. *115*, 333 (1968)

162. H.Y. KANG und C.C. LIANG, J. Electrochem. Soc. *115*, 6 (1968)

163. K.V. KORDESCH (Editor), „Batteries", Vol. 1, Marcel Dekker Inc. New York (1974) S. 281

164. W. BAUKAL, Electrochim. Acta *19*, 687 (1974)

165. W. BAUKAL, W. KULM und E. VOSS, Proc. of the Symposium and Workshop on Advanced Battery Research and Design; ANL, Argonne, Marz 1976, S. B-252

166. Ph.C. SYMONS, U.S. Pat. No. 3, 713, 888, Jan. 20, 1973

167. C.J. AMATO, SAE-Paper 730248, Int. Automotive Eng. Congr., Detroit, Jan. 1973

168. Ph.C. SYMONS, Proc. 3, Int. Electric Vehicle Symp., Washington (1974)

169. Energy Development Associates (EDA)-Programm (ERDA-Battery-Project 1976)

170. G. CLERICI, M.de ROSSI, M. MARCHETTO, in Power Sources 5, Herausgeber D.H. Collins, Academic Press (1975) S. 167

170a. F.G. WILL, Proc. of the 12th Intersociety Energy Conversion Engineering Conference (1977) S. 250

171. R. ZITO und D.L. MARICLE, Proc. of the 2nd Int. Vehicle Symposium, Washington (1973)

172. F. ROLLOUND und P. SILVERSTRONI, J. Electrochem. Soc. *119*, 1471 (1972)

173. L.E. MILLER, Proc. 26th Power Sources Symposium PSC Publication Committee, Red Bank, N.J. (1974) S. 21

174. J. GINER und J.D. DUNLOP, J. Electrochem. Soc. *122*, 4 (1975)

175. S. GROSS, Proc. Battery Council Int. Convention, London 1974, BCI-Verlag, Chicago (1974)

176. M. KLEIN, Proc. of the 7th Intersociety Energy Conversion Engineering Conference (IECEC), San Diego (1972) S. 79

177. J.F. STOCKEL, G.van OMMERING, L. SWETTE und L. GAINES, Proc. of the 7th Intersociety Energy Conversion Engineering Conference (1972) S. 87

178. J. DUNLOP, J. STOCKEL und G.van OMMERING, in Power Sources 5, Herausgeb. D.H. Collins, Academic Press (1975) S. 315

179. S. FONT und J. GOUALARD, in Power Sources 5, Herausgeb. D.H. Collins, Academic Press (1975) S. 331

180. L.L. SWETTE, ECS Fall Meeting, Boston (1973), Abstract Nr. 7

181 L.E. MILLER, Proc. of the 10th Intersociety Energy Conversion Conference (1975) S. 807

182. G. GUTMANN, K.v.BENDA und H.G. PLUST, Proc. Int. Symposium Industrial Electrochemistry, Madras (1976)

183. K.V. KORDESCH und S.J. CIESZENSKI, in Power Sources 6, Herausgeb. D.H. Collins, Academic Press (1977) S. 249

184. G. GUTMANN, Chem.-Ing. Techn. 81, 657 (1979)

185. K.D. BECCU, H. LUTZ und O.de POIS, Chem.-Ing. Techn. 48, 161 (1976)

186. A.D. GALBRAITH, Proc. 4th Electric Vehicle Symp., Düsseldorf, 31. 8. - 2. 9. 1976, Paper 32.4, Edit. Unipede, Paris

187. W. VIELSTICH und L. GRAMBOV, etz-a 99, 609 (1978)

188. E.L. LITTAUER, W.R. MOMYER und E.S. SCHALLER, Proc. of the 13th Intersociety Energy Conversion Engineering Conf., San Diego, Calif., Aug. 1978, S. 750

189. R.A. FOUST, Jr., J. Electrochem. Soc. 109, 1 (1962)

189a. S. ZAROMB, in Symposium on „Power Sources of Electric Vehicles", H.B. Linford, H.P. Gregor und B.J. Steigerwald, Public Health Service Publication No. 999-AP-37, Columbia Univ., New York, April 1967, S. 255

190. F.v.STURM, Lit. Zit. 1) S. 47

190a. D. BERNDT, Lit. Zit. 45) S. 101

191. S.U. FALK und A.J. SALKIND, Lit. Zit. 63) S. 155, S. 347

192. A. FLEISCHER und J.J. LANDER, „Zinc-Silver Oxide Batteries", J. Wiley, N.Y. (1971)

193. L.H. THALLER, Proc. of the 9th Intersociety Conversion Engineering Conference, San Francisco, Aug. 26 - 30, 1974, S. 924

194. W. KANGRO und H. PIEPER, Electrochim. Acta 7, 435 (1962)

195. R. JASINSKI, „High Energy Batteries", Plenum Press, N.Y. (1967)

196. N. MARINCIC, J. EPSTEIN und F. GOEBEL, Proc. 26th Power Sources Symposium, PSC Publ. Committee, Red Bank, N.J. (1974) S. 51

197. K.V. KORDESCH, Lit. Zit. 47) S. 426

198. J.O. BESENHARD und G. EICHINGER, J. Electroanal. Chem. 68, 1 (1976); 72, 1 (1976)

199. B.C.H. STEELE, in W. van Gool (Ed.) „Fast ion transport in solids", North Holland, Amsterdam (1973) S. 116

200. D.A. WINN, J.M. SHEMILT und B.C.H. STEELE, Mat. Res. Bull. *11*, 559 (1976)

201. D.W. MURPHY und F.A. TUMBORE, J. Crystal Growth *39*, 185 (1977)

202. M.S. WHITTINGHAM, Science *192*, 1126 (1976)

203. B.C. TOFIELD, R.M. DELL und J. JENSEN, Nature *276*, 217 (1978)

204. E.J. CAIRNS und R.K. STEUNENBERG, in „Progress in High Temperature Physics and Chemistry", Ed. C.A. Rouse, Pergamon Press, Oxford, N.Y. (1973) S. 63

205. L.A. HEREDY, N.P. YAO und R.C. SAUNDERS, ibid. S. 375

206. E.J. CAIRNS, M.L. KYLE, V.A. MARONI, H. SHIMOTAKE, R.K. STEUNENBERG und A.D. TEVEBAUGH, Report to NAPCA, ANL, Argonne, July 1970

207. N.P. YAO, L.A. HEREDY und R.C. SAUNDERS, Paper No. 60, Electrochemical Society Meeting, Atlantic City, N.Y., Oct. 1970

208. H.A. WILCOX, 21st Ann. Power Sources Conf., (1967) S. 39

209. R. WEAVER, 19th Ann. Power Sources Conf., (1965) S. 113

210. D.A. SWINKELS, J. Electrochem. Soc. *113*, 6 (1966)

211. E.H. HIETBRINK, J.J. PETRAITS und G.M. CRAIG, „Advances in Energy Conversion Engineering", ASME, Vol.   (1967) S. 933

212. D.A. SWINKELS und S.B. TRICKLEBANK, Electrochem. Technol. *5*, 327 (1967)

213. W.E. TRIACA, C. SOLOMONS und J.O'M. BOCKRIS, Electrochim. Acta *13*, 1949 (1968)

214. D.A. SWINKELS, J. Electrochem. Soc. *114*, 812 (1967)

215. F. BECK, Lit. Zit. 62) S. 93

216. A. SCHMID, „Die Diffusions-Gas-Elektrode", Verlag F. Enke, Stuttgart 1923

217. E. JUSTI, M. PILKUHN, W. SCHEIBE und A. WINSEL, „Hochbelastbare Wasserstoff-Diffusionselektroden für Betrieb bei Umgebungstemperatur und Niederdruck", Verl. d. Wiss. u. d. Lit., in Mainz, in Komm. bei F. Steiner Verl. G.m.b.H., Wiesbaden, Abhandlungen d. Mathematisch-Naturwiss. Klasse, Jahrgang 1959, Nr. 8

218. E. JUSTI und A. WINSEL, „Kalte Verbrennung" (Fuel Cells), Franz Steiner Verl. G.m.b.H., Wiesbaden 1962

219. F.v.STURM, Lit. Zit. 1) S. 103

220. K.V. KORDESCH, Lit. Zit. 151) S. 389

221. A. WINSEL, Lit. Zit. 29) S. 119

222. F.G. WILL, J. Electrochem. Soc. *110*, 145 und 152 (1963)

223. K. MUND, Siemens Forschungs- und Entwicklungsberichte *4*, 1 (1975)

224. K. MUND und F.v.STURM, Electrochim. Acta *20*, 463 (1975)

225. A. WINSEL, Lit. Zit. 29) S. 121

226. E. JUSTI und A. WINSEL, Lit. Zit. 218) S. 77

227. A. WINSEL, Ber. Bunsengesellschaft *79*, 827 (1975)

228. J. GINER und C. HUNTER, J. Electrochem. Soc. *116*, 1124 (1969)

229. J. GINER, J.M. PARRY, S. SMITH und M. TURCHAU, J. Electrochem. Soc. *116*, 1692 (1969)

230. M.W. BREITER, in „Electrochemical Processes in Fuel Cells", Springer Verlag Heidelberg-New York (1969) S. 238 und S. 254

231. J.O'M. BOCKRIS und S. SRINIVASAN, Lit. Zit. 8) S. 230

232. F.v.STURM, etz-a *99*, 615 (1978)

232a. L.G. AUSTIN, Lit. Zit. 151) S. 3

233. V.S. BAGOTSKII und Yu.B. VASIL'EV, „Fuel Cells", Consultants Bureau, New York (1966)

234. A. WINSEL, Lit. Zit. 29) S. 120

235. F.T. BACON, in „Fuel Cells", Ed. G.J. Young, Vol. 1, New York (1960) S. 51

236. A.M. ADAMS, F.T. BACON und R.G. WATSON, in „Fuel Cells", Ed. W. Mitchell, Jr., New York-London (1963) S. 130

237. D.P. GREGORY, UCLA course, 6. Aug. 1963

238. D.P. GREGORY und H. HEILBRONNER, in „Hydrocarbon Fuel Cell Technology", Ed. B.S. Baker, New York (1965) S. 509

239. K.V. KORDESCH, Allgem. und prakt. Chemie *17*, 39 (1966)

240. M.B. CLARK, W.G. DARLAND und K.V. KORDESCH, Elektrochem. Techn. *3*, 166 (1965)

241. K.V. KORDESCH, Lit. Zit. 151) S. 401

242. F.v.STURM, H. NISCHIK und E. WEIDLICH, Ingenieur Digest *5*, 52 (1966)

243. F.v.STURM, Lit. Zit. 1) S. 109

244. E. BAUR und J. TOBLER, Z. Elektrochem. *39*, 169 (1933)

245. E. WICKE und A. KÜSSNER, DBP 1154443 (12. 5. 1959)

246. H.G. OSWIN und S.M. CHODOSCH, in „Fuel Cell Systems"
R.F. Gould, Advances in Chemistry Series No. 47, Am. Chem. Soc., Washington (1965)

247. F.v.STURM und J. BERSIER, Allgem. und prakt. Chemie *17*, 446 (1966)

248. W. VIELSTICH, Lit. Zit. 34) S. 69

249. A. WINSEL, Lit. Zit. 29) S. 122

250. G.W. VINAL, „Storage Batteries", John Wiley & Sons Inc., London (1962) S. 12

251. F.v.STURM, Lit. Zit. 1) S. 40

252. D. BERNDT, Lit. Zit. 45) S. 84

253. D. BERNDT, Lit. Zit. 48) S. 415

254. E.Y. WEISSMANN, Lit. Zit. 48) S. 1

255. D. BERNDT, Lit. Zit. 45) S. 95

256. F.v.STURM, Lit. Zit. 1) S. 45

257. E. WITTE, Lit. Zit. 46) S. 90

258. S.U. FALK und A.J. SALKIND, Lit. Zit. 63) S. 42

259. H.G. PLUST, Lit. Zit. 5) S. 14

260. E.J. CAIRNS, 29th Meeting of the Internat. Soc. of Electrochemistry, Budapest,
28. 8. - 2. 9. 1978, Ext. Abstracts II, S. 1190

261. J. MRHA, in „Power Sources 7", Herausgeber J. Thompson, Academic Press Inc. Ltd.,
London (1979) S. 153

262. G. KUCERA, H.G. PLUST und C. SCHNEIDER, SAE-Paper No. 750147, Autom.
Engng. Congr., Detroit, 24. - 28. 2. 1975

263. J. BIRGE et al., in „Power Sources 6", Herausgeber D.H. Collins, Academic Press
Inc. Ltd., London (1977) S. 111

264. L.E. MILLER und R.A. BROWN, Proc. 27th Power Sources Conf., Atlantic City
(1976) S. 16

265. G. CRESPY, R. SCHMITT, A. GUTJAHR und H. SÄUFFERER, in „Power Sources 7",
Herausgeber J. Thompson, Academic Press Inc. Ltd., London (1979) S. 219

266. D.R. VISSERS et al., Argonne National Laboratory, Report ANL-75-1 (1975) S. 78

267. D.R. VISSERS et al., Argonne National Laboratory, Report ANL-75-36 (1976) S. 29

268. J.E. BATTLES et al., Argonne National Laboratory, Report ANL-75-36 (1976) S. 66

269. E.C. GAY et al., Proc. 10th Intersociety Energy Conversion Engineering Conf.,
Newark, Aug. 18 - 22, 1975, S. 627

270. P.A. NELSON et al., Argonne National Laboratories, Report ANL-76-9 (1976)

271. Z. TOMCZUK und A.E. MARTIN, Argonne National Laboratory, Report ANL-75-36
(1975) S. 77

272. N.P. YAO et al., Argonne National Laboratory, Report ANL-75-36 (1976) S. 51

273. T. KAUN et al., Argonne National Laboratory, Report ANL-76-9 (1976) S. 26

274. T. KAUN et al., Argonne National Laboratory, Report ANL-76-9 (1976) S. 24

275. R. ADAMS und J.E. MAHAN, J. Amer. Chem. Soc. *64*, 2588 (1944)

276. K.v.BENDA, in „Vorträge und Veroffentlichungen 1968 - 1978", DAUG-Deutsche
Automobilgesellschaft m.b.H., Esslingen-Mettingen (1978) S. 448

277. P. HAGENMÜLLER und W.van GOOL, Herausgeb., „Solid Electrolytes", Academic
Press, New York, 1978

278. P.W. POWERS und S.P. MITOFF, in Lit. Zit. 277) S. 133

279. P. MORGAN, Mater. Res. Bull. *11*, 233 (1976)

280. J. FALLY, C. LASNE, Y. LAZENNEC, Y. LeCARS und P. MARGOTIN,
J. Electrochem. Soc. *120*, 1296 (1973)

281. J.M. RÉAU, J. MOALI, J. MAYER und G. PEREZ, Rev. Chim. Mineral. *13*, 446
(1976)

282. J. CHAMINADE und M. POUCHARD, Ann. Chim. *10*, 75 (1975)

283. Y-W. HU, I.D. RAISTRICK und R.A. HUGGINS, Mater. Res. Bull. *11*, 1227 (1976)

284. R.D. SHANNON, B.E. TAYLOR, A.D. ENGLISH und T. BERZINS, Electrochim.
Acta *22*, 783 (1977)

285. H.Y-P. HONG, zitiert bei J.B. GOODENOUGH, in „Solid Electrolytes", Herausgeb.
P. Hagenmuller und W. van Gool, Academic Press, New York (1978) S. 411

286. A. RABENAU, Festkorperprobleme, Advances in Solid State Physics, Bd. 8, J. Treusch (ed), Vieweg, Braunschweig 1978, S. 77

287. A. RABENAU und H. SCHULZ, J. Less Common Metals *50*, 155 (1976)

288. K. SCHWARZ und H. SCHULZ, Acta Cryst. A *34*, 994 (1978)

289. B.A. BOSIKAMP und R.A. HUGGINS, Mat. Res. Bull. *13*, 23 (1978)

290. U.v.ALPEN, A. RABENAU und G.H. TALAT, Appl. Phys. Lect. *30*, 621 (1971)

291. P.A. NELSON, Lit. Zit. 125) S. A-105

292. A. LANDGREBE, Lit. Zit. 291) S. A-19

293. H. CNOBLOCH, H. NISCHIK und F.v.STURM, Chem.-Ing. Techn. *41*, 146 (1969)

294. W. FRIE, Chem.-Ing. Techn. *42*, 1081 (1970)

295. E.H. HIETBRINK et al., in „Electrochemistry of Cleaner Environments", Ed. J.O'M. Bockris, Plenum Press, New York-London (1972) S. 47

296. H. BUSCH und A. CUPSA, Bull. SEV/VSE *70*, 260 (B100) (1976)

297. Bericht zur 63. Sitzung der Arbeitsgemeinschaft für Elektrofahrzeuge (im Verband der Elektrizitätswerke Österreichs), 26. 3. 1979

298. Lucas Electric Vehicle Systems, Lucas Batteries Ltd., Pub. No. 3942

299. W. GARTEN, „Bleiakkumulatoren", VARTA-Batterie AG, Hannover 1974

300. D. BERNDT, Lit. Zit. 45) S. 92

301. D. BERNDT, Lit. Zit. 45) S. 96

302. G. NEUMANN, Fr. 1004176 (1947), DF 975909 (1948)

303. F.v.STURM, Lit. Zit. 1) S. 49

304. H.G. MÜLLER, Electric Vehicle Developments *1*, 5 (1979)

305. D.P. GREGORY, D.Y.C. Ng und G.M. LONG in „Electrochemistry of Cleaner Environments", Ed. J.O'M. Bockris, Plenum Press, New York-London (1972) S. 226

306. D. BAYLISS, International Conference on Electric Vehicle Development, London (1977) S. 37

307. Ch. BADER, in „Vorträge und Veroffentlichungen 1968 - 1978", DAUG, Deutsche Automobilgesellschaft m.b.H., Esslingen-Mettingen (1978) S. 487

308. N.P. YAO und J.R. BIRK, Lit. Zit. 111) S. 1113

309. G.J. BERNSTEIN und A.A. CHILENSKAS, Argonne National Laboratory, Report ANL-76-35 (1976) S. 26

310. W. GOCHT, „Handbuch der Metallmärkte", Springer Verlag Berlin (1974) S. 198

311. Minerals Handbook (1974), U.S. Bureau of Mines, S. 751 und S. 1395

312. E.M. LECHNER, Institut f. Bergbaukunde, Montanuniversität Leoben, Österreich, priv. Mitteilung

313. Engineering and Mining Journal, März 1977, S. 63

314. N.P. YAO und J.R. BIRK, Lit. Zit. 111), S. 1111

315. P. McGEEHIN, Electric Vehicle Developments *1*, 1 (1979)

316. H.G. MÜLLER, Bull. SEV/VSE 70, *6* (B95) 255 (1979)

317. H.G. MÜLLER, etz-a *99*, 544 (1978)

318. N.P. YAO und J.R. BIRK, Lit. Zit. 111) S. 1109

319. N.P. YAO und J.R. BIRK, Lit. Zit. 111) S. 1115

320. Bleiberger Bergwerksunion AG, private Mitteilung

321. H. DLASKA, International Lead Conf., Paris (1974), Ed. Proceedings by Metal Bulletin Ltd. S. 53

322. A. MELIN, Metallwissenschaft und Technik *31*, 2, 133 (1977)

323. H. NIKLAS, Metall 32, *9*, 945 (1978)

324. K.V. KORDESCH, J. Electrochem. Soc. *118*, 815 (1971)

325. K.V. KORDESCH, Proc. of the 6th Intersociety Energy Conversion Engineering Conference, Society of Automotive Engineers (1971) paper No. 719015, S. 103

326. K.V. KORDESCH, Lit. Zit. 47) S. 382

327. H.V.den BROECK, G. HOVESTREYDT und M. ALFENAAR, vorgetragen bei der Deutschen Gesellschaft für Mineralölwissenschaft und Kohlechemie E.V., Berlin 4. - 6. 10. 1978

328. H.G. PLUST, private Mitteilung

329. H.G. PLUST, in „Vorträge und Veröffentlichungen 1968 - 1978", DAUG (Deutsche Automobilgesellschaft m.b.H.), Esslingen-Mettingen (1978) S. 411

330. C. MARCHETTI, Chemical Economy and Engineering Review, Jänner 1973, S. 7

331. W. SEIFRITZ, Chimia *28*, 7, 323 (1974)

332. K.V. KORDESCH, Vortrag gehalten bei der 63. Sitzung der Arbeitsgemeinschaft für Elektrofahrzeuge (im Verband der Elektrizitätswerke Österreichs), 26. 3. 1979

333. N.P. YAO und J.R. BIRK, Lit. Zit. 111) S. 1110

334. K.V. KORDESCH, private Mitteilung

335. H.G. PLUST, private Mitteilung

336. A. WINSEL, Lit. Zit. 29) S. 129

337. H. GOESCHL und F.v.STURM, Technisk Tidskrift *31*, 653 (1969)

338. R.J. BRODD und J. WERTH, in „Progress in Batteries and Solar Cells", Herausgeber A. Kozawa, K.V. Kordesch u.a., JEC-Press Inc. 1979, S. 29

339. C.H. HAMANN und W. VIELSTICH, „Elektrochemie II/1", Taschentext 42/1, Verl. Chemie, Weinheim, im Druck

Teil II:

Elektrizität für den Straßenverkehr

Von

Dipl.-Ing. Dr. techn. K. Selden

Vorbemerkung

Die nachstehend wiedergegebene Untersuchung wurde vom Verfasser im Auftrag des Bundesministeriums für Handel, Gewerbe und Industrie durchgeführt und im Frühjahr 1976 abgeschlossen. Sie beruht auf Annahmen, die hinsichtlich des für die Einführung des Elektrofahrzeugs in Betracht kommenden Zeitraumes inzwischen überholt sind und nach dem negativen Ausgang der Volksabstimmung über das Kernkraftwerk Zwentendorf in bezug auf die zugrundegelegte Entwicklung des Gesamt-Stromverbrauches sowie die Art seiner Deckung unrealistisch erscheinen mögen. Aus heutiger Sicht ist nicht zu erwarten, daß technisch ausgereifte und wirtschaftlich wettbewerbsfähige Typen von Elektrofahrzeugen vor den Jahren 1985 - 1990 auf den Markt gelangen werden, weshalb mit einer Verschiebung des in der Arbeit für eine Umstellung auf elektrischen Straßenverkehr angenommenen Zeitraumes (1975 bis 2025) um etwa 10 - 15 Jahre zu rechnen ist. Die Frage, ob das Automobil der Zukunft mit Strom, synthetischen Treibstoffen oder Wasserstoff fahren wird, wird nicht in Österreich entschieden werden. Sollte sich das Elektrofahrzeug in der übrigen Welt durchsetzen, wird es sich auch in Österreich durchsetzen, gleichgültig, ob zur Erzeugung der dazu notwendigen elektrischen Energie dann Kernkraftwerke erforderlich werden oder nicht; daran, daß eine Volksabstimmung über die Alternative „Kernkraftwerke oder Verzicht auf das Auto? " zu Gunsten des Autos und damit der Kernenergie ausfallen würde, kann wohl kein Zweifel bestehen.

So gesehen kann die aus der vorliegenden Untersuchung gezogene Schlußfolgerung, daß die öffentliche Elektrizitätsversorgung Österreichs gegebenenfalls durchaus in der Lage sein wird, die für eine Umstellung des Straßenverkehrs auf elektrischen Antrieb erforderlichen Mengen an elektrischer Energie rechtzeitig, sicher und zu angemessenen Preisen bereitzustellen, auch unter den veränderten Aspekten aufrechterhalten werden.

1. EINLEITUNG

1.1 Die immer unerträglicher werdende Luftverunreinigung in Ballungsgebieten und die erstmals im Herbst 1973 der Allgemeinheit bewußt gewordene Abhängigkeit des modernen Straßenverkehrs von Rohöl-Importen haben die schon in den ersten Entwicklungsjahren des Automobils erkannte Möglichkeit, Elektrizität als Antriebsenergie zu benützen, erneut ins Blickfeld gebracht.

1.2 In vielen Ländern laufen daher zum Teil massiv aus öffentlichen Mitteln geförderte Bemühungen um die Entwicklung von batterieelektrisch betriebenen Fahrzeugen, die den Anforderungen des neuzeitlichen Straßenverkehrs gewachsen sind.

1.3 Zwar ist die Skepsis, nicht zuletzt in Fachkreisen, groß; sie gründet sich auf

1. das Fehlen eines im Straßenverkehr bereits erprobten Energiespeichers, welcher den heute allgemein verwendeten Kraftstoffen (Benzin, Dieselöl) in bezug auf Gewicht, Raumbedarf und Einfachheit der Handhabung auch nur annähernd ebenbürtig wäre,

2. die daher bis auf weiteres fortbestehende Abhängigkeit von der Blei-Schwefelsäure-Batterie, deren geringe Energiedichte (speicherbare Energie je Gewichtseinheit) die Reichweite eines Elektrofahrzeugs auf ein Viertel bis ein Sechstel derjenigen einer Tankfüllung des Fahrzeugs mit konventionellem Verbrennungsmotor begrenzt, und

3. den Glauben, daß es zu gegebener Zeit gelingen werde, Benzin und Dieselöl durch andere Kraftstoffe (z.B. Methanol, Wasserstoff) zu ersetzen.

1.4 Skepsis neigt dazu, ihren Fortbestand in Frage stellende Tatsachen nicht zur Kenntnis zu nehmen. Im Falle des Elektrofahrzeugs gibt es aber derartige Fakten:

1. An der für Elektrofahrzeuge kurz- und mittelfristig hauptsächlich in Frage kommenden *Blei-Schwefelsäure-Batterie* sind in der letzten Zeit *erhebliche Verbesserungen erzielt worden* und *weitere Verbesserungen zu erwarten* (Erhöhung der Leistungsdichte und der Energiedichte, Vermehrung der möglichen Lade- und Entladezyklen) (1,2,3).

2. Es besteht *begründete Aussicht auf Erfolg bei der Entwicklung neuer Batterie-Systeme.* Besondere Hoffnungen werden auf die Natrium-Schwefel-Batterie gesetzt, die bei vermindertem Gewicht eine Erhöhung der Maximalgeschwindigkeit und eine Verdopplung der Reichweite bringen soll (4) und von den neuen Systemen, welche für das Elektrofahrzeug aus Kostengründen überhaupt in Betracht kommen, am weitesten entwickelt ist (5). So hofft man in Großbritannien die Produktion der Natrium-Schwefel-Batterie bereits zu Anfang der achtziger Jahre aufnehmen zu können (6). Einige der sonst noch zur Diskussion stehenden neuen Spei-

chersysteme (z.B. Lithium-Chlor) sollen nach Angabe von fachwissen-
schaftlicher Seite bis zur mehrfachen Energiedichte der Blei-Schwefelsäure-Batterie entwickelt werden können (7).

3. Mit Prototypen konnte bereits demonstriert werden, daß das *Elektrofahrzeug den Anforderungen des* heutigen *Stadtverkehrs* (Beschleunigungsver-
mögen, Wendigkeit, Handhabung usw.) durchaus *gewachsen ist.* In vielen
Ländern befinden sich kleinere Fahrzeugserien bereits in der praktischen
Erprobung. In den USA soll die Entwicklung des Elektrofahrzeuges in
den nächsten fünf Jahren aus staatlichen Mitteln mit 160 Mio Dollar gefördert werden; die staatliche Energiekommission erwartet dort für das
Jahr 1990 bereits einen Stand von 38 Mio Elektrofahrzeugen (8).

4. *Vom Gesamtverkehr entfallen bis zu 85% auf* den *Nahverkehr in Ballungsgebieten* (9) und es liegen in dessen Rahmen nach in den USA angestellten Untersuchungen *bis zu 95% aller Tagesfahrleistungen innerhalb eines
Bereiches von 80 km*, welcher etwa *der Reichweite einer Batterieladung
entspricht* (10).

5. Überdies ergeben sich im Stadtverkehr viele *Standzeiten*, die zur *Nach-
ladung der Fahrzeug-Batterie* benützt werden können.

6. Durch nur wenige Minuten dauernden *Batteriewechsel* in Batteriewechsel-
und -ladestationen, welche etwa die Funktion von Tankstellen des elektrischen Straßenverkehrs haben werden, *kann die Reichweite* von Elektrofahrzeugen *unbegrenzt erhöht werden.*

7. *Das Elektrofahrzeug wird dem Fahrzeug mit Verbrennungsmotor auch in
wirtschaftlicher Hinsicht ebenburtig sein*, sobald es unter gleichen Bedingungen (also in Serien- bzw. Fließbandfertigung) produziert werden kann
wie das letztere (11).

8. *Die Bereitstellung von Elektrizitat* ist *nicht an das Vorhandensein von
Rohöl gebunden.* Elektrische Energie kann in den Kraftwerken der öffentlichen Elektrizitätsversorgung aus jeder Art von Primärenergie (Wasserkraft, Steinkohle, Braunkohle, Kernenergie) erzeugt und heute praktisch
auch an jedem beliebigen Punkt des Landes aus den vorhandenen Strom-
verteilungsnetzen „getankt'' werden.

9. Die Freiheit im Einsatz von Primärenergie *braucht nicht mit einem höheren Primärenergie-Aufwand erkauft zu werden*, da den Energieverlusten
bei der Stromerzeugung in Wärme- bzw. Kernkraftwerken die insbesondere im Stadtverkehr sehr hohen Energieverluste im Verbrennungsmotor
gegenüberstehen und dem Elektrofahrzeug nicht nur die verlustarme Ge-
schwindigkeitsregelung, sondern auch die Möglichkeit der Nutzbremsung
zugutekommt. Im übrigen werden Energieaufwands-Vergleiche in der Zeit,
in der das Elektrofahrzeug in größerem Maße zum Zuge kommen wird,

nicht auf Benzin oder Dieselöl, sondern *auf synthetische Treibstoffe abzustellen sein*, deren Herstellung erhebliche Mengen an Primärenergie erfordert. *Ein solcher Vergleich fallt eindeutig zu Gunsten des Elektrofahrzeugs aus.*

1.5 Es gibt also nicht nur gute Gründe, die für das Elektrofahrzeug sprechen, sondern auch manche Anzeichen dafür, daß seine Zeit im Kommen ist. Niemand wird die seiner Einführung entgegenstehenden Schwierigkeiten und Hindernisse unterschätzen, niemand aber kann heute mehr mit Sicherheit ausschließen, daß das umweltfreundliche Elektrofahrzeug sich unter dem Zwang einer gewandelten Energiesituation schließlich doch durchsetzen wird.

1.6 Es wird daher bereits die Frage gestellt, ob die öffentliche Elektrizitätsversorgung in diesem Falle auch in der Lage wäre, die vom Straßenverkehr geforderte elektrische Energie ausreichend, sicher und zu angemessenen Bedingungen bereitzustellen. Wer geneigt ist, die Frage ohne weiteres zu bejahen, muß gewärtig sein, die Versorgungsmöglichkeit auch glaubhaft machen zu müssen. Der Erbringung dieses Nachweises sollen die nun folgenden Ausführungen dienen.

2. Elektrizität für den Straßenverkehr - eine Aufgabe der Elektrizitätsversorgungsunternehmen (EVU)

2.1 Analog dem heute vorhandenen ausgedehnten Tankstellennetz wird einem elektrischen Straßenverkehr der Zukunft eine entsprechend große Zahl von Anschlüssen zur Verfügung stehen müssen, über welche die Fahrzeug-Batterien zu jeder beliebigen Zeit aus dem öffentlichen Stromversorgsnetz aufgeladen werden können. Elektrizität gibt es heute überall - in jedem Wohnhaus, in jedem Betrieb und auch am Bauernhof. Die Einführung des Elektrofahrzeugs wird sich daher auf eine in Gestalt des Stromverteilungsnetzes bereits vorhandene Infrastruktur stützen können, die mit wachsender Zahl von Elektrofahrzeugen allerdings laufend zu verstärken sein wird.

2.2 Das gleiche gilt für die Erzeugung der für elektrischen Straßenverkehr benötigten elektrischen Energie: Sie wird in der Anlaufphase von den bereits vorhandenen, miteinander im Verbundbetrieb fahrenden Kraftwerken bereitgestellt werden können. In der Folgezeit jedoch wird die Elektrifizierung des Straßenverkehrs im Kraftwerks-Ausbauprogramm der Elektrizitätswirtschaft berücksichtigt, das Programm also entsprechend erweitert werden müssen.

2.3 Entsteht den Elektrizitätsversorgungsunternehmen (EVU) hieraus im Prinzip *keine andere Aufgabe als die, die sie seit Anbeginn ihrer Tatigkeit zu erfullen gewöhnt sind* - die Anpassung ihrer Anlagen an einen ständig wachsenden Bedarf - ist nun eben doch zu untersuchen, ob eine solche Anpassung im Falle des Straßenverkehrs nach Größe des Bedarfs und Geschwindigkeit seines Entstehens überhaupt bzw. rasch genug möglich wäre.

2.4 Zur Durchführung einer solchen Untersuchung muß man sich also ein Bild von dem äußerstenfalls in Betracht kommenden Strombedarf und dem zeitlichen Ablauf der anzunehmenden Umstellung der Kraftfahrzeuge auf elektrischen Antrieb zu machen suchen.

2.5 Will man die absolute Grenze des Strombedarfs für elektrischen Straßenverkehr bestimmen, muß man von der - heute zweifellos unrealistisch erscheinenden - Annahme ausgehen, daß am Ende der Umstellungsperiode *alle* Straßenfahrzeuge batterie-elektrisch betrieben werden. Man muß der Berechnung ferner den nach Eintritt der Bedarfssättigung zu erwartenden Endbestand an Kraftfahrzeugen zugrundelegen. Für die durchschnittliche jährliche Fahrleistung und den spezifischen Stromverbrauch stehen Erfahrungszahlen bzw. experimentell bestimmte sowie daraus extrapolierte Werte zur Verfügung, mit deren Hilfe die Größenordnungen ermittelt werden können, um die es geht.

2.6 Es gibt auch Anhaltspunkte, die zur Erstellung eines Modells für den zeitlichen Ablauf der Umstellung herangezogen werden können. An Hand eines solchen Modells ist auch leichter feststellbar, wie sich Abweichungen von den ihm zugrundegelegten Annahmen auswirken können.

3. Größe und zeitliche Entwicklung des Strombedarfs

3.1 Ermittlung der Größe des Strombedarfs

3.1.1 Zugrundezulegender Fahrzeugbestand

3.1.1.1 Nach Angabe des Österreichischen Statistischen Zentralamts (12) waren im Jahr 1973 in Österreich zugelassen:

465 727	Motor-Fahrräder
80 334	Motor-Räder
1 334 140	Personen-Kraftwagen (PKW)
206 609	Kombinations-Kraftwagen (Kombis)
7 360	Omnibusse
139 730	Last-Kraftwagen (LKW)
275 865	Zugmaschinen
32 852	Sonstige Kraftfahrzeuge

2 542 617 Kraftfahrzeuge insgesamt.

3.1.1.2 Es besteht kein Zweifel, daß der Kraftfahrzeugbestand einem in Relation zur Bevölkerungszahl stehenden Sättigungspunkt zustrebt. Einer Studie des Österreichischen Statistischen Zentralamts (13) zufolge scheint in Österreich das Ende des Bevölkerungswachstums bereits erreicht zu sein und wäre bis zum Jahr 2000 mit einer Stagnation der Wohnbevölkerung auf dem heute erreichten Stande von etwa 7 450 000 zu rechnen.

3.1.1.3 In der Bundesrepublik Deutschland (BRD) glaubt man, daß im Jahr 1985 die Sättigung des Kraftfahrzeugbedarfs bei einem Gesamtbestand von u.a.

> rd.   23 000 000   PKW (einschl. Kombis)
> rd.   70 000   Omnibussen und
> rd.   1 440 000   LKW

annähernd erreicht sein wird (14). Vergleicht man die Zahlen von Österreich mit denen der BRD, ergibt sich das aus dem oberen Teil der Zahlentafel 1 ersichtliche Bild. Im unteren Teil der Zahlentafel sind die für die BRD vorausgeschätzten Zahlen und die Werte angegeben, die in Österreich bei gleichen Fahrzeugbeständen je 1 000 Einwohner im Jahr 1985 erreicht wurden.

Zahlentafel 1. Kraftfahrzeuge in der BRD und in Österreich

Fahrzeugart	BRD 1970 (rd. 59,43 Mio Einwohner)		Österreich 1973 (rd. 7,478 Mio Einwohner)	
	Gesamtzahl	je 1000 Einwohner	Gesamtzahl	je 1000 Einwohner
1	2	3	4	5
PKW einschl. Kombis	12 000 000	201,9	1 540 749	206
Omnibusse	47 000	0,79	7 360	0,98
LKW	950 000	16,0	139 730	18,7
Fahrzeugart	1985 (rd. 65,7 Mio Einwohner)		1985 (rd. 7,45 Mio Einwohner)	
PKW einschl. Kombis	23 000 000	350	2 608 000	350
Omnibusse	70 000	1,065	7 934	1,065
LKW	1 440 000	21,92	163 304	21,92

3.1.1.4 In einer Untersuchung der voraussichtlichen Entwicklung des Personenverkehrs in Österreich bis 1985 (15) gelangt das Österreichische Institut für Wirtschaftsforschung hinsichtlich der im Jahr 1985 zu erwartenden Zahl von PKW (einschl. Kombis) mit 342 je 1000 Einwohner zu einem mit Zahlentafel 1 ungefähr übereinstimmenden Ergebnis. Die Untersuchung geht allerdings auf die Frage, ob damit die Sättigung des PKW-Bedarfs schon erreicht sein wird, nicht ein. Aus der Tatsache, daß es in den USA im Jahr 1972 bereits 472 PKW je 1000 Einwohner gegeben hat (16), braucht in Anbetracht der Verschiedenheit der Verhältnisse nicht unbedingt geschlossen zu werden, daß der Bestand je 1000 Einwohner in Europa ein ebenso hohes Niveau erreichen wird.

3.1.1.5 Dagegen sprechen die in Europa geringeren Entfernungen zwischen den Ballungszentren, die Enge in vielen Städten, in denen sich trotz aller straßenbaulichen Anstrengungen der Individualverkehr immer mehr totläuft, und die unter solchen Umständen erkennbarer werdenden Vorteile der Massenverkehrsmittel, deren Benutzung überdies die öffentlichen Stellen zu fördern bestrebt sind. Man wird sich nach allem die Überlegung zu eigen machen dürfen, daß der PKW-Bestand auch in Österreich nicht wesentlich über den für die BRD vorausgeschätzten Endbestand von 350 PKW je 1000 Einwohner hinauswachsen und dieser Bestand etwa im Jahr 1985 erreicht werden wird.

3.1.1.6 Für die folgenden Betrachtungen sei daher angenommen, daß sich der Bestand an Kraftfahrzeugen in Österreich etwa auf die aus Zahlentafel 2 ersichtlichen Werte einspielen und diese auch nach 1985 nicht wesentlich überschreiten wird. Diese Annahme geht davon aus, daß der Bestand der Motor-Fahrräder und der Motor-Räder stagnieren, die Zahl der PKW einschließlich Kombis, wie vorstehend ausgeführt, etwa 350 je 1000 Einwohner nicht überschreiten, die spezifische Zahl der LKW etwa auf den in der BRD erwarteten Stand ansteigen wird und daß die Bestände an Zugmaschinen und sonstigen Kraftfahrzeugen sich ähnlich wie die der LKW erhöhen.

Zahlentafel 2. Kraftfahrzeugbestand im Jahr 1973 und geschätzter Endbestand ab 1985

Fahrzeug-Kategorie	Bestand 1973		Endbestand	
	Gesamt (7,478 Mio Einwohner)	je 1000 Einwohner	Gesamt (7,450 Mio Einwohner)	je 1000 Einwohner
1	2	3	4	5
Motor-Fahrrader	465 727	62,3	470 000	63,1
Motor-Rader	80 334	10,7	90 000	12,1
Personen-Kraftwagen	1 334 140	178,4	2 260 000	303,3
Kombinations-Kraftwagen	206 609	27,6	348 000	46,7
Omnibusse	7 360	0,98	10 000	1,3
Last-Kraftwagen	139 730	18,7	170 000	22,8
Zugmaschinen	275 865	36,9	330 000	44,3
Sonstige Kraftfahrzeuge	32 852	4,4	37 000	5,0
Kraftfahrzeuge insgesamt	2 542 617	339,9	3 715 000	498,6

3.1.2 Jährliche Fahrleistungen

3.1.2.1 In seiner oben erwähnten Untersuchung gibt das Österreichische Institut für Wirtschaftsforschung für das Jahr 1972 folgende mittlere Fahrleistungen an (15,17):

Motor-Fahrräder	5 000 km
Motor-Räder	5 500 km
PKW	11 614 km.

Auf Grund der durchgeführten Studien nimmt das Institut an, daß die Fahrleistungen der Motor-Fahrräder und der Motor-Räder etwa gleich bleiben, die der PKW aber jährlich um durchschnittlich 100 km ansteigen werden, so daß letztere im Jahr 1985 12 914 km betragen würden. Dagegen rechnet man in der BRD bei wachsendem Fahrzeugbestand mit einem allmählichen Absinken der jährlichen mittleren Fahrleistungen auf 10 000 km (18).

3.1.2.2 Eine überschlägige Berechnung der Fahrleistung der PKW im Jahr 1972 aus dem statistisch ermittelten Brennstoffaufwand für den Straßenverkehr in Österreich führt zu einem Wert, welcher mit der vom Österreichischen Institut für Wirtschaftsforschung gemachten Angabe ungefähr übereinstimmt. Was die künftige Entwicklung der jährlichen Fahrleistungen anbelangt, soll den weiteren Überlegungen indes der in der BRD beobachtete abnehmende Trend zugrundegelegt und mit einer jährlichen Inlandfahrleistung der PKW von durchschnittlich 10 000 km gerechnet werden. Man wird vermutlich keinen das Endresultat erheblich verfälschenden Fehler begehen, wenn man die gleiche jährliche Fahrleistung auch Omnibussen, Last-Kraftwagen, Zugmaschinen und sonstigen Kraftfahrzeugen zuschreibt, da eventuell geringeren Fahrleistungen in der einen Kategorie höhere Fahrleistungen in einer anderen Kategorie gegenüberstehen dürften.

3.1.2.3 Von österreichischen Fahrzeugen im Ausland zurückgelegte Strecken brauchen bei der Ermittlung der in Österreich bereitzustellenden Energie nicht berücksichtigt zu werden, da die für Auslandsstrecken benötigten Energiemengen in ausländischen Tankstellen bzw., im Falle des Elektrofahrzeugs, Ladestationen beschafft werden. Hierbei wird allerdings vorausgesetzt, daß die bei Grenzüberschreitung ins Ausland mitgeführten Energiemengen und die bei der Rückkehr nach Österreich eingeführten etwa gleich groß sind und einander kompensieren.

3.1.2.4 In Betracht zu ziehen sind jedoch die von ausländischen Fahrzeugen in Österreich zurückgelegten Wege, da der Energiebedarf hierfür in Österreich gedeckt wird. Nach einer vom Österreichischen Institut für Wirtschaftsforschung erarbeiteten Prognose (19) hätte man damit zu rechnen, daß die Fahrleistungen (und damit der Energie-Aufwand) ausländischer Fahrzeuge im Jahr 1985 in Österreich bei PKW (einschl. Kombis)   etwa   38% und

bei Omnibussen   etwa 100%

der Fahrleistungen (und damit des Energieaufwands) der inländischen Fahrzeuge der gleichen Kategorie betragen werden. Hinsichtlich des Anteils ausländischer LKW am Inlandverkehr ist man auf freie Schätzung angewiesen; er wird in der Folge mit 15% der Fahrleistungen der österreichischen LKW im Inland angesetzt werden. Es wird ferner angenommen, daß die für 1985 prognostizierten Zahlen für den Anteil der ausländischen Fahrzeuge am gesamten Inland-Straßenverkehr auch für die weitere Zukunft gelten.

3.1.3 Spezifischer Strombedarf und gesamter jährlicher Strombedarf

3.1.3.1 Auf Grund der angestellten Überlegungen über den voraussichtlichen Endbestand an Kraftfahrzeugen in Österreich und über die in Österreich zu erwartenden Fahrleistungen wurde in Zahlentafel 3 der für die verschiedenen Fahrzeug-Kategorien und der insgesamt in Betracht kommende Strombedarf errechnet.

3.1.3.2 Die in der Zahlentafel angegebenen spezifischen Stromverbräuche je km gelten ab Verteilungsnetz des EVU, beziehen also alle Verluste im Ladegerät, in der Batterie und im Fahrzeugantrieb ein. Sie wurden für PKW, Kombis, Omnibusse und LKW in Anlehnung an von der G E S Gesellschaft für elektrischen Straßenverkehr, Düsseldorf, zum Teil in Großversuchen festgestellte und zum Teil daraus extrapolierte Werte eingesetzt (20). Für die LKW wurde hierbei ein Mittelwert genommen, der sich aus der in der BRD vorhandenen (21) und in Österreich wohl ähnlichen Bestandsstruktur (Gliederung nach Nutzlastbereichen) ergibt. Die von der G E S angegebenen Werte gelten für den Stadtverkehr. Im Fernverkehr muß bei Geschwindigkeiten von mehr als 80 bis 90 km/h zwar mit einem höheren Energieverbrauch gerechnet werden; da aber der Verkehr in Ballungsgebieten bis zu 85% des Gesamtverkehrsaufkommens ausmacht (s. Abs. 1.4, Pkt. 4), wäre, auch wenn man unterstellt, daß später einmal Elektrofahrzeuge für höhere Geschwindigkeiten gebaut werden, der Fehler, der durch Ansetzen des im Stadtverkehr in Frage kommenden Energieverbrauchs entstehen könnte, nur gering. Der für Motor-Fahrräder eingesetzte Stromverbrauch basiert auf Angaben eines Unternehmens, welches sich mit der Entwicklung eines derartigen Fahrzeugs mit batterie-elektrischem Antrieb befaßt. Die spezifischen Stromverbräuche der Motor-Räder, Zugmaschinen (unter denen zahlenmäßig die in der Landwirtschaft verwendeten Traktoren vorherrschen dürften) und sonstigen Fahrzeuge sind unter Berücksichtigung der Bedarfszahlen der anderen Fahrzeugarten geschätzt worden. Bezüglich der Errechnung des Strombedarfs ausländischer Fahrzeuge für in Österreich zurückgelegte Strecken wird auf Pkt. 3.1.2.4 verwiesen.

Zahlentafel 3. Ermittlung des gesamten, maximalen Strombedarfs für elektrischen Straßenverkehr in Österreich

Fahrzeug-Kategorie	Endbestand	Mittlere Fahrleistung je Jahr im Inland	Strombedarf		
			je Fahrzeug		aller Fahrzeuge je Jahr
			je km	je Jahr	
			kWh	kWh	TWh
1	2	3	4	5	6
Inlandische Fahrzeuge					
Motor-Fahrräder	470 000	5 000	0,07	350	0,165
Personen-Kraftwagen	2 260 000	10 000	0,32	3 200	7,232
Kombin.-Kraftwagen	348 000	10 000	0,4	4 000	1,392
Omnibusse	10 000	10 000	1,8	18 000	0,180
Last-Kraftwagen	170 000	10 000	1,0	10 000	1,700
Summe	2 788 000				10,504
Motor-Rader	90 000	5 500	0,12	660	0,059
Zugmaschinen	330 000	10 000	1,0	10 000	3,300
Sonstige Kraftfahrzeuge	37 000	10 000	1,0	10 000	0,370
Summe	457 000				3,729
Inländische Fahrzeuge insgesamt	3 715 000	9 258	0,419	3 876	14,398
Ausländische Fahrzeuge					
Personen-Kraftwagen		7,232 × 0,38 =			2,748
Kombin.-Kraftwagen		1,392 × 0,38 =			0,529
Omnibusse		0,180 × 1,0 =			0,180
Last-Kraftwagen		1,700 × 0,15 =			0,255
Ausländische Fahrzeuge insgesamt					3,712
Strombedarf insgesamt					18,110

3.1.3.3 Nach Zahlentafel 3 würde der Bedarf an elektrischer Energie für eine Umstellung des gesamten zukünftigen Straßenverkehrs in Österreich auf Elektro-Antrieb einschließlich des Bedarfs ausländischer Fahrzeuge für in Österreich zurückzulegende Strecken rd. 18 TWh, also 18 Mrd kWh betragen. Zu dieser Zahl, die etwa 80% des Inlandstromverbrauchs vom Jahr 1975 entspricht und daher sehr hoch erscheint, ist zu bemerken, daß sie keinen neuen, zusätzlichen Energiebedarf beinhaltet, sondern *lediglich einen Substitutionsbedarf darstellt, der den sonst erforderlichen Aufwand an Mineralölerzeugnissen ersetzen würde.* In Anbetracht der Höhe des Strombedarfs ist für die Beurteilung der Deckungsmöglichkeit der zeitliche Verlauf seines Entstehens von ausschlaggebender Bedeutung.

3.2 Zeitliche Entwicklung des Strombedarfs für elektrischen Straßenverkehr*

3.2.1 Allgemeine Gesichtspunkte

3.2.1.1 Da die Entwicklung des Strombedarfs mit der des Elektrofahrzeug-Bestandes einhergehen wird, müssen die Aussichten der letzteren betrachtet werden. Ins Gewicht fallende Zahlen von Elektrofahrzeugen wird es zweifellos erst dann geben, wenn nicht nur gewisse, im Anwendungsbereich beschränkte Spezialfahrzeuge zur Serienreife entwickelt sind, sondern auch jene, die für Massenproduktion am Fließband in Frage kommen, also insbesondere der batterie-elektrisch betriebene Personen-Kraftwagen. Davon ist man in der jetzigen Phase des Testens von Prototypen und Kleinserien noch ziemlich weit entfernt. Beim PKW erfordert die Unterbringung des Energiespeichers von den konventionellen Fahrzeugtypen wesentlich abweichende konstruktive Lösungen, die dazu noch von der Art des Speichers abhängen, welcher sich am Ende durchsetzen und dem Elektro-PKW auch den Fernverkehr erschließen wird. Im Hinblick darauf, aber auch in der Erkenntnis, daß die Vorzüge des Elektrofahrzeugs im Stadtverkehr am deutlichsten zutage treten, konzentrieren sich in der BRD und anderen Ländern die Anstrengungen zunächst auf vorwiegend im Stadtverkehr einzusetzende Fahrzeuge, in denen Akkumulatoren-Batterien ohne grundlegende Konstruktionsänderungen untergebracht werden können, wie z.B. Autobusse, Laster, Lieferwagen, Kombis sowie auf in Kleinserien herzustellende Spezialfahrzeuge (22).

3.2.1.2 Berichte über da und dort vorgestellte Elektrofahrzeuge, die den Eindruck eines weit fortgeschrittenen Standes erwecken, dürfen nicht ohne Reserve aufgenommen werden, da hohe Geschwindigkeiten und Reichweiten u.U. zu Lasten der Batterie-Lebensdauer (Zahl der Lade- und Entladezyklen) gehen oder durch Inkaufnahme eines ungünstigen Verhältnisses von Batterie-

---

* siehe Vorbemerkung.

Gewicht zu Gesamt-Fahrzeuggewicht erreicht werden. Meist entspricht auch die konstruktive Ausführung solcher Elektro-PKW nicht dem vom konventionellen Fahrzeug her gewohnten Standard, so daß sie schon deswegen nicht wettbewerbsfähig sind.

3.2.1.3 Der Bedarf an elektrischer Energie für Zwecke des Straßenverkehrs wird also jedenfalls eine lange Anlaufzeit haben, während der zunächst die genannten, für Stadtverkehr und einen mit der begrenzten Reichweite einer Batterieladung vereinbaren Regelbetrieb bestimmten Fahrzeugarten auf elektrischen Antrieb umgestellt würden. Wenn es während dieser ersten Phase gelingt, auch Personen-Kraftwagen zu entwickeln, die nach Fahrgeschwindigkeit, Reichweite und Ausführung nicht nur als Zweitwagen für Stadtfahrten, sondern auch im Fernverkehr verwendbar sind, hätte man mit einer Periode raschen Bestandsanstiegs zu rechnen, insbesondere dann, wenn in dieser zweiten Phase eine fühlbare weitere Verteuerung und Verknappung der konventionellen Treibstoffe eintreten sollte. In die Endphase fiele die Umstellung jener Fahrzeug-Kategorien, die sich ihrer Konstruktion und der Betriebsweise nach, für die sie bestimmt sind, dafür am wenigsten eignen, und solcher Fahrzeuge, deren Umstellung am wenigsten dringlich erscheint.

3.2.1.4 Da es hier darum geht, zu beweisen, daß die öffentliche Elektrizitätsversorgung jeder Eventualität gewachsen wäre, soll in den die Energiebedarfsdeckung betreffenden Überlegungen keine Fahrzeug-Kategorie ausgeschlossen und dafür gemäß Pkt. 2.5 - so unrealistisch dies erscheinen mag - eine totale Umstellung des Straßenverkehrs auf elektrische Energie zugrundegelegt werden. Die zeitliche Entwicklung des Elektrofahrzeug-Bestandes würde, ähnlich wie sie bei anderen technischen Erzeugnissen verläuft, einer S-Kurve folgen, die im Jahr 1975 mit Null beginnt, etwa in der Mitte der Umstellungsperiode die größte Steilheit aufweist und an deren Ende den möglichen Endstand erreicht.

3.2.1.5 Es liegt auf der Hand, daß der Strombedarf in den Jahren der größten Zunahme von Elektrofahrzeugen am stärksten ansteigen und sich die Problematik der Stromversorgung somit auf die Frage zuspitzen wird, ob die EVU mit dem Anlagenausbau diesem größten Bedarfszuwachs zu folgen vermögen.

3.2.2 Entwicklung eines Modells

3.2.2.1 Für die Beurteilung der Anforderungen an die öffentliche Elektrizitätsversorgung kommt es nach der in Kapitel 3.1 erfolgten Feststellung des äußerstenfalls zu gewärtigenden Gesamtbedarfs also darauf an, den größtmöglichen Jahreszuwachs an Elektrofahrzeugen zu ermitteln. Dazu kann die bisherige und die prognostizierte Entwicklung des Kraftfahrzeugbestandes in Österreich herangezogen werden.

3.2.2.2 Nach Feststellungen und Berechnungen des Österreichischen Instituts für Wirtschaftsforschung für den Zeitraum 1973 bis 1985 (15) hätten sich die Neuanschaffungen von PKW (Erstanschaffungen und Ersatzanschaffungen) anfangs im Bereich von 12 bis 14% des jeweiligen Gesamtbestandes bewegt und würde diese Rate bis 1985 allmählich auf 10% absinken, wobei die Ersatzanschaffungen gegen Ende der Periode 6 bis 7% betrügen. Da hier angenommen wird, daß im Jahr 1985 der Endbestand an Kraftfahrzeugen erreicht sein soll (s. Pkt. 3.1.1.5), würden ab 1985 Erstanschaffungen entfallen und sämtliche Neuanschaffungen Ersatzanschaffungen darstellen, deren Ausmaß sich jedoch in Auswirkung der Bestandszunahmen von 1970 bis 1985 in den neunziger Jahren von 7 auf etwa 10% erhöhen wird.

3.2.2.3 Es ist vorstellbar, daß ab einem bestimmten Zeitpunkt nur mehr Elektro-PKW angeschafft werden; die gesamten Ersatzbeschaffungen entfielen dann auf Elektro-PKW. Eine darüber hinausgehende Annahme - nämlich die, daß außer diesen Ersatzanschaffungen auch noch Erstanschaffungen getätigt werden - würde eine Vergrößerung des Gesamtbestandes an PKW implizieren und der Prämisse widersprechen, daß im Jahr 1985 der Bedarf an Kraftfahrzeugen gesättigt sein und der Bestand von da an gleichbleiben wird. Als Grenzzunahme von Elektro-PKW in einem Jahr soll daher jene Zahl eingesetzt werden, die sich ergeben würde, wenn *samtliche* Ersatzanschaffungen ausschließlich auf Elektro-PKW entfielen. Dies bedeutet, daß sich der Bestand an Elektro-PKW in den neunziger Jahren - nicht früher - innerhalb eines Jahres um eine Zahl erhöhen könnte, die 10% des Endbestandes an Kraftfahrzeugen entspricht.

3.2.2.4 Im Rahmen dieser Studie wird man den Erneuerungsfaktor von 10% des gesamten PKW-Bestandes und damit die höchste anzunehmende Umstellungsrate auf Elektro-Antrieb, ohne die Geltung des Resultats allzusehr zu beeinträchtigen, auch auf die anderen Kraftfahrzeug-Kategorien anwenden dürfen.

3.2.2.5 Um zu einem möglichst einfachen Denkschema zu gelangen, wird in der Folge - obwohl, wie früher ausgeführt, die tatsächliche Entwicklung anders verlaufen wird - ferner angenommen, daß die Fahrzeuge aller Kategorien im gleichen Takt umgestellt werden und auch der Elektrofahrzeuganteil am Österreichverkehr ausländischer Kraftfahrzeuge sich zeitlich ebenso entwickelt wie der Elektrofahrzeug-Anteil in Österreich. Man kann dann mit dem durchschnittlichen jährlichen Strombedarf je Elektrofahrzeug (s. Zahlentafel 3)

$$14{,}398 \cdot 10^9 : 3{,}715 \cdot 10^6 = 3\ 876 \text{ kWh}$$

zuzüglich eines Zuschlags für den Österreichverkehr ausländischer Elektrofahrzeuge von

$$3{,}712 \cdot 10^9 : 3{,}715 \cdot 10^6 = 999 \text{ kWh},$$

insgesamt also 4 875 kWh rechnen. Durch diese Vereinfachung wird für die weiteren Betrachtungen Proportionalität zwischen Elektrofahrzeugbestand und Strombedarfsentwicklung gewonnen.

3.2.2.6 Hat man durch die Festsetzung des größten Jahreszuwachses mit 10% des Endbestandes bzw. des größten in Frage kommenden jährlichen Strombedarfs den wichtigsten Anhaltspunkt für die Gestalt der der Untersuchung zugrundezulegenden S-Kurve gefunden, müssen nun auch Annahmen für ihren Anfangsverlauf getroffen werden. Bei der unter Pkt. 3.2.1.1 dargelegten ungünstigen Ausgangssituation darf kaum erwartet werden, daß bis zum Jahr 1985 ein Anteil der Elektrofahrzeuge am Gesamt-Kraftfahrzeugbestand von mehr als einigen % erreicht werden wird; keinesfalls wird er 10% übersteigen. Ab 1985 ist ein steiler werdender Anstieg aber immerhin vorstellbar. Der jährliche Zuwachs könnte um das Jahr 2000 sein Maximum erreichen und dann wieder langsamer werden. Diese Überlegung führt zur Annahme einer S-Kurve, die im Jahr 1975 praktisch bei Null beginnt, im Jahr 2000 ihren Wendepunkt und im Jahr 2025 den Endbestand bzw. den bei totaler Elektrifizierung des Straßenverkehrs in Betracht kommenden maximalen Jahresstrombedarf erreicht.

3.2.2.7 In Abbildung 1 sind drei S-Kurven dargestellt, welche den Bereich begrenzen, in dem sich laut Vorstehendem die Entwicklung abspielen könnte. Die Kurven zeigen bei Anwendung der links eingetragenen Maßstäbe sowohl die jeweils erreichte Anzahl von Elektrofahrzeugen und den dem jeweiligen Stand entsprechenden Jahres-Strombedarf. Die Oberteile der Kurven liegen zu den unteren Teilen um den Wendepunkt im Jahr 2000 zentrisch symmetrisch. Den drei Varianten liegen folgende Annahmen zugrunde:

Variante I: Verhältnismäßig rascher Anstieg auf 10% des gesamten Kraftfahrzeugbestandes im Jahr 1985, größte Steilheit in den Jahren 2000 und 2001 mit je 5,1% des Gesamtbestandes; Verlauf von 1975 bis 1984 linear, von da bis 2000 (mit Jahreszuwachsrate von 11,3%) exponentiell;

Variante II: Sehr langsamer Anstieg bis auf 1,76% des gesamten Kraftfahrzeugbestandes im Jahr 1985, größte Steilheit in den Jahren 2000 und 2001 mit je 10% des Gesamtbestandes; Verlauf von 1975 bis 1980 linear, von da bis 2000 (mit Jahreszuwachsrate von 25%) exponentiell;

Variante III: Langsamer Anstieg bis auf 3% des gesamten Kraftfahrzeugbestandes im Jahr 1985, größte Steilheit in den Jahren 1997 bis 2004 mit je 10% des Endbestandes: Verlauf von 1975 bis 1984 linear, von da bis 1996 (mit Jahreszuwachsrate von 11,6%) exponentiell.

Variante III wurde auf Grund der Beobachtung aufgenommen, daß in vielen Ländern die Entwicklung des Kraftfahrzeugbestandes nach Erreichen eines gewissen Mindestwertes linear verläuft und erst kurz vor dem Sättigungszustand wieder verflacht (16). Es war daher in Betracht zu ziehen, daß die Zunahme des Elektrofahrzeugbestandes dieser Regel ebenfalls folgt. Freilich stellt die für Variante III gewählte Kurvenform mit Zuwachsraten von je 10% des gesamten Kraftfahrzeugbestandes in den Jahren 1997 bis 2004 einen völlig unwahrscheinlichen Extremfall dar.

3.2.2.8 Abbildung 2 zeigt das Modell einer denkbaren Entwicklung des gesamten, von der öffentlichen Versorgung gedeckten Inlandstrombedarfs in Österreich (Bedarf ab Versorgungsnetz gerechnet, also ausschließlich Eigenverbrauch der EVU, Pumpspeicherung und Übertragungsverluste), beginnend mit dem im Jahr 1975 erreichten Wert (Kurve 1). Es ist eine Entwicklung nach einer S-Kurve mit dem Wendepunkt im Jahr 2000 und für die Zeit von 1975 bis 2000 eine gleichbleibende jährliche Zuwachsrate von 4% unterstellt. Diese Annahme führt zu einem Stromverbrauch von rd. 60 TWh im Jahr 2000, einer Zahl, die nach Vorausschätzungen der Elektrizitätswirtschaft vielleicht schon im Jahr 1990 erreicht wird; die hier getroffene Annahme schätzt die Bedarfsentwicklung also eher zu langsam als zu rasch ein. In das gleiche Bild sind die nach Abbildung 1 auf den elektrischen Straßenverkehr gemäß den Varianten I bis III entfallenden Anteile des Strombedarfs eingetragen (Kurven 2 bis 4). Außerdem ist der Verlauf der Zuwachsraten des Gesamtverbrauchs (Kurve 5) sowie der durch den Straßenverkehr verursachten Zuwachsraten des Gesamtverbrauchs

$$(= \frac{\text{Zunahme des Verbrauchs der Elektrofahrzeuge}}{\text{Gesamt-Stromverbrauch im Vorjahr}})$$

dargestellt (Kurven 6 bis 8).

3.3 Deckung des Strombedarfs

3.3.1 In den drei Nachkriegs-Jahrzehnten haben die EVU bewiesen, daß es technisch und wirtschaftlich möglich ist, die Kapazität der Stromversorgungsanlagen innerhalb von jeweils zehn Jahren zu verdoppeln und damit einen Bedarfszuwachs von im Durchschnitt jährlich 7,2% zu bewältigen. Aus Abbildung 2 geht demgegenüber hervor, daß der größte prozentuelle Verbrauchszuwachs, der im völlig unwahrscheinlichen Fall der Variante III (maximales Anschaffungstempo von Elektrofahrzeugen acht aufeinanderfolgende Jahre hindurch) eintritt, knapp die Hälfte jener Zuwachsrate von 7,2% erreicht, welcher die Elektrizitätswirtschaft durchaus noch Rechnung tragen könnte. Sie wäre selbst in den Jahren eines extremen Anwachsens des elektrischen Straßenverkehrs also noch in der Lage, einen Bedarfszuwachs etwa gleicher Höhe aus anderen Verbrauchs-Sektoren zu befriedigen.

3.3.2 Eine stärkere relative Auswirkung des Elektrofahrzeugs wäre - da ein über Variante I hinausgehender Anlauf ebenso ausgeschlossen werden kann, wie eine Überschreitung des zugrundegelegten maximalen Tempos der Anschaffung von Elektrofahrzeugen (10% des Gesamtbestandes an Kraftfahrzeugen in einem Jahr) - nur vorstellbar, wenn die allgemeine Strombedarfsentwicklung mit einer geringeren Zuwachsrate erfolgte als 4% pro Jahr oder wenn sich die Anlaufphase des Elektrofahrzeugs verkürzte, der steile Bedarfsanstieg von 1997 bis 2004 also um einige Jahre vorverlagerte.

3.3.3 Nimmt man, um wiederum das Extrem heranzuziehen, an, daß der Stromverbrauch auf dem im Jahr 1975 erreichten Stand stehen bleibt, so wäre der größtmögliche Bedarfszuwachs durch das Elektrofahrzeug (1,811 TWh gemäß Abbildung 1) mit dem Stromverbrauch von 1975 (rd. 22,3 TWh) zuzüglich des Verbrauchs der Elektrofahrzeuge nach der Anlaufphase gemäß Variante III (1,811 TWh), d.s. 24,111 TWh, in Beziehung zu setzen, woraus sich eine immer noch bewältigbare Zuwachsrate von 7,5% ergäbe.

3.3.4 Bei einer Vorverlagerung der Haupt-Umstellungsphase um 10 Jahre - auch damit wird ein absolut unwahrscheinlicher Extremfall in Betracht gezogen - wäre der maximale Bedarfszuwachs von 1,811 TWh auf den im Jahr 1990 erreichten gesamten Inlandstromverbrauch von rd. 40 TWh zu beziehen und betrüge die Zuwachsrate 4,5%.

3.3.5 Ein Rückblick auf die Ausbauleistungen der EVU in der Vergangenheit zeigt übrigens, daß in einzelnen Jahren bereits Zugänge an Leistung und Arbeitsvermögen (Wasserkraftwerke und Wärmekraftwerke) zu verzeichnen waren, die in der Größenordnung des von einer Elektrifizierung des Straßenverkehrs maximal zu erwartenden Jahresbedarfszuwachses (1,8 TWh) lagen.

3.3.6 Abbildung 2 läßt deutlich erkennen, daß bei einer ab 1975 um jährlich 4% erhöhten Versorgungskapazität im Jahr 2000 nur etwa ein Viertel des Zuwachses durch den elektrischen Straßenverkehr in Anspruch genommen werden würde und für die sonstige Verbrauchszunahme also noch rd. drei Viertel frei blieben. Erweiterten die EVU, wie sie es in der Vergangenheit getan haben, ihre Anlagen um jährlich 7,2%, könnten sie für den Inlandverbrauch im Jahr 2000 jährlich insgesamt rd. 127 TWh, also um rd. 104 TWh mehr als im Jahr 1975 liefern, wovon nur rd. 9 TWh vom Straßenverkehr in Anspruch genommen werden würden.

3.4 Deckung des Leistungsbedarfs

3.4.1 Bei den Überlegungen des Abschnitts 3.3 wurde stillschweigend davon ausgegangen, daß der Leistungsbedarf sich zeitlich konform mit dem Energiebedarf entwickelt. Dies ist aber nur dann der Fall, wenn die für den elektrischen Straßenverkehr bereitzustellende Leistung mit der gleichen Benut-

zungsdauer in Anspruch genommen, d.h. ebenso gut ausgenützt wird, wie
die den anderen Abnehmern zur Verfügung stehende. Nun hielt sich die
Benutzungsdauer der inländischen Belastungsspitze (öffentliche Elektrizitätsversorgung) in den letzten zehn Jahren (23) stets in der Größenordnung
von etwa 6000 Stunden (höchster, im Jahr 1974 aufgetretener Wert: 6368
Stunden); es entsteht also die Frage, ob auch die Höchstlast der aus dem
Straßenverkehr zuwachsenden Abnahme eine so hohe Benutzungsdauer erreichen wird.

3.4.2 Errechnet man (s. Zahlentafel 3) den mittleren Stromverbrauch je Fahrzeug und km, ergibt sich dafür ein Durchschnittswert von 0,419 kWh/km.
Dieses fiktive Durchschnittsfahrzeug könnte mit einer Batterieladung von
30 kWh also einen Weg von 71,7 km zurücklegen. Gleichgültig, ob man nun
langsam oder schnell auflädt, wird man mit der gleichen bereitgestellten
Leistung stets die gleiche Zahl von Batterien aufladen können. Beispielsweise können mit 90 kW in 30 Stunden mit je 30 kWh, insgesamt also
2 700 kWh, aufgeladen werden

$$3 \times 30 \text{ Batterien mit } 3 \text{ kW je } 10 \text{ Stunden lang oder}$$
$$10 \times 9 \text{ Batterien mit } 10 \text{ kW je } 3 \text{ Stunden lang oder}$$
$$15 \times 6 \text{ Batterien mit } 15 \text{ kW je } 2 \text{ Stunden lang.}$$

Die angegebenen Ladeleistungen sind als Mittelwerte über Ladedauer zu verstehen.

3.4.3 Gemäß den im Abschnitt 3.3.2 angestellten Überlegungen würde das
fiktive österreichische Durchschnitts-Elektrofahrzeug einschließlich des Zuschlags für den Verkehr ausländischer Elektrofahrzeuge in Österreich jährlich rd. 4875 kWh verbrauchen und daher jährlich 162,5 volle Aufladungen
je 30 kWh benötigen. Setzt man die Zeit, in der ein Fahrzeug unterwegs ist
oder sich zumindest an einem Platz befindet, wo keine Auf- oder Nachlade-
möglichkeit besteht, sehr hoch mit im Durchschnitt fünf Stunden täglich an,
so bleiben im Jahr noch $8760 - 5 \cdot 365 = $ rd. 6900 Stunden frei, von denen
für das Laden selbst bei durchwegs zehnstündiger Ladezeit nur 1625 Stunden benötigt werden. Theoretisch bestünde also durchaus die Möglichkeit,
die Ladezeiten so einzuteilen, daß die bereitzustellende Leistung mit einer
Benutzungsdauer von 8760 Stunden in Anspruch genommen wird. Wenn
dies in der Praxis auch nicht zu erreichen sein wird, werden bei entsprechender Steuerung die Ladezeiten doch so gelegt werden können, daß eine
gleichmäßige Belastung, d.h. auf den verschiedenen Versorgungsebenen
(Niederspannungsnetz, Trafostation, Mittelspannungsnetz, Umspannwerk,
Verbundnetz als Kraftwerks-Sammelschiene) zumindest die gleiche Ausnützung (Benutzungsdauer der Höchstlast) erzielt wird, wie bei der gesamten
sonstigen Last.

3.4.4 Selbstverständlich wird man die zeitliche Flexibilität des Batterie-Ladens
zur Optimierung des Belastungsdiagramms heranzuziehen suchen. Bei der in

Österreich zumindest für die Wintermonate erreichten weitgehenden Auslastung des Nachttals durch Speicherheizung wird man im Winter allerdings verhindern müssen, daß zu viele Fahrzeugbatterien während der Nacht aufgeladen werden; eher wird man anstreben müssen, durch die Aufladung der Fahrzeugbatterien ein sich über den ganzen Tag erstreckendes Belastungsband zu bekommen, dessen idealste Form erreicht wäre, wenn es komplementär zu dem von den anderen Abnehmern verursachten Belastungsdiagramm verliefe.

3.4.5 Da also die Art der Abnahme eine weitgehende Steuerung zuläßt und zur Durchführung der Steuerung sowohl technische (Tonfrequenz-Rundsteuerung) als auch tarifarische Maßnahmen zu Gebote stehen, kann es als sicher gelten, daß die Belieferung eines entstehenden elektrischen Straßenverkehrs den Leistungsbedarf in den Stromversorgungsnetzen nicht stärker ansteigen lassen wird als den Energiebedarf.

3.5 Folgerungen aus den angestellten Betrachtungen

3.5.1 Das Kapitel abschließend sei daran erinnert, daß den Überlegungen die aus heutiger Sicht recht unwahrscheinliche Hypothese einer Totalumstellung des Straßenverkehrs auf elektrische Energie zugrundegelegt wurde. Es ist daher eher damit zu rechnen, daß die aus der Untersuchung folgenden Anforderungen an die öffentliche Elektrizitätsversorgung unterschritten, und keinesfalls damit, daß sie überschritten werden. Bei normalem Verlauf der sonstigen Stromverbrauchsentwicklung *wird eine Elektrifizierung des Straßenverkehrs also zu keinem Zeitpunkt eine Situation herbeifuhren konnen, welcher die öffentliche Elektrizitätsversorgung nicht gewachsen ware*

3.5.2 Die für elektrischen Straßenverkehr gegebenenfalls erforderlich werdende elektrische Energie wird von der öffentlichen Elektrizitätsversorgung somit *jederzeit ausreichend und ebenso sicher bereitgestellt werden konnen,* wie für irgendeinen anderen Verwendungszweck in Haushalt, Landwirtschaft, Gewerbe und Industrie. Mit einem Aufladen der Fahrzeugbatterien zum Nachtstrompreis darf in Österreich aus den unter Pkt. 3.4.4 erwähnten Gründen allerdings nicht gerechnet werden. Wird durch zeitliche Steuerung des Aufladens eine hohe Benutzungsdauer (Ausnutzung) der einzusetzenden Leistung erzielt, wird sich dies auf die Kalkulation des Strompreises im günstigen Sinne auswirken. Im übrigen genügt die Durchführung einer einfachen Überschlagsrechnung auf Grund der derzeit geltenden Stromtarife, um zu erkennen, *daß die Kosten der elektrischen Energie einer allgemeinen Verbreitung des Elektromobils jedenfalls nicht im Wege stehen werden.*

4. Erforderliche Investitionen

4.1 Stromerzeugung

4.1.1 Folgt das Elektrofahrzeug dem in Kapitel 3 entwickelten Zeitplan, wäre für den Straßenverkehr jeweils *etwa* bereitzustellen:

	Elektrische	
	Arbeit TWh	Leistung* MW
im Jahr 1985	0,3 bis 1,8	50 bis 300
im Jahr 2000	9	1300 bis 1500
im Jahr 2025	18	2600 bis 3000

* je nach erzielbarer Benutzungsdauer der Hochstlast.

Um eine Vorstellung von dem Erfordernis zu vermitteln, sei unter Hinweis auf Abschnitt 3.2.2 angeführt, daß der Jahresstrombedarf aller Elektrofahrzeuge, die bis zum Jahr 1985 *maximal* zu erwarten wären, einschließlich Kraftwerkseigenbedarf und Übertragungsverluste etwa in einem einzigen der größeren Donaukraftwerke (Aschach, Altenwörth) und im Jahr 2000 mit diesem sowie einem einzigen zusätzlichen Kernkraftwerk von 1300 MW (in der BRD befinden sich bereits mehrere Kernkraftwerke dieser Größenordnung in Betrieb bzw. in Bau) erzeugt werden könnte. In Wirklichkeit würden dem Bedarf des Straßenverkehrs natürlich keine bestimmten Kraftwerke zugeordnet, sondern für seine Deckung im Rahmen des Gesamt-Ausbauprogramms der österreichischen Elektrizitätswirtschaft gesorgt werden.

4.1.2 Vom Standpunkt der Luftreinhaltung aus gesehen wäre die Bilanz durchaus positiv: Durch den Übergang zum elektrischen Straßenverkehr, der die Errichtung nur weniger, im Falle von Wasserkraft oder Kernenergie keinerlei Staub- und Abgasemissionen verursachender Kraftwerke erfordert, würden die Städte und später vielleicht das ganze Land von der Plage der natur- und lebensfeindlichen Automobilabgase weitgehend, wenn nicht sogar zur Gänze befreit werden.

4.2 Stromverteilung

4.2.1 Wie schon im Abschnitt 2 ausgeführt, müßten die EVU ebenso wie die Stromerzeugungsanlagen auch die Stromverteilungsanlagen einem wachsenden Bedarf des Straßenverkehrs anpassen. Die zur Aufladung der Fahrzeugbatterien erforderliche elektrische Energie wird zum Teil aus dem Niederspannungsnetz und zum Teil aus dem Mittelspannungsnetz entnommen werden. Für das EVU bedeutet dies die Schaffung neuer Nieder- und Mittelspannungsanschlüsse, den Einschub neuer Trafostationen, eine Verdichtung der Mittelspannungsnetze und schließlich eine gewisse Vermehrung oder Verstärkung der Einspeisestellen vom Höchstspannungsnetz in die Mittelspannungsnetze.

4.2.2 Der Zuwachsbedarf für den Betrieb der Elektrofahrzeuge wird sich zum sonstigen Bedarfszuwachs addieren und lediglich die Auswirkung haben, daß die EVU ihre Verteilungsnetze etwas rascher ausbauen müssen als sie es sonst tun würden. Die in Kapitel 3 getroffene Feststellung, daß das Tempo des durch allfällige starke Zunahme des elektrischen Straßenverkehrs ausgelösten Bedarfsanstiegs die Fähigkeit der EVU, ihre Versorgungsanlagen zeitgerecht auszubauen, selbst im extremsten Fall nicht übersteigen wird, gilt für die Stromverteilungsanlagen ebenso wie für die Stromerzeugungsanlagen.

4.3 Batterieladung und Batteriepflege

4.3.1 Für das „Auftanken" eines Elektrofahrzeugs mit elektrischer Energie stehen, wie schon eingangs (Pkte. 1.4.4 bis 1.4.6) angedeutet, zwei Möglichkeiten zu Gebote:
1. Aufladung der Batterie im Fahrzeug „aus der Steckdose" über ein ortsfestes oder ein im Fahrzeug eingebautes Ladegerät,
2. Ausrüstung des Fahrzeugs mit einer voll aufgeladenen Batterie nach Entfernung der vorher benutzten entladenen Batterie (Batterie-Wechsel-Technik).

4.3.2 Die erstgenannte Möglichkeit kommt in Betracht, wenn ein Fahrzeug im Verlauf eines Tages insgesamt nur einen Weg zurücklegt, für den eine einzige Batterieladung ausreicht. Die Batterie kann dann in der Stillstandszeit aufgeladen werden. Das Verfahren nach 1 ist aber auch bei Überschreitung der Reichweite einer Batterieladung anwendbar, soferne im Verlauf des Tages einige Fahrpausen verfügbar sind, in denen die Batterie wenigstens teilweise nachgeladen werden kann.

4.3.3 Mit Hilfe der unter 2 erwähnten Batteriewechseltechnik (24) kann die Reichweite eines Elektrofahrzeugs praktisch beliebig vergrößert werden. Die Anwendung dieser Technik würde allerdings das Vorhandensein einer Infrastruktur von Batteriewechsel- und -ladestationen voraussetzen, in denen entladene Fahrzeugbatterien in einem etwa drei bis fünf Minuten dauernden Vorgang durch voll aufgeladene ersetzt, neu aufgeladen und hernach wieder einem neuen Batteriewechselvorgang zugeführt werden können. Die bereits experimentell und praktisch nachgewiesene geringe Dauer des Batteriewechselprozesses würde etwa der Dauer eines Brennstofftankens entsprechen; der

Unterschied bestünde für den Fahrzeugbesitzer somit nur darin, daß „elektrische Tankstellen" öfter besucht werden müßten als „Brennstofftankstellen" bei Fahrzeugen mit Verbrennungsmotor. Batteriewechsel in der beschriebenen Weise ist selbstverständlich nur möglich, wenn die Batterie konstruktiv zu einem einzigen Block zusammengebaut und dieser im Fahrzeug so untergebracht ist, daß er mit Hilfe einer entsprechenden Transporteinrichtung leicht ein- und ausgeschoben werden kann. Sie setzt auch eine strenge Normierung der Abmessungen der Batterieblocks und ihrer elektrischen Anschlüsse und damit Beschränkung auf möglichst wenige, nach Batteriekapazität abgestufte Typen voraus.

4.3.4 Die Batteriewechsel- und -ladestationen hätten gewisse weitere Dienste wie insbesondere die Wartung auch jener Fahrzeugbatterien zu übernehmen, die normalerweise in eigener Regie des Fahrzeugbesitzers, also aus in dessen eigenem Haus oder Betrieb oder an Parksplätzen vorhandenen Anschlüssen aufgeladen werden. Neben den Vorrichtungen für den Batteriewechsel und geeigneten Einrichtungen für den Batterietransport müßten die Stationen über die erforderliche Zahl von Ständen für Wartung und Aufladung der Batterien sowie über ausreichenden Raum zur Lagerung von Batterien verfügen.

4.3.5 Für das Wiederaufladen der Batterien im Fahrzeug (also ohne Wechsel) wären überall, wo in der Regel Fahrzeuge abgestellt werden, also in Garagen, in Höfen, auf Parkplätzen usw. „Zapfstellen" (Anschlüsse) anzuordnen, an denen die elektrische Energie dem öffentlichen Versorgungsnetz oder einer privaten, an das öffentliche Netz angeschlossenen Verteilungsanlage entnommen werden kann. Handelt es sich um Einzelanlagen (z.B. in Privat-Garagen oder vor kleineren Wohnhäusern), wird aus dem Niederspannungsnetz des EVU geladen werden können. Voraussetzung für das Aufladen aus dem Niederspannungsnetz ist allerdings die Verwendung von Ladegeräten, *die* im Netz *keine für das EVU nicht tolerierbaren Oberwellen verursachen* Handelt es sich um Anlagen, wo gleichzeitig viele Fahrzeugbatterien aufgeladen werden (z.B. große Garagen, größere Betriebe mit eigener Trafostation), wird das EVU die elektrische Energie aus dem Mittelspannungsnetz zu liefern haben. Letzteres gilt auch für Batteriewechsel- und -ladestationen, deren Betrieb nur bei Umschlag einer entsprechend großen Zahl von Batterien rentabel gestaltet werden kann.

4.3.6 Wenn vom Gesamtverkehrsaufkommen bis zu 85% auf den Nahverkehr in Ballungsgebieten und davon bis zu 95% auf Tagesfahrleistungen entfallen (s. Pkt. 1.4.4), die innerhalb der Reichweite einer Batterieladung liegen, könnten rd. 80% der für den Straßenverkehr erforderlichen Energie - dies auch im Falle der Blei-Schwefelsäure-Batterie, mit der allein vorläufig in der Praxis gerechnet werden kann - ohne Batteriewechsel während der Stillstandzeiten „getankt" werden. Daraus wäre zu schließen, daß nur für etwa 20 bis

30% der insgesamt erforderlichen Aufladekapazität Batteriewechsel- und -ladestationen errichtet werden müßten, soferne in der Praxis nicht aus anderen Gründen (Service, Bequemlichkeit, wirtschaftliche Gesichtspunkte) eine stärkere Inanspruchnahme solcher Stationen eintreten sollte.

4.3.7 Nach den bereits im Abschnitt 3 (Pkt. 3.4.3) angestellten Überlegungen wäre je österreichisches Elektrofahrzeug pro Jahr mit durchschnittlich 162,5 Aufladungen je 30 kWh zu rechnen. Dies ergäbe beispielsweise im Jahr 2000, in dem bei einem Gesamtbestand von 3 715 000 Kraftfahrzeugen ein Elektrofahrzeuganteil von 50% als erreicht angenommen wurde, eine durchschnittliche Zahl von

$$3\ 715\ 000 \times 0,5 \times \frac{162,5}{365} = \text{rd. } 827\ 000 \text{ Aufladungen/Tag.}$$

Müssen davon 30% in Batteriewechsel- und -ladestationen durchgeführt werden und nimmt man an, daß eine Station durchschnittlicher Größe gleichzeitig maximal 50 Batterien, bei dreistündiger Ladezeit in 24 Stunden also 400 Batterien, aufladen könnte, infolge des ungleichmäßigen Verkehrs, für dessen Spitze die Batteriewechsel- und -ladestationen ausgelegt sein müssen, im Durchschnitt aber nur 200 Batterien pro Tag auflädt, so würde man im Jahr 2000 in Österreich

$$\frac{827\ 000}{200} \times 0,3 = \text{etwa } 1250 \text{ Batteriewechsel- und -ladestationen}$$

benötigen. Im Jahr 1985, in dem (s. Abschnitt 3) nur einige % - im Höchstfall 10% - des Fahrzeugbestandes elektrifiziert wären, würde man mit max. 250 Stationen der angegebenen Größe zurechtkommen, deren Jahreshöchstlast im Durchschnitt

$$\frac{30}{3} \times 50 = 500 \text{ kW}$$

betrüge. Stationen dieser Größe müßten, wie bereits unter Pkt. 4.2.1 bemerkt, aus dem Mittelspannungsnetz des EVU versorgt werden.

4.3.8 Allerdings müßte das Netz der Batteriewechsel- und -ladestationen so dicht sein, daß jeder Benutzer eines Elektrofahrzeugs eine solche Station erreichen könnte, ohne dadurch zu großen Umwegen gezwungen zu werden. Da das Elektrofahrzeug in der Anlaufphase aber ohnehin im wesentlichen auf den Stadtverkehr beschränkt sein wird und man dort auf Batteriewechsel hauptsächlich nur zu Wartungszwecken angewiesen ist, wird man im Anfang mit relativ wenigen Stationen auskommen. Außerdem besteht die Möglichkeit, die Stationen, soweit vom Gesichtspunkt der Rentabilität aus zulässig, anfangs nur für einen Teilbetrieb auszulegen und erst später voll auszubauen.

5. Zusammenfassung und Ausblick*

5.1 Sind dem Elektrofahrzeug, wie eingangs dargelegt, auf weite Sicht gesehen, sehr reale Chancen durchaus zuzubilligen, wird seine Anwendung in der nächsten Zukunft doch auf bestimmte Spezialaufgaben und den Verkehr im Ortsbereich beschränkt bleiben, bis es gelingt, die Voraussetzungen für seinen universellen Gebrauch zu schaffen. Es kann nicht übersehen werden, daß bis zur Baureife eines dem Standard des konventionellen PKW entsprechenden Elektromobils und der Inangriffnahme seiner Serien- bzw. Massenfertigung noch zahlreiche Probleme und Nebenprobleme einer technisch und wirtschaftlich optimalen Lösung bedürfen. Davon sind die Entwicklung von Energiespeichern angemessener Leistungs- und Energiedichte, die davon abhängige Durchbildung der Fahrzeuge selbst, die Schaffung eines Netzes wirtschaftlich arbeitender Batteriewechsel-, -lade- und -servicestationen sowie die Bereitstellung der zum Laden der Batterien erforderlichen elektrischen Energie nur die hervorstechendsten; sie müssen im Verein mit vielen Nebenfragen, die mit ihnen verbunden sind, bewältigt werden.

5.2 *Von allen Problemen der Realisierung eines elektrischen Straßenverkehrs ist, wie gezeigt werden konnte, das der Bereitstellung der elektrischen Energie am einfachsten zu losen, weil hierfür bekannte und langjährig erprobte Techniken zur Verfugung stehen.*

5.3 Die Schwierigkeit der anderen Probleme liegt nicht im Prinzip, da sich auch hier, rein physikalisch betrachtet, sehr befriedigende Lösungen anbieten, sondern im Übergang auf die großtechnische Verwirklichung und dessen Abhängigkeit von einer entsprechenden Nachfrage. Diese aber kann in Anbetracht der Verfügbarkeit des allen Ansprüchen an Leistungsfähigkeit, Qualität und Wirtschaftlichkeit genügenden konventionellen PKW mit Verbrennungsmotor erst entstehen, wenn absolut zwingende Gründe die breite Masse der Käufer veranlassen, von diesem abzugehen.

5.4 Derartige zwingende Gründe gibt es derzeit aber nicht, da die Treibstoffversorgung - vorläufig - wieder funktioniert und das Abgasproblem durch gewisse konstruktive Änderungen - freilich unter Inkaufnahme eines höheren Kraftstoffverbrauchs - entschärft werden soll. Die an und für sich schon bedeutende Mittel erfordernde Entwicklung eines PKW mit batterie-elektrischem Antrieb ist unter diesen Umständen gelähmt: sie vermag aus eigener Kraft nicht voranzuschreiten.

5.5 Dies ist der Grund, warum die Entwicklung in jenen Ländern, wo man der Treibstofffrage große Beachtung schenkt oder zu schenken gezwungen ist, unter Einsatz zum Teil sehr erheblicher öffentlicher Mittel vorangetrieben wird. Kleinere Industrieländer wie Österreich werden der Entwicklung des batterie-elektrisch betriebenen PKW - von gewissen sicherlich nicht aus-

---

* s. a. Vorbemerkung.

zuschließenden Spezialbeiträgen abgesehen - kaum einen entscheidenden Anstoß geben können. *Eine Elektrifizierung des Straßenverkehrs im großen Stil wird in Österreich daher mit großer Wahrscheinlichkeit* - selbst wenn die Treibstofffrage plötzlich wieder akut werden sollte - *von außen her bestimmt werden.* Immerhin darf man ziemlich sicher damit rechnen, *daß die großen Industrielander den Elektro-PKW haben werden, wenn sie ihn haben müssen,* und daß dieser dann auch auf dem österreichischen Markt angeboten werden wird. Es erscheint sogar nicht ausgeschlossen, daß die großen ausländischen Herstellerwerke dann auch das erforderliche Netz von Batteriewechsel-, -lade- und -servicestationen aufziehen oder dessen Aufbau zumindest fördern werden, ebenso wie auch der Import konventioneller Kraftfahrzeuge von der Errichtung einer ausreichenden Zahl von Servicestellen begleitet werden mußte.

5.6 Es stellt sich die Frage, ob Österreich in bezug auf das Elektrofahrzeug eine gewisse Eigeninitiative ergreifen sollte und was mit einer solchen angesichts der geschilderten, von Österreich aus nicht oder nur wenig beeinflußbaren Gegebenheiten erreicht werden könnte. Hier muß auf das Wirken der im Verband der Elektrizitätswerke Österreichs verankerten ,,Arbeitsgemeinschaft für Elektrofahrzeuge (AFE)" hingewiesen werden, in deren Rahmen hauptsächlich EVU und Unternehmen der Elektroindustrie (von letzteren insbesondere Hersteller und Lieferer von Akkumulatoren-Batterien) zusammenarbeiten. Seit vielen Jahren bereits beobachtet diese Arbeitsgemeinschaft alle auf dem Gebiet des Elektrofahrzeugs erzielten technischen und wirtschaftlichen Fortschritte; durch laufende Herausgabe von Informationen hierüber setzt sie ihre Mitglieder von allem, was für sie interessant sein könnte, in Kenntnis und bemüht sie sich, das Interesse am Elektrofahrzeug auch in weiteren Kreisen zu wecken sowie die Bereitschaft zu dessen Anwendung zu fördern. Bei entsprechendem Ausbau ihrer Organisation könnte die Arbeitsgemeinschaft ihre Beratungstätigkeit intensivieren und später auch gewisse Steuerungs- und Ordnungsfunktionen übernehmen, die sich aus dem gemeinsamen Interesse ihrer Mitglieder an einer vernünftigen und gedeihlichen Weiterentwicklung auf dem Gebiet ergeben.

5.7 Unter den obwaltenden Umständen wird die AFE, die sich derzeit hauptsächlich um die Erschließung jener Verwendungsbereiche bemüht, in denen das Elektrofahrzeug nicht nur wettbewerbsfähig, sondern anderen Fahrzeugarten sogar überlegen ist, *ohne ein Mindestmaß an Unterstutzung durch offentliche Stellen nicht den Erfolg haben, der wunschenswert und* bei Ausschaltung der vielfach vorhandenen Vorurteile *möglich ware.* Schon eine rein ideelle Förderung des Elektrofahrzeugs durch den Staat könnte vieles bewirken. Bund, Länder, Gemeinden und zahlreiche in öffentlicher Hand befindliche Institutionen und Unternehmen, die zur Erfüllung ihrer vielfältigen Aufgaben zahlreiche Spezialfahrzeuge verschiedenster Art benötigen,

wären nicht nur berufen, sondern auch durchaus in der Lage, mit gutem
Beispiel voranzugehen. Vom innerbetrieblichen Verkehr ausgehend, für den
das Elektrofahrzeug schon im Interesse des Dienstnehmerschutzes (Luftreinhaltung) herangezogen werden sollte (Fabriken, Güterverkehr, Bahnhöfe,
Flughäfen, Güter- und Personentransport auf Messen und Ausstellungen,
Krankenhäuser usw.), könnte seine Verwendung allmählich auf Zubringerdienste (Zustelldienste der Bahn und der Post, Personentransport in Flughäfen, Transport von Waren usw.) ausgedehnt werden. Es werden heute
auch bereits batterie-elektrisch betriebene Spezialfahrzeuge (z.B. Plattform-
wagen für Bau und Erhaltung von Oberleitungen sowie öffentlichen Beleuch-
tungsanlagen, Fahrzeuge für Straßenreinigung, Krankenwagen usw.) gebaut,
die gleichartigen Fahrzeugen mit Verbrennungsmotor wirtschaftlich ebenbürtig und, im Hinblick auf den Verwendungszweck, auf Grund ihrer besonderen Eigenschaften sogar überlegen sind. Es wäre den zuständigen Stellen
somit durchaus zumutbar, bei Ersatzanschaffungen das Elektrofahrzeug in
Betracht zu ziehen. Ohne oder mit nur sehr geringem finanziellen Aufwand
könnte auf solche Weise die vielseitige Verwendbarkeit des Elektrofahrzeugs
der Öffentlichkeit vor Augen geführt und das Interesse an seiner Anwendung
in breitesten Kreisen geweckt werden.

5.8 Ob im angedeuteten Sinn etwas geschieht und wieviel geschieht, wird
*davon abhangen, welche Bedeutung man in unserem Lande der Verbesserung
der Atmosphare in den Stadten beimißt und wie man die kurz-, mittel- und
langfristigen Aussichten der Treibstoffversorgung beurteilt.* Wenn die Einsatzmöglichkeiten des Elektrofahrzeugs beim augenblicklichen Stand der
Dinge auch noch begrenzt sind, steht es doch außer Frage, *daß schon jetzt
ein Anfang gemacht werden könnte und auch gemacht werden sollte,* da
eine Umstellung des Straßenverkehrs auf Elektrizität als Antriebsenergie
nicht von heute auf morgen durchführbar ist. Müßte sie zu einem späteren
Zeitpunkt unter dem Druck plötzlichen Treibstoffmangels begonnen werden,
*wurde das die Allgemeinheit ein Vielfaches dessen kosten, was für vorsorg-
liche Maßnahmen aufzuwenden ware, die man heute frei beschließen kann.*

5.9 *Niemand kann heute ausschließen, daß die Elektrifizierung die große
Alternative des Straßenverkehrs der Zukunft sein wird. Erfindungen, Ver-
fahren und Erzeugnisse setzen sich durch, wenn ihre Zeit gekommen ist.
Vieles deutet darauf hin, daß die des Elektrofahrzeugs naherruckt!*

- 262 -

6. SCHRIFTTUM

(1) Elektrisch angetriebene Kraftfahrzeuge
Studie der G E S Gesellschaft für elektrischen Straßenverkehr mbH, Düsseldorf. 1973.
Seite 98

(2) Wirtschaftliche Aspekte zum Betrieb von E-Fahrzeugen
Vortrag, gehalten von Dr. rer. pol. Dipl.-Kfm. Dipl.-Ing. H.J. Budde am Fort- und
Weiterbildungszentrum Technische Akademie Esslingen 1975

(3) Blei-Batterien für Elektro-Fahrzeuge
Druckschrift der VARTA Batterie AG, Hannover (Prospekt 12301)

(4) Elektrischer Straßenverkehr und sein moglicher Beitrag zur Einsparung und Substitution knapper fossiler Kohlenwasserstoffe
Studie der G E S Gesellschaft für elektrischen Straßenverkehr mbH, Düsseldorf. 1975.

(5) Wie (1), jedoch Seite 70/71

(6) Silent Power
Druckschrift der Chloride Silent Power Ltd. Astmoor, Runcorn, Cheshire

(7) Technology of efficient energy utilisation
The Report of a NATO Science Committee Conference held at Les Arcs, France,
8th - 12th October, 1973 - Seite 38/39
Pergamon Press

(8) G E S Gesellschaft für elektrischen Straßenverkehr mbH, Düsseldorf
Kurzbericht über das 5. Geschäftsjahr 1974/75
Seite 2

(9) H.-G. Müller: Der Entwicklungsstand elektrisch angetriebener Kraftfahrzeuge ein Jahr
nach der internationalen Mineralolkrise
Kommunalwirtschaft Heft 2/1975

(10) R. Egberts: Elektrisch angetriebene Kraftfahrzeuge für den Stadtverkehr,
Stand ihrer Entwicklung und technisch-wirtschaftliche Zukunftsaussichten
Kommunalwirtschaft Heft 2/1973

(11) Wie (1), jedoch Seite 87 - 101

(12) „Republik Österreich 1945 bis 1975"
Herausgegeben vom Österreichischen Statistischen Zentralamt. Wien

(13) R. Gisser: Modell der natürlichen Bevolkerungsentwicklung in Österreich, 1971 - 2001
Statistische Nachrichten, Heft 5/1974, Seite 270 - 272

(14) Wie (1), jedoch Seite 25 - 27

(15) W. Kohlhauser: Die voraussichtliche Entwicklung des Personenverkehrs in Österreich
bis 1985
Monatsberichte des Österreichischen Institutes für Wirtschaftsforschung, Jahrgang
1974, Heft 10, Seite 471

(16) Wie (15), jedoch Seite 470

(17) Wie (15), jedoch Seite 472

(18) Wie (1), jedoch Seiten 17 und 27

(19) Wie (15), jedoch Seite 469

(20) Wie (1), jedoch Seiten 17 und 95

(21) Wie (1), jedoch Seite 25

(22) Wie (1), jedoch Seiten 40/41

(23) Bundesstatistik der osterreichischen Elektrizitatswirtschaft
Betriebsstatistik 1974, I. Teil - Gesamtergebnisse
Herausgegeben vom Bundeslastverteiler

(24) Wie (1), jedoch Seite 79

LEGENDE zu den Abbildungen 1 und 2

Abbildung 1   Bestand und Strombedarf der Elektrofahrzeuge 1975 bis 2025 gemäß den
Annahmen:
Variante I   Rascher Anlauf (im Jahr 1985 10% der Kraftfahrzeuge elektrisch betrieben)
Variante II   Größte Zunahme von Elektrofahrzeugen (mit je 10% des Kraftfahrzeugbestandes) in den Jahren 2000 und 2001
Variante III   Größte Zunahme von Elektrofahrzeugen (mit je 10% des Kraftfahrzeugbestandes) in den Jahren 1997 bis 2004

Abbildung 2   Entwicklung des gesamten, von der öffentlichen Versorgung gedeckten Stromverbrauchs (ausschl. Eigenverbrauch der EVU, Pumpspeicherung und Übertragungsverluste) von 1975 bis 2025 bei gleichbleibender jährlicher Zuwachsrate von 4% bis 2000 und mit Wendepunkt im Jahr 2000 (Kurve 1); nach den Varianten I bis III (s. Abb. 1) in Betracht kommende Verbrauchsanteile für Elektrofahrzeuge (Bereiche zwischen Kurve 1 und den Kurven 2 bzw. 3 bzw. 4); durch den elektrischen Straßenverkehr verursachte Zuwachsraten des Gesamtverbrauchs (Kurven 6 bis 8)

ANLAGE I

Zahlentafel 4. Modell einer Entwicklung des gesamten Inlandstromverbrauchs und des darin enthaltenen Verbrauchs des elektrischen Straßenverkehrs von 1975 bis 2025 (ausschl. Eigenverbrauch der EVU, Pumpspeicherung und Übertragungsverluste)

Jahr	Inland-strom-verbrauch insges.*	Zunahme des ges. Strom-verbrauchs gegenuber d. Vorjahr	Stromverbrauch des elektrischen Straßenverkehrs insgesamt			Durch elektrischen Straßenverkehr verursachte Zunahme des gesamten Inlandstromverbrauchs					
						Absolute Werte			in % des Vor-jahrsverbrauchs		
			Variante			Variante			Variante		
			I	II	III	I	II	III	I	II	III
	TWh	%	TWh	TWh	TWh	TWh	TWh	TWh	%	%	%
1	2	3	4	5	6	7	8	9	10	11	12
1975	22,300	0	0	0	0	0	0	0	0	0	0
1976	23,192	4,00	0,181	0,021	0,054	0,181	0,021	0,054	0,81	0,09	0,24
1977	24,120	4,00	0,361	0,042	0,108	0,180	0,021	0,054	0,78	0,09	0,24
1978	25,084	4,00	0,542	0,062	0,162	0,181	0,020	0,054	0,75	0,08	0,22
1979	26,088	4,00	0,723	0,083	0,216	0,181	0,021	0,054	0,72	0,08	0,22
1980	27,131	4,00	0,903	0,104	0,271	0,180	0,021	0,055	0,69	0,08	0,21
1981	28,217	4,00	1,084	0,130	0,325	0,181	0,026	0,054	0,67	0,10	0,20
1982	29,345	4,00	1,265	0,163	0,379	0,181	0,033	0,054	0,64	0,12	0,19
1983	30,519	4,00	1,445	0,204	0,433	0,180	0,041	0,054	0,61	0,14	0,18
1984	31,740	4,00	1,626	0,255	0,487	0,181	0,051	0,054	0,59	0,17	0,18
1985	33,009	4,00	1,811	0,319	0,544	0,185	0,064	0,057	0,58	0,20	0,18
1986	34,330	4,00	2,016	0,398	0,607	0,205	0,079	0,063	0,62	0,24	0,19
1987	35,703	4,00	2,244	0,498	0,677	0,228	0,100	0,070	0,66	0,29	0,20
1988	37,131	4,00	2,498	0,622	0,755	0,254	0,124	0,078	0,71	0,35	0,22
1989	38,616	4,00	2,781	0,778	0,842	0,283	0,154	0,087	0,76	0,41	0,23
1990	40,161	4,00	3,096	0,972	0,940	0,315	0,194	0,098	0,82	0,50	0,25
1991	41,767	4,00	3,447	1,215	1,048	0,351	0,243	0,108	0,87	0,61	0,27
1992	43,438	4,00	3,838	1,519	1,169	0,391	0,304	0,121	0,94	0,73	0,29
1993	45,176	4,00	4,272	1,899	1,304	0,434	0,380	0,135	1,00	0,87	0,31
1994	46,983	4,00	4,756	2,374	1,455	0,484	0,475	0,151	1,07	1,05	0,33
1995	48,862	4,00	5,295	2,967	1,623	0,539	0,593	0,168	1,15	1,26	0,36
1996	50,817	4,00	5,895	3,709	1,811	0,600	0,742	0,188	1,23	1,52	0,38
1997	52,849	4,00	6,563	4,636	3,622	0,668	0,927	1,811	1,31	1,82	3,56
1998	54,963	4,00	7,306	5,800	5,433	0,743	1,164	1,811	1,41	2,20	3,43
1999	57,162	4,00	8,134	7,244	7,244	0,828	1,444	1,811	1,51	2,63	3,29
2000	59,448	4,00	9,055	9,055	9,055	0,921	1,811	1,811	1,61	3,17	3,17
2001	61,734	3,84	9,976	10,866	10,866	0,921	1,811	1,811	1,55	3,05	3,05
2002	63,933	3,56	10,804	12,310	12,677	0,828	1,444	1,811	1,34	2,34	2.93
2003	66,047	3,31	11,547	13,474	14,488	0,743	1,164	1,811	1.16	1,82	2,83
2004	68,079	3,08	12,215	14,401	16,299	0,668	0,927	1,811	1,01	1,40	2.74
2005	70,034	2,87	12,815	15,143	16,487	0,600	0,742	0,188	0,88	1,09	0,28
2006	71,913	2,68	13,354	15,736	16,655	0,539	0,593	0,168	0,77	0,85	0,24
2007	73,720	2,51	13,838	16,211	16,806	0,484	0,475	0,151	0,67	0,66	0,21
2008	75,458	2,36	14,272	16,591	16,941	0,434	0,380	0,135	0,59	0,52	0,18
2009	77,129	2,21	14,663	16,895	17,062	0,391	0,304	0,121	0,52	0,40	0,16
2010	78,735	2,08	15,014	17,138	17,170	0,351	0,243	0,108	0,46	0,32	0,14
2011	80,280	1,96	15,329	17,332	17,268	0,315	0,194	0,098	0,40	0,25	0,12
2012	81,765	1,85	15,612	17,488	17,355	0,283	0,154	0,087	0,35	0,19	0,11
2013	83,193	1,75	15,866	17,612	17,433	0,254	0,124	0,078	0,31	0,15	0,10
2014	84,566	1,65	16,094	17,712	17,503	0,228	0,100	0,070	0,27	0,12	0,08
2015	85,887	1,56	16,299	17,791	17,566	0,205	0,079	0,063	0,24	0,09	0,07
2016	87,156	1,48	16,484	17,855	17,623	0,185	0,064	0,057	0,22	0,07	0,07
2017	88,377	1,40	16,665	17,906	17,677	0,181	0,051	0,054	0,21	0,06	0,06
2018	89,551	1,33	16,845	17,947	17,731	0,180	0,041	0,054	0,20	0,05	0,06
2019	90,679	1,26	17,026	17,980	17,785	0,181	0,033	0,054	0,20	0,04	0,06
2020	91,765	1,20	17,207	18,006	17,839	0,181	0,026	0,054	0,20	0,03	0,06
2021	92,808	1,14	17,387	18,027	17,894	0,180	0,021	0,055	0,20	0,02	0,06
2022	93,812	1,08	17,568	18,048	17,948	0,181	0,021	0,054	0,20	0,02	0,06
2023	94,776	1,03	17,749	18,068	18,002	0,181	0,020	0,054	0,19	0,02	0,06
2024	95,704	0,98	17,929	18,089	18,056	0,180	0,021	0,054	0,19	0,02	0,06
2025	96,596	0,93	18,110	18,110	18,110	0,181	0,021	0,054	0,19	0,02	0,06

* ausschl. Eigenverbrauch der EVU, Pumpspeicherung und Übertragungsverluste.

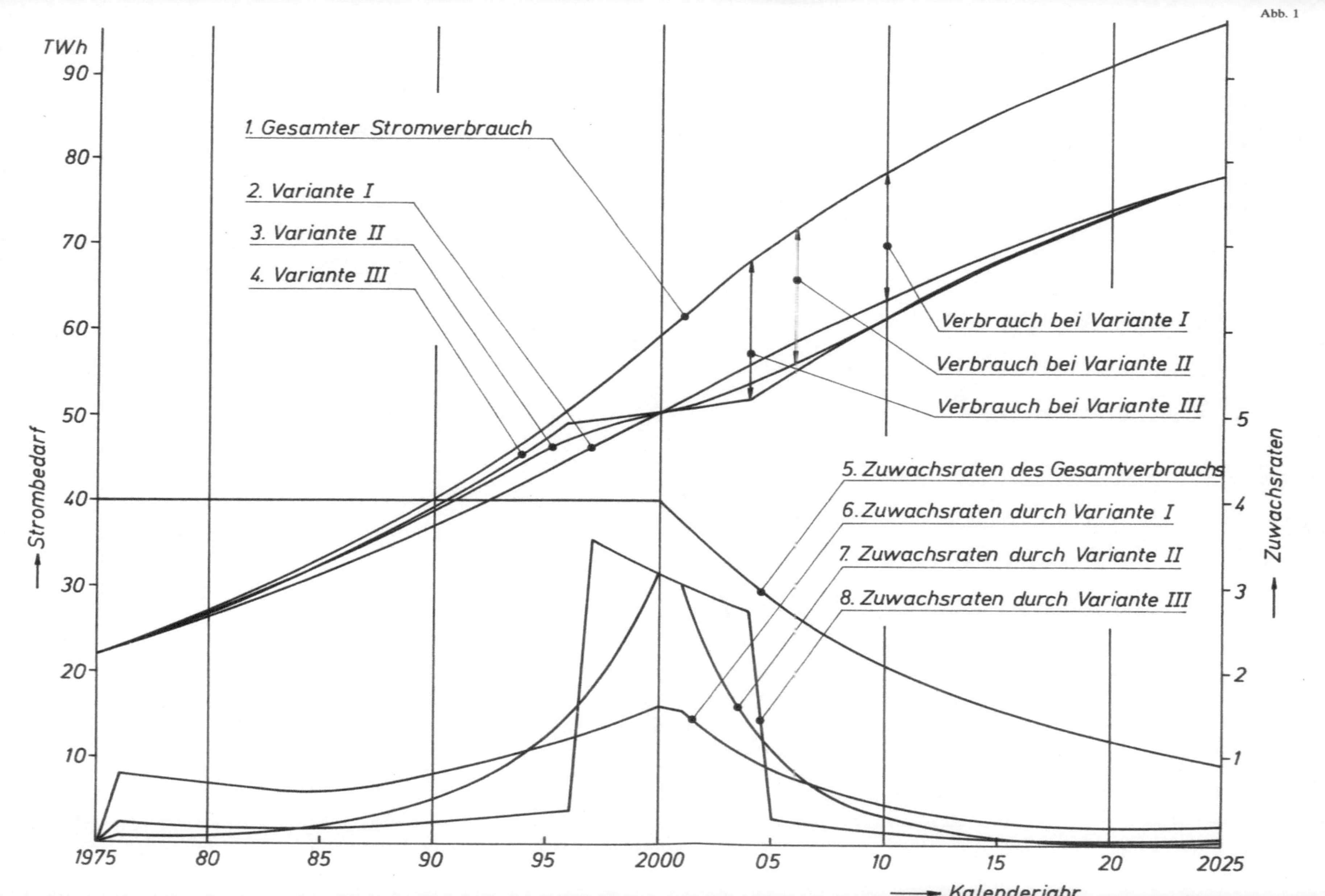

Abb. 1
TWh
Strombedarf
Zuwachsraten
Kalenderjahr
1. Gesamter Stromverbrauch
2. Variante I
3. Variante II
4. Variante III
Verbrauch bei Variante I
Verbrauch bei Variante II
Verbrauch bei Variante III
5. Zuwachsraten des Gesamtverbrauchs
6. Zuwachsraten durch Variante I
7. Zuwachsraten durch Variante II
8. Zuwachsraten durch Variante III

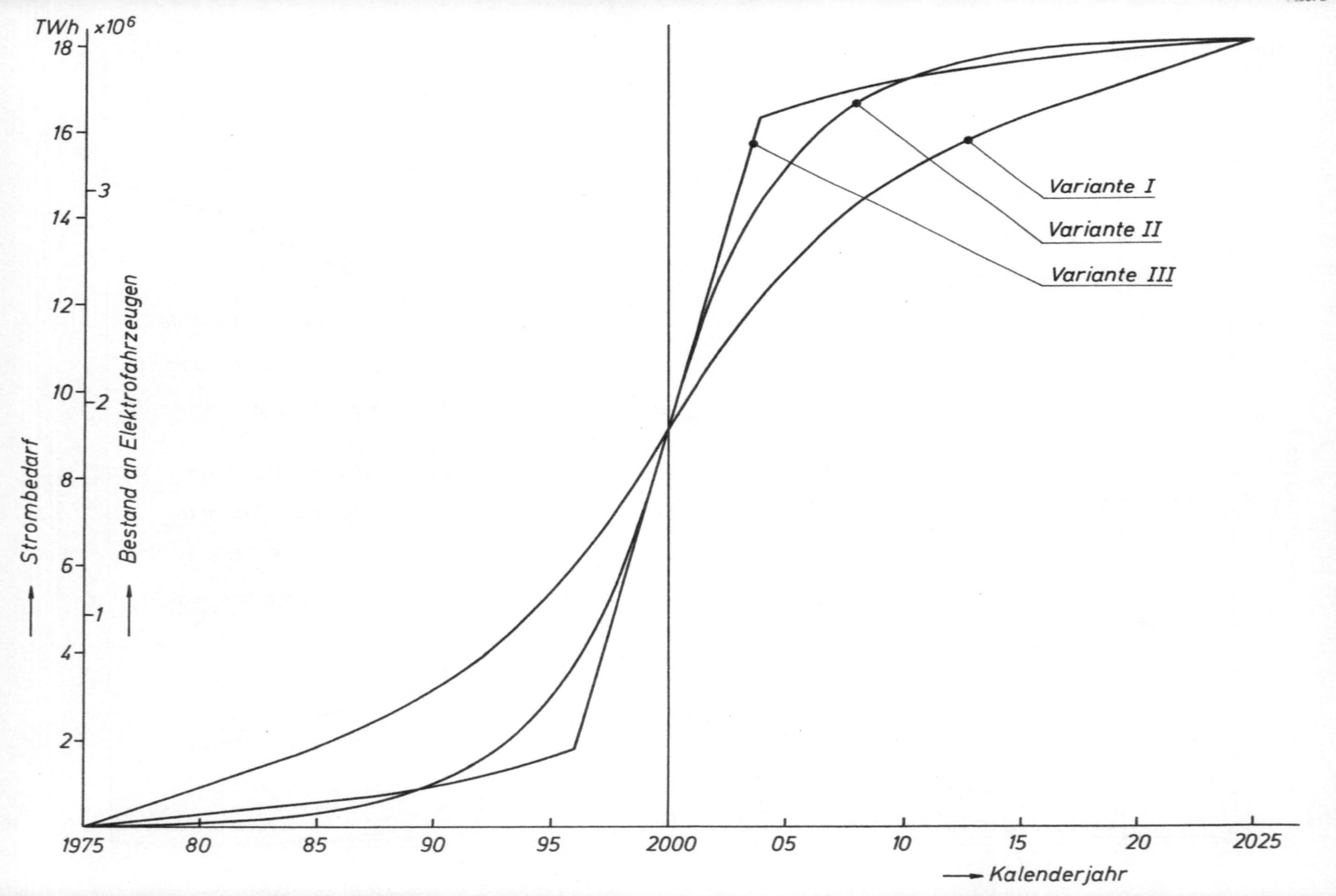

TWh x10⁶
18
16
14
12
10
8
6
4
2
3
2
1
Strombedarf
Bestand an Elektrofahrzeugen
Variante I
Variante II
Variante III
1975
80
85
90
95
2000
05
10
15
20
2025
Kalenderjahr